Lehrbuch der höheren Mathematik

für Universitäten und Technische Hochschulen

Bearbeitet nach den Vorlesungen

von

Dr. Gerhard Kowalewski

o. Professor an der Technischen Hochschule zu Dresden
o. Mitglied der Sächsischen Akademie der Wissenschaften zu Leipzig

Erster Band

Vektorrechnung und analytische Geometrie

Mit 67 Figuren

Walter de Gruyter & Co.

vormals G. J. Göschen'sche Verlagshandlung
J. Guttentag, Verlagsbuchhandlung — Georg
Reimer — Karl J. Trübner — Veit & Comp.

Berlin W 10 und Leipzig

1933

Archiv-Nr. 12 c6 33

Druck von Walter de Gruyter & Co., Berlin W 10

Vorwort.

Als ich im Jahre 1928 mein 25 jähriges Professorenjubiläum beging, legten mir einige meiner ehemaligen Schüler den Plan zu einem dreibändigen Lehrbuch der höheren Mathematik vor, das sich auf nachgeschriebene Kollegheſte stützen sollte.

Dieser Plan ist erst jetzt zur Ausführung gekommen. Ich machte bei der Sichtung des Materials die Beobachtung, daß meine Hörer Fragen, die ich selbst für weniger wichtig hielt, oft mit großer Hingebung viel weiter verfolgt haben. Vielleicht wird gerade hierdurch die Lesbarkeit und Brauchbarkeit des Buches erhöht. Der Vortragende weiß oft nicht genau, nach welcher Richtung die Interessen der Hörer eingestellt sind. Manches hält er für besonders schön und interessant, was die jungen Köpfe geradezu abstößt. Es ist überhaupt kein schlechtes pädagogisches Prinzip, den Lernenden über die Lehrmethoden etwas mitreden zu lassen.

Dresden, Weißer Hirsch, 1933.

Gerhard Kowalewski.

Inhaltsübersicht des ersten Bandes.

Vektorrechnung und analytische Geometrie.

Vektorrechnung und analytische Geometrie.

§ 1. Definition und Bezeichnung der Vektoren.

Wenn man im Raume von einem Punkte A geradlinig zu einem Punkte B übergeht, so beschreibt oder durchläuft man die Strecke AB. Sie hat den Anfangspunkt A und den Endpunkt B. In dem Streckensymbol AB steht immer an erster Stelle der Anfangspunkt, an zweiter Stelle der Endpunkt. Der Endpunkt wird in den Figuren gewöhnlich durch eine Pfeilspitze markiert. Zwei Strecken AB und A_1B_1 heißen äquivalent, wenn man die eine in die andere durch Parallelverschiebung überführen kann, d. h. wenn ABB_1A_1 die Ecken eines Parallelogramms sind, wie man sie beim Durchlaufen des Randes der Reihe nach antrifft (vgl. Fig. 1). Die Äquivalenz der Strecken AB, A_1B_1 wird durch die Gleichung

$$AB = A_1B_1$$

ausgedrückt.

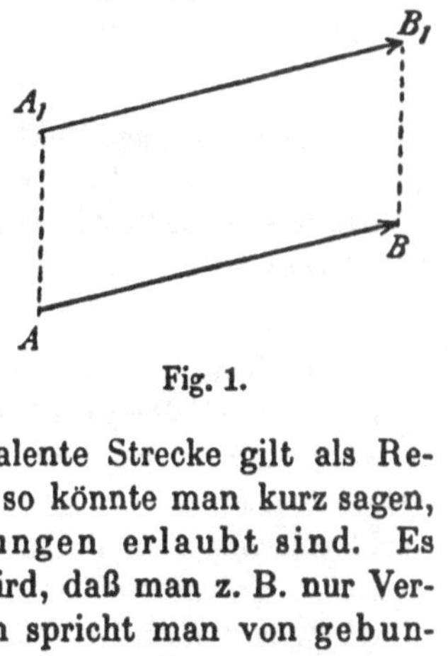

Fig. 1.

Alle mit einer bestimmten Strecke AB äquivalenten Strecken betrachten wir als Einzelerscheinungen eines Vektors. Jede zu AB äquivalente Strecke gilt als Repräsentant dieses Vektors. Ein Vektor ist, so könnte man kurz sagen, eine Strecke, der alle Parallelverschiebungen erlaubt sind. Es kann vorkommen, daß diese Freiheit eingeengt wird, daß man z. B. nur Verschiebungen auf der Geraden AB erlaubt. Dann spricht man von gebundenen Vektoren.

Vektoren werden gewöhnlich durch große oder kleine deutsche Buchstaben bezeichnet.

Wenn man im Raume eine Translation (Parallelverschiebung) vornimmt, die den Punkt A in B, den Punkt C in D überführt usw., so sind die Strecken $AB, CD, \ldots$ alle äquivalent. Bei einer Translation beschreiben alle Punkte des Raumes äquivalente Strecken. Es gehört also zu jeder Translation ein Vektor. Die Translationen können wir als anschauliche Korrelate der Vektoren betrachten. Ein Vektor ist, anschaulich gesprochen, eine Translation.

§ 2. Multiplikation eines Vektors mit einer Zahl.

$\mathfrak{A}$ sei ein Vektor und k eine positive oder negative Zahl. Dann soll $k\mathfrak{A}$ einen Vektor bezeichnen, der die $|k|$-fache Länge [1]) von $\mathfrak{A}$ hat und die gleiche oder entgegengesetzte Richtung, je nachdem k positiv oder negativ ist. So entsteht der Vektor $3\mathfrak{A}$, indem man $\mathfrak{A}$, ohne die Richtung zu ändern, auf die dreifache Länge bringt, $\frac{1}{3}\mathfrak{A}$ hat dieselbe Richtung wie $\mathfrak{A}$, aber nur den dritten Teil der Länge. $(-5)\mathfrak{A}$ wäre ein Vektor von derselben Länge wie $5\mathfrak{A}$, aber von entgegengesetzter Richtung. Ist also AB ein Repräsentant von $5\mathfrak{A}$, so wird BA den Vektor $(-5)\mathfrak{A}$ darstellen. $(-1)\mathfrak{A}$, wofür man auch kurz $-\mathfrak{A}$ schreibt, ist der Vektor BA.

Wenn man den Vektor $\mathfrak{A}$ zuerst mit k_1 und dann mit k_2 multipliziert, so kommt dasselbe Ergebnis heraus wie bei direkter Multiplikation mit k_1k_2. Die Länge von $\mathfrak{A}$ wird zuerst mit $|k_1|$ und dann noch mit $|k_2|$ multipliziert, also im ganzen mit $|k_1||k_2|$ oder $|k_1k_2|$. Wenn k_1 und k_2 beide positiv sind, bleibt beidemal die Richtung des Vektors erhalten. Ist einer der beiden Faktoren negativ, so tritt einmal eine Umkehrung der Richtung ein, ebenso wie bei direkter Multiplikation mit der negativen Zahl k_1k_2. Sind endlich k_1 und k_2 beide negativ, so erfolgt beidemal eine Umkehrung der Richtung, d. h. die Richtung ist schließlich dieselbe geblieben, ebenso wie bei direkter Multiplikation mit der positiven Zahl k_1k_2. Man kann dieses einfache Rechnungsgesetz durch die Formel

$$\text{(I)} \qquad k_2(k_1\mathfrak{A}) = (k_1k_2)\mathfrak{A}$$

ausdrücken. Soll der Vektor $\mathfrak{A}$ mit der negativen Zahl k multipliziert werden, so kann man ihn, da $k = (-1)|k|$ ist, zuerst mit $|k|$ und dann mit -1 multiplizieren. Da wir statt $(-1)\mathfrak{B}$ kurz $-\mathfrak{B}$ schreiben, so ist also bei negativem k

$$k\mathfrak{A} = -|k|\mathfrak{A}.$$

Alle Vektoren, die zu einem gegebenen Vektor $\mathfrak{A}$ parallel sind, können in der Form $x\mathfrak{A}$ dargestellt werden. Ist $\mathfrak{B}$ ein solcher Vektor, so wird offenbar $\mathfrak{B} = x\mathfrak{A}$ sein, wenn man unter x das Längenverhältnis der Vektoren $\mathfrak{A}, \mathfrak{B}$ versteht (Länge von $\mathfrak{B}$ dividiert durch Länge von $\mathfrak{A}$) und dieses Längenverhältnis mit dem Pluszeichen oder Minuszeichen versieht, je nachdem die Vektoren gleiche oder entgegengesetzte Richtung haben. In dieser einfachen Überlegung steckt die Wurzel der analytischen Geometrie auf einer Geraden. Wenn man auf einer Geraden einen Anfangspunkt O und einen Grundvektor OE ein für allemal wählt, so gehört zu jedem Punkt P der Geraden ein Ortsvektor OP, der sich in der Form xOE schreiben läßt. Die Zahl x kann zur Kennzeichnung des Punktes P dienen und heißt die Abszisse dieses Punktes. Die analytische Geometrie auf der Geraden, deren Gegenstand vor allem die Punktgruppen auf der Geraden bilden, operiert mit dieser zahlenmäßigen Kennzeichnung der Punkte.

---

[1]) $|k|$ ist der absolute Betrag von k.

§ 3. Addition und Subtraktion der Vektoren.

Wenn zwei Vektoren $\mathfrak{A}_1$ und $\mathfrak{A}_2$, repräsentiert durch die Strecken A_1B_1 und A_2B_2, vorliegen, so wird die Summe $\mathfrak{A}_1 + \mathfrak{A}_2$ folgendermaßen gebildet: Man geht von irgendeinem Punkte P aus und wählt zunächst den Punkt Q derart, daß $PQ = A_1B_1$ ist, sodann den Punkt R derart, daß $QR = A_2B_2$ ist. Man stellt also aus A_1B_1 und A_2B_2 durch Translationen einen Streckenzug her. Kennzeichnend für einen Streckenzug ist der Umstand, daß die zweite Strecke im Endpunkt der ersten beginnt. Bei Streckenzügen, die aus drei Strecken bestehen, fängt die dritte Strecke dort an, wo die zweite aufhört. Ähnliches gilt für n-gliedrige Streckenzüge. Hat man nun aus A_1B_1 und A_2B_2 durch Translationen den Streckenzug PQ, QR gebildet, so heißt PR die schließende Strecke (vgl. Fig. 2). Sie repräsentiert die Summe $\mathfrak{A}_1 + \mathfrak{A}_2$. Richtung und Länge von PR sind offenbar unabhängig von der Wahl des Anfangspunktes der Konstruktion. Wenn man will, kann man ihn mit A_1 zusammenfallen lassen. Dann hat man die Strecke A_2B_2 durch Translation nach dem Endpunkt von A_1B_1 zu bringen.

Wenn man bei der Summenbildung $\mathfrak{A}_1$ und $\mathfrak{A}_2$ vertauscht, so muß man zuerst einen Punkt S wählen derart, daß $PS = A_2B_2$ ist. Dann wird (vgl. Fig. 2) $SR = A_1B_1$ sein. Es kommt also beidemal dieselbe schließende Strecke PR heraus, d. h. es gilt die Gleichung

$$\text{(II)} \qquad \mathfrak{A}_2 + \mathfrak{A}_1 = \mathfrak{A}_1 + \mathfrak{A}_2 .$$

Die Addition der Vektoren ist kommutativ.

Wenn drei Vektoren $\mathfrak{A}_1$, $\mathfrak{A}_2$, $\mathfrak{A}_3$ vorliegen und man wählt die Punkte P, P_1, P_2 derart, daß

$$PP_1 = \mathfrak{A}_1, \; P_1P_2 = \mathfrak{A}_2, \; P_2P_3 = \mathfrak{A}_3$$

ist, so folgt offenbar aus

$$PP_2 = \mathfrak{A}_1 + \mathfrak{A}_2, \; P_2P_3 = \mathfrak{A}_3$$

die Gleichung

$$PP_3 = (\mathfrak{A}_1 + \mathfrak{A}_2) + \mathfrak{A}_3,$$

ebenso aber aus

$$PP_1 = \mathfrak{A}_1, \; P_1P_3 = \mathfrak{A}_2 + \mathfrak{A}_3$$

die Gleichung

$$PP_3 = \mathfrak{A}_1 + (\mathfrak{A}_2 + \mathfrak{A}_3).$$

Hiernach ist also

$$\text{(III)} \qquad (\mathfrak{A}_1 + \mathfrak{A}_2) + \mathfrak{A}_3 = \mathfrak{A}_1 + (\mathfrak{A}_2 + \mathfrak{A}_3).$$

Man sagt auf Grund dieser Beziehung, die Addition der Vektoren sei assoziativ. Da $(\mathfrak{A}_1 + \mathfrak{A}_2) + \mathfrak{A}_3$ und $\mathfrak{A}_1 + (\mathfrak{A}_2 + \mathfrak{A}_3)$ übereinstimmen, bezeichnet man beide Ausdrücke mit $\mathfrak{A}_1 + \mathfrak{A}_2 + \mathfrak{A}_3$. Ähnliches gilt bei mehr als drei Summanden.

Wir wollen hier noch zwei Rechnungsregeln besprechen, die sich auf die beiden bisher behandelten Operationen beziehen. Sie kommen in Frage, wenn es sich um die Multiplikation einer Vektorensumme mit einer Zahl oder um die Multiplikation eines Vektors mit einer Zahlensumme handelt.

Wenn $PQ = \mathfrak{A}$, $QR = \mathfrak{B}$, also $PR = \mathfrak{A} + \mathfrak{B}$ ist, so zeigt ein Blick auf Fig. 3, daß die Gleichung

$$\text{(IV)} \qquad k(\mathfrak{A} + \mathfrak{B}) = k\mathfrak{A} + k\mathfrak{B}$$

gilt. Hat nämlich k den positiven Wert k_1 und ist $PQ_1 = k_1 PQ$, $PR_1 = k_1 PR$, so wird von selbst $Q_1R_1 = k_1 QR$ sein. Es gilt also die Gleichung

$$k_1 PQ + k_1 QR = k_1 PR.$$

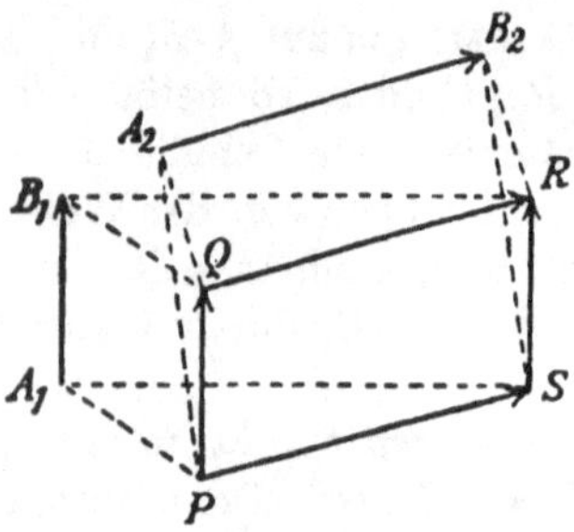

Fig. 2.

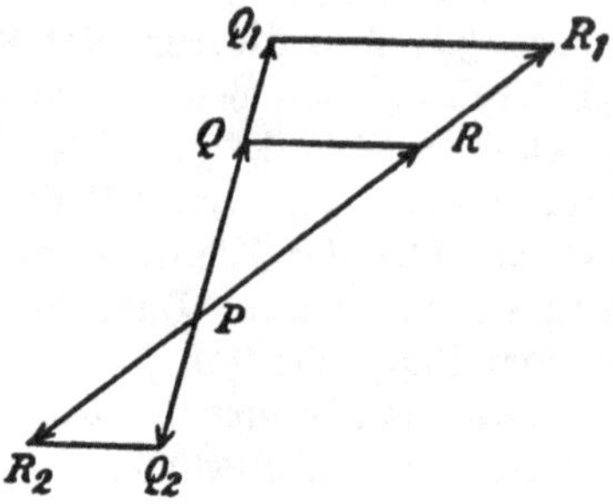

Fig. 3.

Hat k den negativen Wert k_2 und ist $PQ_2 = k_2 PQ$, $PR_2 = k_2 PR$, so wird von selbst $Q_2R_2 = k_2 QR$ sein. Es gilt also die Gleichung

$$k_2 PQ + k_2 QR = k_2 PR.$$

Die andere Rechnungsregel, die bei der Multiplikation eines Vektors mit einer Zahlensumme in Frage kommt, lautet

$$\text{(V)} \qquad (x_1 + x_2)\mathfrak{A} = x_1\mathfrak{A} + x_2\mathfrak{A}.$$

Sind x_1, x_2 beide positiv, so braucht man nur zu bedenken, daß der Vektor $x_1\mathfrak{A}$ die x_1-fache, der Vektor $x_2\mathfrak{A}$ die x_2-fache Länge von $\mathfrak{A}$ hat. Da die Richtung beider Vektoren mit der von $\mathfrak{A}$ übereinstimmt und die Vektoren beim Addieren einfach aneinandergesetzt werden, so ist klar, daß der Summenvektor die $(x_1 + x_2)$-fache Länge und dieselbe Richtung wie $\mathfrak{A}$ hat. Sind x_1, x_2 beide negativ, so gilt zunächst die Gleichung

$$(-x_1 - x_2)\mathfrak{A} = (-x_1)\mathfrak{A} + (-x_2)\mathfrak{A}.$$

Multipliziert man beiderseits mit -1 und wendet die vorhin bewiesene Rechnungsregel an, so ergibt sich die behauptete Gleichung. Ist x_1 positiv und x_2 negativ oder umgekehrt, so kann man die Nummern 1 und 2 eventuell vertauschen und bewirken, daß $x_1 + x_2$ und $-x_1$ dasselbe Zeichen haben. Dann ist nach den bisherigen Feststellungen

$$(x_1 + x_2)\mathfrak{A} + (-x_1)\mathfrak{A} = x_2\mathfrak{A}.$$

Addiert man auf beiden Seiten $x_1\mathfrak{A}$ und bedenkt, daß $(-x_1)\mathfrak{A}$ und $x_1\mathfrak{A}$ als Summe einen Nullvektor (Vektor von der Länge Null) ergeben, den man, wo er als Summand auftritt, ohne weiteres fortlassen kann, so findet man die Gleichung (V).

Über die **Subtraktion** der Vektoren ist nicht viel zu sagen. Die Differenz $\mathfrak{A} - \mathfrak{B}$ wird einfach als Summe der beiden Vektoren $\mathfrak{A}$ und $-\mathfrak{B}$ erklärt. Läßt man $\mathfrak{A}$ und $\mathfrak{B}$ beide von demselben Punkte O ausgehen, so daß $\mathfrak{A} = OP$, $\mathfrak{B} = OQ$ ist, so wird $-\mathfrak{B} = QO$, also (unter Benutzung von (II))

$$\mathfrak{A} + (-\mathfrak{B}) = QO + OP = QP.$$

Der Vektor $\mathfrak{A} - \mathfrak{B}$ geht also vom Endpunkt der subtrahierten zum Endpunkt der andern Strecke.

§ 4. Basisdarstellung der Vektoren.

$\mathfrak{A}$, $\mathfrak{B}$, $\mathfrak{C}$ seien drei Vektoren, die **nicht komplanar** sind. Damit meinen wir, daß sie sich nicht durch Translationen in eine gemeinsame Ebene bringen lassen. Wenn man drei solche Vektoren durch Parallelverschiebungen nach demselben Ursprung bringt ($\mathfrak{A} = OA$, $\mathfrak{B} = OB$, $\mathfrak{C} = OC$), so fallen sie nicht in eine Ebene, d. h. es gibt keine Ebene, welche die Punkte O, A, B, C enthält.

Nun sei $\mathfrak{B}$ ein beliebiger Vektor. Wir können ihn nach O verschieben, so daß $\mathfrak{B} = OP$ wird. Die durch P zu OC gezogene Parallele schneidet die Ebene OAB in einem Punkte Q (vgl. Fig. 4) gerade deshalb, weil OC nicht in die genannte Ebene fällt. Die durch Q zu OB gezogene Parallele trifft die Gerade OA in einem Punkte R, weil OB nicht in dieser Geraden enthalten ist. Dadurch, daß wir OA, OB, OC als nichtkomplanar voraussetzen, wird zugleich ausgeschlossen, daß zwei von diesen Strecken derselben Geraden angehören oder, wie man zu sagen pflegt, **kollinear** sind. Deshalb konnten wir auch von der Ebene OAB reden.

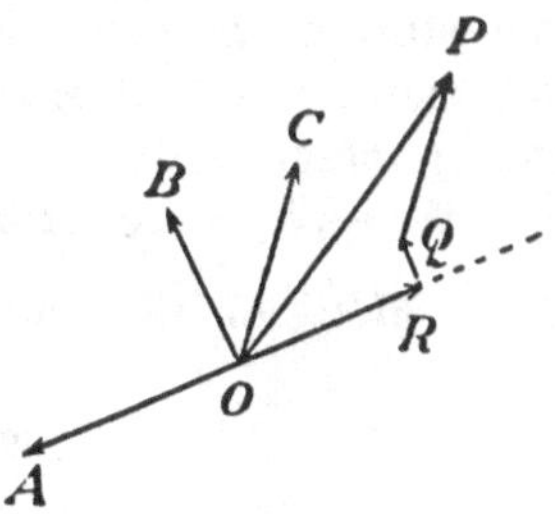

Fig. 4.

Offenbar ist jetzt

$$OP = OR + RQ + QP.$$

Die drei Strecken, in die OP hier zerlegt erscheint, sind parallel zu OA, OB, OC und können in der Form xOA, yOB, zOC geschrieben werden. Es gilt also die Darstellung

$$\mathfrak{B} = x\mathfrak{A} + y\mathfrak{B} + z\mathfrak{C}. \tag{1}$$

Jeder Vektor $\mathfrak{B}$ läßt sich somit aus den drei Grundvektoren $\mathfrak{A}$, $\mathfrak{B}$, $\mathfrak{C}$ aufbauen. Diese Darstellung bezeichnen wir als **Basisdarstellung** des Vektors $\mathfrak{B}$. Die Vektoren $\mathfrak{A}$, $\mathfrak{B}$, $\mathfrak{C}$ bilden die **Basis**. Die einzige Bedingung, der sie unterliegen, ist die, daß sie nicht komplanar sein dürfen.

Wenn der Vektor $\mathfrak{B}$ mit $\mathfrak{A}$ und $\mathfrak{B}$ komplanar ist, so fällt OP in die Ebene OAB. Die Punkte P und Q rücken zusammen, und man hat

$$OP = OQ = OR + RQ,$$

d. h.

$$\mathfrak{B} = x\mathfrak{A} + y\mathfrak{B}.$$

Jeder mit $\mathfrak{A}$ und $\mathfrak{B}$ komplanare Vektor läßt sich also aus den beiden Grundvektoren $\mathfrak{A}$, $\mathfrak{B}$ aufbauen. Diese dürfen nicht kollinear sein, sind aber sonst keiner Bedingung unterworfen. Wenn man mit zwei beliebigen Zahlen x, y den Vektor $x\mathfrak{A} + y\mathfrak{B}$ bildet, so ist er mit $\mathfrak{A}$ und $\mathfrak{B}$ komplanar. In der Tat wird $xOA = OA'$, wobei A' der Geraden OA angehört, ebenso $yOB = OB'$, wobei B' auf der Geraden OB liegt. Wenn man aber OA', OB' zu einem Streckenzug zusammenschiebt, so bleibt man in der Ebene OAB.

Wenn der Vektor $\mathfrak{B}$ mit $\mathfrak{A}$ kollinear ist, also dieselbe oder die entgegengesetzte Richtung wie $\mathfrak{A}$ hat, so wird

$$\mathfrak{B} = x\mathfrak{A}.$$

Die einzige Bedingung, die der Vektor $\mathfrak{A}$ erfüllen muß, ist die, daß seine Länge nicht null sein darf.

Wir kehren jetzt zu der Darstellung (1) zurück, um die Bemerkung zu machen, daß $\mathfrak{B}$ nur auf eine Weise in der Form (1) ausgedrückt werden kann. Wäre nämlich

$$x\mathfrak{A} + y\mathfrak{B} + z\mathfrak{C} = x'\mathfrak{A} + y'\mathfrak{B} + z'\mathfrak{C},$$

so hätte man

$$(x - x')\mathfrak{A} = (y' - y)\mathfrak{B} + (z' - z)\mathfrak{C}.$$

Wir stützen uns dabei auf die Rechnungsregel (V) und benutzen zugleich, daß man einen Nullvektor in einer Summe fortlassen kann. Die neue Gleichung kommt dadurch zustande, daß in der alten beiderseits die Vektoren $-x'\mathfrak{A}$, $-y\mathfrak{B}$, $-z\mathfrak{C}$ addiert werden. Wäre nun $x - x' \neq 0$, so ergäbe sich durch Multiplikation mit $\frac{1}{x - x'}$, unter Benutzung der Rechnungsregel (I)

$$\mathfrak{A} = \frac{y' - y}{x - x'}\,\mathfrak{B} + \frac{z' - z}{x - x'}\,\mathfrak{C}.$$

Diese Gleichung würde aber bedeuten, daß $\mathfrak{A}$ mit $\mathfrak{B}$ und $\mathfrak{C}$ komplanar ist, was wir gerade ausschließen. Es muß also $x - x' = 0$ sein. Ebenso folgt $y - y' = 0$, $z - z' = 0$. Damit ist die Eindeutigkeit der Basisdarstellung bewiesen.

Genau ebenso ergibt sich, daß ein mit $\mathfrak{A}$ und $\mathfrak{B}$ komplanarer Vektor nur auf eine Weise in der Form $x\mathfrak{A} + y\mathfrak{B}$ ausgedrückt werden kann und ein mit $\mathfrak{A}$ kollinearer Vektor nur auf eine Weise in der Form $x\mathfrak{A}$. Vorausgesetzt wird dabei, daß $\mathfrak{A}$ und $\mathfrak{B}$ nicht kollinear sind, und im letzten Falle, daß $\mathfrak{A}$ kein Nullvektor ist. Nullvektoren werden, wie wir bei dieser Gelegenheit bemerken wollen, durch eine Null dargestellt. Die Gleichung $\mathfrak{B} = 0$ besagt, daß $\mathfrak{B}$ ein Nullvektor (Vektor von der Länge 0) ist.

Wenn man einen Vektor $\mathfrak{B}$ in der Form (1) dargestellt hat, so heißen die drei Zahlen x, y, z seine Koordinaten in bezug auf die Basis $\mathfrak{A}$, $\mathfrak{B}$, $\mathfrak{C}$. Die drei Summanden $x\mathfrak{A}$, $y\mathfrak{B}$, $z\mathfrak{C}$ werden als die Komponenten von $\mathfrak{B}$ bezeichnet, $x\mathfrak{A}$ als die $\mathfrak{A}$-Komponente, $y\mathfrak{B}$ als die $\mathfrak{B}$-Komponente, $z\mathfrak{C}$ als die $\mathfrak{C}$-Komponente. Durch die Basisdarstellung sind wir zu einer zahlenmäßigen Kennzeichnung der Vektoren gelangt. Jedem Vektor entspricht, wenn wir eine Basis $\mathfrak{A}, \mathfrak{B}, \mathfrak{C}$ zugrunde legen, ein geordnetes Zahlentripel x, y, z und umgekehrt. Die Vektoren des Raumes sind, so können wir sagen, auf die Gesamtheit der geordneten Zahlentripel abbildbar.

Läßt man alle Vektoren von einem festen Punkt O ausgehen und ist $\mathfrak{A} = OA$, $\mathfrak{B} = OB$, $\mathfrak{C} = OC$ und $\mathfrak{V} = OP$, so werden x, y, z als die Koordinaten des Punktes P in bezug auf die Grundstrecken OA, OB, OC bezeichnet. Man erhält diese Koordinaten, wenn man den Ortsvektor OP des Punktes P mittels der Basisvektoren OA, OB, OC darstellt:

$$OP = xOA + yOB + zOC.$$

Hiermit ist die Grundlage für die analytische Geometrie des Raumes gewonnen. Besonders wichtig ist der Fall, wo die Grundstrecken OA, OB, OC die Länge 1 haben und paarweise aufeinander senkrecht stehen. Gewöhnlich wählt man die Strecken so, daß sie ein Rechtssystem bilden, also so zueinander liegen, wie das rechte Bein, das linke Bein und der Oberkörper eines breitbeinig sitzenden Menschen (vgl. Fig. 5).

Fig. 5.

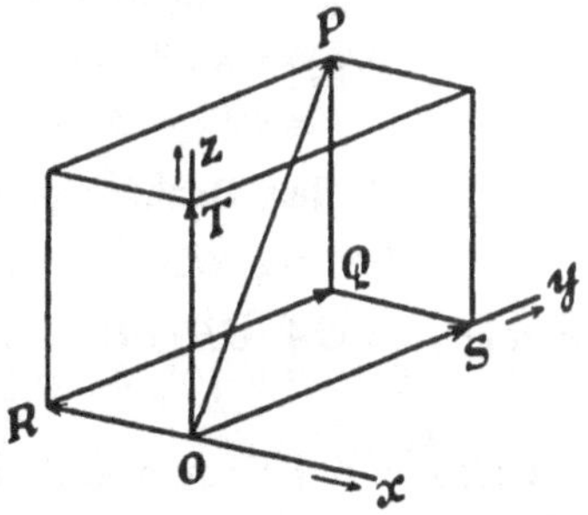

Fig. 6.

Wenn OA, OB, OC orthogonale Einheitsstrecken sind, heißen x, y, z die rechtwinkligen cartesischen Koordinaten des Punktes P. Die Geraden OA, OB, OC werden als die Koordinatenachsen bezeichnet und als x-Achse, y-Achse und z-Achse voneinander unterschieden. Auf jeder dieser Achsen gibt es eine positive Richtung, die von O nach A oder B oder C hinweist. Man zeichnet gewöhnlich nur die positiven Hälften der Achsen, die von O über A, B, C hinausführen. Die Komponenten des Ortsvektors OP sind nichts anderes als die Projektionen von OP auf die Koordinatenachsen (vgl. Fig. 6). Man sieht in der Tat sofort, daß $OS = RQ$, $OT = QP$ ist, also

$$OP = OR + OS + OT.$$

Die x-Koordinate des Punktes P läßt sich offenbar auch als die mit einem gewissen Vorzeichen versehene Länge der Strecke OR erklären, und zwar ist dieses Zeichen $+$ oder $-$, je nachdem OR (von O nach R durchlaufen) der positiven oder der negativen Richtung der x-Achse folgt. Ähnliches gilt für y und z. Die positiven Achsenrichtungen sind durch beigesetzte Pfeile markiert.

Will man analytische Geometrie in einer Ebene treiben, so braucht man nur zwei in der Ebene liegende Grundstrecken OA, OB. Der Ortsvektor OP jedes Punktes der Ebene läßt sich in der Form $xOA + yOB$ ausdrücken. x, y sind die Koordinaten des Punktes P. Auch hier ist der Fall besonders wichtig, wo OA und OB zueinander orthogonal sind und die Länge 1 haben. Man spricht dann von rechtwinkligen cartesischen Koordinaten. x heißt gewöhnlich die Abszisse, y die Ordinate des Punktes P.

§ 5. Homogene Koordinaten für die Punkte einer Ebene und einer Geraden.

Wenn eine Ebene α vorliegt und O ein Punkt außerhalb α ist, so kann man durch O drei beliebige nichtkomplanare Strecken OA, OB, OC legen. Jede von O ausgehende Strecke OP kann in der Form $xOA + yOB + zOC$ dargestellt werden. Sie schneidet, genügend verlängert, die Ebene α in einem Punkte P^*. Die drei Zahlen x, y, z werden als homogene Koordinaten des Punktes P^* bezeichnet. Es ist klar, daß zwei Geraden OP und OP_1 dann und nur dann denselben Schnittpunkt mit α haben, wenn OP und OP_1 kollinear sind, d. h. $OP_1 = kOP$. Ist nun

$$OP_1 = x_1 OA + y_1 OB + z_1 OC\,,$$

so wäre also nach den Rechnungsregeln (IV) und (I)

$$x_1 OA + y_1 OB + z_1 OC = kx\,OA + ky\,OB + kz\,OC\,.$$

Hieraus folgt, da OA, OB, OC nicht komplanar sind,

$$x_1 = kx, \quad y_1 = ky, \quad z_1 = kz.$$

Man sieht also, daß die homogenen Koordinaten bis auf einen Faktor k festliegen. Daß hier ein solcher willkürlicher Faktor hineinkommt, hat die Benennung „homogene“ Koordination veranlaßt.

Die Schnittpunkte der Geraden OA, OB, OC mit α, die wir mit A^*, B^*, C^* bezeichnen, nennt man die Grundpunkte der Ebene α. Die Koordinaten von A^* sind proportional zu 1, 0, 0, die von B^* zu 0, 1, 0, die von C^* zu 0, 0, 1. Der Punkt von α, dessen Koordinaten proportional zu 1, 1, 1 sind, wird als Einheitspunkt bezeichnet. Setzt man

$$OA + OB + OC = OE,$$

so ist er der Punkt E^*, in welchem die Gerade OE die Ebene α trifft. Sind A^*, B^*, C^*, E^* bekannt und hat man den Punkt O, so lassen sich OA, OB, OC bis auf einen Proportionalitätsfaktor bestimmen. Es ist nämlich $OA = aOA^*$, $OB = bOB^*$, $OC = cOC^*$ und andererseits $OE = \lambda OE^*$. Also muß folgende Gleichung stattfinden:

$$aOA^* + bOB^* + cOC^* = \lambda OE^*.$$

Man ersieht hieraus, daß sich a, b, c zueinander verhalten wie die Koordinaten des Vektors OE^* in bezug auf die Basis OA^*, OB^*, OC^*. Damit sind OA, OB, OC bis auf einen Proportionalitätsfaktor, der hier offenbar belanglos ist, festgelegt.

Auch auf einer Geraden kann man in ganz entsprechender Weise homogene Punktkoordinaten einführen. Wir wollen hierauf näher eingehen, um gleichzeitig zu zeigen, wie mit Hilfe der homogenen Koordinaten das Unendlichferne erfaßt werden kann. Entsprechendes gilt natürlich für die Ebene. Um auf der Geraden g homogene Koordinaten einzuführen, benutzen wir einen Punkt O, der außerhalb der Geraden liegt, und zwei Strecken OA und OB in der Ebene O, g, die nicht kollinear sind. Jede von O ausgehende Strecke $OP = xOA + yOB$ trifft in ihrer Verlängerung die Gerade g in einem Punkte P^*, als dessen homogene Koordinaten x und y definiert werden. Sie sind nur bis auf einen gemeinsamen Faktor bestimmt, weil OP mit einem beliebigen Faktor versehen werden kann. Wenn OP zu der Geraden g parallel wird, rückt P^* ins Unendliche. Wir betrachten in diesem Falle die Größen x, y als die homogenen Koordinaten des unendlich fernen Punktes oder, wie wir kürzer sagen wollen, des Fernpunktes der Geraden g.

Wir wollen noch einmal zu der Ebene α zurückkehren, um zu zeigen, daß sich die rechtwinkligen cartesischen Koordinaten dem hier eingeführten allgemeineren Koordinatenbegriff unterordnen. In der Ebene α seien die rechtwinkligen Achsen $C\mathfrak{x}$, $C\mathfrak{y}$ gezeichnet. O sei ein Punkt außerhalb der Ebene α. Wir wählen die beiden ersten Grundstrecken OA, OB so, daß sie die Länge 1 haben und den positiven Achsenrichtungen $C\mathfrak{x}$, $C\mathfrak{y}$ folgen. Als dritte Grundstrecke benutzen wir OC (vgl. Fig. 7). Dann ist nach der Definition der cartesischen Koordinaten $\mathfrak{x}, \mathfrak{y}$

$$CP^* = \mathfrak{x}OA + \mathfrak{y}OB,$$

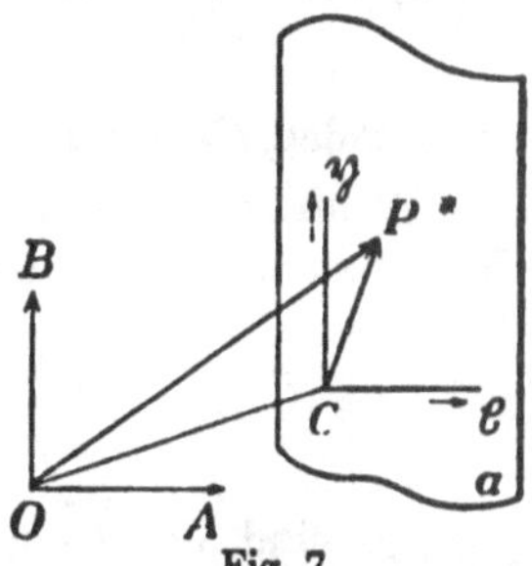

Fig. 7.

mithin

$$OP^* = OC + CP^* = \mathfrak{x}OA + \mathfrak{y}OB + OC.$$

Die homogenen Koordinaten von P^* sind nach der oben gegebenen Definition die Faktoren x, y, z, welche in der Basisdarstellung einer mit OP^* kollinearen oder, wie wir auch sagen, einer zu OP^* proportionalen Strecke OP auftreten. Sie sind also proportional zu $\mathfrak{x}$, $\mathfrak{y}$, 1. Wir nennen diese besondere Art homogener Koordinaten homogene cartesische Koordinaten. $\mathfrak{x}, \mathfrak{y}$ sind demgegenüber die inhomogenen cartesischen Koordinaten. Da x, y, z sich von $\mathfrak{x}$, $\mathfrak{y}$, 1 nur um einen Proportionalitätsfaktor unterscheiden, so ist

$$\mathfrak{x} = \frac{x}{z}, \quad \mathfrak{y} = \frac{y}{z}.$$

Man stelle sich nun vor, daß der Punkt P^* auf der Geraden CP^* ins Unendliche fortrückt. Dann wird die Gerade OP^* in eine Parallele zu dieser Geraden übergehen und wird also in die Ebene OAB fallen. Eine auf dieser Parallelen liegende Strecke OP läßt sich in der Form $xOA + yOB$ darstellen. Der Faktor z der dritten Grundstrecke ist null. Der unendlich ferne Punkt oder Fernpunkt der Geraden CP^* hat also die homogenen Koordinaten x, y, 0. Die beiden ersten, x und y, sind proportional zu den Koordinaten $\mathfrak{x}$, $\mathfrak{y}$ des

Vektors CP^*, also eines beliebigen Vektors auf der betrachteten Geraden. Man nennt zwei solche Zahlen Richtungskoeffizienten dieser Geraden. Alle zu CP^* parallelen Geraden der Ebene α haben denselben Fernpunkt. Die Fernpunkte der Ebene α sind, wie man sieht, dadurch gekennzeichnet, daß die dritte homogene cartesische Koordinate verschwindet.

§ 6. Übergang zu einer neuen Basis.

Wir haben gesehen, daß alle Vektoren sich aus drei nichtkomplanaren Grundvektoren $\mathfrak{A}$, $\mathfrak{B}$, $\mathfrak{C}$ aufbauen lassen. Für jeden Vektor $\mathfrak{V}$ gibt es drei Zahlen x, y, z, welche die Gleichung

$$\mathfrak{V} = x\mathfrak{A} + y\mathfrak{B} + zC$$

herbeiführen. $\mathfrak{A}$, $\mathfrak{B}$, $\mathfrak{C}$ nannten wir auch die Basisvektoren und x, y, z die Koordinaten des Vektors $\mathfrak{V}$ in bezug auf die Basis $\mathfrak{A}$, $\mathfrak{B}$, $\mathfrak{C}$.

Es entsteht nun die Frage, wie sich die Koordinaten x, y, z ändern, wenn man statt $\mathfrak{A}$, $\mathfrak{B}$, $\mathfrak{C}$ eine neue Basis $\mathfrak{A}'$, $\mathfrak{B}'$, $\mathfrak{C}'$ einführt. Wir wollen wissen, wie die in der Gleichung

$$\mathfrak{V} = x'\mathfrak{A}' + y'\mathfrak{B}' + z'\mathfrak{C}'$$

auftretenden Faktoren x', y', z' mit x, y, z zusammenhängen.

Wenn man die Vektoren $\mathfrak{A}'$, $\mathfrak{B}'$, $\mathfrak{C}'$ auf die Basis $\mathfrak{A}$, $\mathfrak{B}$, $\mathfrak{C}$ bezieht, so erhält man drei Gleichungen von folgender Gestalt:

$$\begin{aligned}
\mathfrak{A}' &= \alpha_1\mathfrak{A} + \beta_1\mathfrak{B} + \gamma_1\mathfrak{C},\\
\mathfrak{B}' &= \alpha_2\mathfrak{A} + \beta_2\mathfrak{B} + \gamma_2\mathfrak{C},\\
\mathfrak{C}' &= \alpha_3\mathfrak{A} + \beta_3\mathfrak{B} + \gamma_3\mathfrak{C}.
\end{aligned}$$

$\alpha_1, \beta_1, \gamma_1$ sind die Koordinaten des neuen Basisvektors $\mathfrak{A}'$ in bezug auf $\mathfrak{A}$, $\mathfrak{B}$, $\mathfrak{C}$, ebenso $\alpha_2, \beta_2, \gamma_2$ die des Vektors $\mathfrak{B}'$ und $\alpha_3, \beta_3, \gamma_3$ die des Vektors $\mathfrak{C}'$. Setzt man diese Ausdrücke in $x'\mathfrak{A}' + y'\mathfrak{B}' + z'\mathfrak{C}'$ ein, so ergibt sich unter Benutzung der Rechnungsregeln (I), (II), (III), (IV), (V)

$$\begin{aligned}
\mathfrak{V} = {} & (\alpha_1 x' + \alpha_2 y' + \alpha_3 z')\mathfrak{A}\\
& + (\beta_1 x' + \beta_2 y' + \beta_3 z')\mathfrak{B}\\
& + (\gamma_1 x' + \gamma_2 y' + \gamma_3 z')\mathfrak{C}.
\end{aligned}$$

Da die Basisdarstellung eindeutig ist, muß

$$\begin{aligned}
x &= \alpha_1 x' + \alpha_2 y' + \alpha_3 z',\\
y &= \beta_1 x' + \beta_2 y' + \beta_3 z',\\
z &= \gamma_1 x' + \gamma_2 y' + \gamma_3 z'
\end{aligned}$$

sein. Man nennt eine solche Beziehung zwischen x, y, z und x', y', z' eine lineare Transformation. Unser Ergebnis läßt sich also dahin aussprechen, daß beim Übergange zu einer neuen Basis die Vektorkoordinaten eine lineare Transformation erfahren, sich linear transformieren.

Aus demselben Grunde werden Gleichungen von folgender Form bestehen:

$$x' = a_1 x + a_2 y + a_3 z,$$
$$y' = b_1 x + b_2 y + b_3 z,$$
$$z' = c_1 x + c_2 y + c_3 z.$$

Diese lineare Transformation nennt man die Umkehrung der andern.

Auch die Gleichungen, die $\mathfrak{A}, \mathfrak{B}, \mathfrak{C}$ mit $\mathfrak{A}', \mathfrak{B}', \mathfrak{C}'$ verknüpfen, kann man als lineare Transformation ansehen. Nur werden hier nicht Zahlen, sondern Vektoren linear transformiert. Wir wollen uns in diesem Zusammenhang mit dem wichtigen Begriff der Matrix und der Multiplikation der Matrizen bekanntmachen. Zu diesem Zweck betrachten wir drei Tripel nichtkomplanarer Vektoren

$$\mathfrak{U}_1, \mathfrak{U}_2, \mathfrak{U}_3; \quad \mathfrak{V}_1, \mathfrak{V}_2, \mathfrak{V}_3; \quad \mathfrak{W}_1, \mathfrak{W}_2, \mathfrak{W}_3.$$

Beziehen wir die Vektoren $\mathfrak{U}_1, \mathfrak{U}_2, \mathfrak{U}_3$ auf die Basis $\mathfrak{V}_1, \mathfrak{V}_2, \mathfrak{V}_3$, so entstehen Gleichungen von der Form

$$(1) \qquad \begin{cases} \mathfrak{U}_1 = a_{11}\mathfrak{V}_1 + a_{12}\mathfrak{V}_2 + a_{13}\mathfrak{V}_3, \\ \mathfrak{U}_2 = a_{21}\mathfrak{V}_1 + a_{22}\mathfrak{V}_2 + a_{23}\mathfrak{V}_3, \\ \mathfrak{U}_3 = a_{31}\mathfrak{V}_1 + a_{32}\mathfrak{V}_2 + a_{33}\mathfrak{V}_3. \end{cases}$$

Beziehen wir $\mathfrak{V}_1, \mathfrak{V}_2, \mathfrak{V}_3$ auf die Basis $\mathfrak{W}_1, \mathfrak{W}_2, \mathfrak{W}_3$, so gelangen wir zu Darstellungen von folgender Gestalt:

$$(2) \qquad \begin{cases} \mathfrak{V}_1 = b_{11}\mathfrak{W}_1 + b_{12}\mathfrak{W}_2 + b_{13}\mathfrak{W}_3, \\ \mathfrak{V}_2 = b_{21}\mathfrak{W}_1 + b_{22}\mathfrak{W}_2 + b_{23}\mathfrak{W}_3, \\ \mathfrak{V}_3 = b_{31}\mathfrak{W}_1 + b_{32}\mathfrak{W}_2 + b_{33}\mathfrak{W}_3. \end{cases}$$

Endlich finden wir, wenn $\mathfrak{U}_1, \mathfrak{U}_2, \mathfrak{U}_3$ auf die Basis $\mathfrak{W}_1, \mathfrak{W}_2, \mathfrak{W}_3$ bezogen werden,

$$(3) \qquad \begin{cases} \mathfrak{U}_1 = c_{11}\mathfrak{W}_1 + c_{12}\mathfrak{W}_2 + c_{13}\mathfrak{W}_3, \\ \mathfrak{U}_2 = c_{21}\mathfrak{W}_1 + c_{22}\mathfrak{W}_2 + c_{23}\mathfrak{W}_3, \\ \mathfrak{U}_3 = c_{31}\mathfrak{W}_1 + c_{32}\mathfrak{W}_2 + c_{33}\mathfrak{W}_3. \end{cases}$$

Andererseits erhalten wir durch Einsetzen der Ausdrücke (2) in die Gleichungen (1) folgendes Ergebnis:

$$(3^*) \qquad \begin{cases} \mathfrak{U}_1 = (\Sigma a_{1\nu} b_{\nu 1})\mathfrak{W}_1 + (\Sigma a_{1\nu} b_{\nu 2})\mathfrak{W}_2 + (\Sigma a_{1\nu} b_{\nu 3})\mathfrak{W}_3, \\ \mathfrak{U}_2 = (\Sigma a_{2\nu} b_{\nu 1})\mathfrak{W}_1 + (\Sigma a_{2\nu} b_{\nu 2})\mathfrak{W}_2 + (\Sigma a_{2\nu} b_{\nu 3})\mathfrak{W}_3, \\ \mathfrak{U}_3 = (\Sigma a_{3\nu} b_{\nu 1})\mathfrak{W}_1 + (\Sigma a_{3\nu} b_{\nu 2})\mathfrak{W}_2 + (\Sigma a_{3\nu} b_{\nu 3})\mathfrak{W}_3. \end{cases}$$

Bei der durch Σ angedeuteten Summation durchläuft der Index die Werte 1, 2, 3.

Wegen der Eindeutigkeit der Basisdarstellung müssen nun die Koeffizienten in den Gleichungen (3) und (3*) übereinstimmen. Man faßt diese Übereinstimmung gewöhnlich in eine einzige Gleichung zusammen, die man folgendermaßen schreibt:

$$(4) \qquad \begin{pmatrix} c_{11} & c_{12} & c_{13} \\ c_{21} & c_{22} & c_{23} \\ c_{31} & c_{32} & c_{33} \end{pmatrix} = \begin{pmatrix} \Sigma a_{1\nu} b_{\nu 1}, & \Sigma a_{1\nu} b_{\nu 2}, & \Sigma a_{1\nu} b_{\nu 3} \\ \Sigma a_{2\nu} b_{\nu 1}, & \Sigma a_{2\nu} b_{\nu 2}, & \Sigma a_{2\nu} b_{\nu 3} \\ \Sigma a_{3\nu} b_{\nu 1}, & \Sigma a_{3\nu} b_{\nu 2}, & \Sigma a_{3\nu} b_{\nu 3} \end{pmatrix}.$$

Auf jeder Seite dieser Gleichung steht eine sogenannte dreireihige Matrix. Zwei solche Matrizen gelten dann und nur dann als gleich, wenn jedes Element der einen dem entsprechenden Element der andern gleich ist. Eine Gleichung zwischen zwei dreireihigen Matrizen stellt also eine Zusammenfassung von neun gewöhnlichen Gleichungen dar.

Die Elemente c erscheinen hier in besonderer Weise aus den Elementen a und b aufgebaut. Wir wollen die Zeilen der Matrix

$$\begin{pmatrix} a_{11} & a_{12} & a_{13} \\ a_{21} & a_{22} & a_{23} \\ a_{31} & a_{32} & a_{33} \end{pmatrix} \tag{5}$$

mit $a_{1\cdot}, a_{2\cdot}, a_{3\cdot}$ bezeichnen, die Spalten der Matrix

$$\begin{pmatrix} b_{11} & b_{12} & b_{13} \\ b_{21} & b_{22} & b_{23} \\ b_{31} & b_{32} & b_{33} \end{pmatrix} \tag{6}$$

mit $b_{\cdot 1}, b_{\cdot 2}, b_{\cdot 3}$. Ferner wollen wir

$$a_{\varrho 1}b_{1\sigma} + a_{\varrho 2}b_{2\sigma} + a_{\varrho 3}b_{3\sigma} = a_{\varrho\cdot}b_{\cdot\sigma}.$$

setzen und diesen Ausdruck die Zusammensetzung der Zeile $a_{\varrho\cdot}$ mit der Spalte $b_{\cdot\sigma}$ nennen. Diese Zusammensetzung kommt dadurch zustande, daß man jedes Element der Zeile $a_{\varrho\cdot}$ mit dem entsprechenden Element der Spalte $b_{\cdot\sigma}$ multipliziert und die Summe dieser Produkte bildet. Unter Benutzung dieser Symbole schreibt sich die Gleichung (4) in folgender Weise:

$$\begin{pmatrix} c_{11} & c_{12} & c_{13} \\ c_{21} & c_{22} & c_{23} \\ c_{31} & c_{32} & c_{33} \end{pmatrix} = \begin{pmatrix} a_{1\cdot}b_{\cdot 1}, & a_{1\cdot}b_{\cdot 2}, & a_{1\cdot}b_{\cdot 3} \\ a_{2\cdot}b_{\cdot 1}, & a_{2\cdot}b_{\cdot 2}, & a_{2\cdot}b_{\cdot 3} \\ a_{3\cdot}b_{\cdot 1}, & a_{3\cdot}b_{\cdot 2}, & a_{3\cdot}b_{\cdot 3} \end{pmatrix}. \tag{4*}$$

Man sieht jetzt deutlicher, wie die Elemente $c_{\varrho\sigma}$ aus den Elementen a und b entstehen. $c_{\varrho\sigma}$ ist nichts anderes als die Zusammensetzung der ϱ-ten Zeile der Matrix (5) mit der σ-ten Spalte der Matrix (6). Um die erste Zeile der Matrix (4*) zu erhalten, muß man die erste Zeile von (5) mit den Spalten von (6) zusammensetzen. Die zweite Zeile von (4*) ergibt sich, wenn man die zweite Zeile von (5) mit den Spalten von (6) zusammensetzt, und die dritte Zeile von (4*), wenn man dasselbe mit der dritten Zeile von (5) macht.

Weil nun die lineare Transformation (3) nichts anderes ist als die Aufeinanderfolge der linearen Transformationen (1) und (2) oder, wie man auch sagt, das Produkt dieser beiden Transformationen, pflegt man die Matrix (4) das Produkt der Matrizen (5) und (6) in dieser Reihenfolge zu nennen und dieses Produkt dadurch zu symbolisieren, daß man zuerst die Matrix (5) und rechts daneben die Matrix (6) aufschreibt. Man hat also

$$\begin{pmatrix} a_{11} & a_{12} & a_{13} \\ a_{21} & a_{22} & a_{23} \\ a_{31} & a_{32} & a_{33} \end{pmatrix} \begin{pmatrix} b_{11} & b_{12} & b_{13} \\ b_{21} & b_{22} & b_{23} \\ b_{31} & b_{32} & b_{33} \end{pmatrix} = \begin{pmatrix} a_{1\cdot}b_{\cdot 1}, & a_{1\cdot}b_{\cdot 2}, & a_{1\cdot}b_{\cdot 3} \\ a_{2\cdot}b_{\cdot 1}, & a_{2\cdot}b_{\cdot 2}, & a_{2\cdot}b_{\cdot 3} \\ a_{3\cdot}b_{\cdot 1}, & a_{3\cdot}b_{\cdot 2}, & a_{3\cdot}b_{\cdot 3} \end{pmatrix}. \tag{7}$$

Dies ist die wichtige Multiplikationsregel für Matrizen. Sie belehrt uns darüber, in welcher Weise sich lineare Transformationen zusammensetzen.

§ 7. Volumprodukt dreier Vektoren.

Wir betrachten drei Vektoren $\mathfrak{A}$, $\mathfrak{B}$, $\mathfrak{C}$, die wir uns durch Translationen nach demselben Ursprung O gebracht denken, so daß

$$\mathfrak{A} = OA, \quad \mathfrak{B} = OB, \quad \mathfrak{C} = OC$$

ist. Als Volumprodukt der Vektoren $\mathfrak{A}$, $\mathfrak{B}$, $\mathfrak{C}$ bezeichnen wir den Jnhalt des durch OA, OB, OC bestimmten Parallelepipeds, genommen mit dem Plus- oder Minuszeichen, je nachdem OA, OB, OC ein Rechtssystem oder ein Linkssystem bilden. Als Symbol für das Volumprodukt soll $[\mathfrak{A}\mathfrak{B}\mathfrak{C}]$ benutzt werden. Es sei daran erinnert, daß OA, OB, OC ein Rechtssystem bilden, wenn sie so zueinander liegen, wie das rechte Bein, das linke Bein und der Oberkörper eines breitbeinig sitzenden Menschen. Man halte sich an Fig. 5, die das sogenannte Koordinatenmännchen darstellt, das in der Ecke jedes Rechtssystems OA, OB, OC wohnt, sein rechtes Bein auf OA, sein linkes auf OB stützt und den Rücken gegen OC lehnt. Koordinatenmännchen heißt dieses Wesen, weil die rechtwinkligen cartesischen Achsen auch ein Rechtssystem bilden.

Das Volumprodukt $[\mathfrak{A}\mathfrak{B}\mathfrak{C}]$ hat die Eigenschaft, nur sein Zeichen zu wechseln, wenn man zwei der beteiligten Vektoren vertauscht. Wenn nämlich OA, OB, OC ein Rechtssystem bilden, so sind die Tripel OB, OA, OC und OC, OB, OA und OA, OC, OB Linkssysteme. Läßt man zwei solche Vertauschungen aufeinander folgen, so findet ein zweimaliger Zeichenwechsel statt und das Volumprodukt bleibt völlig ungeändert. $\mathfrak{B}$, $\mathfrak{C}$, $\mathfrak{A}$ entsteht aus $\mathfrak{A}$, $\mathfrak{B}$, $\mathfrak{C}$ dadurch, daß man zuerst unter Vertauschung von $\mathfrak{A}$ und $\mathfrak{B}$ zu $\mathfrak{B}$, $\mathfrak{A}$, $\mathfrak{C}$ übergeht und dann unter Vertauschung von $\mathfrak{A}$ und $\mathfrak{C}$ zu $\mathfrak{B}$, $\mathfrak{C}$, $\mathfrak{A}$. Es ist daher

$$[\mathfrak{B}\mathfrak{C}\mathfrak{A}] = [\mathfrak{A}\mathfrak{B}\mathfrak{C}].$$

Man nennt diese Aussage den Vertauschungssatz. Er stellt fest, daß bei zyklischer Vertauschung der beteiligten Vektoren das Volumprodukt ungeändert bleibt. Gegenüber der Tatsache, daß das Volumprodukt bei Auswechselung zweier Vektoren nur sein Zeichen ändert, bedeutet er nichts Neues. Auf Grund dieser Zeicheneigenschaft sagt man, das Volumprodukt sei eine alternierende Größe.

Man überzeugt sich leicht, daß die Volumprodukte

$$[\mathfrak{A}\mathfrak{B}\mathfrak{C}], \quad [\mathfrak{B}\mathfrak{C}\mathfrak{A}], \quad [\mathfrak{C}\mathfrak{A}\mathfrak{B}]$$

denselben Wert V haben und die Volumprodukte

$$[\mathfrak{A}\mathfrak{C}\mathfrak{B}], \quad [\mathfrak{B}\mathfrak{A}\mathfrak{C}], \quad [\mathfrak{C}\mathfrak{B}\mathfrak{A}]$$

den Wert $-V$. Es sind hiermit alle sechs Anordnungen oder Permutationen der Vektoren $\mathfrak{A}$, $\mathfrak{B}$, $\mathfrak{C}$ erschöpft. Sie zerfallen hier in zwei Klassen nach übereinstimmenden Volumprodukten. Wenn man in einer Permutation zwei Vektoren auswechselt, entsteht eine Permutation der andern Klasse, weil das Volumprodukt sein Zeichen ändert. Zwei Permutationen derselben Klasse hängen stets durch eine gerade Anzahl solcher Auswechselungen (Transpositionen) zusammen, zwei Permutationen verschiedener Klassen stets durch eine ungerade Anzahl. Es ist klar, daß man jede Permutation durch Transpositionen in jede andere überführen kann, weil es auf solche Weise möglich ist, jedes Element an eine beliebige Stelle zu bringen. Man kann diese Überführung auf vielerlei Arten machen, indem man zunächst ins Blaue hinein Transpositionen vornimmt und dann systematisch auf das Ziel losgeht. Wie man es auch einrichten mag, immer wird die Anzahl der Transpositionen bis auf ein Vielfaches von 2 dieselbe sein. Derselbe Satz gilt auch für Permutationen mit mehr als drei Elementen.

Wenn man in dem Volumprodukt $[\mathfrak{A}\mathfrak{B}\mathfrak{C}]$ einen der drei Vektoren mit einem Zahlenfaktor versieht, so multipliziert sich das Volumprodukt mit diesem Faktor. Da $[\mathfrak{A}\mathfrak{B}\mathfrak{C}]$, $[\mathfrak{B}\mathfrak{C}\mathfrak{A}]$, $[\mathfrak{C}\mathfrak{A}\mathfrak{B}]$ gleiche Werte haben, genügt es, die angegebene Eigenschaft für den dritten Vektor festzustellen, also zu zeigen, daß

$$(1) \qquad [\mathfrak{A}, \mathfrak{B}, k\mathfrak{C}] = k[\mathfrak{A}\mathfrak{B}\mathfrak{C}]$$

ist. Im Falle $k > 0$ hat das Tripel $\mathfrak{A}, \mathfrak{B}, k\mathfrak{C}$ denselben Charakter wie $\mathfrak{A}, \mathfrak{B}, \mathfrak{C}$. Außerdem ist klar, daß das Volumen des Parallelepipeds OA, OB, OC sich mit k multipliziert, wenn man die Strecke OC auf die k-fache Länge bringt. Andererseits bilden $\mathfrak{A}, \mathfrak{B}, -\mathfrak{C}$, nach gemeinsamem Ursprung verschoben, ein Parallelepiped desselben Inhalts wie $\mathfrak{A}, \mathfrak{B}, \mathfrak{C}$. Beide Tripel sind aber von entgegengesetztem Charakter. Mithin ist

$$[\mathfrak{A}, \mathfrak{B}, -\mathfrak{C}] = -[\mathfrak{A}\mathfrak{B}\mathfrak{C}].$$

Im Falle $k < 0$ wird $-k$ positiv sein. Daher hat man

$$[\mathfrak{A}, \mathfrak{B}, k\mathfrak{C}] = -[\mathfrak{A}, \mathfrak{B}, -k\mathfrak{C}] = (-1)(-k)[\mathfrak{A}\mathfrak{B}\mathfrak{C}] = k[\mathfrak{A}\mathfrak{B}\mathfrak{C}].$$

Damit ist der Beweis unserer Behauptung vollkommen erledigt. Im Falle $k = 0$ wird sie trivial.

Wenn in einem Volumprodukt einer der drei Vektoren eine Summe ist, so zerlegt sich das Produkt dementsprechend in zwei Summanden. Auch hier genügt es, den Beweis beim dritten Vektor durchzuführen und zu zeigen, daß

$$(2) \qquad [\mathfrak{A}, \mathfrak{B}, \mathfrak{C}_1 + \mathfrak{C}_2] = [\mathfrak{A}\mathfrak{B}\mathfrak{C}_1] + [\mathfrak{A}\mathfrak{B}\mathfrak{C}_2]$$

ist. Wären $\mathfrak{A}$ und $\mathfrak{B}$ kollinear, so würden sich alle drei Volumprodukte auf Null reduzieren und die Gleichung wäre erfüllt. Nehmen wir also an, daß $\mathfrak{A}$ und $\mathfrak{B}$ nicht kollinear sind, und sei $\mathfrak{C}$ ein dritter Vektor, der mit $\mathfrak{A}, \mathfrak{B}$ ein nichtkomplanares Tripel bildet. Wir können jetzt $\mathfrak{C}_1$ und $\mathfrak{C}_2$ auf die Basis $\mathfrak{A}, \mathfrak{B}, \mathfrak{C}$ beziehen und demgemäß schreiben

$$\mathfrak{C}_1 = x_1\mathfrak{A} + y_1\mathfrak{B} + z_1\mathfrak{C},$$
$$\mathfrak{C}_2 = x_2\mathfrak{A} + y_2\mathfrak{B} + z_2\mathfrak{C}.$$

Nach unsern Rechnungsregeln wird dann

$$\mathfrak{C}_1 + \mathfrak{C}_2 = (x_1 + x_2)\mathfrak{A} + (y_1 + y_2)\mathfrak{B} + z_1 + z_2)\mathfrak{C}.$$

Hierbei haben wir uns besonders auf die Regel (V) gestützt.

Nach Einsetzung der obigen Ausdrücke haben wir es mit Volumprodukten von der Form $[\mathfrak{A}, \mathfrak{B}, x\mathfrak{A} + y\mathfrak{B} + z\mathfrak{C}]$ zu tun. Ist nun $OA = \mathfrak{A}$,

$OB = \mathfrak{B}$, $OP = x\mathfrak{A} + y\mathfrak{B} + z\mathfrak{C}$ und $OQ = z\mathfrak{C}$, so gelangt man offenbar von Q nach P unter Zurücklegung einer Strecke, die gleich $x\mathfrak{A} + y\mathfrak{B}$ ist, also parallel zur Ebene OAB läuft. Die durch OA, OB, OP und durch OA, OB, OQ bestimmten Parallelepipede sind daher inhaltsgleich. Sie haben zur Basis das Parallelogramm aus OA und OB und zur Höhe die von P und Q auf dieses Parallelogramm gefällten Lote, welche beide gleich lang sind. Da sich OP und OQ auf derselben Seite der Ebene OAB befinden, werden die Tripel OA, OB, OP und OA, OB, OQ von gleichem Charakter sein. Es folgt also

$$[OA, OB, OP] = [OA, OB, OQ],$$

d. h.

$$[\mathfrak{A}, \mathfrak{B}, x\mathfrak{A} + y\mathfrak{B} + z\mathfrak{C}] = [\mathfrak{A}, \mathfrak{B}, z\mathfrak{C}].$$

Hiernach ist nun

$$\begin{aligned}[]
[\mathfrak{A}, \mathfrak{B}, \mathfrak{C}_1] &= [\mathfrak{A}, \mathfrak{B}, z_1\mathfrak{C}] = z_1[\mathfrak{A}\mathfrak{B}\mathfrak{C}],\\
[\mathfrak{A}, \mathfrak{B}, \mathfrak{C}_2] &= [\mathfrak{A}, \mathfrak{B}, z_2\mathfrak{C}] = z_2[\mathfrak{A}\mathfrak{B}\mathfrak{C}],\\
[\mathfrak{A}, \mathfrak{B}, \mathfrak{C}_1 + \mathfrak{C}_2] &= [\mathfrak{A}, \mathfrak{B}, (z_1 + z_2)\mathfrak{C}] = (z_1 + z_2)[\mathfrak{A}\mathfrak{B}\mathfrak{C}],
\end{aligned}$$

woraus sich die behauptete Gleichung unmittelbar ergibt.

Wir wollen nun zwei Vektorentripel $\mathfrak{U}_1$, $\mathfrak{U}_2$, $\mathfrak{U}_3$ und $\mathfrak{V}_1$, $\mathfrak{V}_2$, $\mathfrak{V}_3$ betrachten, die durch folgende Gleichungen verknüpft sind:

$$\begin{aligned}
\mathfrak{U}_1 &= a_{11}\mathfrak{V}_1 + a_{12}\mathfrak{V}_2 + a_{13}\mathfrak{V}_3,\\
\mathfrak{U}_2 &= a_{21}\mathfrak{V}_1 + a_{22}\mathfrak{V}_2 + a_{23}\mathfrak{V}_3,\\
\mathfrak{U}_3 &= a_{31}\mathfrak{V}_1 + a_{32}\mathfrak{V}_2 + a_{33}\mathfrak{V}_3.
\end{aligned}$$

Dann ist nach der Eigenschaft (2) und (1)

$$[\mathfrak{U}_1\mathfrak{U}_2\mathfrak{U}_3] = \Sigma[a_{1\varrho}\mathfrak{V}_\varrho, a_{2\sigma}\mathfrak{V}_\sigma, a_{3\tau}\mathfrak{V}_\tau] = \Sigma a_{1\varrho}a_{2\sigma}a_{3\tau}[\mathfrak{V}_\varrho\mathfrak{V}_\sigma\mathfrak{V}_\tau].$$

Wenn ϱ, σ, τ nicht alle verschieden sind, so verschwindet $[\mathfrak{V}_\varrho\mathfrak{V}_\sigma\mathfrak{V}_\tau]$. Man braucht also die Summation nur über alle sechs Permutationen von $1, 2, 3$ zu erstrecken. Ist ϱ, σ, τ eine gerade Permutation, d. h. von derselben Klasse wie $1, 2, 3$, so wird

$$[\mathfrak{V}_\varrho\mathfrak{V}_\sigma\mathfrak{V}_\tau] = [\mathfrak{V}_1\mathfrak{V}_2\mathfrak{V}_3],$$

ist ϱ, σ, τ eine ungerade Permutation, so hat man

$$[\mathfrak{V}_\varrho\mathfrak{V}_\sigma\mathfrak{V}_\tau] = -[\mathfrak{V}_1\mathfrak{V}_2\mathfrak{V}_3].$$

Wenn man unter $\operatorname{sgn}(\varrho, \sigma, \tau)$ die positive oder negative Einheit versteht, je nachdem ϱ, σ, τ und $1, 2, 3$ derselben Klasse oder verschiedenen Klassen angehören, so kann man schreiben

$$[\mathfrak{V}_\varrho\mathfrak{V}_\sigma\mathfrak{V}_\tau] = [\mathfrak{V}_1\mathfrak{V}_2\mathfrak{V}_3]\operatorname{sgn}(\varrho, \sigma, \tau).$$

Setzt man diesen Ausdruck ein, so wird

$$(3) \qquad [\mathfrak{U}_1\mathfrak{U}_2\mathfrak{U}_3] = [\mathfrak{V}_1\mathfrak{V}_2\mathfrak{V}_3]\,\Sigma\operatorname{sgn}(\varrho, \sigma, \tau)a_{1\varrho}a_{2\sigma}a_{3\tau}.$$

Wir stoßen hier auf den wichtigen Begriff der Determinante. Man nennt die Summe, die in obiger Formel als Faktor von $[\mathfrak{V}_1\mathfrak{V}_2\mathfrak{V}_3]$ erscheint, die Determinante der Matrix

$$\begin{pmatrix} a_{11} & a_{12} & a_{13}\\ a_{21} & a_{22} & a_{23}\\ a_{31} & a_{32} & a_{33} \end{pmatrix}$$

und benutzt dafür ein ähnliches Symbol wie für die Matrix, nur mit senkrechten Strichen statt der Klammern. Es ist also

$$(4)\qquad \begin{vmatrix} a_{11} & a_{12} & a_{13} \\ a_{21} & a_{22} & a_{23} \\ a_{31} & a_{32} & a_{33} \end{vmatrix} = \Sigma \operatorname{sgn}(\varrho, \sigma, \tau)\, a_{1\varrho} a_{2\sigma} a_{3\tau}.$$

Was an dieser Formel noch stört, ist die augenscheinliche Bevorzugung der ersten Indizes, die auf der rechten Seite in ihrer natürlichen Anordnung stehenbleiben, während die zweiten Indizes permutiert werden. Diese Bevorzugung läßt sich leicht beseitigen. Man hätte gleich zu Anfang schreiben können

$$[\mathfrak{U}_1 \mathfrak{U}_2 \mathfrak{U}_3] = \frac{1}{3!} \Sigma [\mathfrak{U}_\varrho \mathfrak{U}_\sigma \mathfrak{U}_\tau] \operatorname{sgn}(\varrho, \sigma, \tau)$$

$$= \frac{1}{3!} \Sigma a_{\varrho\varrho'} a_{\sigma\sigma'} a_{\tau\tau'} [\mathfrak{B}_{\varrho'} \mathfrak{B}_{\sigma'} \mathfrak{B}_{\tau'}] \operatorname{sgn}(\varrho, \sigma, \tau)$$

$$= \frac{1}{3!} \Sigma a_{\varrho\varrho'} a_{\sigma\sigma'} a_{\tau\tau'} \operatorname{sgn}(\varrho, \sigma, \tau) \operatorname{sgn}(\varrho', \sigma', \tau') [\mathfrak{B}_1 \mathfrak{B}_2 \mathfrak{B}_3].$$

Hierbei durchläuft sowohl ϱ, σ, τ als auch ϱ', σ', τ' alle sechs Permutationen von $1, 2, 3$. Es ergibt sich auf diese Weise folgende Darstellung der Determinante:

$$(4^*)\qquad \begin{vmatrix} a_{11} & a_{12} & a_{13} \\ a_{21} & a_{22} & a_{32} \\ a_{31} & a_{32} & a_{33} \end{vmatrix} = \frac{1}{3!} \Sigma \operatorname{sgn}(\varrho, \sigma, \tau) \operatorname{sgn}(\varrho', \sigma' \tau')\, a_{\varrho\varrho'} a_{\sigma\sigma'} a_{\tau\tau}\,.$$

Wenn $\mathfrak{B}_1, \mathfrak{B}_2, \mathfrak{B}_3$ drei orthogonale Einheitsvektoren sind, die ein Rechtssystem bilden, so sind $a_{\varrho 1}, a_{\varrho 2}, a_{\varrho 3}$ die cartesischen Koordinaten des Vektors $\mathfrak{U}_\varrho$. Da nun $[\mathfrak{B}_1 \mathfrak{B}_2 \mathfrak{B}_3] = 1$ wird, so erhalten wir aus Formel (3)

$$[\mathfrak{U}_1 \mathfrak{U}_2 \mathfrak{U}_3] = \begin{vmatrix} a_{11} & a_{12} & a_{13} \\ a_{21} & a_{22} & a_{23} \\ a_{31} & a_{32} & a_{33} \end{vmatrix}.$$

Das Volumprodukt dreier Vektoren ist also gleich der Determinante ihrer cartesischen Koordinaten, die man kurz die Koordinatendeterminante nennt.

Man kann auch die allgemeine Formel (3) leicht in Worte kleiden. Wenn man unter $\mathfrak{B}_1, \mathfrak{B}_2, \mathfrak{B}_3$ drei nichtkomplanare Vektoren versteht, so sind $a_{\varrho 1}, a_{\varrho 2}, a_{\varrho 3}$ die Koordinaten des Vektors $\mathfrak{U}_\varrho$ in bezug auf die Basis $\mathfrak{B}_1, \mathfrak{B}_2, \mathfrak{B}_3$. Die Determinante dieser Koordinaten ist nach (3) gleich dem Quotienten der beiden Volumprodukte $[\mathfrak{U}_1, \mathfrak{U}_2, \mathfrak{U}_3]$ und $[\mathfrak{B}_1 \mathfrak{B}_2 \mathfrak{B}_3]$, d. h. es gilt die Gleichung

$$(3^*)\qquad \frac{[\mathfrak{U}_1 \mathfrak{U}_2 \mathfrak{U}_3]}{[\mathfrak{B}_1 \mathfrak{B}_2 \mathfrak{B}_3]} = \begin{vmatrix} a_{11} & a_{12} & a_{13} \\ a_{21} & d_{22} & a_{33} \\ a_{31} & a_{32} & a_{33} \end{vmatrix}.$$

Auch die Matrix der a könnte man symbolisch als den Quotienten aus den beiden Vektorentripeln $\mathfrak{U}_1, \mathfrak{U}_2, \mathfrak{U}_3$ und $\mathfrak{B}_1, \mathfrak{B}_2, \mathfrak{B}_3$ betrachten. Jede Matrix läßt sich auf unendlich viele Weisen als Quotient zweier Vektorentripel auffassen. Man kann nämlich das Nennertripel $\mathfrak{V}_1, \mathfrak{V}_2, \mathfrak{V}_3$ beliebig wählen, nur darf es nicht aus komplanaren Vektoren bestehen. Das Zählertripel bilden dann die Vektoren

$$\mathfrak{U}_\varrho = a_{\varrho 1}\mathfrak{V}_1 + a_{\varrho 2}\mathfrak{V}_2 + a_{\varrho 3}\mathfrak{V}_3. \qquad (\varrho = 1, 2, 3).$$

Man kann die Elemente a leicht durch die Vektoren $\mathfrak{U}$ und $\mathfrak{V}$ ausdrücken. Nach den Regeln (1) und (2) hat man nämlich

$$[\mathfrak{U}_\varrho \mathfrak{V}_2 \mathfrak{V}_3] = a_{\varrho 1}[\mathfrak{V}_1 \mathfrak{V}_2 \mathfrak{V}_3],$$
$$[\mathfrak{V}_1 \mathfrak{U}_\varrho \mathfrak{V}_3] = a_{\varrho 2}[\mathfrak{V}_1 \mathfrak{V}_2 \mathfrak{V}_3],$$
$$[\mathfrak{V}_1 \mathfrak{V}_2 \mathfrak{U}_\varrho] = a_{\varrho 3}[\mathfrak{V}_1 \mathfrak{V}_2 \mathfrak{V}_3],$$

wobei auch die Eigenschaft benutzt worden ist, daß ein Volumprodukt verschwindet, wenn darin ein Vektor mehrfach auftritt. Z. B. hat man

$$[\mathfrak{U}_\varrho \mathfrak{V}_2 \mathfrak{V}_3] = a_{\varrho 1}[\mathfrak{V}_1 \mathfrak{V}_2 \mathfrak{V}_3] + a_{\varrho 2}[\mathfrak{V}_2 \mathfrak{V}_2 \mathfrak{V}_3] + a_{\varrho 3}[\mathfrak{V}_3 \mathfrak{V}_2 \mathfrak{V}_3],$$

die beiden letzten Glieder sind aber gleich Null.

§ 8. Haupteigenschaften der Determinanten.

Aus Formel (3*) in § 7 lassen sich die wichtigsten Eigenschaften der Determinanten unmittelbar ablesen. Man muß sich nur vor Augen halten, daß zwischen den beiden Vektorentripeln $\mathfrak{U}_1, \mathfrak{U}_2, \mathfrak{U}_3$ und $\mathfrak{V}_1, \mathfrak{V}_2, \mathfrak{V}_3$ die Beziehung

$$\mathfrak{U}_1 = a_{11}\mathfrak{V}_1 + a_{12}\mathfrak{V}_2 + a_{13}\mathfrak{V}_3,$$
$$\mathfrak{U}_2 = a_{21}\mathfrak{V}_1 + a_{22}\mathfrak{V}_2 + a_{23}\mathfrak{V}_3,$$
$$\mathfrak{U}_3 = a_{31}\mathfrak{V}_1 + a_{32}\mathfrak{V}_2 + a_{33}\mathfrak{V}_3$$

besteht. Wenn man zwei Vektoren $\mathfrak{U}$ vertauscht, so läuft dies hinaus auf eine Vertauschung zweier Determinantenzeilen. Da hierbei $[\mathfrak{U}_1 \mathfrak{U}_2 \mathfrak{U}_3]$ nur sein Zeichen wechselt, so gilt folgender Satz:

Wenn man in einer Determinante zwei Zeilen vertauscht, wechselt sie nur ihr Zeichen.

Dasselbe gilt, wenn man zwei Spalten der Determinante vertauscht. Es müssen dann, damit die Ausdrücke $\mathfrak{U}$ erhalten bleiben, die entsprechenden Vektoren $\mathfrak{V}$ ausgetauscht werden. Dabei schlägt das Zeichen von $[\mathfrak{V}_1 \mathfrak{V}_2 \mathfrak{V}_3]$ um, also nach Formel (3*) auch das der Determinante.

Wenn man die Elemente $a_{\varrho 1}, a_{\varrho 2}, a_{\varrho 3}$ mit dem Faktor k versieht, so tritt offenbar an die Stelle des Vektors $\mathfrak{U}_\varrho$ der Vektor $k\,\mathfrak{U}_\varrho$. Wie wir aus der Regel (1) wissen, multipliziert sich dann $[\mathfrak{U}_1 \mathfrak{U}_2 \mathfrak{U}_3]$ ebenfalls mit k. Es gilt also folgender Satz:

Wenn man in einer Determinante alle Elemente einer Zeile mit dem Faktor k versieht, multipliziert sich die Determinante mit k.

Derselbe Satz gilt für die Spalten der Determinante. Wenn man nämlich $\mathfrak{V}_\varrho$ durch $k^{-1}\mathfrak{V}_\varrho$ ersetzt und zugleich die Elemente der ϱ-ten Spalte mit dem Faktor k versieht, bleiben die Ausdrücke $\mathfrak{U}_1, \mathfrak{U}_2, \mathfrak{U}_3$ offenbar ungeändert. Da $[\mathfrak{V}_1 \mathfrak{V}_2 \mathfrak{V}_3]$ den Faktor k^{-1} erhält, so tritt zur linken Seite der Gleichung (3*) der Faktor k, folglich auch zur rechten Seite.

Wenn man die Elemente $a_{\varrho 1}, a_{\varrho 2}, a_{\varrho 3}$ durch $a_{\varrho 1} + \lambda a_{\sigma 1}, a_{\varrho 2} + \lambda a_{\sigma 2}, a_{\varrho 3} + \lambda a_{\sigma 3}$ ersetzt, so bedeutet dies nichts anderes als die Umwandlung von $\mathfrak{U}_\varrho$ in $\mathfrak{U}_\varrho + \lambda \mathfrak{U}_\sigma$. Da hierbei $[\mathfrak{U}_1 \mathfrak{U}_2 \mathfrak{U}_3]$ ungeändert bleibt, so gilt dasselbe von der Determinante.

Die Determinante bleibt ungeändert, wenn man zu einer Zeile die mit λ multiplizierten Elemente einer andern Zeile addiert.

Ersetzt man die Elemente $a_{1\varrho}, a_{2\varrho}, a_{3\varrho}$ durch $a_{1\varrho} + \lambda a_{1\sigma}, a_{2\varrho} + \lambda a_{2\sigma}, a_{3\varrho} + \lambda a_{3\sigma}$ und zugleich den Vektor $\mathfrak{B}_\sigma$ durch $\mathfrak{B}_\sigma - \lambda \mathfrak{B}_\varrho$, so bleiben die Ausdrücke $\mathfrak{U}_1, \mathfrak{U}_2, \mathfrak{U}_3$ ungeändert. Auch $[\mathfrak{B}_1 \mathfrak{B}_2 \mathfrak{B}_3]$ ändert sich nicht. Dasselbe gilt also von der Determinante, d. h. der obige Satz überträgt sich auf die Spalten.

Daß alle drei Sätze, die wir zunächst für die Zeilen der Determinante ausgesprochen haben, auch für die Spalten in Kraft bleiben, beruht auf einer allgemeinen Eigenschaft der Determinanten, die wir jetzt an Hand der Formel (4*) des vorigen Paragraphen beweisen werden.

Zwei Matrizen

$$\begin{pmatrix} a_{11} & a_{12} & a_{13} \\ a_{21} & a_{22} & a_{23} \\ a_{31} & a_{32} & a_{33} \end{pmatrix}, \qquad \begin{pmatrix} b_{11} & b_{12} & b_{13} \\ b_{21} & b_{22} & b_{23} \\ b_{31} & b_{32} & b_{33} \end{pmatrix}$$

nennen wir zueinander spiegelbildlich, wenn die Relationen $b_{\varrho\sigma} = a_{\sigma\varrho}$ bestehen. Die eine Matrix entsteht aus der andern durch Spiegelung an der Hauptdiagonale, auf welcher die Elemente a_{11}, a_{22}, a_{33} bezw. b_{11}, b_{22}, b_{33} liegen. Solche Matrizen haben, wie wir uns jetzt überzeugen werden, gleiche Determinanten. Nach Formel (4*) ist die Determinante der a-Matrix in der Form

$$\frac{1}{3!} \Sigma \operatorname{sgn}(\varrho, \sigma, \tau) \operatorname{sgn}(\varrho', \sigma', \tau')\, a_{\varrho\varrho'} a_{\sigma\sigma'} a_{\tau\tau'}$$

darstellbar, die b-Matrix in der Form

$$\frac{1}{3!} \Sigma \operatorname{sgn}(\varrho', \sigma', \tau') \operatorname{sgn}(\varrho, \sigma, \tau)\, b_{\varrho'\varrho} b_{\sigma'\sigma} b_{\tau'\tau}\,.$$

Bei der Summation durchläuft sowohl ϱ, σ, τ als auch ϱ', σ', τ' alle Permutationen von 1, 2, 3. Da $b_{\varrho'\varrho} = a_{\varrho\varrho'}$, $b_{\sigma'\sigma} = a_{\sigma\sigma'}$, $b_{\tau'\tau} = a_{\tau\tau'}$ ist, so stimmen beide Summen vollkommen überein. Es ist also

$$\begin{vmatrix} a_{11} & a_{12} & a_{13} \\ a_{21} & a_{22} & a_{23} \\ a_{31} & a_{32} & a_{33} \end{vmatrix} = \begin{vmatrix} a_{11} & a_{21} & a_{31} \\ a_{12} & a_{22} & a_{32} \\ a_{13} & a_{23} & a_{33} \end{vmatrix}.$$

Man nennt diesen Satz auch den Umklappungssatz. Die eine Matrix entsteht aus der andern durch Umklappen um die Hauptdiagonale.

Offenbar sind die Zeilen der einen Determinante die Spalten der andern. Hierauf beruht es, daß Sätze, die von Zeilen handeln, sich unmittelbar in Sätze über Spalten der Determinante verwandeln.

Wir wollen, ehe wir weitergehen, noch zwei Folgerungen der bisherigen Determinantensätze hervorheben, die sich ebensoleicht direkt mit Hilfe der Formel (3*) beweisen lassen.

Wenn in einer Determinante zwei Zeilen oder zwei Spalten übereinstimmen, ist die Determinante gleich Null.

Vertauscht man nämlich die beiden übereinstimmenden Zeilen oder Spalten, so hat man dieselbe Determinante vor sich. Andererseits schlägt aber bei einer solchen Operation das Zeichen um. Beides läßt sich nur dann miteinander vereinigen, wenn die Determinante verschwindet.

Wenn in einer Determinante alle Elemente einer Zeile oder einer Spalte Nullen sind, ist die Determinante ebenfalls gleich Null. Der in allen jenen Elementen enthaltene Faktor Null tritt nämlich vor die Determinante.

Nun kommen wir zu dem sogenannten *Additionssatz*. Wenn die Elemente a_{11}, a_{12}, a_{13} Binome sind, also

$$a_{11} = a'_{11} + a''_{11}, \quad a_{12} = a'_{12} + a''_{12}, \quad a_{13} = a'_{13} + a''_{13}.$$

so ist der Vektor

$$\mathfrak{U}_1 = a_{11}\mathfrak{B}_1 + a_{12}\mathfrak{B}_2 + a_{13}\mathfrak{B}_3$$

die Summe der beiden Vektoren

$$\mathfrak{U}'_1 = a'_{11}\mathfrak{B}_1 + a'_{12}\mathfrak{B}_2 + a'_{13}\mathfrak{B}_3,$$
$$\mathfrak{U}''_1 = a''_{11}\mathfrak{B}_1 + a''_{12}\mathfrak{B}_2 + a''_{13}\mathfrak{B}_3.$$

Infolgedessen ist

$$[\mathfrak{U}_1\mathfrak{U}_2\mathfrak{U}_3] = [\mathfrak{U}'_1\mathfrak{U}_2\mathfrak{U}_3] + [\mathfrak{U}''_1\mathfrak{U}_2\mathfrak{U}_3].$$

Andererseits hat man

$$\frac{[\mathfrak{U}_1\mathfrak{U}_2\mathfrak{U}_3]}{[\mathfrak{B}_1\mathfrak{B}_2\mathfrak{B}_3]} = \begin{vmatrix} a_{11} & a_{12} & a_{13} \\ a_{21} & a_{22} & a_{23} \\ a_{31} & a_{32} & a_{33} \end{vmatrix},$$

ebenso aber auch

$$\frac{[\mathfrak{U}'_1\mathfrak{U}_2\mathfrak{U}_3]}{[\mathfrak{B}_1\mathfrak{B}_2\mathfrak{B}_3]} = \begin{vmatrix} a'_{11} & a'_{12} & a'_{13} \\ a_{21} & a_{22} & a_{23} \\ a_{31} & a_{32} & a_{33} \end{vmatrix}$$

und

$$\frac{[\mathfrak{U}''_1\mathfrak{U}_2\mathfrak{U}_3]}{[\mathfrak{B}_1\mathfrak{B}_2\mathfrak{B}_3]} = \begin{vmatrix} a''_{11} & a''_{12} & a''_{13} \\ a_{21} & a_{22} & a_{23} \\ a_{31} & a_{32} & a_{33} \end{vmatrix}.$$

Also folgt

$$\begin{vmatrix} a_{11} & a_{12} & a_{13} \\ a_{21} & a_{22} & a_{23} \\ a_{31} & a_{32} & a_{33} \end{vmatrix} = \begin{vmatrix} a'_{11} & a'_{22} & a'_{33} \\ a_{21} & a_{22} & a_{23} \\ a_{31} & a_{32} & a_{33} \end{vmatrix} + \begin{vmatrix} a''_{11} & a''_{12} & a''_{13} \\ a_{21} & a_{22} & a_{23} \\ a_{31} & a_{32} & a_{33} \end{vmatrix}.$$

Entsprechendes gilt, wenn in der zweiten oder dritten Zeile Binome stehen. Es besteht somit folgender Satz:

Zwei Determinanten, die nur in der ϱ-ten Zeile verschieden sind, werden addiert, indem man die beiden abweichenden Zeilen zusammenfaßt.

Dasselbe gilt für die Spalten.

Nun kommen wir zu dem berühmten Multiplikationssatz der Determinanten. $\mathfrak{W}_1, \mathfrak{W}_2, \mathfrak{W}_3$ seien drei nichtkomplanare Vektoren. Außerdem sollen zwei andere Vektorentripel $\mathfrak{V}_1, \mathfrak{V}_2, \mathfrak{V}_3$ und $\mathfrak{U}_1, \mathfrak{U}_2, \mathfrak{U}_3$ durch die Gleichungen

$$\begin{aligned}
\mathfrak{V}_1 &= b_{11}\mathfrak{W}_1 + b_{12}\mathfrak{W}_2 + b_{13}\mathfrak{W}_3\,,\\
\mathfrak{V}_2 &= b_{21}\mathfrak{W}_1 + b_{22}\mathfrak{W}_2 + b_{23}\mathfrak{W}_3\,,\\
\mathfrak{V}_3 &= b_{31}\mathfrak{W}_1 + b_{32}\mathfrak{W}_2 + b_{33}\mathfrak{W}_3
\end{aligned}$$

und

$$\begin{aligned}
\mathfrak{U}_1 &= a_{11}\mathfrak{V}_1 + a_{12}\mathfrak{V}_2 + a_{13}\mathfrak{V}_3\,,\\
\mathfrak{U}_2 &= a_{21}\mathfrak{V}_1 + a_{22}\mathfrak{V}_2 + a_{23}\mathfrak{V}_3\,,\\
\mathfrak{U}_3 &= a_{31}\mathfrak{V}_1 + a_{32}\mathfrak{V}_2 + a_{33}\mathfrak{V}_3
\end{aligned}$$

erklärt sein. Es ist dann, wie wir wissen,

$$[\mathfrak{V}_1\mathfrak{V}_2\mathfrak{V}_3] = [\mathfrak{W}_1\mathfrak{W}_2\mathfrak{W}_3]\,B$$

und

$$[\mathfrak{U}_1\mathfrak{U}_2\mathfrak{U}_3] = [\mathfrak{V}_1\mathfrak{V}_2\mathfrak{V}_3]\,A\,.$$

Dabei stellt A die Determinante der a und B die Determinante der b dar. Aus beiden Gleichungen folgt

$$[\mathfrak{U}_1\mathfrak{U}_2\mathfrak{U}_3] = [\mathfrak{W}_1\mathfrak{W}_2\mathfrak{W}_3]\,A\,B.$$

Drückt man die Vektoren $\mathfrak{U}$ direkt durch $\mathfrak{W}_1, \mathfrak{W}_2, \mathfrak{W}_3$ aus, so ergeben sich Gleichungen von der Form

$$\begin{aligned}
\mathfrak{U}_1 &= c_{11}\mathfrak{W}_1 + c_{12}\mathfrak{W}_2 + c_{13}\mathfrak{W}_3,\\
\mathfrak{U}_2 &= c_{21}\mathfrak{W}_1 + c_{22}\mathfrak{W}_2 + c_{23}\mathfrak{W}_3,\\
\mathfrak{U}_3 &= c_{31}\mathfrak{W}_1 + c_{32}\mathfrak{W}_2 + c_{33}\mathfrak{W}_3.
\end{aligned}$$

Wir wissen, wie die Koeffizienten c mit den a und b zusammenhängen. $c_{\varrho\sigma}$ ist die Zusammensetzung der ϱ-ten Zeile der Matrix

$$\begin{pmatrix} a_{11} & a_{12} & a_{13}\\ a_{21} & a_{22} & a_{23}\\ a_{31} & a_{32} & a_{33} \end{pmatrix}$$

mit der σ-ten Spalte der Matrix

$$\begin{pmatrix} b_{11} & b_{12} & b_{13}\\ b_{21} & b_{22} & b_{23}\\ b_{31} & b_{32} & b_{33} \end{pmatrix},$$

d. h.

$$c_{\varrho\sigma} = a_{\varrho 1}b_{1\sigma} + a_{\varrho 2}b_{2\sigma} + a_{\varrho 3}b_{3\sigma},$$

wofür wir kurz

$$c_{\varrho\sigma} = a_{\varrho\cdot}\, b_{\cdot\sigma}$$

schrieben. Bedenkt man nun, daß

$$[\mathfrak{U}_1 \mathfrak{U}_2 \mathfrak{U}_3] = [\mathfrak{W}_1 \mathfrak{W}_2 \mathfrak{W}_3]\, C$$

ist, wobei C die Determinante der c bedeutet, so ergibt sich

$$[\mathfrak{W}_1 \mathfrak{W}_2 \mathfrak{W}_3]\, A B = [\mathfrak{W}_1 \mathfrak{W}_2 \mathfrak{W}_3]\, C$$

oder, da $[\mathfrak{W}_1 \mathfrak{W}_2 \mathfrak{W}_3]$ nicht verschwindet,

$$AB = C.$$

In ausführlicher Schreibung lautet diese Gleichung

$$\begin{vmatrix} a_{11} & a_{12} & a_{13} \\ a_{21} & a_{22} & a_{23} \\ a_{31} & a_{32} & a_{33} \end{vmatrix} \cdot \begin{vmatrix} b_{11} & b_{12} & b_{13} \\ b_{21} & b_{22} & b_{23} \\ b_{31} & b_{32} & b_{33} \end{vmatrix} = \begin{vmatrix} a_{1\cdot}\, b_{\cdot 1}, & a_{1\cdot}\, b_{\cdot 2}, & a_{1\cdot}\, b_{\cdot 3} \\ a_{2\cdot}\, b_{\cdot 1}, & a_{2\cdot}\, b_{\cdot 2}, & a_{2\cdot}\, b_{\cdot 3} \\ a_{3\cdot}\, b_{\cdot 1}, & a_{3\cdot}\, b_{\cdot 2}, & a_{3\cdot}\, b_{\cdot 3} \end{vmatrix}.$$

Sie enthält den Multiplikationssatz der Determinanten.

Erinnert man sich an die Multiplikationsregel für Matrizen, die in der Formel (7) des § 6 ihren Ausdruck fand, so ergibt sich folgende Fassung des Multiplikationssatzes der Determinanten:

Wenn man zwei Matrizen miteinander multipliziert, so ist die Determinante der Produktmatrix das Produkt aus den Determinanten der beiden Matrizen.

Noch kürzer kann man sich so ausdrücken: Beim Multiplizieren von Matrizen multiplizieren sich ihre Determinanten.

Da eine Determinante beim Herumklappen um die Hauptdiagonale ungeändert bleibt, kann man die Multiplikationsregel der Determinanten auf verschiedene Arten formulieren. Man darf eben vor Ausführung der Multiplikation jede der Faktordeterminanten herumklappen. Die Elemente der Produktdeterminante werden, wenn man z. B. die Determinante B herumklappt, dadurch gewonnen, daß man die Zeilen des ersten mit den Zeilen des zweiten Faktors zusammensetzt.

§ 9. Der allgemeine Determinantenbegriff.

Es liegt nahe, die in den Formeln (4) oder (4*) des § 7 enthaltene Definition der dreireihigen Determinante zu verallgemeinern. Als Determinante der n-reihigen Matrix

$$\begin{pmatrix} a_{11} & a_{12} & \cdots & a_{1n} \\ a_{21} & a_{22} & \cdot & \cdot\, a_{2n} \\ \cdot & \cdot & \cdot & \cdot \\ a_{n1} & a_{n2} & \cdots & a_{nn} \end{pmatrix}$$

bezeichnet man den Ausdruck

$$(1) \qquad \Sigma \operatorname{sgn}(\varrho_1, \varrho_2, \ldots, \varrho_n)\, a_{1\varrho_1} a_{2\varrho_2} \cdots a_{n\varrho_n}.$$

Die Summation erstreckt sich über alle Permutationen $\varrho_1, \varrho_2, \ldots, \varrho_n$ der Indizes $1, 2, \ldots, n$ und $\operatorname{sgn}(\varrho_1, \varrho_2, \ldots, \varrho_n)$ ist gleich $+1$ oder -1, je nachdem die Anordnung $\varrho_1, \varrho_2, \ldots, \varrho_n$ zur selben Klasse gehört wie $1, 2, \ldots, n$ oder nicht. Zwei Permutationen gehören zur selben Klasse, wenn sie durch eine gerade Anzahl von Transpositionen (Vertauschungen nur zweier Elemente) in Übereinstimmung gebracht werden können. Alle Permutationen, die mit

$1, 2, \ldots, n$ zur selben Klasse gehören, nennt man gerade, die übrigen ungerade. Jedes Glied der Determinante, für die man das Symbol

$$\begin{vmatrix} a_{11} & a_{12} \ldots a_{1n} \\ a_{21} & a_{22} \ldots a_{2n} \\ \cdot & \cdot \quad \cdot \quad \cdot \\ a_{n1} & a_{n2} \ldots a_{nn} \end{vmatrix}$$

anwendet, ist ein Produkt, das jeder Zeile einen Faktor entnimmt, und zwar derart, daß diese Faktoren lauter verschiedenen Spalten angehören. Die erste Zeile stellt den Faktor $a_{1\varrho_1}$, die zweite den Faktor $a_{2\varrho_2}, \ldots$, die n-te den Faktor $a_{n\varrho_n}$. Die Spaltenindizes $\varrho_1, \varrho_2, \ldots, \varrho_n$ dieser Faktoren bilden eine Permutation von $1, 2, \ldots, n$, sind also sämtlich verschieden. Je nachdem die Permutation gerade oder ungerade ist, erhält das Produkt $a_{1\varrho_1} a_{2\varrho_2} \ldots a_{n\varrho_n}$ das Zeichen $+$ oder $-$. Da es $n! = 1 \cdot 2 \ldots n$ Permutationen der Indizes $1, 2, \ldots, n$ gibt, setzt sich die entwickelte n-reihige Determinante aus $n!$ Gliedern zusammen.

Man kann die Summe (1) auch in der Form schreiben

$$(1^*) \qquad \frac{1}{n!} \Sigma \operatorname{sgn} (\varrho_1, \varrho_2, \ldots, \varrho_n) \operatorname{sgn} (\sigma_1, \sigma_2, \ldots, \sigma_n)\, a_{\varrho_1\sigma_1} a_{\varrho_2\sigma_2} \ldots a_{\varrho_n\sigma_n},$$

wobei $\varrho_1, \varrho_2, \ldots, \varrho_n$, ebenso aber auch $\sigma_1, \sigma_2, \ldots, \sigma_n$ alle Permutationen der Indizes $1, 2, \ldots, n$ durchläuft. Mit Hilfe von (1*) läßt sich besonders einfach der Umklappungssatz beweisen, der besagt, daß die Determinante beim Umklappen um die Hauptdiagonale ihren Wert behält. Auf die Durchführung brauchen wir nicht einzugehen, weil wir den Fall $n = 3$ ausführlich erörtert haben. Auch die übrigen in § 8 besprochenen Eigenschaften der dreireihigen Determinanten übertragen sich auf beliebige Werte von n.

Um z. B. zu erkennen, daß die Determinante bei Austauschung zweier Zeilen nur ihr Zeichen wechselt, kann man so verfahren. Wird die p-te Zeile mit der q-ten Zeile ausgewechselt, so muß in (1*) jeder Faktor, der den ersten Index p hat, also jeder Faktor $a_{p\sigma}$, durch $a_{q\sigma}$ ersetzt werden und umgekehrt. Dabei verwandelt sich (1*) in

$$\frac{1}{n!} \Sigma \operatorname{sgn} (\varrho_1, \varrho_2, \ldots, \varrho_n) \operatorname{sgn} (\sigma_1, \sigma_2, \ldots, \sigma_n)\, a_{\varrho_1'\sigma_1} a_{\varrho_2'\sigma_2} \ldots a_{\varrho_n'\sigma_n},$$

und $\varrho_1', \varrho_2', \ldots, \varrho_n'$ bedeutet diejenige Permutation, die aus $\varrho_1, \varrho_2, \ldots, \varrho_n$ durch Auswechselung von p und q hervorgeht, so daß

$$\operatorname{sgn} (\varrho_1, \varrho_2, \ldots, \varrho_n) = - \operatorname{sgn} (\varrho_1', \varrho_2', \ldots, \varrho_n')$$

ist. Die Determinante lautet also nach Vertauschung der p-ten mit der q-ten Zeile

$$- \frac{1}{n!} \Sigma \operatorname{sgn} (\varrho_1', \varrho_2', \ldots, \varrho_n') \operatorname{sgn} (\sigma_1, \sigma_2, \ldots, \sigma_n)\, a_{\varrho_1'\sigma_1} a_{\varrho_2'\sigma_2} \ldots a_{\varrho_n'\sigma_n}.$$

Sie hat sich mit dem Faktor -1 multipliziert. Daß jetzt statt $\varrho_1, \varrho_2, \ldots, \varrho_n$ die Indizes $\varrho_1', \varrho_2', \ldots, \varrho_n'$ stehen, ist belanglos. Wenn nämlich $\varrho_1, \varrho_2, \ldots, \varrho_n$ alle Permutationen von $1, 2, \ldots, n$ durchläuft, so tut $\varrho_1', \varrho_2', \ldots, \varrho_n'$ dies auch.

Man denke sich, um dies noch deutlicher zu erkennen, die $n!$ Permutationen von $1, 2, \ldots, n$ aufgeschrieben. Wenn man in ihnen allen die Indizes p, q austauscht, so stehen $n!$ verschiedene, also wiederum sämtliche Permutationen da.

Wenn die p-te und q-te Zeile vollkommen übereinstimmen, so ändert die Austauschung beider Zeilen nichts an der Determinante, während zugleich das Zeichen umschlägt. Daraus folgt, daß die Determinante verschwindet.

Im Anschluß an Formel (1) wollen wir jetzt den wichtigen Begriff der Unterdeterminanten oder Minoren einführen. Achten wir darauf, welche Glieder der Summe (1) den Faktor a_{nn} enthalten, so ist klar, daß nur diejenigen in Frage kommen, bei welchen $\varrho_n = n$ ist. Die Summe dieser Glieder lautet

$$(2) \qquad a_{nn} \Sigma \operatorname{sgn}(\varrho_1, \varrho_2, \ldots, \varrho_{n-1}, n)\, a_{1\varrho_1} a_{2\varrho_2} \ldots a_{n-1, \varrho_{n-1}}$$

Summiert wird hier über alle Permutationen $\varrho_1, \varrho_2, \ldots, \varrho_{n-1}$ der Indizes $1, 2, \ldots, n-1$. Offenbar werden die Anordnungen $\varrho_1, \varrho_2, \ldots, \varrho_{n-1}, n$ und $1, 2, \ldots, n-1, n$ zur selben Klasse gehören oder nicht, je nachdem $\varrho_1, \varrho_2, \ldots, \varrho_{n-1}$ und $1, 2, \ldots, n-1$ Klassengenossen sind oder nicht. Wenn nämlich durch k Transpositionen $1, 2, \ldots, n-1$ in $\varrho_1, \varrho_2, \ldots, \varrho_{n-1}$ übergeführt wird, geht von selbst auch $1, 2, \ldots, n-1, n$ in $\varrho_1, \varrho_2, \ldots, \varrho_{n-1}, n$ über. Es ist also

$$\operatorname{sgn}(\varrho_1, \varrho_2, \ldots, \varrho_{n-1}, n) = \operatorname{sgn}(\varrho_1, \varrho_2, \ldots, \varrho_{n-1}),$$

und die Summe (2) läßt sich in der Form schreiben

$$(2^*) \qquad a_{nn} \Sigma \operatorname{sgn}(\varrho_1, \varrho_2, \ldots, \varrho_{n-1})\, a_{1\varrho_1} a_{2\varrho_2} \ldots a_{n-1, \varrho_{n-1}}$$

oder

$$a_{nn} \begin{vmatrix} a_{11} & \cdot & \cdot & a_{1, n-1} \\ \cdot & \cdot & \cdot & \cdot \\ a_{n-1, 1} & \cdot & \cdot & a_{n-1, n-1} \end{vmatrix}.$$

Der Faktor, mit dem a_{nn} in der n-reihigen Determinante

$$\begin{vmatrix} a_{11} & \ldots & a_{1, n-1} & a_{1n} \\ \cdot & \cdot & \cdot & \cdot \\ a_{n-1, 1} & \ldots & a_{n-1, n-1} & a_{n-1, n} \\ a_{n1} & \ldots & a_{n, n-1} & a_{nn} \end{vmatrix}$$

auftritt, ist also die $(n-1)$-reihige Determinante

$$\begin{vmatrix} a_{11} & \ldots & a_{1, n-1} \\ \cdot & \cdot & \cdot \\ a_{n-1, 1} & \ldots & a_{n-1, n-1} \end{vmatrix}.$$

Man nennt sie die zu a_{nn} gehörige Unterdeterminante oder den zu a_{nn} gehörigen Minor. Richtiger sollte man die Minor sagen (determinans minor = die kleinere Determinante). Wenn man aber determinans nicht als Beiwort zu dem Femininum quantitas, sondern zu dem Masculinum numerus betrachtet, was nicht unberechtigt ist, so rechtfertigt sich die Vermännlichung des Wortes Minor.

Die zu a_{nn} gehörige Unterdeterminante entsteht aus der n-reihigen Determinante dadurch, daß man Zeile und Spalte des Elements a_{nn} streicht.

Nun wollen wir fragen, mit welchem Faktor ein beliebiges Element a_{pq} in der entwickelten n-reihigen Determinante auftritt. Wir können diese Frage auf die soeben behandelte zurückführen. Wenn wir der Reihe nach die p-te Zeile mit jeder folgenden Zeile vertauschen, wechselt die Determinante $(n-p)$-mal ihr Zeichen. Vertauschen wir dann noch die q-te Spalte mit jeder folgenden Spalte, so tritt ein $(n-q)$-maliger Zeichenwechsel ein. Im ganzen hat sich die Determinante mit $(-1)^{2n-p-q}$, d. h. mit $(-1)^{p+q}$ multipliziert. In der neuen Determinante steht nun a_{pq} rechts unten. Der Faktor, mit dem es in der ausgerechneten Determinante multipliziert erscheint, entsteht dadurch, daß man die letzte Zeile und die letzte Spalte streicht. Genau dieselbe $(n-1)$-reihige Determinante kommt aber heraus, wenn man vor Durchführung der Zeilen- und Spaltenvertauschungen Zeile und Spalte des Elements a_{pq} streicht. Diese $(n-1)$-reihige Determinante nennt man die zu a_{pq} gehörige Unterdeterminante oder den zu a_{pq} gehörigen Minor. Der Faktor von a_{pq} in der ursprünglichen Determinante, also in der Summe (1), unterscheidet sich von der Unterdeterminante um $(-1)^{p+q}$. Man bezeichnet diesen Faktor als das Komplement oder die Adjunkte von a_{pq} und gebraucht dafür das Symbol A_{pq}. Da wir zur Auffindung dieses Faktors die p-te Zeile und q-te Spalte, nämlich die Zeile und Spalte von a_{pq}, streichen müssen, so baut sich das Komplement A_{pq} nur aus den Elementen auf, die außerhalb der p-ten Zeile und q-ten Spalte liegen.

Wenn wir in der Summe (1) alle Glieder sammeln, die mit a_{p1} behaftet sind, so erhalten wir $a_{p1}A_{p1}$. Unter ihnen ist keins mit a_{p2} behaftet, weil die Faktoren eines Determinantengliedes lauter verschiedenen Zeilen und lauter verschiedenen Spalten entstammen. Sammeln wir weiter alle Glieder von (1), die den Faktor a_{p2} enthalten, so ergibt sich $a_{p2}A_{p2}$. Keines der Glieder, die in $a_{p1}A_{p1}$ und $a_{p2}A_{p2}$ vereinigt sind, ist mit a_{p3} behaftet. Die mit a_{p3} behafteten Glieder haben wir also noch nicht erfaßt. Wir fassen sie zu $a_{p3}A_{p3}$ zusammen. So fahren wir fort, bis wir schließlich zu $a_{pn}A_{np}$ gelangen. Die Gliedergruppen $a_{p1}A_{p1}, \ldots, a_{pn}A_{pn}$ haben keine gemeinsamen Glieder. Da andererseits jedes Determinantenglied einen Faktor aus der p-ten Zeile enthält, weil zu jedem Determinantenglied alle Zeilen (und alle Spalten) je einen Faktor stellen, so haben wir nun alle Determinantenglieder erschöpft. Es ist also, wenn wir die n-reihige Determinante mit A bezeichnen,

$$(3) \qquad A = a_{p1}A_{p1} + a_{p2}A_{p2} + \cdots + a_{pn}A_{pn}\,.$$

Man nennt diese Darstellung der Determinante die Entwickelung nach den Elementen einer Zeile oder kurz nach einer Zeile.

Genau ebenso ergibt sich

$$(4) \qquad A = a_{1q}A_{1q} + a_{2q}A_{2q} + \cdots + a_{nq}A_{nq}\,,$$

die Entwickelung nach einer Spalte.

Da $A_{p1}, A_{p2}, \ldots, A_{pn}$ sich aus den Elementen aufbauen, die außerhalb der p-ten Zeile liegen, so zeigt uns Formel (3), wie die Determinante A von den Elementen der p-ten Zeile abhängt. Sie ist, wie man auf Grund der besonderen Gestalt des Ausdrucks (3) sagt, eine **lineare Form** oder **Linearform** dieser Elemente. Eine Linearform in $x_1, x_2, \ldots, x_n$ ist eben ein Ausdruck von der Gestalt $c_1x_1 + c_2x_2 + \cdots + c_nx_n$, wobei die Koeffizienten c ganz unabhängig von den Größen x sind. Ebenso kann man auf Grund von (4) sagen, daß die Determinante eine Linearform der Elemente der q-ten Spalte ist.

Aus (3) folgt sofort, daß die Determinante den Faktor k erhält, wenn man $a_{p1}, a_{p2}, \ldots, a_{pn}$ durch $ka_{p1}, ka_{p2}, \ldots, ka_{pn}$ ersetzt, und daß sie verschwindet, wenn in der p-ten Zeile lauter Nullen stehen. Den Satz vom Faktor k könnte man den **Faktorensatz** nennen. Wenn $a_{p1}, a_{p2}, \ldots, a_{pn}$ Binome sind, also

$$a_{p1} = a'_{p1} + a''_{p1}, \ldots, a_{pn} = a'_{pn} + a''_{pn},$$

so zerlegt sich die Summe (3) in

$$A' = a'_{p1}A_{p1} + a'_{p2}A_{p2} + \cdots + a'_{pn}A_{pn}.$$

und

$$A'' = a''_{p1}A_{p1} + a''_{p2}A_{p2} + \cdots + a''_{pn}A_{pn}.$$

Offenbar entsteht A' aus A dadurch, daß man von jenen Binomen nur die ersten Bestandteile beibehält, ebenso A'' dadurch, daß man nur die zweiten Bestandteile stehen läßt. Hierbei tritt der Umstand in Wirkung, daß die Komplemente $A_{p1}, A_{p2}, \ldots, A_{pn}$ nichts aus der p-ten Zeile enthalten. Die Gleichung $A = A' + A''$ drückt den **Additionssatz** (oder **Zerlegungssatz**) aus. Dieser Satz überträgt sich sofort auf den Fall, daß die Glieder der p-ten Zeile aus mehr als zwei Summanden bestehen.

Ähnliche Folgerungen lassen sich aus der Entwicklung (4) ziehen.

Mit Hilfe des Faktorensatzes und des Zerlegungssatzes läßt sich nachweisen, daß für n-reihige Determinanten dieselbe Multiplikationsregel gilt wie für dreireihige. Diese Regel lautet:

$$\begin{vmatrix} a_{11} & a_{12} & \ldots & a_{1n} \\ a_{21} & a_{22} & \ldots & a_{2n} \\ \cdot & \cdot & \cdot & \cdot \\ a_{n1} & a_{n2} & \ldots & a_{nn} \end{vmatrix} \cdot \begin{vmatrix} b_{11} & b_{12} & \ldots & b_{1n} \\ b_{21} & b_{22} & \ldots & b_{2n} \\ \cdot & \cdot & \cdot & \cdot \\ b_{n1} & b_{n2} & \ldots & b_{nn} \end{vmatrix} = \begin{vmatrix} a_{1\cdot}b_{\cdot 1}, & a_{1\cdot}b_{\cdot 2}, & \ldots & a_{1\cdot}b_{\cdot n} \\ a_{2\cdot}b_{\cdot 1}, & a_{2\cdot}b_{\cdot 2}, & \ldots & a_{2\cdot}b_{\cdot n} \\ \cdot & \cdot & \cdot & \cdot \\ a_{n\cdot}b_{\cdot 1}, & a_{n\cdot}b_{\cdot 2}, & \ldots, & a_{n\cdot}b_{\cdot n} \end{vmatrix}.$$

Dabei ist

$$a_{\varrho\cdot}b_{\cdot\sigma} = a_{\varrho 1}b_{1\sigma} + a_{\varrho 2}b_{2\sigma} + \cdots + a_{\varrho n}b_{n\sigma}.$$

Durch mehrfache Anwendung des Zerlegungssatzes erkennt man, daß die aus den $a_{\varrho\cdot}b_{\cdot\sigma}$ aufgebaute Determinante sich in n^n Summanden zerlegt. Jeder dieser n^n Summanden kommt dadurch zustande, daß man in der ersten Zeile nur die Bestandteile $a_{1\varrho_1}b_{\varrho_1 2}, a_{1\varrho_1}b_{\varrho_1 2}, \ldots, a_{1\varrho_1}b_{\varrho_1 n}$ beibehält, in der zweiten Zeile nur die Bestandteile $a_{2\varrho_2}b_{\varrho_2 1}, a_{2\varrho_2}b_{\varrho_2 2}, \ldots, a_{2\varrho_2}b_{\varrho_2 n}, \ldots$, schließlich in der n-ten Zeile nur die Bestandteile $a_{n\varrho_n}b_{\varrho_n 1}, a_{n\varrho_n}b_{\varrho_n 2}, \ldots, a_{n\varrho_n}b_{\varrho_n n}$. Ein solcher Summand hat also folgendes Aussehen:

$$\begin{vmatrix} a_{1\varrho_1}b_{\varrho_1 1}, & a_{1\varrho_1}b_{\varrho_1 2}, & \ldots, & a_{1\varrho_1}b_{\varrho_1 n} \\ a_{2\varrho_2}b_{\varrho_2 1}, & a_{2\varrho_2}b_{\varrho_2 2}, & \ldots, & a_{2\varrho_2}b_{\varrho_2 n} \\ \cdot & \cdot & \cdot & \cdot \\ a_{n\varrho_n}b_{\varrho_n 1}, & a_{n\varrho_n}b_{\varrho_n 2}, & \ldots, & a_{n\varrho_n}b_{\varrho_n n} \end{vmatrix}.$$

Er reduziert sich mittels des Faktorensatzes auf

$$a_{1\varrho_1} a_{2\varrho_2} \cdots a_{n\varrho_n} \begin{vmatrix} b_{\varrho_1 1} & b_{\varrho_1 2} & \cdots & b_{\varrho_1 n} \\ b_{\varrho_2 1} & b_{\varrho_2 2} & \cdots & b_{\varrho_2 n} \\ \cdot & \cdot & \cdot & \cdot \\ b_{\varrho_n 1} & b_{\varrho_n 2} & \cdots & b_{\varrho_n n} \end{vmatrix} .$$

$\varrho_1, \varrho_2, \ldots, \varrho_n$ sind Zahlen aus der Reihe $1, 2, \ldots, n$ und durchlaufen bei der Summation unabhängig voneinander die Werte $1, 2, \ldots, n$, wobei gerade n^n Summanden herauskommen. Wenn aber in der Reihe $\varrho_1, \varrho_2, \ldots, \varrho_n$ übereinstimmende Werte stehen, gibt es in der b-Determinante übereinstimmende Zeilen, so daß die Determinante verschwindet. Es genügt also, wenn wir $\varrho_1, \varrho_2, \ldots, \varrho_n$ alle Permutationen von $1, 2, \ldots, n$ durchlaufen lassen. Dadurch, daß wir geeignete Zeilentranspositionen (Vertauschungen nur zweier Zeilen) in der b-Determinante vornehmen, können wir sie in

$$B = \begin{vmatrix} b_{11} & b_{12} & \cdots & b_{1n} \\ b_{21} & b_{22} & \cdots & b_{2n} \\ \cdot & \cdot & \cdot & \cdot \\ b_{n1} & b_{n2} & \cdots & b_{nn} \end{vmatrix}$$

verwandeln. Es hängt von $\operatorname{sgn}(\varrho_1, \varrho_2, \ldots, \varrho_n)$ ab, ob sie dabei schließlich ihr Zeichen gewechselt hat oder nicht. Sie multipliziert sich geradezu mit $\operatorname{sgn}(\varrho_1, \varrho_2, \ldots, \varrho_n)$. Wenn dieser Faktor gleich 1 ist, kommen wir mit einer geraden Anzahl von Transpositionen zum Ziele, wenn er gleich -1 ist, mit einer ungeraden. Wir haben es jetzt mit folgender Summe zu tun:

$$(\Sigma \operatorname{sgn}(\varrho_1, \varrho_2, \ldots, \varrho_n) a_{1\varrho_1} a_{1\varrho_2} \ldots a_{n\varrho_n}) B ,$$

d. h. mit AB. Die Multiplikationsregel erweist sich also als richtig.

Den Relationen (3) und (4) lassen sich noch andere an die Seite stellen, die wichtige Eigenschaften der Komplemente $A_{\varrho\sigma}$ ausdrücken. Man denke sich in der Determinante A die p-te Zeile $a_{p1}, a_{p2}, \ldots, a_{pn}$ durch $a_{p'1}, a_{p'2}, \ldots, a_{p'n}$ ersetzt, d. h. durch die p'-te Zeile $(p' \gtrless p)$. Dann entsteht eine Determinante mit zwei übereinstimmenden Zeilen, die also verschwindet. Andererseits erhalten wir bei jener Ersetzung nach Formel (3) nichts anderes als $a_{p'1} A_{p1} + \cdots + a_{p'n} A_{pn}$. Mithin ist

$$(3') \qquad a_{p'1} A_{p1} + a_{p'2} A_{p2} + \cdots + a_{p'n} A_{pn} = 0 . \qquad (p' \gtrless p)$$

Ebenso ist

$$(4') \qquad a_{1q'} A_{1q} + a_{2q'} A_{2q} + \cdots + a_{nq'} A_{nq} = 0. \qquad (q' \gtrless q)$$

Man drückt diese Beziehungen in Worten so aus: **Setzt man eine Zeile der Determinante mit den Komplementen einer anderen Zeile zusammen, so kommt Null heraus.** Entsprechendes gilt für die Spalten.

Aus (3) und (3') folgt

$$A = (a_{p1} + \lambda a_{p'1}) A_{p1} + (a_{p2} + \lambda a_{p'2}) A_{p2} + \cdots + (a_{pn} + \lambda a_{p'n}) A_{pn} .$$

In Worten: Addiert man zu einer Zeile eine mit dem Faktor λ versehene andere Zeile, so bleibt die Determinante ungeändert. Diese Eigenschaft, die sich auf die Spalten überträgt, lernten wir bereits bei den dreireihigen Determinanten kennen.

§ 10. Beispiele und Erläuterungen.

Für die zweireihigen Determinanten reduziert sich die Formel (1) in § 9 auf

$$\begin{vmatrix} a_{11} & a_{12} \\ a_{21} & a_{22} \end{vmatrix} = \Sigma \operatorname{sgn}(\varrho_1, \varrho_2)\, a_{1\varrho_1} a_{2\varrho_2}.$$

ϱ_1, ϱ_2 durchläuft die beiden Permutationen 1, 2 und 2, 1. Da

$$\operatorname{sgn}(1, 2) = 1, \quad \operatorname{sgn}(2, 1) = -1$$

ist, wird

$$\begin{vmatrix} a_{11} & a_{12} \\ a_{21} & a_{22} \end{vmatrix} = a_{11} a_{22} - a_{12} a_{21}.$$

Die Determinante ist gleich dem Produkt der Hauptelemente, die in der Hauptdiagonale stehen, vermindert um das Produkt der beiden andern Elemente. Man multipliziert also zuerst von links oben nach rechts unten und dann von rechts oben nach links unten und nimmt das erste Produkt mit +, das zweite mit —. Die Worte „links" und „rechts" vertreten die Spaltenindizes, die Worte „oben" und „unten" die Zeilenindizes 1 und 2.

Eine einreihige Determinante hat nur ein Element und ist gleich diesem Element. Das Komplement von a_{pq} in der zweireihigen Determinante ist das Element, das nach Streichung der p-ten Zeile und q-ten Spalte stehenbleibt, versehen mit dem Zeichen $(-1)^{p+q}$. Ist p' die von p verschiedene Zahl in der Reihe 1, 2 und q' die von q verschiedene, so wird also das Komplement von a_{pq} lauten $(-1)^{p+q} a_{p'q'}$, das Komplement von $a_{p'q'}$ ist $(-1)^{p'+q'} a_{pq}$ oder $(-1)^{p+q} a_{pq}$, weil $p + p' = q + q' = 3$, also $p' + q' = 6 - (p + q)$. Achtet man auf die Faktoren der einzelnen a_{pq} in $a_{11}a_{22} - a_{12}a_{21}$, so findet man diese Angaben bestätigt.

Für die dreireihigen Determinanten gilt die Definitionsformel

$$\begin{vmatrix} a_{11} & a_{12} & a_{13} \\ a_{21} & a_{22} & a_{23} \\ a_{31} & a_{32} & a_{33} \end{vmatrix} = \Sigma \operatorname{sgn}(\varrho_1, \varrho_2, \varrho_3)\, a_{1\varrho_1} a_{2\varrho_2} a_{3\varrho_3}.$$

$\varrho_1, \varrho_2, \varrho_3$ durchläuft die sechs Permutationen

$$1, 2, 3;\ 2, 3, 1;\ 3, 1, 2;$$
$$1, 3, 2;\ 2, 1, 3;\ 3, 2, 1.$$

Bei den drei ersten ist $\operatorname{sgn}(\varrho_1, \varrho_2, \varrho_3) = 1$, bei den drei letzten $\operatorname{sgn}(\varrho_1, \varrho_2, \varrho_3) = -1$. Offenbar entsteht 2, 3, 1 aus 1, 2, 3 dadurch, daß man zuerst 1 und 2 vertauscht und dann in 2, 1, 3 noch 1 und 3. Ebenso entsteht 3, 1, 2 aus 1, 2, 3 dadurch, daß man zuerst 1 und 3 und dann in 3, 2, 1 noch 1 und 2 auswechselt. Die Permutationen der zweiten Zeile ergeben sich aus den darüberstehenden durch Auswechselung der beiden letzten Elemente, gehören also in die andere Klasse. Daß es in beiden Klassen gleichviele Permutationen gibt, erkennt man sofort, wenn man alle Elemente $a_{\varrho\sigma}$ gleich 1 setzt. Dann hat man eine Determinante mit lauter übereinstimmenden Zeilen, die also null ist, und erhält die Gleichung

$$0 = \Sigma \operatorname{sgn}(\varrho_1, \varrho_2, \varrho_3).$$

Entsprechendes gilt bei n-gliedrigen Permutationen, was man auch auf anderem Wege leicht nachweisen kann.

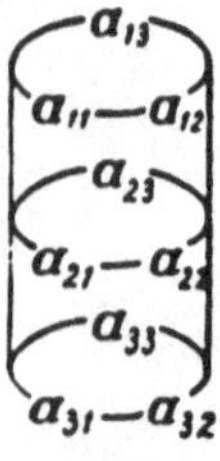

Fig. 8.

In ausführlicher Schreibung lautet die obige dreireihige Determinante

$$a_{11}a_{22}a_{33} + a_{12}a_{23}a_{31} + a_{13}a_{21}a_{32}$$
$$- a_{11}a_{23}a_{32} - a_{12}a_{21}a_{33} - a_{13}a_{22}a_{31}.$$

Man denke sich die Elemente, wie in Fig. 8 zu sehen ist, auf einen Zylinder geschrieben und multipliziere auf diesem Zylinder von links oben nach rechts unten, d. h. von a_{11} über a_{22} nach a_{33}, von a_{12} über a_{23} nach a_{31}, von a_{13} über a_{21} nach a_{32}. Diese Produkte werden mit $+$ genommen. Dann multipliziere man auf dem Zylinder von rechts oben nach links unten, d. h. von a_{11} über a_{23} nach a_{32}, von a_{12} über a_{21} nach a_{33}, von a_{13} über a_{22} nach a_{31} und nehme diese Produkte mit $-$.

Anstatt mit dem Zylinder zu operieren, kann man es auch so machen, daß man an die dritte Spalte die erste und zweite noch einmal anfügt und in dem so entstehenden Verzeichnis

$$\begin{matrix} a_{11} & a_{12} & a_{13} & a_{11} & a_{12} \\ a_{21} & a_{22} & a_{23} & a_{21} & a_{22} \\ a_{31} & a_{32} & a_{33} & a_{31} & a_{32} \end{matrix}$$

von links oben nach rechts unten und von rechts oben nach links unten multipliziert.

Das Komplement von a_{pq} in der dreireihigen Determinante lautet

$$(-1)^{p+q} \begin{vmatrix} a_{p_1 q_1} & a_{p_1 q_2} \\ a_{p_2 q_1} & a_{p_2 q_2} \end{vmatrix}.$$

Dabei sind p_1, p_2 diejenigen Zahlen der Reihe 1, 2, 3, die nach Streichung von p, und q_1, q_2 diejenigen, die nach Streichung von q stehenbleiben. Hiernach hat z. B. a_{13} das Komplement

$$\begin{vmatrix} a_{21} & a_{22} \\ a_{31} & a_{32} \end{vmatrix} = a_{21}a_{32} - a_{22}a_{31}$$

und a_{23} das Komplement

$$-\begin{vmatrix} a_{11} & a_{12} \\ a_{31} & a_{32} \end{vmatrix} = -a_{11}a_{32} + a_{12}a_{31},$$

was man an der ausgerechneten dreireihigen Determinante bestätigt findet.

Die Entwicklung der dreireihigen Determinante z. B. nach der dritten Spalte hat folgendes Aussehen:

$$a_{13}(a_{21}a_{32} - a_{22}a_{31}) - a_{23}(a_{11}a_{32} - a_{12}a_{31}) + a_{33}(a_{11}a_{22} - a_{12}a_{21}).$$

Durch Entwickeln nach einer Zeile oder Spalte wird eine n-reihige Determinante auf $(n-1)$-reihige Determinanten reduziert.

Es gibt eine andere Reduktion auf eine einzige $(n-1)$-reihige Determinante, die auf folgende Weise zustandekommt: Man multipliziere die $n-1$ letzten Zeilen der Determinante

$$A = \begin{vmatrix} a_{11} & a_{12} & \dots & a_{1n} \\ a_{21} & a_{22} & \dots & a_{2n} \\ \cdot & \cdot & \cdot & \cdot \\ a_{n1} & a_{n2} & \dots & a_{nn} \end{vmatrix}$$

mit a_{11}. Nach dem Faktorensatz ist dann

$$a_{11}^{n-1} A = \begin{vmatrix} a_{11}\,, & a_{12} & \dots, & a_{1n} \\ a_{11}\,a_{21}, & a_{11}\,a_{22}, & \dots, & a_{11}\,a_{2n} \\ \cdot & \cdot & \cdot & \cdot \\ a_{11}\,a_{n1}, & a_{11}\,a_{n2}, & \dots, & a_{11}\,a_{nn} \end{vmatrix}.$$

Subtrahiert man jetzt von der zweiten Zeile die mit a_{21} multiplizierte erste, ..., von der n-ten Zeile die mit a_{n1} multiplizierte erste, so ergibt sich, da diese Operationen den Determinantenwert nicht ändern,

$$a_{11}^{n-1} A = \begin{vmatrix} a_{11}, & a_{12} & , \dots, & a_{1n} \\ 0\,, & a_{11}\,a_{22} - a_{12}\,a_{21}, & \dots, & a_{11}\,a_{2n} - a_{1n}\,a_{21} \\ \cdot & \cdot & \cdot & \cdot \\ 0\,, & a_{11}\,a_{n2} - a_{12}\,a_{n1}, & \dots, & a_{11}\,a_{nn} - a_{1n}\,a_{n1} \end{vmatrix}.$$

Entwickelt man diese Determinante nach der ersten Spalte, in der $n-1$ Nullen stehen, so kommt man zu der Gleichung

$$a_{11}^{n-2} A = \begin{vmatrix} a_{11}\,a_{22} - a_{12}\,a_{21}, & \dots, & a_{11}\,a_{2n} - a_{1n}\,a_{21} \\ \cdot & \cdot & \cdot \\ a_{11}\,a_{n2} - a_{12}\,a_{n1}, & \dots, & a_{11}\,a_{nn} - a_{1n}\,a_{n1} \end{vmatrix}.$$

Damit ist die n-reihige Determinante A auf eine $(n-1)$-reihige Determinante reduziert. Die Elemente dieser $(n-1)$-reihigen Determinante sind offenbar zweireihige Determinanten, da

$$a_{11}a_{rs} - a_{1s}a_{r1} = \begin{vmatrix} a_{11} & a_{1s} \\ a_{r1} & a_{rs} \end{vmatrix}.$$

Man nennt diese Determinanten die zweireihigen Superdeterminanten von a_{11} in A. Sie entstehen aus A dadurch, daß man alle Zeilen bis auf die erste und r-te und alle Spalten bis auf die erste und s-te streicht. $a_{11}^{n-2}A$ ist also, so lautet das Ergebnis, gleich der Determinante aus den zweireihigen Superdeterminanten von a_{11}. Wenn wir

$$\begin{vmatrix} a_{11} & a_{1s} \\ a_{r1} & a_{rs} \end{vmatrix} = b_{rs}$$

setzen, so können wir schreiben

$$(1) \qquad a_{11}^{n-2} A = \begin{vmatrix} b_{22} & b_{23} & \dots & b_{2n} \\ b_{32} & b_{33} & \dots & b_{3n} \\ \cdot & \cdot & \cdot & \cdot \\ b_{n2} & b_{n3} & \dots & b_{nn} \end{vmatrix}.$$

Auf die Determinante

$$B = \begin{vmatrix} b_{22} & b_{23} & \dots & b_{2n} \\ b_{32} & b_{33} & \dots & b_{3n} \\ \cdot & \cdot & \cdot & \cdot \\ b_{n2} & b_{n3} & \dots & b_{nn} \end{vmatrix}$$

können wir dieselbe Reduktion anwenden und erhalten, wenn wir

$$\begin{vmatrix} b_{22} & b_{2s} \\ b_{r2} & b_{rs} \end{vmatrix} = \beta_{rs}$$

setzen,

$$b_{22}^{n-3} B = \begin{vmatrix} \beta_{33} & \beta_{34} & \dots & \beta_{3n} \\ \beta_{43} & \beta_{44} & \dots & \beta_{4n} \\ \cdot & \cdot & \cdot & \cdot \\ \beta_{n3} & \beta_{n4} & \dots & \beta_{nn} \end{vmatrix}. \tag{2}$$

Formel (1) liefert aber, angewandt auf die dreireihige Determinante

$$c_{rs} = \begin{vmatrix} a_{11} & a_{12} & a_{1s} \\ a_{21} & a_{22} & a_{2s} \\ a_{r1} & a_{r2} & a_{rs} \end{vmatrix}.$$

die Aussage

$$a_{11} \; c_{rs} = \begin{vmatrix} b_{22} & b_{2s} \\ b_{r2} & b_{rs} \end{vmatrix} = \beta_{rs}.$$

Setzen wir diese Ausdrücke in (2) ein, so läßt sich aus allen $n-2$ Zeilen der Faktor a_{11} herausziehen, und es ergibt sich

$$b_{22}^{n-3} B = a_{11}^{n-2} \begin{vmatrix} c_{33} & c_{34} & \dots & c_{3n} \\ c_{43} & c_{44} & \dots & c_{4n} \\ \cdot & \cdot & \cdot & \cdot \\ c_{n3} & c_{n4} & \dots & c_{nn} \end{vmatrix} \tag{2'}$$

Da nach (1)

$$B = a_{11}^{n-2} A$$

ist, so kommt heraus

$$\begin{vmatrix} a_{11} & a_{12} \\ a_{21} & a_{22} \end{vmatrix}^{n-3} A = \begin{vmatrix} c_{33} & c_{34} & \dots & c_{3n} \\ c_{43} & c_{44} & \dots & c_{4n} \\ \cdot & \cdot & \cdot & \cdot \\ c_{n3} & c_{n4} & \dots & c_{nn} \end{vmatrix}. \tag{2*}$$

Die Determinanten c_{rs} nennt man die dreireihigen Superdeterminanten von $\begin{vmatrix} a_{11} & a_{12} \\ a_{21} & a_{22} \end{vmatrix}$ in A. Ihre Determinante ist also gleich A, multipliziert mit der $(n-3)$-ten Potenz der von ihnen umschlossenen **Subdeterminante.**

Nichts hindert uns, auf die Determinante

$$C = \begin{vmatrix} c_{33} & c_{34} & \dots & c_{3n} \\ c_{43} & c_{44} & \dots & c_{4n} \\ \cdot & \cdot & \cdot & \cdot \\ c_{n3} & c_{n4} & \dots & c_{nn} \end{vmatrix}$$

nochmals das Reduktionsverfahren anzuwenden. Dann erhalten wir

$$(3)\qquad c_{33}^{n-4}\,C = \begin{vmatrix} \gamma_{44} & \gamma_{45} & \cdots & \gamma_{4n} \\ \gamma_{54} & \gamma_{55} & \cdots & \gamma_{5n} \\ \cdot & \cdot & \cdot & \cdot \\ \gamma_{n4} & \gamma_{n5} & \cdots & \gamma_{nn} \end{vmatrix},$$

wobei

$$\begin{vmatrix} c_{33} & c_{3s} \\ c_{r3} & c_{rs} \end{vmatrix} = \gamma_{rs}$$

gesetzt worden ist. Formel (2*) liefert aber, angewandt auf die vierreihige Determinante

$$d_{rs} = \begin{vmatrix} a_{11} & a_{12} & a_{13} & a_{1s} \\ a_{21} & a_{22} & a_{23} & a_{2s} \\ a_{31} & a_{32} & a_{33} & a_{3s} \\ a_{r1} & a_{r2} & a_{r3} & a_{rs} \end{vmatrix},$$

die Aussage

$$\begin{vmatrix} a_{11} & a_{12} \\ a_{21} & a_{22} \end{vmatrix} d_{rs} = \begin{vmatrix} c_{33} & c_{3s} \\ c_{r3} & c_{rs} \end{vmatrix} = \gamma_{rs},$$

so daß sich aus allen $n-3$ Zeilen der Determinante (3) der Faktor b_{22} herausziehen läßt, wodurch sich ergibt

$$(3')\qquad c_{33}^{n-4}\,C = b_{22}^{n-3} \begin{vmatrix} d_{44} & d_{45} & \cdots & d_{4n} \\ d_{54} & d_{55} & \cdots & d_{5n} \\ \cdot & \cdot & \cdot & \cdot \\ d_{n4} & d_{n5} & \cdots & d_{nn} \end{vmatrix}.$$

Nun ist aber noch (2*)

$$C = b_{22}^{n-3} A.$$

Also folgt

$$\begin{vmatrix} a_{11} & a_{12} & a_{13} \\ a_{21} & a_{22} & a_{23} \\ a_{31} & a_{32} & a_{33} \end{vmatrix}^{n-4} A = \begin{vmatrix} d_{44} & d_{45} & \cdots & d_{4n} \\ d_{54} & d_{55} & \cdots & d_{5n} \\ \cdot & \cdot & \cdot & \cdot \\ d_{n4} & d_{n5} & \cdots & d_{nn} \end{vmatrix}.$$

Die Determinante der vierreihigen Superdeterminanten von

$$\begin{vmatrix} a_{11} & a_{12} & a_{13} \\ a_{21} & a_{22} & a_{23} \\ a_{31} & a_{32} & a_{33} \end{vmatrix}$$

ist hiernach gleich A, multipliziert mit der $n-4$ Potenz der von ihnen umschlossenen Subdeterminante.

Setzt man diese Betrachtungen fort, so gelangt man zu dem berühmten Sylvesterschen Determinantensatz. Er besagt, daß die Determinante aus den $(h+1)$-reihigen Superdeterminanten von

$$\begin{vmatrix} a_{11} & a_{12} & \ldots & a_{1h} \\ a_{21} & a_{22} & \ldots & a_{2h} \\ \cdot & \cdot & \cdot & \cdot \\ a_{h1} & a_{h2} & \ldots & a_{hh} \end{vmatrix}$$

gleich ist der Determinante A, multipliziert mit der $(n-h-1)$-ten Potenz der Subdeterminante.

Daß der Exponent der Subdeterminante gerade $n-h-1$ lauten muß, kann man durch eine Dimensionsbetrachtung finden. Wenn man alle Elemente a mit dem Faktor λ versieht, so tritt zu der n-reihigen Determinante A der Faktor λ^n, zu jeder der $(h+1)$-reihigen Superdeterminanten der Faktor λ^{h+1}, zu der aus ihnen gebildeten $(n-h)$-reihigen Determinante der Faktor $\lambda^{(n-h)(h+1)}$, zu der p-ten Potenz der Subdeterminante der Faktor λ^{ph}. Soll also diese p-te Potenz, multipliziert mit A gleich der Determinante jener Superdeterminanten sein, so muß folgende Gleichung bestehen:

$$(n-h)(h+1) = n + ph,$$

woraus $p = n - h - 1$ folgt.

Wenn man aus den n ersten Potenzen der n Größen $a_1, a_2, \ldots, a_n$ die Determinante bildet, so erhält man

$$D_n = \begin{vmatrix} a_1^{n-1}, & a_1^{n-2}, & \ldots, & 1 \\ a_2^{n-1}, & a_2^{n-2}, & \ldots, & 1 \\ \cdot & \cdot & \cdot & \cdot \\ a_n^{n-1}, & a_n^{n-2}, & \ldots, & 1 \end{vmatrix}.$$

Diese Determinante ist in voller Allgemeinheit zuerst von Cauchy behandelt worden und heißt deshalb die Cauchysche Determinante. Man nennt sie auch die Potenzendeterminante der Größen $a_1, a_2, \ldots, a_n$.

Wir wollen zunächst die Unterdeterminante

$$D_{n-1} = \begin{vmatrix} a_1^{n-2}, & a_1^{n-3}, & \ldots, & 1 \\ a_2^{n-2}, & a_2^{n-3}, & \ldots, & 1 \\ \cdot & \cdot & \cdot & \cdot \\ a_{n-1}^{n-2}, & a_{n-1}^{n-3}, & \ldots, & 1 \end{vmatrix}$$

betrachten. Addiert man zur ersten Spalte die mit $a_n, a_n^2, \ldots, a_n^{n-2}$ multiplizierten folgenden Spalten, ferner zur zweiten Spalte die mit den Faktoren $a_n, a_n^2, \ldots, a_n^{n-3}$ versehenen folgenden Spalten usw., so bleibt D_{n-1} ungeändert und nimmt die Gestalt an

$$D_{n-1} = \begin{vmatrix} \dfrac{a_1^{n-1} - a_n^{n-1}}{a_1 - a_n}, & \dfrac{a_1^{n-2} - a_n^{n-2}}{a_1 - a_n}, & \ldots, & \dfrac{a_1 - a_n}{a_1 - a_n} \\ \dfrac{a_2^{n-1} - a_n^{n-1}}{a_2 - a_n}, & \dfrac{a_2^{n-2} - a_n^{n-2}}{a_2 - a_n}, & \ldots, & \dfrac{a_2 - a_n}{a_2 - a_n} \\ \cdot & \cdot & \cdot & \cdot \\ \dfrac{a_{n-1}^{n-1} - a_n^{n-1}}{a_{n-1} - a_n}, & \dfrac{a_{n-1}^{n-2} - a_n^{n-2}}{a_{n-1} - a_n}, & \ldots, & \dfrac{a_{n-1} - a_n}{a_{n-1} - a_n} \end{vmatrix}.$$

Aus den Zeilen von D_{n-1} treten die Faktoren $(a_1 - a_n)^{-1}$, $(a_2 - a_n)^{-1}$, …,

$(a_{n-1} - a_n)^{-1}$ heraus, und die Determinante lautet nach Absonderung dieser Faktoren

$$\begin{vmatrix} a_1^{n-1} - a_n^{n-1}, & a_1^{n-2} - a_n^{n-2}, & \ldots, & a_1 - a_n \\ a_2^{n-1} - a_n^{n-1}, & a_2^{n-2} - a_n^{n-2}, & \ldots, & a_2 - a_n \\ \cdot & \cdot & \cdot & \cdot \\ a_{n-1}^{n-1} - a_n^{n-1}, & a_{n-1}^{n-2} - a_n^{n-2}, & \ldots, & a_{n-1} - a_n \end{vmatrix}.$$

Diese Determinante ist aber gleich D_n. Wenn man nämlich in D_n die letzte Zeile von jeder andern abzieht, so ergibt sich

$$\begin{vmatrix} a_1^{n-1} - a_n^{n-1}, & a_1^{n-2} - a_n^{n-2}, & \ldots, & a_1 - a_n, & 0 \\ a_2^{n-1} - a_n^{n-1}, & a_2^{n-2} - a_n^{n-2}, & \ldots, & a_2 - a_n, & 0 \\ \cdot & \cdot & \cdot & \cdot & \cdot \\ a_{n-1}^{n-1} - a_n^{n-1}, & a_{n-1}^{n-2} - a_n^{n-2}, & \ldots, & a_{n-1} - a_n, & 0 \\ a_n^{n-1}, & a_n^{n-2}, & \ldots, & a_n, & 1 \end{vmatrix}$$

und man braucht nur nach der letzten Spalte zu entwickeln, um jene andere Determinante zu erhalten.

Unsere Feststellung drückt sich in folgender Gleichung aus:

$$D_n = (a_1 - a_n)(a_2 - a_n) \ldots (a_{n-1} - a_n)\, D_{n-1}.$$

Aus demselben Grunde ist

$$D_{n-1} = (a_1 - a_{n-1})(a_2 - a_{n-1}) \ldots (a_{n-2} - a_{n-1})\, D_{n-2}$$

usw., schließlich

$$D_2 = a_1 - a_2.$$

Hieraus folgt

$$\begin{aligned} D_n = (a_1 - a_2)(a_1 - a_3) \ldots (a_1 - a_n) \\ (a_2 - a_3) \ldots (a_2 - a_n) \\ \cdots\cdots\cdots \\ (a_{n-1} - a_n). \end{aligned}$$

D_n ist also das Differenzenprodukt der Größen $a_1, a_2, \ldots, a_n$. Die Differenzen sind hierbei so gebildet, daß von jedem a jedes folgende a abgezogen wird.

Würde man es so machen, daß von jedem a jedes vorhergehende abgezogen wird, so entstünde das Differenzenprodukt

$$\begin{aligned} D_n^* = {} & (a_2 - a_1) \\ & (a_3 - a_1)(a_3 - a_2) \\ & \cdots\cdots\cdots \\ & (a_n - a_1)(a_n - a_2) \ldots (a_n - a_{n-1}). \end{aligned}$$

Offenbar ist

$$D_n^* = (-1)^{1+2+\cdots+(n-1)}\, D_n,$$

weil jeder Faktor von D_n sein Zeichen gewechselt hat. Genau ebensoviele Zeichenwechsel erfährt D_n, wenn man in dieser Determinante die erste Spalte durch sukzessives Auswechseln mit den $n-1$ folgenden an die letzte Stelle bringt, dann die erste Spalte der neuen Determinante durch Auswechseln mit den $n-2$ folgenden an die vorletzte Stelle usw., bis schließlich die Spalten in umgekehrter Reihenfolge dastehen. Wir können aus dieser Feststellung schließen, daß die Determinante

$$\begin{vmatrix} 1 & a_1 & \dots & a_1^{n-1} \\ 1 & a_2 & \dots & a_2^{n-1} \\ \cdot & \cdot & \cdot & \cdot \\ 1 & a_n & \dots & a_n^{n-1} \end{vmatrix}$$

den Wert D_n^* hat.

Das Differenzenprodukt hat, wie aus seiner Determinantendarstellung hervorgeht, aber auch leicht direkt erkannt werden kann, die Eigenschaft, nur das Zeichen zu wechseln, wenn man zwei der beteiligten Größen vertauscht.

Man kann vom Differenzenprodukt zur allgemeinen Determinante gelangen, wenn man nach Ausrechnung desselben die Symbole $a_r^0, a_r^1, \dots, a_r^{n-1}$ nicht mehr als Potenzen ansieht, sondern die Exponenten $0, 1, \dots, n-1$ als obere Indizes betrachtet. Es ist dann vorteilhafter, statt $a_1, a_2, \dots, a_n$ lieber $a_0, a_1, \dots, a_{n-1}$ zu schreiben. Nehmen wir z. B. die Gleichung

$$(a_1 - a_0)(a_2 - a_0)(a_2 - a_1) = \begin{vmatrix} a_0^0 & a_0^1 & a_0^2 \\ a_1^0 & a_1^1 & a_1^2 \\ a_2^0 & a_2^1 & a_2^2 \end{vmatrix},$$

so bleibt sie richtig, wenn man in dem ausgerechneten Differenzenprodukt, das zunächst

$$\begin{gathered} a_1 a_2^2 + a_0 a_1^2 + a_0^2 a_2 \\ - a_0^2 a_1 - a_1^2 a_2 - a_0 a_2^2 \end{gathered}$$

lautet und in

$$\begin{gathered} a_0^0 a_1^1 a_2^2 + a_0^1 a_1^2 a_2^0 + a_0^2 a_1^0 a_2^1 \\ - a_0^2 a_1^1 a_2^0 - a_0^0 a_1^2 a_2^1 - a_0^1 a_1^0 a_2^2 \end{gathered}$$

umgeschrieben werden muß, die Exponenten als obere Indizes betrachtet. Die Hinzufügung der nullten Potenzen bewirkt, daß in jedem Gliede sämtliche a vorkommen.

Das Differenzenprodukt der Größen $a_1, a_2, \dots, a_n$ zeigt durch sein Verschwinden an, daß diese nicht alle verschieden sind. Sind z. B. a_1, a_2, a_3 die Wurzeln einer Gleichung dritten Grades

$$x^3 + c_1 x^2 + c_2 x + c_3 = 0,$$

so daß die linke Seite sich in der Form $(x - a_1)(x - a_2)(x - a_3)$ schreiben läßt, so hat man

$$\begin{vmatrix} 1 & 1 & 1 \\ a_1 & a_2 & a_3 \\ a_1^2 & a_2^2 & a_3^2 \end{vmatrix} = (a_2 - a_1)(a_3 - a_1)(a_3 - a_2)$$

und daher

$$(a_2 - a_1)^2 (a_3 - a_1)^2 (a_3 - a_2)^2 = \begin{vmatrix} 1 & 1 & 1 \\ a_1 & a_2 & a_3 \\ a_1^2 & a_2^2 & a_3^2 \end{vmatrix}^2.$$

Multipliziert man die Cauchysche Determinante in der Weise mit sich selbst, daß man Zeilen mit Zeilen zusammensetzt, so ergibt sich unter Benutzung der Abkürzung $a_1^\nu + a_2^\nu + a_3^\nu = s_\nu$

$$(a_2 - a_1)^2 (a_3 - a_1)^2 (a_3 - a_2)^2 = \begin{vmatrix} s_0 & s_1 & s_2 \\ s_1 & s_2 & s_3 \\ s_2 & s_3 & s_4 \end{vmatrix}.$$

Man kann die Potenzsummen der Wurzeln durch die Koeffizienten der Gleichung ausdrücken. Es ist nämlich

$$\begin{aligned} c_1 &= -(a_1 + a_2 + a_3), \\ c_2 &= a_2 a_3 + a_3 a_1 + a_1 a_2, \\ c_3 &= -a_1 a_2 a_3 \end{aligned}$$

und daher $s_1 = -c_1$, $s_2 = c_1^2 - 2c_2$. Ferner hat man

$$(a_1 + a_2 + a_3)^3 = -c_1^3.$$

Die linke Seite ist gleich

$$a_1^3 + a_2^3 + a_3^3 + 3a_1^2(a_2 + a_3) + 3a_2^2(a_3 + a_1) + 3a_3^2(a_1 + a_2) + 6a_1 a_2 a_3$$

oder

$$-2(a_1^3 + a_2^3 + a_3^3) + 3(a_1^2 + a_2^2 + a_3^2)(a_1 + a_2 + a_3) + 6a_1 a_2 a_3.$$

So lautet also die obige Gleichung

$$2s_3 + 3c_1 s_2 + 6c_3 = c_1^3,$$

woraus sich ergibt

$$s_3 = 3c_1 c_2 - 3c_3 - c_1^3.$$

Nun fehlt noch s_4. Um s_4 zu finden, gehen wir aus von

$$s_2^2 = a_1^4 + a_2^4 + a_3^4 + 2(a_2^2 a_3^2 + a_3^2 a_1^2 + a_1^2 a_2^2)$$

und

$$c_2^2 = a_2^2 a_3^2 + a_3^2 a_1^2 + a_1^2 a_2^2 + 2a_1 a_2 a_3(a_1 + a_2 + a_3).$$

Dadurch erhalten wir

$$s_2^2 = s_4 + 2(c_2^2 - 2c_1 c_3)$$

und schließlich

$$\begin{aligned} s_4 &= (c_1^2 - 2c_2)^2 - 2(c_2^2 - 2c_1 c_3) \\ &= c_1^4 - 4c_1^2 c_2 + 2c_2^2 + 4c_1 c_3. \end{aligned}$$

Wir sind jetzt in der Lage, das quadrierte Differenzenprodukt der Wurzeln durch die Koeffizienten c_1, c_2, c_3 auszudrücken.

Eine besondere Vereinfachung tritt ein, wenn $c_1 = 0$ ist. Dann hat man

$$s_0 = 3,\; s_1 = 0,\quad s_2 = -2c_2,\quad s_3 = -3c_3,\quad s_4 = 2c_2^2.$$

Diese Werte müssen in die s-Determinante eingesetzt werden. Um diese zu berechnen, fügen wir die beiden ersten Spalten noch einmal rechts an und multiplizieren in dem so erhaltenen Verzeichnis

$$\begin{matrix} s_0 & s_1 & s_2 & s_0 & s_1 \\ s_1 & s_2 & s_3 & s_1 & s_2 \\ s_2 & s_3 & s_4 & s_2 & s_3 \end{matrix}$$

von links oben nach rechts unten (+ Produkte) und von rechts oben nach links unten (— Produkte). Auf diese Weise ergibt sich, da s_1 gleich Null ist,

$$s_0 s_2 s_4 - s_0 s_3^2 - s_2^3$$

oder nach Einsetzung der gefundenen Werte $-4c_2^3 - 27c_3^2$.

Die Gleichung $x^3 + c_2 x + c_3 = 0$ hat dann und nur dann mehrfache Wurzeln, wenn $4c_2^3 + 27c_3^2 = 0$ ist oder $\left(\frac{c_2}{3}\right)^3 + \left(\frac{c_3}{2}\right)^2 = 0$.

Da $-4c_2^3 - 27c_3^2$ das quadrierte Differenzenprodukt ist, so muß im Falle reeller Wurzeln $\left(\frac{c_2}{3}\right)^3 + \left(\frac{c_3}{2}\right)^2$ negativ sein. Sind zwei Wurzeln konjugiert imaginär, d. h. von der Form $\alpha + \beta\sqrt{-1}$ und $\alpha - \beta\sqrt{-1}$, so wird das quadrierte Differenzenprodukt, wie man sich leicht überzeugt, negativ. In diesem Falle muß also $\left(\frac{c_2}{3}\right)^3 + \left(\frac{c_3}{2}\right)^2$ positiv sein. Es gilt demnach folgende Regel:

Um zu erkennen, ob die Gleichung $x^3 + c_2 x + c_3 = 0$, deren Koeffizienten reell sind, imaginäre Wurzeln hat, bildet man den Ausdruck

$$\Delta = \left(\frac{c_2}{3}\right)^3 + \left(\frac{c_3}{2}\right)^2.$$

Ist er negativ, so sind keine imaginären Wurzeln vorhanden. Ist er positiv, so gibt es zwei imaginäre und eine reelle Wurzel. Ist er null, so gibt es eine mehrfache Wurzel. Das negative (verneinende Zeichen) bedeutet hier also: „Nein, es sind keine imaginären Wurzeln da.“

Nehmen wir, um eine Probe zu machen, die einfachen Fälle

$$x^3 - x = 0, \quad x^3 + x = 0, \quad x^3 - c = 0.$$

Im ersten Falle ist $c_2 = -1, c_3 = 0$, also $\Delta = -\frac{1}{27}$, im zweiten Falle $c_2 = 1, c_3 = 0$, also $\Delta = \frac{1}{27}$, im dritten Falle $c_2 = 0, c_3 = -c$, also $\Delta = \frac{c^2}{4}$. Die erste Gleichung hat also keine imaginäre Wurzel. In der Tat ist $x^3 - x = x(x-1)(x+1)$. Die zweite Gleichung hat zwei imaginäre und eine reelle Wurzel, nämlich die imaginären Wurzeln $\pm\sqrt{-1}$ und die reelle Wurzel 0. Die dritte Gleichung hat gleichfalls zwei imaginäre und eine reelle Wurzel, solange c von Null verschieden ist. Im Falle $c = 0$ hat sie die dreifache Wurzel 0. Zu jeder reellen Zahl c gibt es also nur eine reelle dritte Wurzel.

§ 11. Einige geometrische Anwendungen.

Wir behandeln hier einige geometrische Anwendungen der Determinanten, die so gewählt sind, daß möglichst viele Determinantensätze dabei zur Geltung kommen.

Von einem Punkte O lassen wir drei zueinander orthogonale Einheitsstrecken ausgehen

$$OA = \mathfrak{i}, \quad OB = \mathfrak{j}, \quad OC = \mathfrak{k},$$

die wir als Grundstrecken einer cartesischen Koordinatenbestimmung benutzen. Die Koordinaten des Punktes P sind, wie wir wissen, die Koeffizienten x, y, z in der Formel

$$OP = x\mathfrak{i} + y\mathfrak{j} + z\mathfrak{k}.$$

Die drei Summanden $x\mathfrak{i}, y\mathfrak{j}, z\mathfrak{k}$ entsprechen den Strecken OR, RQ, QP in Fig. 9. Da $\mathfrak{i}, \mathfrak{j}, \mathfrak{k}$ Einheitsvektoren sind, haben OR, RQ, QP die Längen $|x|, |y|, |z|$. Nach dem pythagoreischen Lehrsatz, den man hier auf die beiden rechtwinkligen Dreiecke ORQ und OQP anwenden muß, ist

$$(1) \qquad |OP|^2 = x^2 + y^2 + z^2.$$

Mit $|OP|$ bezeichnen wir die Länge der Strecke OP.

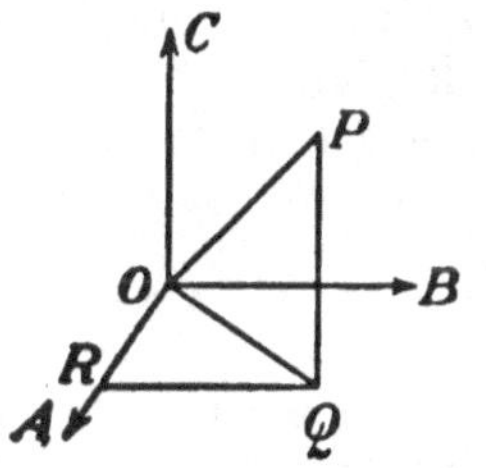

Fig. 9.

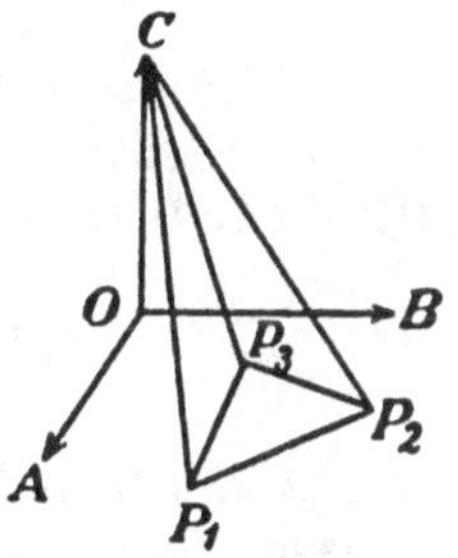

Fig. 10.

Wenn man zwei Punkte P_1 und P_2 betrachtet, deren Koordinaten x_1, y_1, z_1 und x_2, y_2, z_2 heißen mögen, so folgt aus

$$OP_1 = x_1\mathfrak{i} + y_1\mathfrak{j} + z_1\mathfrak{k}, \quad OP_2 = x_2\mathfrak{i} + y_2\mathfrak{j} + z_2\mathfrak{k},$$

da $P_1P_2 = OP_2 - OP_1$ ist,

$$P_1P_2 = (x_2 - x_1)\,\mathfrak{i} + (y_2 - y_1)\,\mathfrak{j} + (z_2 - z_1)\,\mathfrak{k}.$$

P_1P_2 ist auf diese Weise in drei Summanden parallel zu den Grundstrecken zerlegt, und es gilt also, aus demselben Grunde wie (1), die Formel

$$(1^*) \qquad |P_1P_2|^2 = (x_2 - x_1)^2 + (y_2 - y_1)^2 + (z_2 - z_1)^2.$$

Will man sich auf die Ebene OAB beschränken, so sind einfach z_1, z_2 gleich Null zu setzen.

Wir beschäftigen uns nach diesen Vorbereitungen zunächst mit Dreiecksinhalten in der Ebene OAB. In dieser Ebene werden drei Punkte P_1, P_2, P_3 gewählt mit den Koordinaten x_1, y_1; x_2, y_2; x_3, y_2. Die z-Koordinate ist für alle Punkte der Ebene OAB gleich Null. Um das Dreieck P_1, P_2, P_3 zu berechnen, betrachten wir das Tetraeder $CP_1P_2P_3$ (Fig. 10), dessen Inhalt ein Sechstel des durch CP_1, CP_2, CP_3 bestimmten Parallelepipeds ist, also

$$\tfrac{1}{6}\,[CP_1, CP_2, CP_3].$$

Andererseits können wir sagen, daß dieses Tetraeder die Basis $P_1P_2P_3$ und die Höhe 1 hat. Sein Inhalt ist also gleich $\frac{1}{3}\,P_1P_2P_3$. Wir werden nun zwischen positiven und negativen Dreiecksinhalten unterscheiden. Um diesen Unterschied festzulegen, denken wir uns einen Punkt, der sich von P_1 nach P_2, dann nach P_3 und schließlich wieder nach P_1 zurückbewegt. Für einen in C befindlichen Beobachter durchläuft dieser Punkt den Dreiecksrand entweder nach links herum oder nach rechts herum. Im ersten Falle wollen wir von einem positiven Dreieck sprechen, im zweiten von einem negativen Dreieck. Man stellt nun leicht fest, daß die Strecken CP_1, CP_2, CP_3 ein Rechtssystem bilden, wenn $P_1P_2P_3$ ein negatives Dreieck, und ein Linkssystem, wenn $P_1P_2P_3$ ein positives Dreieck ist. Daher wird, wenn wir die obigen Betrachtungen wieder aufnehmen,

$$P_1P_2P_3 = -\tfrac{1}{2}[CP_1, CP_2, CP_3]$$

sein. Da $CP_\nu = OP_\nu - OC$ ist, so hat man

$$CP_\nu = x_\nu \mathfrak{i} + y_\nu \mathfrak{j} - \mathfrak{k}.$$

Wir wissen nun, daß das Volumprodukt $[CP_1, CP_2, CP_3]$ die Koordinatendeterminante der beteiligten Vektoren ist. Also folgt, wenn man aus der letzten Spalte dieser Determinante den Faktor -1 herauszieht,

$$P_1P_2P_3 = \frac{1}{2}\begin{vmatrix} x_1 & y_1 & 1 \\ x_2 & y_2 & 1 \\ x_3 & y_3 & 1 \end{vmatrix}.$$

Nehmen wir z. B. das Dreieck OAB, das offenbar ein positives ist, so wird $P_1P_2P_3 = \frac{1}{2}$ sein. Da die Koordinaten der Punkte O, A, B

$$0, 0;\quad 1, 0;\quad 0, 1$$

lauten, so steht auf der rechten Seite der obigen Gleichung

$$\frac{1}{2}\begin{vmatrix} 0 & 0 & 1 \\ 1 & 0 & 1 \\ 0 & 1 & 1 \end{vmatrix}.$$

Entwickelt man nach der ersten Zeile, so ergibt sich $\frac{1}{2}\begin{vmatrix} 1 & 0 \\ 0 & 1 \end{vmatrix}$, also tatsächlich $\frac{1}{2}$.

Wir wollen nun zwei Dreiecke $P_1P_2P_3$ und $P_1'P_2'P_3'$ betrachten und ihre Inhalte einschließlich des Zeichens $\mathfrak{J}$ und $\mathfrak{J}'$ nennen. Dann ist

$$2\mathfrak{J} = \begin{vmatrix} x_1 & y_1 & 1 \\ x_2 & y_2 & 1 \\ x_3 & y_3 & 1 \end{vmatrix}, \quad 2\mathfrak{J}' = \begin{vmatrix} x_1' & y_1' & 1 \\ x_2' & y_2' & 1 \\ x_3' & y_3' & 1 \end{vmatrix}.$$

Jede dreireihige Determinante kann mit Hilfe von Nullen in eine vierreihige verwandelt werden. Wir schreiben

$$2\mathfrak{J} = \begin{vmatrix} x_1 & y_1 & 1 & 0 \\ x_2 & y_2 & 1 & 0 \\ x_3 & y_3 & 1 & 0 \\ 0 & 0 & 0 & 1 \end{vmatrix}$$

und

$$2\mathfrak{J}' = -\begin{vmatrix} x'_1 & y'_1 & 0 & 1 \\ x'_2 & y'_2 & 0 & 1 \\ x'_3 & y'_3 & 0 & 1 \\ 0 & 0 & 1 & 0 \end{vmatrix}.$$

Bei der Determinante $2\mathfrak{J}'$ haben wir, wie man sieht, die beiden letzten Spalten vertauscht und deshalb das Minuszeichen beigefügt. Diese Spaltenumstellung ist mit Rücksicht auf die nun erfolgende Multiplikation beider Determinanten geschehen. Wenn wir beim Multiplizieren Zeilen mit Zeilen zusammensetzen und uns der Bezeichnungen

$$p_{rs} = x_r x'_s + y_r y'_s$$

bedienen, so erhalten wir

$$-4\mathfrak{J}\mathfrak{J}' = \begin{vmatrix} p_{11} & p_{12} & p_{13} & 1 \\ p_{21} & p_{22} & p_{23} & 1 \\ p_{31} & p_{32} & p_{33} & 1 \\ 1 & 1 & 1 & 0 \end{vmatrix}.$$

Nun addieren wir zur r-ten Zeile die mit $-\frac{1}{2}(x_r^2 + y_r^2)$ multiplizierte letzte Zeile und zur s-ten Spalte die mit $-\frac{1}{2}(x_s'^2 + y_s'^2)$ multiplizierte letzte Spalte. Dies machen wir bei den drei ersten Zeilen und Spalten, also für $r = 1, 2, 3$ und $s = 1, 2, 3$. Dann tritt an die Stelle von p_{rs} der Ausdruck

$$\begin{aligned} & x_r x'_s + y_r y'_s - \tfrac{1}{2}(x_r^2 + y_r^2) - \tfrac{1}{2}(x_s'^2 + y_s'^2) \\ & = -\tfrac{1}{2}\{(x_r - x'_s)^2 + (y_r - y'_s)^2\} = -\tfrac{1}{2} d_{rs}^2. \end{aligned}$$

Dabei bezeichnet d_{rs} die Entfernung der Punkte P_r und P'_s. Nun lautet die Formel für $4\mathfrak{J}\mathfrak{J}'$

$$-4\mathfrak{J}\mathfrak{J}' = \begin{vmatrix} -\frac{1}{2}d_{11}^2, & -\frac{1}{2}d_{12}^2, & -\frac{1}{2}d_{13}^2, & 1 \\ -\frac{1}{2}d_{21}^2, & -\frac{1}{2}d_{22}^2, & -\frac{1}{2}d_{23}^2, & 1 \\ -\frac{1}{2}d_{31}^2, & -\frac{1}{2}d_{32}^2, & -\frac{1}{2}d_{33}^2, & 1 \\ 1\ , & 1\ , & 1\ , & 0 \end{vmatrix}.$$

Sie vereinfacht sich, wenn man die drei ersten Zeilen mit -2 multipliziert und dann noch die letzte Spalte mit $-\frac{1}{2}$. Dabei hat die Determinante im ganzen den Faktor 4 erhalten, so daß wir schreiben können

$$-16\mathfrak{J}\mathfrak{J}' = \begin{vmatrix} d_{11}^2 & d_{12}^2 & d_{13}^2 & 1 \\ d_{21}^2 & d_{22}^2 & d_{23}^2 & 1 \\ d_{31}^2 & d_{32}^2 & d_{33}^2 & 1 \\ 1 & 1 & 1 & 0 \end{vmatrix}.$$

Fallen die Punkte P'_1, P'_2, P'_3 der Reihe nach mit P_1, P_2, P_3 zusammen, so verschwinden d_{11}, d_{22}, d_{33} und $d_{23} = d_{32}, d_{31} = d_{13}, d_{12} = d_{21}$ sind die Seiten des Dreiecks $P_1 P_2 P_3$. Bezeichnen wir sie mit a_1, a_2, a_3, so wird

$$-16\mathfrak{J}^2 = \begin{vmatrix} 0 & a_3^2 & a_2^2 & 1 \\ a_3^2 & 0 & a_1^2 & 1 \\ a_2^2 & a_1^2 & 0 & 1 \\ 1 & 1 & 1 & 0 \end{vmatrix}.$$

Ziehen wir von der zweiten und dritten Spalte die erste ab, so verwandelt sich die Determinante in

$$\begin{vmatrix} 0\,, & a_3^2\,, & a_2^2\,, & 1 \\ a_3^2, & -a_3^2\,, & a_1^2 - a_3^2, & 1 \\ a_2^2, & a_1^2 - a_2^2, & -a_2^2\,, & 1 \\ 1\,, & 0\,, & 0\,, & 0 \end{vmatrix}.$$

Nun stehen in der letzten Zeile lauter Nullen und nur eine Eins. Daher ist es vorteilhaft, nach der letzten Zeile zu entwickeln. Da die 1 in der vierten Zeile und ersten Spalte steht, muß die zugehörige Unterdeterminante mit $(-1)^{1+4}$ multipliziert, also negativ genommen werden. Es ergibt sich also

$$16\,\mathfrak{J}^2 = \begin{vmatrix} a_3^2\,, & a_2^2\,, & 1 \\ -a_3^2\,, & a_1^2 - a_3^2, & 1 \\ a_1^2 - a_2^2, & -a_2^2\,, & 1 \end{vmatrix}.$$

Eine weitere Vereinfachung tritt ein, wenn man von den beiden letzten Zeilen die erste abzieht. Man kommt dann zu einer zweireihigen Determinante

$$\begin{vmatrix} -2a_3^2, & a_1^2 - a_2^2 - a_3^2 \\ a_1^2 - a_2^2 - a_2^3, & -2a_2^2 \end{vmatrix}.$$

Sie hat den Wert

$$\begin{aligned} & 4a_2^2a_3^2 - (a_1^2 - a_2^2 - a_3^2)^2 \\ &= (2a_2a_3 + a_1^2 - a_2^2 - a_3^2)\,(2a_2a_3 - a_1^2 + a_2^2 + a_3^2) \\ &= \{a_1^2 - (a_2 - a_3)^2\}\,\{(a_2 + a_3)^2 - a_1^2\}\,. \end{aligned}$$

Man erhält also schließlich

$$16\,\mathfrak{J}^2 = (a_1 + a_2 + a_3)\,(a_2 + a_3 - a_1)\,(a_3 + a_1 - a_2)\,(a_1 + a_2 - a_3)$$

oder, wenn man den halben Umfang $s = \frac{1}{2}(a_1 + a_2 + a_3)$ einführt,

$$\mathfrak{J}^2 = s(s - a_1)\,(s - a_2)\,(s - a_3)\,,$$

die bekannte Formel des Alexandriners Heron.

Um noch ein weniger bekanntes, wenn auch nicht neues Ergebnis zu bieten, wollen wir den Radius der einem Tetraeder umbeschriebenen Kugel berechnen. Das von vier Punkten P_1, P_2, P_3, P_4 gebildete Tetraeder hat den Inhalt

$$\tfrac{1}{6}\cdot[P_4P_1, P_4P_2, P_4P_3]\,.$$

Sind nun x_ν, y_ν, z_ν die Koordinaten des Punktes P_ν, so wird

$$OP_\nu = x_\nu\mathfrak{i} + y_\nu\mathfrak{j} + z_\nu\mathfrak{k}$$

und

$$P_\nu P_\varrho = (x_\varrho - x_\nu)\mathfrak{i} + (y_\varrho - y_\nu)\mathfrak{j} + (z_\varrho - z_\nu)\mathfrak{k}$$

sein, also der sechsfache Tetraederinhalt T gleich

$$\begin{vmatrix} x_1 - x_4, & y_1 - y_4, & z_1 - z_4 \\ x_2 - x_4, & y_2 - y_4, & z_2 - z_4 \\ x_3 - x_4, & y_3 - y_4, & z_3 - z_4 \end{vmatrix}$$

oder in Form einer vierreihigen Determinante

$$\begin{vmatrix} x_1 - x_4, & y_1 - y_4, & z_1 - z_4, & 0 \\ x_2 - x_4, & y_2 - y_4, & z_2 - z_4, & 0 \\ x_3 - x_4, & y_3 - y_4, & z_3 - z_4, & 0 \\ x_4\ \ , & y_4\ \ , & z_4\ \ , & 1 \end{vmatrix}.$$

Addiert man zu den drei ersten Zeilen die letzte, so ergibt sich

$$6T = \begin{vmatrix} x_1 & y_1 & z_1 & 1 \\ x_2 & y_2 & z_2 & 1 \\ x_3 & y_3 & z_3 & 1 \\ x_4 & y_4 & z_4 & 1 \end{vmatrix}.$$

Es bedarf kaum der Erwähnung, daß der nach dieser Formel berechnete Tetraederinhalt mit einem Zeichen behaftet ist.

Wir wollen annehmen, daß die Ecken des Tetraeders auf einer Kugel vom Radius r liegen, die um den Anfangspunkt O beschrieben ist. Dies drückt sich nach (1) durch die Gleichungen $x_\nu^2 + y_\nu^2 = z_\nu^2 = r^2$ aus ($\nu = 1, \ldots, 4$).

Jetzt schreiben wir $6T$ in den beiden Formen

$$6T = \frac{1}{r}\begin{vmatrix} x_1 & y_1 & z_1 & r \\ x_2 & y_2 & z_2 & r \\ x_3 & y_3 & z_3 & r \\ x_4 & y_4 & z_4 & r \end{vmatrix}$$

und

$$6T = -\frac{1}{r}\begin{vmatrix} -x_1, & -y_1, & -z_1, & r \\ -x_2, & -y_2, & -z_2, & r \\ -x_3, & -y_3, & -z_3, & r \\ -x_4, & -y_4, & -z_4, & r \end{vmatrix}$$

und multiplizieren unter Zusammensetzung nach Zeilen. Man findet dann für $-36r^2T^2$ eine Determinante, deren allgemeines Element so lautet:

$$-x_r x_s - y_r y_s - z_r z_s + r^2.$$

Bezeichnet d_{rs} die Entfernung von P_r nach P_s, so hat man

$$\begin{aligned} d_{rs}^2 &= (x_r - x_s)^2 + (y_r - y_s)^2 + (z_r - z_s)^2 \\ &= 2(r^2 - x_r x_s - y_r y_s - z_r z_s), \end{aligned}$$

weil

$$x_r^2 + y_r^2 + z_r^2 = x_s^2 + y_s^2 + z_s^2 = r^2.$$

Es hat sich also, wenn man noch aus allen Zeilen den Faktor $\frac{1}{2}$ herauszieht, folgendes ergeben:

$$-36 \cdot 16 r^2 T^2 = \begin{vmatrix} 0 & d_{12}^2 & d_{13}^2 & d_{14}^2 \\ d_{21}^2 & 0 & d_{23}^2 & d_{24}^2 \\ d_{31}^2 & d_{32}^2 & 0 & d_{34}^2 \\ d_{41}^2 & d_{42}^2 & d_{43}^2 & 0 \end{vmatrix}.$$

Um diese Determinante auszurechnen, erinnern wir uns an die Formel

$$\Sigma \operatorname{sgn}(\varrho_1, \varrho_2, \varrho_3, \varrho_4)\, a_{1\varrho_1} a_{2\varrho_2} a_{3\varrho_3} a_{4\varrho_4}.$$

Da die Elemente der Hauptdiagonale (die Hauptelemente) null sind, darf

ϱ_1 nicht gleich 1, ϱ_2 nicht gleich 2, ϱ_3 nicht gleich 3, ϱ_4 nicht gleich 4 sein, weil wir verschwindende Determinantenglieder nicht zu berücksichtigen brauchen. Es kommen also für die Permutation $\varrho_1, \varrho_2, \varrho_3, \varrho_4$ nur folgende Möglichkeiten in Frage:

$$\begin{array}{c|c} 2,\ 3,\ 4,\ 1 & - \\ 2,\ 4,\ 1,\ 3 & - \\ 2,\ 1,\ 4,\ 3 & + \end{array} \qquad \begin{array}{c|c} 3,\ 4,\ 1,\ 2 & + \\ 3,\ 4,\ 2,\ 1 & - \\ 3,\ 1,\ 4,\ 2 & - \end{array} \qquad \begin{array}{c|c} 4,\ 1,\ 2,\ 3 & - \\ 4,\ 3,\ 2,\ 1 & +\,. \\ 4,\ 3,\ 1,\ 2 & - \end{array}$$

Jedesmal haben wir durch ein beigefügtes + oder — angegeben, ob die Permutation gerade oder ungerade ist, d. h. ob sie aus 1, 2, 3, 4 durch eine gerade oder durch eine ungerade Anzahl von Transpositionen hervorgeht. Es gibt ein einfaches Hilfsmittel, die Klasse einer Permutation festzustellen. Wir wissen, daß das Differenzenprodukt

$$(\varrho_2 - \varrho_1)(\varrho_3 - \varrho_1)(\varrho_4 - \varrho_1)(\varrho_3 - \varrho_2)(\varrho_4 - \varrho_2)(\varrho_4 - \varrho_3)$$

bei jeder Transposition sein Zeichen wechselt. Daher wird $\varrho_1, \varrho_2, \varrho_3, \varrho_4$ mit 1, 2, 3, 4 klassenverwandt, also eine gerade Permutation sein, wenn das obige Produkt dasselbe Zeichen hat wie

$$(2-1)(3-1)(4-1)(3-2)(4-2)(4-3),$$

d. h. wenn es positiv ist. Dagegen wird $\varrho_1, \varrho_2, \varrho_3, \varrho_4$ eine ungerade Permutation sein, wenn jenes Differenzenprodukt negativ ist. Es kommt also darauf an, wie viele Faktoren $\varrho_r - \varrho_s$ $(r > s)$ negativ sind und ob die Anzahl der negativen Faktoren gerade oder ungerade ist. Hat $\varrho_r - \varrho_s$ einen negativen Wert, so bedeutet dies mit Rücksicht auf $r > s$, daß in der Reihe $\varrho_1, \varrho_2, \varrho_3, \varrho_4$ hinter ϱ_s die kleinere Zahl ϱ_r vorkommt. In der Grundpermutation 1, 2, 3, 4 stehen hinter einer Zahl immer nur größere. Deshalb spricht man im Falle $\varrho_r < \varrho_s$, $r > s$ von einem Fehlstand. Es gilt, so können wir nunmehr sagen, folgende Regel: Die Permutation $\varrho_1, \varrho_2, \varrho_3, \varrho_4$ ist gerade oder ungerade, je nachdem sie eine gerade oder ungerade Anzahl von Fehlständen aufweist. Diese Regel gilt bei beliebiger Elementzahl.

Greifen wir z. B. die Permutation 2, 4, 1, 3 heraus, so hat sie folgende Fehlstände: 2 vor 1, 4 vor 1, 4 vor 3, also eine ungerade Anzahl. Daher ist diese Permutation ungerade. Dagegen hat 4, 3, 2, 1 die Fehlstände: 4 vor 3, 4 vor 2, 4 vor 1, 3 vor 2, 3 vor 1, 2 vor 1, also eine gerade Anzahl. 4, 3, 2, 1 ist daher eine gerade Permutation. Durch Auszählen der Fehlstände kann man immer den Klassencharakter einer Permutation feststellen. Man muß dabei mit dem ersten Element beginnen und auszählen, wie viele der folgenden Elemente kleiner sind. Dann kommt das zweite Element an die Reihe u. s. f. bis zum vorletzten.

Kehren wir jetzt zu der Determinante der d_{rs}^2 zurück, so erhalten wir, wenn $\varrho_1, \varrho_2, \varrho_3, \varrho_4$ mit 2, 1, 4, 3 oder 3, 4, 1, 2 oder 4, 3, 2, 1 zusammenfällt, die Gliedergruppe

$$d_{12}^4 d_{34}^4 + d_{13}^4 d_{24}^4 + d_{14}^4 d_{23}^4.$$

Den übrigen Permutationen in unserm Verzeichnis entsprechen die Determinantenglieder

$$- d_{12}^2 d_{23}^2 d_{34}^2 d_{41}^2 - d_{12}^2 d_{24}^2 d_{31}^2 d_{43}^2 - d_{13}^2 d_{24}^2 d_{32}^2 d_{41}^2$$
$$- d_{13}^2 d_{21}^2 d_{34}^2 d_{42}^2 - d_{14}^2 d_{21}^2 d_{32}^2 d_{43}^2 - d_{14}^2 d_{23}^2 d_{31}^2 d_{42}^2 .$$

Demnach wird

$$-36 \cdot 16 r^2 T^2 = d_{12}^4 d_{34}^4 + d_{13}^4 d_{24}^4 + d_{14}^4 d_{23}^4$$
$$- 2 d_{12}^2 d_{34}^2 d_{14}^2 d_{23}^2 - 2 d_{12}^2 d_{34}^2 d_{13}^2 d_{24}^2 - 2 d_{13}^2 d_{24}^2 d_{14}^2 d_{23}^2 .$$

Der gewonnene Ausdruck läßt sich in folgender Weise als Differenz zweier Quadrate schreiben:

$$(d_{12}^2 d_{34}^2 + d_{13}^2 d_{24}^2 - d_{14}^2 d_{23}^2)^2 - 4 d_{12}^2 d_{34}^2 d_{13}^2 d_{24}^2 .$$

Er zerlegt sich in die beiden Faktoren

$$(d_{12} d_{34} + d_{13} d_{24})^2 - d_{14}^2 d_{23}^2$$

und

$$(d_{12} d_{34} - d_{13} d_{24})^2 - d_{14}^2 d_{23}^2 .$$

Jeder von diesen Faktoren ist wieder die Differenz zweier Quadrate und gestattet wiederum eine Zerlegung. Man hat dann schließlich folgende vier Faktoren:

$$d_{12} d_{34} + d_{13} d_{24} + d_{14} d_{23}, \quad d_{12} d_{34} + d_{13} d_{24} - d_{14} d_{23},$$
$$d_{12} d_{34} - d_{13} d_{24} + d_{14} d_{23}, \quad d_{12} d_{34} - d_{13} d_{24} - d_{14} d_{23} .$$

Setzt man

$$d_{12} d_{34} + d_{13} d_{24} + d_{14} d_{23} = 2s,$$

so läßt sich das Endergebnis in einer sehr eleganten Form schreiben,

$$36 r^2 T^2 = s(s - d_{12} d_{34})(s - d_{13} d_{24})(s - d_{14} d_{23}) .$$

s ist hier die halbe Summe der Gegenkantenprodukte.

Wenn die Punkte P_1, P_2, P_3, P_4 auf einem Großkreis der Kugel liegen, also mit dem Anfangspunkt O, dem Mittelpunkt der Kugel, in eine Ebene fallen, so ist der Tetraederinhalt gleich Null. Daher muß irgendeiner der vier Faktoren, die rechts auftreten, verschwinden. s besteht aus lauter positiven Bestandteilen, kommt also nicht in Frage. Es muß also eine der folgenden Gleichungen stattfinden:

$$d_{12} d_{34} + d_{13} d_{24} = d_{14} d_{23},$$
$$d_{12} d_{34} + d_{14} d_{23} = d_{13} d_{24},$$
$$d_{13} d_{24} + d_{14} d_{23} = d_{12} d_{34} .$$

Würden zwei dieser Gleichungen bestehen, so müßten zwei von den vier Punkten P_1, P_2, P_3, P_4 zusammenfallen. Man erkennt dies durch Addition der beiden Gleichungen. Z. B. ergibt sich durch Addition der beiden ersten $d_{12} d_{34} = 0$.

Nehmen wir also an, daß P_1, P_2, P_3, P_4 vier verschiedene Punkte auf einem Kreise sind, und bilden wir für das Viereck $P_1 P_2 P_3 P_4$ die drei Gegenseitenprodukte

$$d_{12} d_{34}, \; d_{13} d_{24}, \; d_{14} d_{23},$$

so ist eins und nur eins von ihnen gleich der Summe der beiden andern. Man kann sich leicht klar darüber werden, welches Produkt diese ausgezeichnete

Stellung einnimmt. Werden die Punkte längs des Kreises fortschreitend mit 1, 2, 3, 4 numeriert (vgl. Fig. 11), so kann unmöglich

$$d_{12}d_{34} + d_{13}d_{24} = d_{14}d_{23}$$

sein. Würde nämlich P_4 mit P_1 und P_3 mit P_2 zusammenrücken, so würde die linke Seite zu $2d_{12}^2$, die rechte Seite aber zu Null werden. Ebensowenig kann

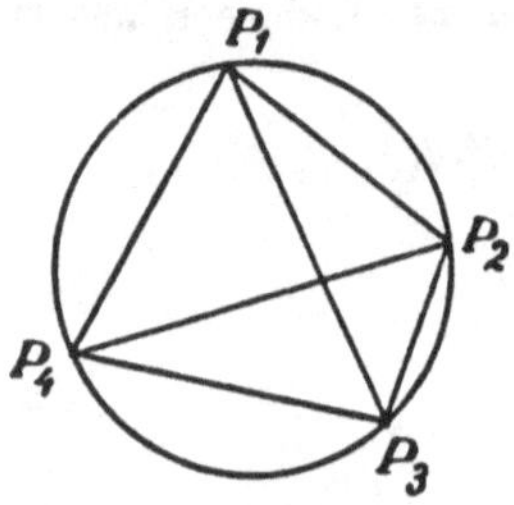

Fig. 11.

$$d_{13}d_{24} + d_{14}d_{23} = d_{12}d_{34}$$

sein. Würde nämlich P_2 mit P_1 und P_3 mit P_4 zusammenrücken, so würde die linke Seite zu $2d_{14}^2$, die rechte Seite aber zu Null werden. Es bleibt somit nur die Möglichkeit

$$d_{12}d_{34} + d_{14}d_{23} = d_{13}d_{24}.$$

Das Produkt der Diagonalen eines Sehnenvierecks ist hiernach gleich der Summe der Gegenseitenprodukte (Satz des Ptolemäus).

§ 12. Systeme linearer Gleichungen.

Eine der eindrucksvollsten Anwendungen der Determinanten erlebt man in der Theorie der linearen Gleichungssysteme. Diese Theorie hat überhaupt den Anstoß zur Ausbildung des Determinantenbegriffs durch Leibniz gegeben.

Wir betrachten ein System von drei linearen Gleichungen mit drei Unbekannten x_1, x_2, x_3 und schreiben es in der Form

$$(1) \qquad \begin{cases} a_1x_1 + a_2x_2 + a_3x_3 = a, \\ b_1x_1 + b_2x_2 + b_3x_3 = b, \\ c_1x_1 + c_2x_2 + c_3x_3 = c. \end{cases}$$

Unsere Aufgabe besteht darin, die Unbekannten so zu bestimmen, daß die Gleichungen erfüllt sind. Wir wollen die Vektoren

$$\mathfrak{B}_1 = a_1\mathfrak{i} + b_1\mathfrak{j} + c_1\mathfrak{k},$$
$$\mathfrak{B}_2 = a_2\mathfrak{i} + b_2\mathfrak{j} + c_2\mathfrak{k},$$
$$\mathfrak{B}_3 = a_3\mathfrak{i} + b_3\mathfrak{j} + c_3\mathfrak{k}$$

einführen und außerdem den Vektor

$$\mathfrak{B} = a\mathfrak{i} + b\mathfrak{j} + c\mathfrak{k}.$$

Bilden wir nun die Verbindung $x_1\mathfrak{B}_1 + x_2\mathfrak{B}_2 + x_3\mathfrak{B}_3$, so ist nach unsern Rechnungsregeln

$$(2) \qquad \begin{aligned} x_1\mathfrak{B}_1 + x_2\mathfrak{B}_2 + x_3\mathfrak{B}_3 &= \Sigma\, x_\nu (a_\nu\mathfrak{i} + b_\nu\mathfrak{j} + c_\nu\mathfrak{k}) \\ &= \Sigma\, (a_\nu x_\nu\mathfrak{i} + b_\nu x_\nu\mathfrak{j} + c_\nu x_\nu\mathfrak{k}) \\ &= (\Sigma\, a_\nu x_\nu)\mathfrak{i} + (\Sigma\, b_\nu x_\nu)\mathfrak{j} + (\Sigma\, c_\nu x_\nu)\mathfrak{k}. \end{aligned}$$

Aus (1) folgt also

$$(1') \qquad x_1\mathfrak{B}_1 + x_2\mathfrak{B}_2 + x_3\mathfrak{B}_3 = \mathfrak{B}.$$

Umgekehrt zieht aber die Gleichung (1') die Gleichungen (1) nach sich. Wenn nämlich zwei Vektoren gleich sind, müssen ihre Koordinaten in bezug auf die Grundvektoren $\mathfrak{i}$, $\mathfrak{j}$, $\mathfrak{k}$ übereinstimmen. Die Koordinaten des Vektors $x_1\mathfrak{V}_1 + x_2\mathfrak{V}_2 + x_3\mathfrak{V}_3$ sind aber nach (2) die Ausdrücke $\Sigma\, a_\nu x_\nu$, $\Sigma\, b_\nu x_\nu$, $\Sigma\, c_\nu x_\nu$, die Koordinaten des Vektors $\mathfrak{V}$ die Größen a, b, c.

Die Aussagen (1) und (1′) sind also vollkommen gleichbedeutend. Das Problem, die Gleichungen (1) zu lösen, hat hiermit eine geometrische Deutung erhalten. Es läuft darauf hinaus, den Vektor $\mathfrak{V}$ aus den Vektoren $\mathfrak{V}_1$, $\mathfrak{V}_2$, $\mathfrak{V}_3$ aufzubauen.

Wenn $\mathfrak{V}_1$, $\mathfrak{V}_2$, $\mathfrak{V}_3$ nicht komplanar sind, ist eine solche Darstellung des Vektors $\mathfrak{V}$, wie wir wissen, möglich. $\mathfrak{V}$ wird einfach in drei Summanden parallel zu $\mathfrak{V}_1$, $\mathfrak{V}_2$, $\mathfrak{V}_3$ zerlegt. Die Faktoren, mit denen hierbei $\mathfrak{V}_1$, $\mathfrak{V}_2$, $\mathfrak{V}_3$ behaftet erscheinen, sind die gesuchten Werte der Unbekannten x_1, x_2, x_3. Wenn man aus $\mathfrak{V}$ und $\mathfrak{V}_2$, $\mathfrak{V}_3$ das Volumprodukt bildet und sich an die Rechnungsregeln erinnert, so ergibt sich aus (1′)

$$x_1[\mathfrak{V}_1\mathfrak{V}_2\mathfrak{V}_3] = [\mathfrak{V}\mathfrak{V}_2\mathfrak{V}_3].$$

Ebenso findet man

$$x_2[\mathfrak{V}_1\mathfrak{V}_2\mathfrak{V}_3] = [\mathfrak{V}_1\mathfrak{V}\mathfrak{V}_3],$$
$$x_3[\mathfrak{V}_1\mathfrak{V}_2\mathfrak{V}_3] = [\mathfrak{V}_1\mathfrak{V}_2\mathfrak{V}].$$

In Determinantenschreibung lautet dieses Ergebnis:

$$x_1 = \begin{vmatrix} a & a_2 & a_3 \\ b & b_2 & b_3 \\ c & c_2 & c_3 \end{vmatrix} : \begin{vmatrix} a_1 & a_2 & a_3 \\ b_1 & b_2 & b_3 \\ c_1 & c_2 & c_3 \end{vmatrix},$$

$$x_2 = \begin{vmatrix} a_1 & a & a_3 \\ b_1 & b & b_3 \\ c_1 & c & c_3 \end{vmatrix} : \begin{vmatrix} a_1 & a_2 & a_3 \\ b_1 & b_2 & b_3 \\ c_1 & c_2 & c_3 \end{vmatrix},$$

$$x_3 = \begin{vmatrix} a_1 & a_2 & a \\ b_1 & b_2 & b \\ c_1 & c_2 & c \end{vmatrix} : \begin{vmatrix} a_1 & a_2 & a_3 \\ b_1 & b_2 & b_3 \\ c_1 & c_2 & c_3 \end{vmatrix}.$$

Die Unbekannten erscheinen hier als Determinantenquotienten. Im Nenner steht die von Null verschiedene Determinante $[\mathfrak{V}_1\mathfrak{V}_2\mathfrak{V}_3]$. Sie ist von Null verschieden, weil wir $\mathfrak{V}_1$, $\mathfrak{V}_2$, $\mathfrak{V}_3$ zunächst als nichtkomplanar voraussetzen. Im Zähler von x_1 steht eine Determinante, die aus dem Nenner hervorgeht, indem man die erste Spalte durch a, b, c ersetzt, also durch die Spalte, die im System (1) jenseits der Gleichheitszeichen steht. Um den Zähler von x_2 und x_3 zu gewinnen, muß man diese Ersetzung bei der zweiten oder dritten Spalte des Nenners vornehmen.

Man nennt

$$\begin{vmatrix} a_1 & a_2 & a_3 \\ b_1 & b_2 & b_3 \\ c_1 & c_2 & c_3 \end{vmatrix} \tag{3}$$

die Determinante des Gleichungssystems (1). Sie ergibt sich, wenn in diesem System alles unsichtbar wird, bis auf die Koeffizienten der Unbekannten.

Um die Lösung x_1, x_2, x_3 des Systems (1) zu finden, muß man drei Brüche mit dem Nenner (3) bilden. In die drei Zähler schreibt man zunächst die Nennerdeterminante, aber mit je einer leeren Spalte. Die leere Spalte wird dann jedesmal mit a, b, c ausgefüllt. Dies ist die Cramersche Regel zur Auflösung eines linearen Gleichungssystems. Sie gilt nur, wenn die Determinante des Systems von Null verschieden ist. Sonst käme ja auch eine Null in den Nenner der Cramerschen Brüche.

Wir wollen nun den Fall erörtern, daß die Vektoren $\mathfrak{B}_1, \mathfrak{B}_2, \mathfrak{B}_3$ komplanar sind, daß also die Determinante $[\mathfrak{B}_1 \mathfrak{B}_2 \mathfrak{B}_3]$ gleich Null ist. Man sieht sofort, daß in diesem Falle die Lösbarkeit des Systems an Bedingungen geknüpft ist. Das System ist, wie wir wissen, gleichwertig mit der Gleichung (1'). Wenn $\mathfrak{B}_1, \mathfrak{B}_2, \mathfrak{B}_3$ komplanar sind, ohne kollinear zu sein, so bestimmen sie eine Ebene, in die man die Vektoren durch Translationen hineinbringen kann. In dieser Ebene muß dann auch $\mathfrak{B}$ liegen, weil es sich nach (1') aus Summanden aufbaut, die der Ebene angehören. Ist diese Bedingung erfüllt, so kann man $\mathfrak{B}$ tatsächlich in der Form (1') darstellen. Man wählt unter den Vektoren $\mathfrak{B}_1, \mathfrak{B}_2, \mathfrak{B}_3$ zwei nichtkollineare aus. Sie mögen $\mathfrak{B}_\alpha$ und $\mathfrak{B}_\beta$ heißen. Der dritte Vektor sei $\mathfrak{B}_\gamma$. Dann gebe man x_γ einen beliebigen Wert und baue $\mathfrak{B} - x_\gamma \mathfrak{B}_\gamma$ aus $\mathfrak{B}_\alpha$ und $\mathfrak{B}_\beta$ in der Form $x_\alpha \mathfrak{B}_\alpha + x_\beta \mathfrak{B}_\beta$ auf. Auf solche Weise erhält man alle Lösungen des Systems (1). Die Bedingungen, die hier $\mathfrak{B}$ erfüllen muß, damit das Problem (1) überhaupt lösbar wird, lassen sich dahin formulieren, daß $\mathfrak{B}$ mit je zweien der Vektoren $\mathfrak{B}_1, \mathfrak{B}_2, \mathfrak{B}_3$ komplanar sein muß. Der vorliegende Fall ist also gekennzeichnet durch die Gleichungen

$$[\mathfrak{B}_1 \mathfrak{B}_2 \mathfrak{B}_3] = 0, \quad [\mathfrak{B} \mathfrak{B}_2 \mathfrak{B}_3] = 0, \quad [\mathfrak{B}_1 \mathfrak{B} \mathfrak{B}_3] = 0, \quad [\mathfrak{B}_1 \mathfrak{B}_2 \mathfrak{B}] = 0,$$

wozu noch die Aussage hinzutritt, daß $\mathfrak{B}_1, \mathfrak{B}_2, \mathfrak{B}_3$ nichtkollinear sind.

Die obigen Gleichungen drücken aus, daß alle dreireihigen Determinanten, die sich aus dem Koeffizientenverzeichnis oder der Koeffizientenmatrix

$$(4) \qquad \left\{\begin{matrix} a_1 & a_2 & a_3 & a \\ b_1 & b_2 & b_3 & b \\ c_1 & c_2 & c_3 & c \end{matrix}\right.$$

durch Unterdrückung einer Spalte bilden kann, verschwinden. Das sind gerade (bis auf Spaltenvertauschungen) die Determinanten, die in der Cramerschen Regel auftreten. Wie kann man aber die Tatsache zum Ausdruck bringen, daß $\mathfrak{B}_1, \mathfrak{B}_2, \mathfrak{B}_3$ nichtkollinear sind? Wir setzen uns zum Ziel, den vorliegenden Fall vollkommen analytisch zu kennzeichnen. Wenn $\mathfrak{B}_r, \mathfrak{B}_s$ kollinear wären, so würden sie mit jedem beliebigen Vektor $\mathfrak{Z}$ ein komplanares Tripel bilden. Man hätte also $[\mathfrak{B}_r \mathfrak{B}_s \mathfrak{Z}] = 0$ oder in Koordinaten geschrieben

$$(5) \qquad \begin{vmatrix} a_r & a_s & z_1 \\ b_r & b_s & z_2 \\ c_r & c_s & z_3 \end{vmatrix} = 0.$$

Setzt man eine der Größen z gleich 1, die beiden andern gleich Null, so findet man, daß die zweireihigen Determinanten

$$\begin{vmatrix} a_r & a_s \\ b_r & b_s \end{vmatrix}, \quad \begin{vmatrix} a_r & a_s \\ c_r & c_s \end{vmatrix}, \quad \begin{vmatrix} b_r & b_s \\ c_r & c_s \end{vmatrix}$$

alle gleich Null sein müssen. Wenn also $\mathfrak{V}_1, \mathfrak{V}_2, \mathfrak{V}_3$ kollinear sind, so hat dies zur Folge, daß in der Determinante (3) alle zweireihigen Unterdeterminanten verschwinden. Auch die Umkehrung ist richtig. Wenn jene zweireihigen Unterdeterminanten verschwinden, sind die Vektoren $\mathfrak{V}_1, \mathfrak{V}_2, \mathfrak{V}_3$ kollinear. Zunächst sind sie komplanar, weil mit den zweireihigen Unterdeterminanten auch die Determinante (3) selbst verschwindet, wie durch Entwickeln nach einer Zeile oder Spalte sofort klar wird. Wären nun $\mathfrak{V}_1, \mathfrak{V}_2, \mathfrak{V}_3$ nichtkollinear, also etwa $\mathfrak{V}_r$ und $\mathfrak{V}_s$ nicht nur um einen Zahlenfaktor verschieden, so könnte man den Vektor $\mathfrak{Z}$ so wählen, daß $\mathfrak{V}_r, \mathfrak{V}_s, \mathfrak{Z}$ ein nichtkomplanares Tripel bilden. Dann könnte aber unmöglich die Gleichung (5) bestehen, die wegen des Verschwindens der zweireihigen Unterdeterminanten stattfinden muß.

Wenn also $\mathfrak{V}_1, \mathfrak{V}_2, \mathfrak{V}_3$ komplanar, aber nicht kollinear sind, gibt es in der verschwindenden Determinante (3) eine zweireihige Unterdeterminante, die nicht verschwindet. Man sagt alsdann, die Determinante habe den Rang 2. Im Falle der Lösbarkeit des Systems (1) hat auch die Matrix (4) die Eigenschaft, daß zwar alle dreireihigen Determinanten, die man daraus bilden kann, verschwinden, nicht aber alle zweireihigen. Man sieht, daß die Lösbarkeit darauf beruht, daß durch Hinzufügen der Spalte a, b, c der Rang der Matrix

$$(6) \qquad \begin{cases} a_1 & b_1 & c_1 \\ a_2 & b_2 & c_2 \\ a_3 & b_3 & c_3 \end{cases}$$

keine Änderung erfährt. Beide Matrizen haben hier den Rang 2.

Wir sind mit der Erörterung des Problems (1) noch nicht fertig. Es bleibt noch der Fall zu erörtern, daß $\mathfrak{V}_1, \mathfrak{V}_2, \mathfrak{V}_3$ kollinear sind. Dann verschwinden in der Matrix (6) alle zweireihigen Determinanten. Gibt es einen Vektor $\mathfrak{V}_\alpha$, der nicht null ist, so werden in (6) nicht alle Elemente, sozusagen nicht alle einreihigen Determinanten, verschwinden. Die Matrix hat dann, wie man zu sagen pflegt, den Rang 1. Soll nun das Problem (1) lösbar sein, so muß nach (1′) der Vektor $\mathfrak{V}$ zu $\mathfrak{V}_\alpha$ parallel sein, weil die einzelnen Summanden $x_1\mathfrak{V}_1, x_2\mathfrak{V}_2, x_3\mathfrak{V}_3$ diese Eigenschaft besitzen. Es müssen also auch in der Matrix (4) alle zweireihigen Determinanten gleich Null sein, so daß sie ebenfalls den Rang 1 hat. Ist diese Bedingung erfüllt, so läßt sich das System (1) tatsächlich lösen. Man kann, wenn $\mathfrak{V}_\alpha$ nicht verschwindet, die Faktoren der übrigen Vektoren $\mathfrak{V}_\beta, \mathfrak{V}_\gamma$ beliebig wählen und braucht dann nur $\mathfrak{V} - x_\beta\mathfrak{V}_\beta - x_\gamma\mathfrak{V}_\gamma$ in der Form $x_\alpha\mathfrak{V}_\alpha$ darzustellen, was sicher möglich sein wird, weil es sich um kollineare Vektoren handelt.

Schließlich muß, wenn man ganz vollständig sein will, noch die Möglichkeit erwähnt werden, daß die Vektoren $\mathfrak{V}_1, \mathfrak{V}_2, \mathfrak{V}_3$ alle gleich Null sind, daß also alle Elemente der Matrix (6) verschwinden. Sie hat dann, wie man zu sagen pflegt, den Rang 0. Aus (1′) ersieht man, daß auch $\mathfrak{V}$ verschwinden muß, damit das Problem lösbar wird. In diesem Falle haben also die Matrizen

(6) und (4) beide den Rang 0. Da alle Koeffizienten verschwinden, ist überhaupt kein Problem vorhanden. x_1, x_2, x_3 werden in keiner Weise gebunden.

Durch unsere Diskussion ist die Frage der Lösbarkeit des Systems (1) vollkommen geklärt. Wir können jetzt sagen, daß es dann und nur dann lösbar ist, wenn die Matrix aller Koeffizienten denselben Rang hat wie die Matrix der x-Koeffizienten. Sobald der Rang der ersteren Matrix höher ist, gibt es keine Möglichkeit, die Gleichungen (1) zu erfüllen.

Sobald man eine Lösung des Systems (1), etwa ξ_1, ξ_2, ξ_3, gefunden hat, kommt man dadurch, daß man in (1) die Einsetzung

$$x_1 = \xi_1 + \mathfrak{x}_1, \quad x_2 = \xi_2 + \mathfrak{x}_2, \quad x_3 = \xi_3 + \mathfrak{x}_3$$

macht, auf das homogene System

$$(7) \qquad \begin{cases} a_1\mathfrak{x}_1 + a_2\mathfrak{x}_2 + a_3\mathfrak{x}_3 = 0, \\ b_1\mathfrak{x}_1 + b_2\mathfrak{x}_2 + b_3\mathfrak{x}_3 = 0, \\ c_1\mathfrak{x}_1 + c_2\mathfrak{x}_2 + c_3\mathfrak{x}_3 = 0. \end{cases}$$

Bisher haben wir immer mit den Spaltenvektoren $\mathfrak{B}_1, \mathfrak{B}_2, \mathfrak{B}_3$ gearbeitet, deren Koordinaten in den Spalten der Matrix (6) verzeichnet sind. Man kann aber auch aus der Betrachtung der Zeilenvektoren Nutzen ziehen. Wir wollen die Vektoren $a_1\mathfrak{i} + a_2\mathfrak{j} + a_3\mathfrak{k}$, $b_1\mathfrak{i} + b_2\mathfrak{j} + b_3\mathfrak{k}$, $c_1\mathfrak{i} + c_2\mathfrak{j} + c_3\mathfrak{k}$ mit $\mathfrak{A}, \mathfrak{B}, \mathfrak{C}$ bezeichnen und daneben den unbekannten Vektor

$$\mathfrak{x}_1\mathfrak{i} + \mathfrak{x}_2\mathfrak{j} + \mathfrak{x}_3\mathfrak{k} = \mathfrak{X}$$

einführen. Die Gleichungen (7) haben dann eine einfache geometrische Bedeutung. Z. B. ist auf Grund der ersten Gleichung

$$(a_1 + \mathfrak{x}_1)^2 + (a_2 + \mathfrak{x}_2)^2 + (a_3 + \mathfrak{x}_3)^2 = (a_1^2 + a_2^2 + a_3^2) + (\mathfrak{x}_1^2 + \mathfrak{x}_3^2 + \mathfrak{x}_2^2),$$

d. h. das Längenquadrat des Vektors $\mathfrak{A} + \mathfrak{X}$ gleich der Summe der Längenquadrate von $\mathfrak{A}$ und $\mathfrak{X}$. Wenn man an den pythagoreischen Lehrsatz denkt und Fig. 12 betrachtet, so erkennt man sofort, daß die Vektoren $\mathfrak{A}$ und $\mathfrak{X}$ zueinander orthogonal sind. Die Gleichungen (7) sind also nichts anderes als Orthogonalitätsbedingungen, und zwar besagen sie, daß der Vektor $\mathfrak{X}$ senkrecht zu $\mathfrak{A}, \mathfrak{B}, \mathfrak{C}$ gerichtet ist. Man stellt sich am besten vor, daß diese Vektoren alle von einem gemeinsamen Ursprung O ausgehen.

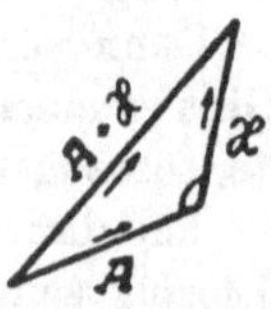

Fig. 12.

Wenn nun $\mathfrak{A}, \mathfrak{B}, \mathfrak{C}$ ein nichtkomplanares Tripel bilden, so kann $\mathfrak{X}$ nur gleich Null sein. Wäre dies nicht der Fall, so müßten $\mathfrak{A}, \mathfrak{B}, \mathfrak{C}$ in die Ebene fallen, die durch O senkrecht zu $\mathfrak{X}$ gelegt ist. Andererseits sieht man sofort, daß ein von Null verschiedener Orthogonalvektor sicher existiert, wenn $\mathfrak{A}, \mathfrak{B}, \mathfrak{C}$ komplanar sind. Er braucht eben nur senkrecht auf der Ebene zu stehen, in der diese Vektoren liegen. Sind $\mathfrak{A}, \mathfrak{B}, \mathfrak{C}$ nicht kollinear, so ist diese Ebene vollkommen bestimmt, ebenso $\mathfrak{X}$ bis auf einen Zahlenfaktor. Sind $\mathfrak{A}, \mathfrak{B}, \mathfrak{C}$ kollinear, aber nicht alle gleich Null, so liegen sie auf einer Geraden durch O. Zu ihr muß $\mathfrak{X}$ orthogonal sein. Sind $\mathfrak{X}^{I}$ und $\mathfrak{X}^{II}$ zwei Vektoren, etwa Einheitsvektoren, die auf jener Geraden und aufeinander senkrecht stehen, so wird

$$\mathfrak{x} = \lambda_1 \mathfrak{x}^{\mathrm{I}} + \lambda_2 \mathfrak{x}^{\mathrm{II}}$$

sein. Sind $\mathfrak{A}, \mathfrak{B}, \mathfrak{C}$ alle drei gleich Null, so hat man überhaupt keine Gleichungen und $\mathfrak{x}_1, \mathfrak{x}_2, \mathfrak{x}_3$ unterliegen keiner Bedingung.

Wir können diese Feststellungen folgendermaßen zusammenfassen: Das homogene System (7) hat dann und nur dann eine Lösung, die von 0, 0, 0 verschieden ist, wenn die Determinante der Koeffizienten verschwindet.

Ist der Rang dieser Determinante gleich 2 und bezeichnet man mit

$$(8) \qquad \begin{cases} A_1 & A_2 & A_3 \\ B_1 & B_2 & B_3 \\ C_1 & C_2 & C_3 \end{cases}$$

die Komplemente der einzelnen Elemente a, b, c, so wird das System (7) durch A_1, A_2, A_3, aber auch durch B_1, B_2, B_3 und C_1, C_2, C_3 befriedigt. Es ist nämlich

$$a_1 A_1 + a_2 A_2 + a_3 A_3 = 0,$$

weil die Determinante verschwindet und links ihre Entwickelung nach der ersten Zeile steht. Zugleich ist aber

$$b_1 A_1 + b_2 A_2 + b_3 A_3 = 0,$$
$$c_1 A_1 + c_2 A_2 + c_3 A_3 = 0.$$

Es kommt nämlich Null heraus, wenn man eine Zeile mit den Komplementen einer andern zusammensetzt. Ähnliches gilt für B_1, B_2, B_3 und C_1, C_2, C_3. Da der Rang der Determinante gleich 2 sein soll, werden nicht alle A, B, C verschwinden. Es wird also in der Matrix (8) eine Zeile geben, die nicht aus lauter Nullen besteht. Sie können wir als Grundlösung benutzen. Jede andere Lösung $\mathfrak{x}_1, \mathfrak{x}_2, \mathfrak{x}_3$ ist zu ihr proportional.

Hat die Determinante des Systems (7) den Rang 1, sind also die Vektoren $\mathfrak{A}, \mathfrak{B}, \mathfrak{C}$ kollinear, aber nicht alle gleich Null, so gibt es, wie wir sahen, zwei Grundlösungen, aus denen sich die andern aufbauen.

§ 13. Lineare homogene Gleichungssysteme.

Wir wollen jetzt das am Schlusse von § 12 behandelte Problem in voller Allgemeinheit lösen. Es liege ein System von m linearen homogenen Gleichungen mit n Unbekannten vor:

$$(\mathrm{I}) \qquad \begin{cases} a_{11} x_1 + a_{12} x_2 + \cdots + a_{1n} x_n = 0, \\ a_{21} x_1 + a_{22} x_2 + \cdots + a_{2n} x_n = 0, \\ \quad . \quad . \quad . \quad . \quad . \quad . \quad . \quad . \quad . \quad . \quad . \quad , \\ a_{m1} x_1 + a_{m2} x_2 + \ldots + a_{mn} x_n = 0. \end{cases}$$

Die linken Seiten dieser Gleichungen werden als **lineare Formen** oder **Linearformen** in den x bezeichnet. Wir bezeichnen sie der Reihe nach mit $\mathfrak{L}_1, \ldots, \mathfrak{L}_m$. Es ist also

$$\mathfrak{L}_\mu = a_{\mu 1} x_1 + a_{\mu 2} x_2 + \cdots + a_{\mu n} x_n.$$

Aus § 12 wissen wir bereits, daß der Rang der Matrix

$$(1) \qquad \left\{\begin{matrix} a_{11} & a_{12} & \ldots & a_{1n} \\ a_{21} & a_{22} & \ldots & a_{2n} \\ \cdot & \cdot & \cdot & \cdot \\ a_{m1} & a_{m2} & \ldots & a_{mn} \end{matrix}\right.$$

von entscheidender Bedeutung dafür ist, ob und wie viele Lösungen $x_1, \ldots, x_n$ vorhanden sind. Der Rang obiger Matrix ist gleich r, wenn es in ihr eine von Null verschiedene r-reihige Determinante gibt, dagegen keine $(r + 1)$-reihige. Durch Umnumerierung der x und Umordnung der Gleichungen, zwei das Wesen des Problems nicht berührende Änderungen, können wir bewirken, daß die links oben liegende r-reihige Determinante

$$D = \begin{vmatrix} a_{11} & a_{12} & \ldots & a_{1r} \\ a_{21} & a_{22} & \ldots & a_{2r} \\ \cdot & \cdot & \cdot & \cdot \\ a_{r1} & a_{k2} & \ldots & a_{rr} \end{vmatrix}$$

von Null verschieden ist, während alle $(r + 1)$-reihigen Determinanten der Matrix (1), falls es solche gibt, verschwinden.

Wir brauchen übrigens nur zu wissen, daß die $(r + 1)$-reihigen Superdeterminanten von D gleich Null sind. Dann ist der Rang der Matrix (1) schon von selbst gleich r. Sobald in einer Matrix alle $(r + 1)$-reihigen Superdeterminanten einer von Null verschiedenen r-reihigen Determinante verschwinden, hat sie, wie wir sehen werden, den Rang r. Es sind dann also auch die übrigen $(r + 1)$-reihigen Determinanten der Matrix gleich Null. Das ist ein wichtiges Nebenergebnis unserer folgenden Betrachtungen.

Es sei also $D \neq 0$, während die $(r + 1)$-reihigen Superdeterminanten von D alle verschwinden. Wir betrachten dann die Determinante

$$(2) \qquad \begin{vmatrix} a_{11} & a_{12} & \ldots & a_{1r} & \mathfrak{L}_1 \\ a_{21} & a_{22} & \ldots & a_{2r} & \mathfrak{L}_2 \\ \cdot & \cdot & \cdot & \cdot & \cdot \\ a_{r1} & a_{r2} & \ldots & a_{rr} & \mathfrak{L}_r \\ a_{\mu 1} & a_{\mu 2} & \ldots & a_{\mu r} & \mathfrak{L}_\mu \end{vmatrix},$$

wobei μ eine der Zahlen $r + 1, \ldots, m$ bedeutet. Diese Determinante läßt sich zunächst dadurch vereinfachen, daß man von der letzten Spalte die mit $x_1, x_2, \ldots, x_r$ multiplizierten vorhergehenden Spalten abzieht. Es fallen dann in $\mathfrak{L}_1, \mathfrak{L}_2, \ldots, \mathfrak{L}_r, \mathfrak{L}_\mu$ die mit $x_1, x_2, \ldots, x_r$ behafteten Bestandteile fort. Nach dem Zerlegungssatz und dem Faktorensatz löst sich die Determinante in Bestandteile von der Form

$$x_\nu \begin{vmatrix} a_{11} & a_{12} & \ldots & a_{1r} & a_{1\nu} \\ a_{21} & a_{22} & \ldots & a_{2r} & a_{2\nu} \\ \cdot & \cdot & \cdot & \cdot & \cdot \\ a_{r1} & a_{r2} & \ldots & a_{rr} & a_{r\nu} \\ a_{\mu 1} & a_{\mu 2} & \ldots & a_{\mu r} & a_{\mu\nu} \end{vmatrix} \qquad (\nu = r + 1, \ldots, n)$$

auf. Diese Bestandteile verschwinden, weil die Faktoren der x_ν offenbar $(r + 1)$-reihige Superdeterminanten von D sind. Es folgt also, daß die Determinante (2) unter den gemachten Voraussetzungen gleich Null ist. Entwickelt man sie nach der letzten Spalte und bezeichnet die zu $\mathfrak{L}_1, \mathfrak{L}_2, \ldots, \mathfrak{L}_r$ gehörigen Komplemente, noch dividiert durch $-D$, mit $\alpha_{\mu 1}, \alpha_{\mu 2}, \ldots, \alpha_{\mu r}$, so ergibt sich

$$(3) \qquad \mathfrak{L}_\mu = \alpha_{\mu 1} \mathfrak{L}_1 + \alpha_{\mu 2} \mathfrak{L}_2 + \cdots + \alpha_{\mu r} \mathfrak{L}_r.$$

Man sieht, daß unter den gemachten Voraussetzungen die Linearformen $\mathfrak{L}_1, \mathfrak{L}_2, \ldots, \mathfrak{L}_m$ als Linearformen in $\mathfrak{L}_1, \ldots, \mathfrak{L}_r$ darstellbar sind.

Vor allem folgt nun, daß die Gleichungen $\mathfrak{L}_{r+1} = 0, \ldots, \mathfrak{L}_m = 0$ von selbst erfüllt sind, sobald man eine Lösung von $\mathfrak{L}_1 = 0, \ldots, \mathfrak{L}_r = 0$ gefunden hat. Sie sind also überflüssige Gleichungen, die man ohne weiteres streichen kann.

Wir müssen uns nun mit der Auflösung des reduzierten Systems $\mathfrak{L}_1 = 0, \ldots, \mathfrak{L}_r = 0$ beschäftigen, in dessen Matrix die nichtverschwindende r-reihige Determinante D vorkommt. Es lassen sich zu den Zeilen dieser Matrix $n-r$ Zeilen so hinzufügen, daß eine von Null verschiedene Determinante herauskommt. Z. B. ist die Determinante

$$(4) \qquad U = \begin{vmatrix} a_{11} & a_{12} & \ldots & a_{1r} & a_{1,r+1} & \ldots & a_{1n} \\ a_{21} & a_{22} & \ldots & a_{2r} & a_{2,r+1} & \ldots & a_{2n} \\ \cdot & \cdot & \cdot & \cdot & \cdot & \cdot & \cdot \\ a_{r1} & a_{r2} & \ldots & a_{rr} & a_{r,r+1} & \ldots & a_{rn} \\ 0 & 0 & \ldots & 0 & 1 & \ldots & 0 \\ \cdot & \cdot & \cdot & \cdot & \cdot & \cdot & \cdot \\ 0 & 0 & \ldots & 0 & 0 & \ldots & 1 \end{vmatrix},$$

deren $n-r$ letzte Zeilen nur in der Hauptdiagonale Einsen aufweisen und sonst mit lauter Nullen besetzt sind, gleich D, also von Null verschieden. Man erkennt das durch wiederholtes Entwickeln nach der letzten Zeile.

Wir wollen nun mit

$$U_{\sigma 1}, U_{\sigma 2}, \ldots, U_{\sigma n} \qquad (\sigma = r+1, \ldots, n)$$

die Komplemente bezeichnen, die in der Determinante (4) zur σ-ten Zeile gehören. Dann sind diese U-Zeilen Lösungen des Systems $\mathfrak{L}_1 = 0, \ldots, \mathfrak{L}_r = 0$. Wenn man nämlich irgendeine der r ersten Zeilen von (4) mit $U_{\sigma 1}, U_{\sigma 2}, \ldots, U_{\sigma n}$ zusammensetzt, so kommt Null heraus, d. h. es ist

$$(5) \qquad a_{\varrho 1} U_{\sigma 1} + a_{\varrho 2} U_{\sigma 2} + \cdots + a_{\varrho n} U_{\sigma n} = 0. \qquad (\varrho = 1, \ldots, r)$$

Die U-Zeilen geben uns also $n-r$ Lösungen des Systems $\mathfrak{L}_1 = 0, \ldots, \mathfrak{L}_r = 0$. Wenn wir jede U-Zeile mit einem Faktor multiplizieren und dann alle diese Zeilen additiv zusammenfassen, so entsteht wieder eine Lösung. Aus der Gleichung (5) folgt nämlich

$$a_{\varrho 1} \Sigma \lambda_\sigma U_{\sigma 1} + a_{\varrho 2} \Sigma \lambda_\sigma U_{\sigma 2} + \cdots + a_{\varrho n} \Sigma \lambda_\sigma U_{\sigma n} = 0. \quad (\varrho = 1, \ldots, r)$$

Die linearen Kombinationen der U-Zeilen, sind, so sagen wir kurz, ebenfalls Lösungen.

Nun wollen wir zeigen, daß hiermit alle Lösungen erschöpft sind.

$x_1, x_2, \ldots, x_n$ sei irgendeine Lösung des Systems $\mathfrak{L}_1 = 0, \ldots, \mathfrak{L}_r = 0$. Dann ist auch

$$(6)\qquad x_1 - \Sigma\lambda_\sigma U_{\sigma 1},\quad x_2 - \Sigma\lambda_\sigma U_{\sigma 2}, \ldots, x_n - \Sigma\lambda_\sigma U_{\sigma n}$$

eine Lösung. Setzt man also die Zeile (6) mit den r-ersten Zeilen der Determinante (4) zusammen, so kommt jedesmal Null heraus. Wir können nun über die Faktoren $\lambda_{r+1}, \ldots, \lambda_n$ so verfügen, daß auch dann Null herauskommt, wenn man die Zeile (6) mit den $n-r$ letzten Zeilen von (4) zusammensetzt. Wir wollen die Elemente der s-ten Zeile, die nur eine Eins und lauter Nullen enthält, mit $u_{s1}, u_{s2}, \ldots, u_{sn}$ bezeichnen. Dann hat man

$$\begin{aligned} u_{s1}(x_1 - \Sigma\lambda_\sigma U_{\sigma 1}) + u_{s2}(x_2 - \Sigma\lambda_\sigma U_{\sigma 2}) + \cdots + u_{sn}(x_n - \Sigma\lambda_\sigma U_{\sigma n}) \\ = u_{s1}x_1 + u_{s2}x_2 + \cdots + u_{sn}x_n - \lambda_s U. \end{aligned}$$

Sobald nämlich $\sigma \gtrless s$, wird $u_{s1}U_{\sigma 1} + u_{s2}U_{\sigma 2} + \cdots + u_{sn}U_{\sigma n} = 0$ sein. Dagegen wird im Falle $\sigma = s$ diese Summe gleich U, d. h. gleich der Determinante (4). Da nun $U \neq 0$ ist, braucht man nur

$$\lambda_s = \frac{1}{U}(u_{s1}x_1 + u_{s2}x_2 + \cdots + u_{sn}x_n)$$

zu setzen, um zu bewirken, daß die Zeile (6) mit allen Zeilen der Determinante (4) die Zusammensetzung Null liefert. Nennen wir nun die Werte (6) kurz $x_1^*, x_2^*, \ldots, x_n^*$, so ist leicht zu erkennen, daß alle x^* verschwinden müssen. Wäre nämlich z. B. $x_1^* \neq 0$, so denke man sich zu allen Elementen der ersten Spalte von (4) den Faktor x_1^* hinzugefügt. Dadurch entsteht $x_1^* U$, also etwas von Null Verschiedenes. Wenn man nun zur ersten Spalte die mit $x_2^*, \ldots, x_n^*$ multiplizierten folgenden Spalten addiert, bleibt der Determinantenwert erhalten, es erscheinen aber in der ersten Spalte lauter Nullen. Daher kann unmöglich $x_1^* \neq 0$ sein. Ebenso folgt, daß auch $x_2^*, \ldots, x_n^*$ verschwinden. Damit ist aber bewiesen, daß folgende Gleichungen gelten:

$$x_1 = \Sigma\lambda_\sigma U_{\sigma 1},\quad x_2 = \Sigma\lambda_\sigma U_{\sigma 2}, \ldots, x_n = \Sigma\lambda_\sigma U_{\sigma n}.$$

Jede Lösung des Systems $\mathfrak{L}_1 = 0, \ldots, \mathfrak{L}_r = 0$ läßt sich also aus den $n-r$ Grundlösungen

$$(7)\qquad \begin{cases} U_{r+1,1}, & U_{r+1,2}, \ldots, U_{r+1,n} \\ \cdot\ \cdot\ \cdot & \cdot\ \cdot\ \cdot\ \cdot\ \cdot\ \cdot \\ U_{n1}\quad, & U_{n2}\quad, \ldots, U_{nn} \end{cases}$$

durch lineare Kombination gewinnen.

Die Grundlösungen selbst sind, wie wir jetzt zeigen werden, **unabhängig**, d. h. keine von ihnen ist eine lineare Kombination der andern. Es gibt mit andern Worten kein Faktorensystem $\lambda_{r+1}, \ldots, \lambda_n$, das die Gleichungen

$$(8)\qquad \Sigma\lambda_\sigma U_{\sigma 1} = 0,\ \Sigma\lambda_\sigma U_{\sigma 2} = 0, \ldots, \Sigma\lambda_\sigma U_{\sigma n} = 0$$

herbeiführt und nicht aus lauter Nullen besteht. Diese letztere Erklärung der Unabhängigkeit hat den Vorteil, auch im Falle $n - r = 1$ zu gelten. Daß die Lösungen (7) tatsächlich die behauptete Eigenschaft besitzen, erkennt man sofort, wenn man die Gleichungen (8) mit $u_{s1}, u_{s2}, \ldots, u_{sn}$ multipliziert und die Summe bildet. Dadurch erhält man $\lambda_s U = 0$, also $\lambda_s = 0$. Das gilt für $s = r + 1, \ldots, n$. Alle Faktoren λ müssen also, wenn die Gleichungen (8) bestehen sollen, verschwinden.

Kehren wir nun zu dem System (I) zurück, so können wir sagen, daß es unter den gemachten Voraussetzungen $n - r$ unabhängige Lösungen besitzt und daß es außer den linearen Kombinationen dieser Grundlösungen keine andern Lösungen zuläßt. Die Voraussetzungen bezogen sich auf die Koeffizientenmatrix des Systems (I), d. h. auf die Matrix (1). In ihr sollte es eine von Null verschiedene r-reihige Determinante geben, deren $(r + 1)$-reihige Superdeterminanten, falls solche existieren, sämtlich verschwinden.

Wir können sofort feststellen, daß in der Matrix (1) alle $(r + 1)$-reihigen Determinanten gleich Null sind. Wäre z. B. in den Zeilen $\mu_1, \mu_2, \ldots, \mu_{r+1}$ eine $(r + 1)$-reihige von Null verschiedene Determinante enthalten, so könnten wir auf Grund unserer obigen Betrachtungen sagen, daß die Gleichungen

(9) $$\mathfrak{L}_{\mu_1} = 0, \mathfrak{L}_{\mu_2} = 0, \ldots, \mathfrak{L}_{\mu_{r+1}} = 0$$

$n - (r + 1)$ Grundlösungen besitzen, aus denen sich jede andere Lösung linear kombinieren läßt. Hiermit steht im Widerspruch, daß die Gleichungen (9), weil sie zum System (I) gehören, mehr unabhängige Lösungen, nämlich die $n - r$ Lösungen (7), zulassen. Es kann also in der Matrix (1) keine von Null verschiedene $(r + 1)$-reihige Determinante geben. Vielmehr ist es so, daß diese Matrix schon den Rang r hat, wenn es in ihr eine von Null verschiedene r-reihige Determinante gibt, deren $(r + 1)$-reihige Superdeterminanten alle null sind. Hiermit haben wir ein bequemes Mittel zur Rangbestimmung einer Matrix gewonnen. Man sucht, um eine solche Rangbestimmung durchzuführen, zunächst ein von Null verschiedenes Element auf. Am besten ist es, dieses durch Zeilen- und Spaltenvertauschungen in die linke obere Ecke zu bringen. Nun versucht man eine nicht verschwindende zweireihige Superdeterminante dieses Eckelements zu finden und sorgt wieder durch Zeilen- und Spaltenvertauschungen, daß sie in die linke obere Ecke kommt. Dann wird unter den dreireihigen Superdeterminanten dieser zweireihigen Eckdeterminante nach einer von Null verschiedenen geforscht usw. Das Verfahren bricht ab, sobald alle $(r + 1)$-reihigen Superdeterminanten der zuletzt gefundenen r-reihigen Determinante verschwinden. Die Matrix hat dann den Rang r.

Noch eine Bemerkung über die von den Grundlösungen (7) gebildete Matrix müssen wir hier anbringen. Diese Matrix hat den Rang $n - r$. Wäre ihr Rang um k Einheiten kleiner als $n - r$, so würden nach unserem Ergebnis die Gleichungen (8) gerade k unabhängige Lösungen $\lambda_{r+1}, \ldots, \lambda_n$ haben. Das widerspricht aber der Unabhängigkeit der Wertsysteme (7).

Die Matrix der Lösungen des Systems (I), dessen Matrix vom Range r ist, hat also den Rang $n - r$. Man braucht sich übrigens diese Matrix der

Lösungen nicht gerade $(n-r)$-zeilig zu denken. Auch die Matrix (I) kann man durch neue Zeilen vergrößern dadurch, daß man lineare Verbindungen der Gleichungen (I) hinzufügt.

Wir wollen das gewonnene Ergebnis noch auf eine andere Weise aussprechen. Zwei n-spaltige Matrizen

$$\begin{matrix} a_{11} & a_{12} \dots a_{1n} \\ a_{21} & a_{22} \dots a_{2n} \\ \cdot & \cdot \quad \cdot \quad \cdot \\ \cdot & \cdot \quad \cdot \quad \cdot \end{matrix}$$

und

$$\begin{matrix} b_{11} & b_{12} \dots b_{1n} \\ b_{21} & b_{22} \dots b_{2n} \\ \cdot & \cdot \quad \cdot \quad \cdot \\ \cdot & \cdot \quad \cdot \quad \cdot \end{matrix}$$

nennen wir **korrelativ**, wenn jede Zeile der einen mit jeder Zeile der andern die Zusammensetzung Null ergibt, wenn also die Gleichungen

$$a_{\varrho 1} b_{\sigma 1} + a_{\varrho 2} b_{\sigma 2} + \cdots + a_{\varrho n} b_{\sigma n} = 0$$

erfüllt sind.

Ist α der Rang der a-Matrix, β der Rang der b-Matrix, so kann $\alpha + \beta$ höchstens gleich n sein, d. h. gleich der Spaltenzahl.

Zu jeder Matrix, deren Rang α ist, läßt sich eine korrelative Matrix bilden, deren Rang die Höchstgrenze $n - \alpha$ erreicht.

Ist der Rang einer Matrix gleich ihrer Spaltenzahl, so kann die korrelative Matrix nur den Rang Null haben. Das Gleichungssystem (I) läßt dann nur die aus lauter Nullen bestehende triviale Lösung zu. Nichttriviale Lösungen sind nur dann, aber auch immer dann vorhanden, wenn der Rang kleiner als die Zahl der Unbekannten ist. **Hat man n lineare Gleichungen mit n homogenen Unbekannten, so gibt es dann und nur dann eine nichttriviale Lösung, wenn die Determinante der Koeffizienten verschwindet.**

§ 14. Anwendung auf die inhomogenen linearen Gleichungssysteme.

Wir wollen die in § 13 entwickelte Theorie der homogenen linearen Gleichungssysteme auf Systeme von n linearen Gleichungen mit n inhomogenen Unbekannten anwenden. Es handelt sich also um Systeme von der Form

$$(1) \qquad \begin{cases} a_{11}x_1 + a_{12}x_2 + \cdots + a_{1n}x_n = a_1, \\ a_{21}x_1 + a_{22}x_2 + \cdots + a_{2n}x_n = a_2, \\ \cdot \quad \cdot \quad \cdot \quad \cdot \quad \cdot \quad \cdot \quad \cdot \quad \cdot \\ a_{n1}x_1 + a_{n2}x_2 + \cdots + a_{nn}x_n = a_n. \end{cases}$$

Betrachten wir das homogene System

$$
(2)\qquad \begin{cases} a_{11}\mathfrak{x}_1 + a_{12}\mathfrak{x}_2 + \cdots + a_{1n}\mathfrak{x}_n - a_1\mathfrak{x}_{n+1} = 0, \\ a_{21}\mathfrak{x}_1 + a_{22}\mathfrak{x}_2 + \cdots + a_{2n}\mathfrak{x}_n - a_2\mathfrak{x}_{n+1} = 0, \\ \cdot\;\cdot\;\cdot\;\cdot\;\cdot\;\cdot\;\cdot\;\cdot\;\cdot\;\cdot\;\cdot\;\cdot\;\cdot\;\cdot\;\cdot\;\cdot\;\cdot \\ a_{n1}\mathfrak{x}_1 + a_{n2}\mathfrak{x}_2 + \cdots + a_{nn}\mathfrak{x}_n - a_n\mathfrak{x}_{n+1} = 0, \end{cases}
$$

so kommt es darauf an, ob dieses System eine Lösung besitzt, bei der $\mathfrak{x}_{n+1} \gtrless 0$ ist. Gibt es eine solche, so wird

$$
x_1 = \frac{\mathfrak{x}_1}{\mathfrak{x}_{n+1}}, \quad x_2 = \frac{\mathfrak{x}_2}{\mathfrak{x}_{n+1}}, \ldots, x_n = \frac{\mathfrak{x}_n}{\mathfrak{x}_{n+1}}
$$

eine Lösung des Systems (1) sein. Ist umgekehrt $x_1, x_2, \ldots, x_n$ eine Lösung des Systems (1), so ist

$$
\mathfrak{x}_1 = x_1, \mathfrak{x}_2 = x_2, \ldots, \mathfrak{x}_n = x_n, \mathfrak{x}_{n+1} = 1
$$

eine Lösung des Systems (2).

Es wird also dann und nur dann möglich sein, die Gleichungen (1) zu befriedigen, wenn es eine Lösung des Systems (2) mit nichtverschwindendem $\mathfrak{x}_{n+1}$ gibt, eine Lösung also, die nicht zugleich das erweiterte System

$$
(2')\qquad \begin{cases} a_{11}\mathfrak{x}_1 + a_{12}\mathfrak{x}_2 + \cdots + a_{1n}\mathfrak{x}_n - a_1\mathfrak{x}_{n+1} = 0, \\ a_{21}\mathfrak{x}_1 + a_{22}\mathfrak{x}_2 + \cdots + a_{2n}\mathfrak{x}_n - a_2\mathfrak{x}_{n+1} = 0, \\ \cdot\;\cdot\;\cdot\;\cdot\;\cdot\;\cdot\;\cdot\;\cdot\;\cdot\;\cdot\;\cdot\;\cdot\;\cdot\;\cdot\;\cdot\;\cdot\;\cdot \\ a_{n1}\mathfrak{x}_1 + a_{n2}\mathfrak{x}_2 + \cdots + a_{nn}\mathfrak{x}_n - a_n\mathfrak{x}_{n+1} = 0, \\ \qquad\qquad\qquad\qquad\qquad\qquad\qquad\quad \mathfrak{x}_{n+1} = 0 \end{cases}
$$

befriedigt. Dazu ist notwendig und hinreichend, daß die Matrix des erweiterten Systems (2') einen höheren Rang hat als die des Systems (2). Hätten beide Matrizen denselben Rang, so würden sich alle Lösungen von (2) aus den Grundlösungen von (2') aufbauen, d. h. beide Systeme hätten genau dieselben Lösungen.

Man kann das System (2') auch in folgender Form schreiben:

$$
(2'')\qquad \begin{cases} a_{11}\mathfrak{x}_1 + a_{12}\mathfrak{x}_2 + \cdots + a_{1n}\mathfrak{x}_n = 0, \\ a_{21}\mathfrak{x}_1 + a_{12}\mathfrak{x}_2 + \cdots + a_{2n}\mathfrak{x}_n = 0, \\ \cdot\;\cdot\;\cdot\;\cdot\;\cdot\;\cdot\;\cdot\;\cdot\;\cdot\;\cdot\;\cdot\;\cdot\;\cdot \\ a_{n1}\mathfrak{x}_1 + a_{n2}\mathfrak{x}_2 + \cdots + a_{nn}\mathfrak{x}_n = 0, \\ \qquad\qquad\qquad\qquad\qquad \mathfrak{x}_{n+1} = 0. \end{cases}
$$

Die Matrix hat hier, weil die Lösungen dieselben geblieben sind, denselben Rang wie beim System (2'). Andererseits ist klar, daß der Rang der Matrix

$$
(3)\qquad \begin{cases} a_{11} & a_{12} & \ldots & a_{1n} & 0 \\ a_{21} & a_{22} & \cdots & a_{2n} & 0 \\ \cdot & \cdot & \cdot & \cdot & \cdot \\ a_{n1} & a_{n2} & \cdots & a_{nn} & 0 \\ 0 & 0 & \ldots & 0 & 1 \end{cases}
$$

um eine Einheit höher ist als der der Matrix

$$
(4)\qquad \begin{cases} a_{11} & a_{12} & \cdots & a_{1n} \\ a_{21} & a_{22} & \cdots & a_{2n} \\ \cdot & \cdot & \cdot & \cdot \\ a_{n1} & a_{n2} & \cdots & a_{nn} \end{cases}
$$

Jeder nichtverschwindenden ϱ-reihigen Determinante der zweiten entspricht eine ihr gleiche, aber $(\varrho + 1)$-reihige in der ersten Matrix. In dieser $(\varrho + 1)$-reihigen Determinante steht rechts unten die 1 und sonst in der letzten Zeile und Spalte lauter Nullen.

Soll nun die Matrix des Systems (2″), also die Matrix (3), einen höheren Rang haben, als die des Systems (2), so muß der Rang dieser letzteren Matrix mit dem der Matrix (4) übereinstimmen. Wäre er größer, so ergäbe sich eine Unmöglichkeit, weil der Rang von (3) nur um eine Einheit größer ist als der von (4).

Notwendig und hinreichend für die Lösbarkeit des Systems (1) ist also die Ranggleichheit der Matrizen

$$(5)\qquad \left\{\begin{matrix} a_{11} \ldots a_{1n} \\ \cdot\;\cdot\;\cdot\;\cdot\;\cdot \\ a_{n1} \ldots a_{nn} \end{matrix}\right. \quad \text{und} \quad \begin{matrix} a_{11} \ldots a_{1n} & a_1 \\ \cdot\;\cdot\;\cdot\;\cdot\;\cdot & \cdot \\ a_{n1} \ldots a_{nn} & a_n\,. \end{matrix}$$

Sind nun $x_1, x_2, \ldots, x_n$ und $X_1, X_2, \ldots, X_n$ zwei Lösungen des Systems (1) und setzt man in (1)

$$x_1 = X_1 + z_1, \quad x_2 = X_2 + z_2, \ldots, x_n = X_n + z_n,$$

so gehen die Gleichungen (1) in folgende über:

$$(6)\qquad \left\{\begin{array}{l} a_{11}z_1 + a_{12}z_2 + \cdots + a_{1n}z_n = 0, \\ a_{21}z_1 + a_{22}z_2 + \cdots + a_{2n}z_n = 0, \\ \cdot\;\cdot\;\cdot\;\cdot\;\cdot\;\cdot\;\cdot\;\cdot\;\cdot\;\cdot\;\cdot\;\cdot \\ a_{n1}z_1 + a_{n2}z_2 + \cdots + a_{nn}z_n = 0. \end{array}\right.$$

Haben die Matrizen (5) den Rang r, so gibt es für dieses homogene System $n - r$ Grundlösungen. Fügt man eine beliebige lineare Kombination dieser Grundlösungen zu $X_1, X_2, \ldots, X_n$ hinzu, so erhält man eine Lösung des Systems (1), und zwar ist jede Lösung von (1) auf solche Weise herstellbar. Im Falle $r = n$ hat das System (6) nur die triviale Lösung $0, 0, \ldots, 0$. Die zweite Matrix (5) hat dann stets denselben Rang wie die erste, was auch $a_1, \ldots, a_n$ sein mögen.

§ 15. Das innere Produkt zweier Vektoren.

Wir verstehen unter $\mathfrak{i}, \mathfrak{j}, \mathfrak{k}$ die cartesischen Grundvektoren, also ein Rechtstripel orthogonaler Einheitsvektoren, und denken uns alle Vektoren des Raumes auf $\mathfrak{i}, \mathfrak{j}, \mathfrak{k}$ bezogen. Betrachten wir zwei Vektoren

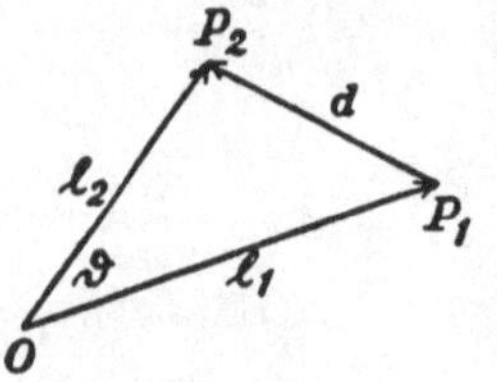

Fig. 13.

$$\mathfrak{V}_1 = x_1\mathfrak{i} + y_1\mathfrak{j} + z_1\mathfrak{k}, \quad \mathfrak{V}_2 = x_2\mathfrak{i} + y_2\mathfrak{j} + z_2\mathfrak{k},$$

die vom Anfangspunkt O ausgehen ($OP_1 = \mathfrak{V}_1$, $OP_2 = \mathfrak{V}_2$). Ihre Längen seien l_1 und l_2, ferner sei d die Entfernung ihrer Endpunkte, also die Länge des Vektors

$$P_1P_2 = OP_2 - OP_1 = (x_2 - x_1)\mathfrak{i} + (y_2 - y_1)\mathfrak{j} + (z_2 - z_1)\mathfrak{k}.$$

Dann ist

$$d^2 = (x_2 - x_1)^2 + (y_2 - y_1)^2 + (z_2 - z_1)^2,$$
$$l_1^2 = x_1^2 + y_1^2 + z_1^2, \quad l_2^2 = x_2^2 + y_2^2 + z_2^2,$$

also

$$\tfrac{1}{2}(l_1^2 + l_2^2 - d^2) = x_1 x_2 + y_1 y_2 + z_1 z_2.$$

Diese Verbindung aus den Koordinaten der Vektoren $\mathfrak{V}_1$ und $\mathfrak{V}_2$ ist uns bereits begegnet. Ihr Verschwinden drückt aus, daß $d^2 = l_1^2 + l_2^2$ ist, daß also $\mathfrak{V}_1$ und $\mathfrak{V}_2$ aufeinander senkrecht stehen. Sie hat aber auch sonst eine einfache geometrische Bedeutung. Nach dem Kosinussatz ist

$$d^2 = l_1^2 + l_2^2 - 2 l_1 l_2 \cos\vartheta,$$

wobei ϑ der Winkel $P_1 O P_2$ ist, also der Winkel, den die beiden Vektoren einschließen. Man hat also

$$\tfrac{1}{2}(l_1^2 + l_2^2 - d^2) = l_1 l_2 \cos\vartheta$$

und daher

$$l_1 l_2 \cos\vartheta = x_1 x_2 + y_1 y_2 + z_1 z_2. \tag{1}$$

Dieses Produkt aus den Vektorlängen und dem Kosinus des eingeschlossenen Winkels nennt man in der Vektorrechnung das **skalare Produkt** von $\mathfrak{V}_1$ und $\mathfrak{V}_2$ oder auch das **innere Produkt** und bezeichnet es mit $\mathfrak{V}_1 \cdot \mathfrak{V}_2$, gelesen „$\mathfrak{V}_1$ Punkt $\mathfrak{V}_2$" oder auch „$\mathfrak{V}_1$ in $\mathfrak{V}_2$". **Skalares Produkt** heißt es deshalb, weil es ein **Skalar** (eine Zahl) und kein Vektor ist.

Das innere Produkt (Produkt aus den Vektorlängen und dem Kosinus des eingeschlossenen Winkels) ist nach (1) gleich der Summe der Produkte der gleichnamigen Koordinaten. Man hat also

$$\mathfrak{V}_1 \cdot \mathfrak{V}_2 = x_1 x_2 + y_1 y_2 + z_1 z_2. \tag{2}$$

Hieraus ergeben sich unmittelbar folgende Rechnungsregeln für innere Produkte:

$$\mathfrak{V}_1 \cdot \mathfrak{V}_2 = \mathfrak{V}_2 \cdot \mathfrak{V}_1, \quad k\mathfrak{V}_1 \cdot \mathfrak{V}_2 = k(\mathfrak{V}_1 \cdot \mathfrak{V}_2),$$
$$\mathfrak{V}_1 \cdot (\mathfrak{V}_2 + \mathfrak{V}_3) = (\mathfrak{V}_1 \cdot \mathfrak{V}_2) + (\mathfrak{V}_1 \cdot \mathfrak{V}_3).$$

Auf Grund der ersten Eigenschaft sagt man, daß das innere Produkt **kommutativ** ist. Die zweite Gleichung drückt den **Faktorensatz**, die dritte den **Zerlegungssatz** oder das **Distributivgesetz** aus.

Wenn $\mathfrak{V}_1 = \mathfrak{V}_2$ ist, so fallen in Fig. 13 die Punkte P_1, P_2 zusammen und ϑ wird gleich Null, also $\cos\vartheta = 1$. Es wird also $\mathfrak{V} \cdot \mathfrak{V} = l^2$, d. h. **das innere Produkt eines Vektors mit sich selbst gleich dem Längenquadrat des Vektors.**

Ist ϑ ein spitzer Winkel, so hat $\mathfrak{V}_1 \cdot \mathfrak{V}_2$ einen positiven Wert. Ist ϑ stumpf, so wird $\mathfrak{V}_1 \cdot \mathfrak{V}_2$ negativ sein. $\mathfrak{V}_1 \cdot \mathfrak{V}_2 = 0$ bedeutet, wie uns schon bekannt, die **Orthogonalität** der beiden Vektoren $\mathfrak{V}_1, \mathfrak{V}_2$.

Die cartesischen Koordinaten x, y, z eines Vektors $\mathfrak{V}$ sind seine inneren Produkte mit den Grundvektoren $\mathfrak{i}, \mathfrak{j}, \mathfrak{k}$. Ist nämlich $\mathfrak{V} = x\mathfrak{i} + y\mathfrak{j} + z\mathfrak{k}$, so folgt

$$(\mathfrak{i} \cdot \mathfrak{V}) = (\mathfrak{i} \cdot x\mathfrak{i}) + (\mathfrak{i} \cdot y\mathfrak{j}) + (\mathfrak{i} \cdot z\mathfrak{k})$$
$$= x(\mathfrak{i} \cdot \mathfrak{i}) + y(\mathfrak{i} \cdot \mathfrak{j}) + z(\mathfrak{i} \cdot \mathfrak{k}) = x.$$

Wegen der Orthogonalität der Vektoren $\mathfrak{i}, \mathfrak{j}, \mathfrak{k}$ ist nämlich $\mathfrak{i} \cdot \mathfrak{j} = 0$, $\mathfrak{i} \cdot \mathfrak{k} = 0$. Andererseits ist $\mathfrak{i} \cdot \mathfrak{i}$ das Längenquadrat des Einheitsvektors $\mathfrak{i}$, also 1. Ebenso beweist man, daß $(\mathfrak{j} \cdot \mathfrak{B}) = y$, $(\mathfrak{k} \cdot \mathfrak{B}) = z$ ist.

Da man $x\mathfrak{i}$ auch als die orthogonale Projektion des Vektors $\mathfrak{B}$ auf die x-Achse, also die Gerade oder den Träger des Vektors $\mathfrak{i}$ betrachten kann, so sieht man, daß diese Projektion in der Form $(\mathfrak{B} \cdot \mathfrak{i})\,\mathfrak{i}$ darstellbar ist. Ihre Maßzahl, d. h. der Faktor, um den sie sich von $\mathfrak{i}$ unterscheidet, ist das innere Produkt $\mathfrak{B} \cdot \mathfrak{i}$. Hieraus ergibt sich ein in der Geometrie vielbenutzter Satz, der so lautet: Die Projektion der Summe $\mathfrak{B}_1 + \mathfrak{B}_2 + \cdots + \mathfrak{B}_n$ auf irgendeine Gerade g ist gleich der Summe der Projektionen der einzelnen Vektoren. Dabei kann man unter Projektion auch die Maßzahl der Projektion verstehen. Man denke sich auf der Geraden g den Einheitsvektor $\mathfrak{i}$. Dann ist die Projektion von $\mathfrak{B}_1 + \mathfrak{B}_2 + \cdots + \mathfrak{B}_n$ auf g

$$\{(\mathfrak{B}_1 + \mathfrak{B}_2 + \cdots + \mathfrak{B}_n) \cdot \mathfrak{i}\}\,\mathfrak{i} = \{(\mathfrak{B}_1 \cdot \mathfrak{i}) + \mathfrak{B}_2 \cdot \mathfrak{i}) + \cdots + (\mathfrak{B}_n \cdot \mathfrak{i})\}\,\mathfrak{i}$$
$$= (\mathfrak{B}_1 \cdot \mathfrak{i})\,\mathfrak{i} + (\mathfrak{B}_2 \cdot \mathfrak{i})\,\mathfrak{i} + \cdots + (\mathfrak{B}_n \cdot \mathfrak{i})\,\mathfrak{i}.$$

Will man nur von den Maßzahlen der Projektionen sprechen, so braucht man nur die Gleichung

$$(\mathfrak{B}_1 + \mathfrak{B}_2 + \cdots + \mathfrak{B}_n) \cdot \mathfrak{i} = (\mathfrak{B}_1 \cdot \mathfrak{i}) + (\mathfrak{B}_2 \cdot \mathfrak{i}) + \cdots + (\mathfrak{B}_n \cdot \mathfrak{i}).$$

Wenn man neben dem Vektor $\mathfrak{B}_1 = x_1\mathfrak{i} + y_1\mathfrak{j} + z_1\mathfrak{k}$ den Vektor $\mathfrak{B}_2 = x_2\mathfrak{i}$ betrachtet, so wird nach (2)

$$\mathfrak{B}_1 \cdot \mathfrak{B}_2 = x_1 x_2 .$$

Die Projektion von $\mathfrak{B}_1$ auf den Träger von $\mathfrak{i}$ hat die Maßzahl $(\mathfrak{B}_1 \cdot \mathfrak{i}) = x_1$ und $\mathfrak{B}_2$ selbst hat die Maßzahl x_2. Man erhält also das innere Produkt, indem man die Projektion $\overline{\mathfrak{B}}_1$ des Vektors $\mathfrak{B}_1$ auf den Träger von $\mathfrak{B}_2$ bildet und die Maßzahlen der beiden Vektoren $\overline{\mathfrak{B}}_1, \mathfrak{B}_2$ miteinander multipliziert. Dieses Maßzahlenprodukt ist das positive Längenprodukt, wenn die beiden Vektoren $\overline{\mathfrak{B}}_1$ und $\mathfrak{B}_2$ gleichgerichtet sind, andernfalls das negative Längenprodukt. Man kann den Vektor $\mathfrak{i}$ nachträglich ganz ausschalten.

Von hier aus ergibt sich eine andere Erklärung des inneren Produktes. Man sagt zunächst, daß das innere Produkt zweier paralleler Vektoren das positive oder negative Längenprodukt ist, je nachdem sie gleich oder entgegengesetzt gerichtet sind. Liegen zwei beliebige Vektoren vor, so definiert man ihr inneres Produkt als das innere Produkt des ersten mit der Projektion des zweiten auf den Träger des ersten. Man kann dann die oben angegebenen Rechnungsgesetze beweisen und kommt durch Ausrechnen des Produktes

$$(x_1\mathfrak{i} + y_1\mathfrak{j} + z_1\mathfrak{k}) \cdot (x_2\mathfrak{i} + y_2\mathfrak{j} + z_2\mathfrak{k})$$

nach den Rechnungsregeln auf den Ausdruck $x_1x_2 + y_1y_2 + z_1z_2$.

Wir wollen zum Schluß noch eine wichtige Bemerkung im Anschluß an die Formel (1) machen. Nach dieser Formel ist, wenn man sie auf einen Vektor $\mathfrak{B} = x\mathfrak{i} + y\mathfrak{j} + z\mathfrak{k}$ von der Länge r und einen der Grundvektoren $\mathfrak{i}, \mathfrak{j}, \mathfrak{k}$ anwendet,

$$(3) \qquad r\cos\alpha = x,\ r\cos\beta = y,\ r\cos\gamma = z.$$

Dabei sind α, β, γ die Winkel, die der Vektor $\mathfrak{V}$ mit den Koordinatenachsen, d. h. mit $\mathfrak{i}, \mathfrak{j}, \mathfrak{k}$ bildet. $\cos\alpha, \cos\beta, \cos\gamma$ nennt man die **Richtungskosinus** des Vektors $\mathfrak{V}$ in bezug auf $\mathfrak{i}, \mathfrak{j}, \mathfrak{k}$. Wenn die Länge r des Vektors $\mathfrak{V}$ zu 1 wird, ohne daß seine Richtung sich ändert, so werden nach (3) die Koordinaten x, y, z dieses Vektors gleich $\cos\alpha, \cos\beta, \cos\gamma$. Die Richtungskosinus $\cos\alpha, \cos\beta, \cos\gamma$ sind also die Koordinaten eines Einheitsvektors, der mit $\mathfrak{i}, \mathfrak{j}, \mathfrak{k}$ die Winkel α, β, γ bildet. Daher ist

$$(4) \qquad \cos^2\alpha + \cos^2\beta + \cos^2\gamma = 1.$$

Das innere Produkt zweier Einheitsvektoren kann man in der Form schreiben

$$\cos\alpha_1 \cos\alpha_2 + \cos\beta_1 \cos\beta_2 + \cos\gamma_1 \cos\gamma_2.$$

Andererseits ist dieses innere Produkt gleich $\cos\vartheta$, wobei ϑ den Winkel zwischen den beiden Einheitsvektoren bedeutet. Es gilt also die Gleichung

$$(5) \qquad \cos\alpha_1 \cos\alpha_2 + \cos\beta_1 \cos\beta_2 + \cos\gamma_1 \cos\gamma_2 = \cos\vartheta.$$

Der Kosinus eines Winkels drückt sich also in dieser Form durch die Richtungskosinus seiner Schenkel aus. Setzt man $\vartheta = 0$, so ergibt sich die Relation (4). Setzt man $\vartheta = \frac{\pi}{2}$, so entsteht

$$(6) \qquad \cos\alpha_1 \cos\alpha_2 + \cos\beta_1 \cos\beta_2 + \cos\gamma_1 \cos\gamma_2 = 0,$$

die Orthogonalitätsbedingung für zwei Richtungen, die durch ihre Richtungskosinus gegeben sind.

§ 16. Das äußere Produkt zweier Vektoren.

Wir wissen, wie sich das Volumprodukt $[\mathfrak{V}_1\mathfrak{V}_2\mathfrak{V}_3]$ durch die Koordinaten der drei Vektoren ausdrückt. Wenn

$$\mathfrak{V}_\nu = x_\nu\mathfrak{i} + y_\nu\mathfrak{j} + z_\nu\mathfrak{k}$$

ist ($\nu = 1, 2, 3$), so hat man

$$[\mathfrak{V}_1\mathfrak{V}_2\mathfrak{V}_3] = \begin{vmatrix} x_1 & y_1 & z_1 \\ x_2 & y_2 & z_2 \\ x_3 & y_3 & z_3 \end{vmatrix}.$$

Entwickelt man diese Determinante nach der letzten Zeile, so ergibt sich

$$\begin{vmatrix} y_1 & z_1 \\ y_2 & z_2 \end{vmatrix} x_3 - \begin{vmatrix} x_1 & z_1 \\ x_2 & z_2 \end{vmatrix} y_3 + \begin{vmatrix} x_1 & y_1 \\ x_2 & y_2 \end{vmatrix} z_3.$$

Dieser Ausdruck läßt sich nun als ein inneres Produkt ansehen, und zwar als das innere Produkt des Vektors

$$(1) \qquad \begin{vmatrix} y_1 & z_1 \\ y_2 & z_2 \end{vmatrix} \mathfrak{i} - \begin{vmatrix} x_1 & z_1 \\ x_2 & z_2 \end{vmatrix} \mathfrak{j} + \begin{vmatrix} x_1 & y_1 \\ x_2 & y_2 \end{vmatrix} \mathfrak{k}$$

mit dem Vektor $\mathfrak{V}_3$. Den Vektor (1), der in besonderer Weise aus den Koordinaten von $\mathfrak{V}_1$ und $\mathfrak{V}_2$ sich aufbaut und auch in der Form

$$\begin{vmatrix} x_1 & y_1 & z_1 \\ x_2 & y_2 & z_2 \\ \mathfrak{i} & \mathfrak{j} & \mathfrak{k} \end{vmatrix}$$

geschrieben werden kann, nennt man das vektorielle oder das äußere Produkt von $\mathfrak{V}_1$ und $\mathfrak{V}_2$ und wendet dafür die Bezeichnung $\mathfrak{V}_1 \times \mathfrak{V}_2$ an, in Worten „$\mathfrak{V}_1$ Kreuz $\mathfrak{V}_2$“ oder „$\mathfrak{V}_1$ mal $\mathfrak{V}_2$“.

Man hat also

$$(2) \qquad \mathfrak{V}_1 \times \mathfrak{V}_2 = \begin{vmatrix} x_1 & y_1 & z_1 \\ x_2 & y_2 & z_2 \\ \mathfrak{i} & \mathfrak{j} & \mathfrak{k} \end{vmatrix}.$$

Aus dieser Erklärung ergeben sich sofort die Eigenschaften

$$\mathfrak{V}_1 \times \mathfrak{V}_2 = -(\mathfrak{V}_2 \times \mathfrak{V}_1), \quad k\mathfrak{V}_1 \times \mathfrak{V}_2 = k(\mathfrak{V}_1 \times \mathfrak{V}_2),$$
$$\mathfrak{V}_1 \times (\mathfrak{V}_2 + \mathfrak{V}_2') = (\mathfrak{V}_1 \times \mathfrak{V}_2) + (\mathfrak{V}_1 \times \mathfrak{V}_2').$$

Das äußere Produkt ist, im Gegensatz zum inneren, nicht kommutativ, sondern wie man zu sagen pflegt, alternierend, d. h. es wechselt sein Zeichen, wenn man die Vektoren vertauscht. Faktorensatz und Zerlegungssatz gelten auch für die äußeren Produkte, nur muß immer die Reihenfolge der Vektoren beibehalten werden.

Da

$$(3) \qquad [\mathfrak{V}_1\mathfrak{V}_2\mathfrak{V}_3] = (\mathfrak{V}_1 \times \mathfrak{V}_2) \cdot \mathfrak{V}_3$$

ist, bezeichnet man das Volumprodukt auch als gemischtes Produkt. Man muß, um es zu bilden, sowohl die innere als auch die äußere Multiplikation anwenden.

Aus (3) ergibt sich nun, wenn man $\mathfrak{V}_3$ durch $\mathfrak{V}_1$ oder $\mathfrak{V}_2$ ersetzt und bedenkt, daß $[\mathfrak{V}_1\mathfrak{V}_2\mathfrak{V}_1]$ und $[\mathfrak{V}_1\mathfrak{V}_2\mathfrak{V}_2]$ gleich Null sind,

$$(\mathfrak{V}_1 \times \mathfrak{V}_2) \cdot \mathfrak{V}_1 = 0, \quad (\mathfrak{V}_1 \times \mathfrak{V}_2) \cdot \mathfrak{V}_2 = 0.$$

Das Verschwinden eines inneren Produkts zeigt aber die Orthogonalität an. Wir sehen also, daß der Vektor $\mathfrak{V}_1 \times \mathfrak{V}_2$ zu $\mathfrak{V}_1$ und $\mathfrak{V}_2$ senkrecht ist.

Nachdem wir dies wissen, können wir uns leicht volle Klarheit über den Vektor $\mathfrak{V}_1 \times \mathfrak{V}_2$ verschaffen. Wir wollen unter $\mathfrak{n}$ einen Einheitsvektor verstehen, der senkrecht auf $\mathfrak{V}_1$ und $\mathfrak{V}_2$ steht, so daß $\mathfrak{V}_1$, $\mathfrak{V}_2$, $\mathfrak{n}$ ein Rechtstripel bilden. Dann können wir $\mathfrak{V}_1 \times \mathfrak{V}_2 = p\mathfrak{n}$ setzen, wobei p ein Zahlenfaktor ist. Dieser Faktor kann mit Hilfe der Formel (3) bestimmt werden. Setzt man in ihr $\mathfrak{V}_3 = \mathfrak{n}$ und $\mathfrak{V}_1 \times \mathfrak{V}_2 = p\mathfrak{n}$, so ergibt sich

$$(4) \qquad [\mathfrak{V}_1\mathfrak{V}_2\mathfrak{n}] = p\mathfrak{n} \cdot \mathfrak{n} = p.$$

Man denke sich $\mathfrak{V}_1$, $\mathfrak{V}_2$, $\mathfrak{n}$ von demselben Punkte O ausgehend ($\mathfrak{V}_1 = OP_1$, $\mathfrak{V}_2 = OP_2$, $\mathfrak{n} = ON$). Dann ist $[\mathfrak{V}_1, \mathfrak{V}_2\mathfrak{n}]$, weil $\mathfrak{V}_1$, $\mathfrak{V}_2\,\mathfrak{n}$ ein Rechtstripel bilden, der positive Inhalt des durch OP_1, OP_2, ON gebildeten Parallelepipeds. Da ON senkrecht auf OP_1 und OP_2 steht und die Länge 1 hat, so handelt es sich um ein Parallelepiped von der Höhe 1, dessen Basis das von OP_1, OP_2 gebildete Parallelogramm ist (in Fig. 14 schraffiert). Das Volumen ist also numerisch gleich dem genannten Parallelogramm, und damit haben wir nach (4) auch p gewonnen. Die Länge des Vektors $\mathfrak{V}_1 \times \mathfrak{V}_2$ ist, so können wir jetzt sagen, zahlenmäßig gleich dem Inhalt des von $\mathfrak{V}_1$ und $\mathfrak{V}_2$ bestimmten Parallelogramms, wobei man sich denken muß, daß $\mathfrak{V}_1$ und $\mathfrak{V}_2$ vom selben

Punkte O ausgehen. Der so seiner Länge nach bestimmte Vektor steht senkrecht auf dem Parallelogramm, und zwar so, daß $\mathfrak{B}_1$, $\mathfrak{B}_2$ und $\mathfrak{B}_1 \times \mathfrak{B}_2$ ein Rechtstripel bilden. Dies folgt daraus, daß $\mathfrak{B}_1 \times \mathfrak{B}_2 = p\mathfrak{n}$ und p positiv ist. $\mathfrak{B}_1$, $\mathfrak{B}_2$ und $\mathfrak{B}_1 \times \mathfrak{B}_2$ liegen also so zueinander, wie das rechte Bein, das linke Bein und der Oberkörper des Koordinatenmännchens. Denkt man sich den Vektor $\mathfrak{B}_1 \times \mathfrak{B}_2$ personifiziert, d. h. als einen Menschen, dessen Füße im Anfangspunkt O des Vektors liegen, während der Kopf sich im Endpunkt oder der Spitze befindet, so sieht dieser Mensch den ersten Vektor $OP_1 = \mathfrak{B}_1$ zur Rechten, den zweiten $OP_2 = \mathfrak{B}_2$ zur Linken. Er hat denselben Anblick, wie das sein rechtes und sein linkes Bein betrachtende Koordinatenmännchen.

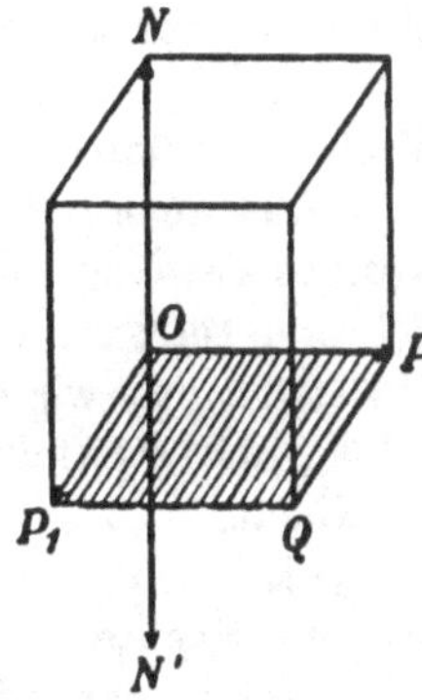

Fig. 14.

Man kann auch von der geometrischen Erklärung des äußeren Produktes ausgehen, die Rechnungsregeln beweisen, um dann den Koordinatenausdruck (2) zu gewinnen. Für uns war der andere Weg bequemer, weil wir das Volumprodukt bereits kannten.

Wir wollen der geometrischen Erklärung des äußeren Produkts noch eine andere Fassung geben. Wir denken uns das Parallelogramm der beiden Vektoren so umfahren, daß zuerst die Strecke $OP_1 = \mathfrak{B}_1$, dann die Strecke $P_1Q = \mathfrak{B}_2$, dann $QP_2 = -\mathfrak{B}_1$, endlich $P_2O = -\mathfrak{B}_2$ durchlaufen wird (vgl. Fig. 14). Den Anfang macht also der Vektor, der im äußeren Produkt $\mathfrak{B}_1 \times \mathfrak{B}_2$ an erster Stelle steht. Wenn wir nun, wie es oben geschah, den Normalvektor $ON = \mathfrak{n}$ so richten, daß OP_1, OP_2, ON ein Rechtssystem bilden, so erfolgt für den personifizierten Vektor ON (in O die Füße, in N der Kopf) die Umfahrung des Parallelogramms nach links herum. Der Faktor p in der Formel $\mathfrak{B}_1 \times \mathfrak{B}_2 = p\,ON$ ist in diesem Falle der positiv genommene Parallelogramminhalt. Würden wir statt ON den entgegengesetzten Vektor $ON' = -ON$ verwenden, so müßten wir schreiben $\mathfrak{B}_1 \times \mathfrak{B}_2 = p'ON'$, und $p' = -p$ wäre dann der negativ genommene Parallelogramminhalt. Die Umfahrung des Parallelogramms (von O nach P_1, von P_1 nach Q, von Q nach P_2, von P_2 nach O) erfolgt für den personifizierten Vektor ON' nach rechts herum. Es ist also ganz gleichgültig, wie wir den Normalvektor ON orientieren. Wir müssen nur, um die Gleichung $\mathfrak{B}_1 \times \mathfrak{B}_2 = p\mathfrak{n}$ herbeizuführen, unter p den positiven oder negativen Inhalt des Parallelogramms $\mathfrak{B}_1$, $\mathfrak{B}_2$, $-\mathfrak{B}_1$, $-\mathfrak{B}_2$ verstehen, und zwar den positiven, wenn für den Beobachter $ON = \mathfrak{n}$ die Umfahrung des Parallelogramms links herum erfolgt, den negativen, wenn sie rechts herum erfolgt. Wird OP_1 durch Drehung um O innerhalb der Parallelogrammebene in die Richtung von OP_2 gebracht und der Drehungswinkel ϑ positiv oder negativ gerechnet, je nachdem diese Drehung für den Beobachter ON nach links oder nach rechts erfolgt, so ist $l_1 l_2 \sin\vartheta$ der mit richtigem Zeichen versehene Parallelogramminhalt. Dabei sind l_1, l_2 die Längen der Vektoren $\mathfrak{B}_1$, $\mathfrak{B}_2$. Es gilt also für das äußere Produkt die Formel

(5) $$\mathfrak{V}_1 \times \mathfrak{V}_2 = \mathfrak{n} l_1 l_2 \sin\vartheta.$$

Man kann den Zahlenfaktor, mit dem ein Vektor multipliziert ist, auch hinter diesen Vektor schreiben, wie es hier geschehen ist.

Die Formel für das äußere Produkt hat in dieser Fassung die größte Ähnlichkeit mit der Formel $\mathfrak{V}_1 \cdot \mathfrak{V}_2 = l_1 l_2 \cos\vartheta$ für das innere Produkt. Das innere Produkt ist das Produkt aus den Vektorlängen und dem Kosinus des eingeschlossenen Winkels, das äußere Produkt ist ein zu beiden Vektoren senkrechter Vektor mit der Maßzahl $l_1 l_2 \sin\vartheta$. Das Wort Maßzahl deutet an, daß wir den Vektor mit einem Einheitsvektor $\mathfrak{n}$ vergleichen, der auf $\mathfrak{V}_1$ und $\mathfrak{V}_2$ senkrecht steht. ϑ ist der Winkel einer Drehung, die $\mathfrak{V}_1$ in die Richtung von $\mathfrak{V}_2$ bringt. Er wird, wie oben angegeben, von $\mathfrak{n}$ aus beurteilt und positiv oder negativ gerechnet, je nachdem es sich um eine Links- oder um eine Rechtsdrehung handelt.

Wendet man die Formeln (2) und (5) auf die Vektoren $\mathfrak{V}_1 = \mathfrak{i}$, $\mathfrak{V}_2 = x\mathfrak{i} + y\mathfrak{j}$ an, so kann man $\mathfrak{n} = \mathfrak{k}$ setzen. Man erhält dann, wenn die Länge von $\mathfrak{V}_2$ mit r bezeichnet wird,

$$\begin{vmatrix} 1 & 0 & 0 \\ x & y & 0 \\ \mathfrak{i} & \mathfrak{j} & \mathfrak{k} \end{vmatrix} = \mathfrak{k} r \sin\vartheta,$$

d. h. $y = r\sin\vartheta$. Das innere Produkt $r\cos\vartheta$ wird gleich der Summe der Produkte $1 \cdot x$, $0 \cdot y$, $0 \cdot z$, also gleich x. Es gelten also die Gleichungen

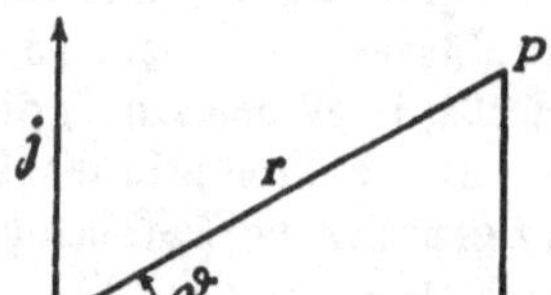

Fig. 15.

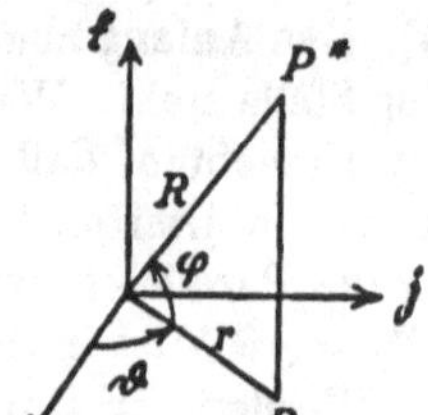

Fig. 16.

(6) $$x = r\cos\vartheta,\quad y = r\sin\vartheta.$$

Man nennt r und ϑ die Polarkoordinaten des Punktes P, dessen rechtwinklige Koordinaten x, y sind. r heißt der Radiusvektor, ϑ die Amplitude (vgl. Fig. 15).

Wenn wir den Punkt P^* betrachten, dessen Ortsvektor $x\mathfrak{i} + y\mathfrak{j} + z\mathfrak{k}$ lautet, so ist (vgl. Fig. 16) $r = R\cos\varphi$, $z = R\sin\varphi$. Wir können nämlich r und z als rechtwinklige Koordinaten des Punktes P^* in der Ebene OPP^* betrachten und darauf die Formeln (6) anwenden. Setzen wir in (6) den Wert $R\cos\varphi$ statt r ein, so erhalten wir im ganzen

(7) $$x = R\cos\varphi\cos\vartheta,\quad y = R\cos\varphi\sin\vartheta,\quad z = R\sin\varphi.$$

Man nennt R, ϑ, φ die Polarkoordinaten des Punktes P^*, und zwar R den

Radiusvektor, ϑ die Länge, φ die Breite dieses Punktes. Die Benennungen Länge und Breite stammen aus der Geographie.

Das Verschwinden des inneren Produktes bedeutet, wie wir wissen, die Orthogonalität der beteiligten Vektoren. Das äußere Produkt der Vektoren $\mathfrak{V}_1$, $\mathfrak{V}_2$ ist dann und nur dann gleich Null, wenn sie, nach demselben Anfangspunkt verschoben, ein verschwindendes Parallelogramm bestimmen, wenn sie also kollinear sind. Man kann daher sagen, daß $\mathfrak{V}_1 \times \mathfrak{V}_2 = 0$ die Kollinearitätsbedingung für $\mathfrak{V}_1$ und $\mathfrak{V}_2$ ist oder auch die Bedingung des Parallelismus.

§ 17. Doppelkreuzprodukte und andere mehrfache Produkte.

Als Doppelkreuzprodukt wird ein Ausdruck von der Form $(\mathfrak{V}_1 \times \mathfrak{V}_2) \times \mathfrak{V}_3$ oder von der Form $\mathfrak{V}_1 \times (\mathfrak{V}_2 \times \mathfrak{V}_3)$. Das Verschieben der Klammern bringt hier eine starke Veränderung hervor. $(\mathfrak{V}_1 \times \mathfrak{V}_2) \times \mathfrak{V}_3$ ist nämlich ein Vektor, der auf $\mathfrak{V}_1 \times \mathfrak{V}_2$ und $\mathfrak{V}_3$ senkrecht steht. Wegen der Orthogonalität zu $\mathfrak{V}_1 \times \mathfrak{V}_2$ fällt er in die Ebene der Vektoren $\mathfrak{V}_1$, $\mathfrak{V}_2$. Ebenso fällt der Vektor $\mathfrak{V}_1 \times (\mathfrak{V}_2 \times \mathfrak{V}_3)$ in die Ebene der Vektoren $\mathfrak{V}_2$, $\mathfrak{V}_3$. Die beiden Doppelkreuzprodukte könnten also nur gleich sein, wenn sie die Form $k\mathfrak{V}_2$ hätten. Da das erste zu $\mathfrak{V}_3$, das zweite zu $\mathfrak{V}_1$ orthogonal ist, so müßte $\mathfrak{V}_2$ sowohl zu $\mathfrak{V}_1$ als auch zu $\mathfrak{V}_3$ senkrecht sein. Sobald dies nicht der Fall ist, kommt die Gleichheit beider Produkte nicht in Frage.

Wir können die cartesischen Grundvektoren $\mathfrak{i}$, $\mathfrak{j}$, $\mathfrak{k}$ so wählen, daß

$$\mathfrak{V}_1 = x_1\mathfrak{i},\quad \mathfrak{V}_2 = x_2\mathfrak{i} + y_2\mathfrak{j},\quad \mathfrak{V}_3 = x_3\mathfrak{i} + y_3\mathfrak{j} + z_3\mathfrak{k}$$

wird. Dann ist nach den Rechnungsregeln (Zerlegungssatz und Faktorensatz)

$$\mathfrak{V}_1 \times \mathfrak{V}_2 = x_1y_2(\mathfrak{i} \times \mathfrak{j}),$$

weil $\mathfrak{i} \times \mathfrak{i}$ verschwindet. Da $\mathfrak{i}$, $\mathfrak{j}$ ein Quadrat von der Seite 1 bestimmen und $\mathfrak{i}$, $\mathfrak{j}$, $\mathfrak{k}$ ein Rechtstripel bilden, so hat man $\mathfrak{i} \times \mathfrak{j} = \mathfrak{k}$, also

$$\mathfrak{V}_1 \times \mathfrak{V}_2 = x_1y_2\mathfrak{k}\,.$$

Nun ergibt sich weiter

$$(\mathfrak{V}_1 \times \mathfrak{V}_2) \times \mathfrak{V}_3 = x_1y_2x_3(\mathfrak{k} \times \mathfrak{i}) + x_1y_2y_3(\mathfrak{k} \times \mathfrak{j}),$$

weil $\mathfrak{k} \times \mathfrak{k}$ verschwindet. Da mit $\mathfrak{i}$, $\mathfrak{j}$, $\mathfrak{k}$ auch $\mathfrak{j}$, $\mathfrak{k}$, $\mathfrak{i}$ und $\mathfrak{k}$, $\mathfrak{i}$, $\mathfrak{j}$ Rechtstripel sind, so gelten neben $\mathfrak{i} \times \mathfrak{j} = \mathfrak{k}$ die Gleichungen

$$\mathfrak{j} \times \mathfrak{k} = \mathfrak{i},\quad \mathfrak{k} \times \mathfrak{i} = \mathfrak{j}.$$

Bedenkt man, daß $\mathfrak{k} \times \mathfrak{j} = -(\mathfrak{j} \times \mathfrak{k})$ ist wegen des alternierenden Charakters der äußeren Produkte, so hat man schließlich

$$(\mathfrak{V}_1 \times \mathfrak{V}_2) \times \mathfrak{V}_3 = x_1y_2x_3\mathfrak{j} - x_1y_2y_3\mathfrak{i}.$$

Hierfür kann man auch schreiben

$$x_1x_3(x_2\mathfrak{i} + y_2\mathfrak{j}) - (x_2x_3 + y_2y_3)x_1\mathfrak{i}$$

oder, da $\mathfrak{V}_1 \cdot \mathfrak{V}_3 = x_1x_3$ und $\mathfrak{V}_2 \cdot \mathfrak{V}_3 = x_2x_3 + y_2y_3$ ist,

$$(1)\qquad (\mathfrak{V}_1 \times \mathfrak{V}_2) \times \mathfrak{V}_3 = (\mathfrak{V}_1 \cdot \mathfrak{V}_3)\mathfrak{V}_2 - (\mathfrak{V}_2 \cdot \mathfrak{V}_3)\mathfrak{V}_1.$$

Die rechte Seite ist, wie wir im voraus wußten, eine lineare Kombination von $\mathfrak{V}_1$ und $\mathfrak{V}_2$. Jeder dieser Vektoren ist multipliziert mit dem inneren Produkt der beiden anderen Vektoren des Tripels $\mathfrak{V}_1, \mathfrak{V}_2, \mathfrak{V}_3$. Ein Glied ist positiv, das andere negativ genommen, positiv das Glied, welches dem mittleren Vektor des Doppelkreuzprodukts $(\mathfrak{V}_1 \times \mathfrak{V}_2) \times \mathfrak{V}_3$ entspricht. Die Regel für die Berechnung eines solchen Produktes, die man auch als Entwicklungssatz bezeichnet, läßt sich also so formulieren: Man schreibe die beiden eingeklammerten Vektoren auf, den mittleren mit dem Pluszeichen, den anderen mit dem Minuszeichen, und multipliziere dann noch jeden mit dem inneren Produkt der übrigen Vektoren des Tripels.

Das andere Doppelkreuzprodukt $\mathfrak{V}_1 \times (\mathfrak{V}_2 \times \mathfrak{V}_3)$ läßt sich in der Form $-((\mathfrak{V}_2 \times \mathfrak{V}_3) \times \mathfrak{V}_1))$ schreiben. Da nach dem obigen Ergebnis

$$(\mathfrak{V}_2 \times \mathfrak{V}_3) \times \mathfrak{V}_1 = (\mathfrak{V}_1 \cdot \mathfrak{V}_2)\mathfrak{V}_3 - (\mathfrak{V}_1 \cdot \mathfrak{V}_3)\mathfrak{V}_2$$

ist, folgt

$$(2) \qquad \mathfrak{V}_1 \times (\mathfrak{V}_2 \times \mathfrak{V}_3) = (\mathfrak{V}_1 \cdot \mathfrak{V}_3)\mathfrak{V}_2 - (\mathfrak{V}_1 \cdot \mathfrak{V}_2)\mathfrak{V}_3.$$

Auch hier muß man also die beiden eingeklammerten Vektoren aufschreiben, den mittleren mit $+$, den andern mit $-$, und dann noch jedem das innere Produkt der beiden übrigen Vektoren des Tripels als Faktor beigeben.

Um eine Anwendung des Entwicklungssatzes zu zeigen, wollen wir das äußere Produkt aus zwei äußeren Produkten $\mathfrak{V}_1 \times \mathfrak{V}_2$ und $\mathfrak{V}_3 \times \mathfrak{V}_4$ betrachten, also

$$(\mathfrak{V}_1 \times \mathfrak{V}_2) \times (\mathfrak{V}_3 \times \mathfrak{V}_4).$$

Setzt man $\mathfrak{V}_1 \times \mathfrak{V}_2 = \mathfrak{U}$, $\mathfrak{V}_3 \times \mathfrak{V}_4 = \mathfrak{W}$, so läßt sich das betrachtete Produkt sowohl in der Form $(\mathfrak{V}_1 \times \mathfrak{V}_2) \times \mathfrak{W}$, als auch in der Form $\mathfrak{U} \times (\mathfrak{V}_3 \times \mathfrak{V}_4)$ schreiben. Nach dem Entwicklungssatz ist aber

$$\begin{aligned}(\mathfrak{V}_1 \times \mathfrak{V}_2) \times \mathfrak{W} &= (\mathfrak{V}_1 \cdot \mathfrak{W})\mathfrak{V}_2 - (\mathfrak{V}_2 \cdot \mathfrak{W})\mathfrak{V}_1,\\ \mathfrak{U} \times (\mathfrak{V}_3 \times \mathfrak{V}_4) &= (\mathfrak{U} \cdot \mathfrak{V}_4)\mathfrak{V}_3 - (\mathfrak{U} \cdot \mathfrak{V}_3)\mathfrak{V}_4,\end{aligned}$$

und es ergibt sich also, wenn man

$$\begin{aligned}\mathfrak{V}_1 \cdot \mathfrak{W} &= \mathfrak{V}_1 \cdot (\mathfrak{V}_3 \times \mathfrak{V}_4) = [\mathfrak{V}_1\mathfrak{V}_3\mathfrak{V}_4],\\ \mathfrak{V}_2 \cdot \mathfrak{W} &= \mathfrak{V}_2 \cdot (\mathfrak{V}_3 \times \mathfrak{V}_4) = [\mathfrak{V}_2\mathfrak{V}_3\mathfrak{V}_4],\\ \mathfrak{U} \cdot \mathfrak{V}_4 &= (\mathfrak{V}_1 \times \mathfrak{V}_2) \cdot \mathfrak{V}_4 = [\mathfrak{V}_1\mathfrak{V}_2\mathfrak{V}_4],\\ \mathfrak{U} \cdot \mathfrak{V}_3 &= (\mathfrak{V}_1 \times \mathfrak{V}_2) \cdot \mathfrak{V}_3 = [\mathfrak{V}_1\mathfrak{V}_2\mathfrak{V}_3],\end{aligned}$$

einsetzt, folgende Relation:

$$(3) \quad \mathfrak{V}_1[\mathfrak{V}_2\mathfrak{V}_3\mathfrak{V}_4] - \mathfrak{V}_2[\mathfrak{V}_1\mathfrak{V}_3\mathfrak{V}_4] + \mathfrak{V}_3[\mathfrak{V}_1\mathfrak{V}_2\mathfrak{V}_4] - \mathfrak{V}_4[\mathfrak{V}_1\mathfrak{V}_2\mathfrak{V}_3] = 0.$$

Das ist die Relation, die zwischen vier beliebigen Vektoren besteht. Die linke Seite stellt die Entwicklung der Determinante

$$\begin{vmatrix} \mathfrak{V}_1 & x_1 & y_1 & z_1 \\ \mathfrak{V}_2 & x_2 & y_2 & z_2 \\ \mathfrak{V}_3 & x_3 & y_3 & z_3 \\ \mathfrak{V}_4 & x_4 & y_4 & z_4 \end{vmatrix}$$

nach der ersten Spalte dar. Daß diese Determinante tatsächlich verschwindet, beruht darauf, daß die erste Spalte sich mittels der Faktoren $\mathfrak{i}$, $\mathfrak{j}$, $\mathfrak{k}$ aus den drei andern Spalten zusammensetzt. Man kann Gleichung (3) auch nach $\mathfrak{B}_4$ auflösen und in folgender Form schreiben, wobei der alternierende Charakter der Volumprodukte benutzt ist,

$$(3^*) \qquad \mathfrak{B}_4 = \frac{\mathfrak{B}_1[\mathfrak{B}_4\mathfrak{B}_2\mathfrak{B}_3] + \mathfrak{B}_2[\mathfrak{B}_1\mathfrak{B}_4\mathfrak{B}_3] + \mathfrak{B}_3[\mathfrak{B}_1\mathfrak{B}_2\mathfrak{B}_4]}{[\mathfrak{B}_1\mathfrak{B}_2\mathfrak{B}_3]}.$$

Man sieht, wie im Zähler $\mathfrak{B}_4$ jeden der Vektoren $\mathfrak{B}_1$, $\mathfrak{B}_2$, $\mathfrak{B}_3$ aus $[\mathfrak{B}_1\mathfrak{B}_2\mathfrak{B}_3]$ hinauswirft und sich an seine Stelle setzt. Diese Formel (3*) haben wir im Zusammenhang mit der Cramerschen Regel kennengelernt.

Auch bei Berechnung des inneren Produktes zweier äußerer Produkte kommt der Entwicklungssatz zur Geltung. Man kann

$$(4) \qquad (\mathfrak{A}_1 \times \mathfrak{A}_2) \cdot (\mathfrak{B}_1 \times \mathfrak{B}_2)$$

als das gemischte Produkt der drei Vektoren $\mathfrak{A}_1$, $\mathfrak{A}_2$ und $\mathfrak{B}_1 \times \mathfrak{B}_2 = \mathfrak{C}$ betrachten und mit $[\mathfrak{A}_1\mathfrak{A}_2\mathfrak{C}]$ bezeichnen. Da nun $[\mathfrak{A}_1\mathfrak{A}_2\mathfrak{C}]$ denselben Wert hat wie $[\mathfrak{A}_2\mathfrak{C}\mathfrak{A}_1]$, so kann man das Produkt (4) auch in der Form

$$(\mathfrak{A}_2 \times \mathfrak{C}) \cdot \mathfrak{A}_1,$$

d. h. in der Form

$$(\mathfrak{A}_2 \times (\mathfrak{B}_1 \times \mathfrak{B}_2)) \cdot \mathfrak{A}_1$$

schreiben. Nun ist aber nach dem Entwicklungssatz

$$\mathfrak{A}_2 \times (\mathfrak{B}_1 \times \mathfrak{B}_2) = (\mathfrak{A}_2 \cdot \mathfrak{B}_2)\mathfrak{B}_1 - (\mathfrak{A}_2 \cdot \mathfrak{B}_1)\mathfrak{B}_2.$$

Multipliziert man diesen Vektor innerlich mit $\mathfrak{A}_1$, so ergibt sich

$$(\mathfrak{A}_1 \cdot \mathfrak{B}_1)(\mathfrak{A}_2 \cdot \mathfrak{B}_2) - (\mathfrak{A}_1 \cdot \mathfrak{B}_2)(\mathfrak{A}_2 \cdot \mathfrak{B}_1).$$

Das ist also der Wert des Produktes (4). Es gilt mit anderen Worten die Gleichung

$$(5) \qquad (\mathfrak{A}_1 \times \mathfrak{A}_2) \cdot (\mathfrak{B}_1 \times \mathfrak{B}_2) = \begin{vmatrix} \mathfrak{A}_1 \cdot \mathfrak{B}_1, & \mathfrak{A}_1 \cdot \mathfrak{B}_2 \\ \mathfrak{A}_2 \cdot \mathfrak{B}_1, & \mathfrak{A}_2 \cdot \mathfrak{B}_2 \end{vmatrix}.$$

Die innern Produkte, die man aus den Vektoren des ersten mit denen des zweiten Paares bilden kann, sind hier als Elemente einer zweireihigen Determinante verwendet. Setzt man

$$\mathfrak{A}_\nu = x_\nu\mathfrak{i} + y_\nu\mathfrak{j} + z_\nu\mathfrak{k}, \qquad \mathfrak{B}_\nu = x'_\nu\mathfrak{i} + y'_\nu\mathfrak{j} + z'_\nu\mathfrak{k},$$

so wird

$$\mathfrak{A}_1 \times \mathfrak{A}_2 = \begin{vmatrix} x_1 & y_1 & z_1 \\ x_2 & y_2 & z_2 \\ \mathfrak{i} & \mathfrak{j} & \mathfrak{k} \end{vmatrix}, \qquad \mathfrak{B}_1 \times \mathfrak{B}_2 = \begin{vmatrix} x'_1 & y'_1 & z'_1 \\ x'_2 & y'_2 & z'_2 \\ \mathfrak{i} & \mathfrak{j} & \mathfrak{k} \end{vmatrix},$$

und Gleichung (5) läßt sich in folgender Weise schreiben:

$$(5') \qquad \begin{vmatrix} y_1 & z_1 \\ y_2 & z_2 \end{vmatrix} \begin{vmatrix} y'_1 & z'_1 \\ y'_2 & z'_2 \end{vmatrix} + \begin{vmatrix} x_1 & z_1 \\ x_2 & z_2 \end{vmatrix} \begin{vmatrix} x'_1 & z'_1 \\ x'_2 & z'_2 \end{vmatrix} + \begin{vmatrix} x_1 & y_1 \\ x_2 & y_2 \end{vmatrix} \begin{vmatrix} x'_1 & y'_1 \\ x'_2 & y'_2 \end{vmatrix}$$

$$= \begin{vmatrix} x_1x'_1 + y_1y'_1 + z_1z'_1, & x_1x'_2 + y_1y'_2 + z_1z'_2 \\ x_2x'_1 + y_2y'_1 + z_2z'_1, & x_2x'_2 + y_2y'_2 + z_2z'_2 \end{vmatrix}.$$

Das ist die Identität von **Lagrange**. Links ist jede zweireihige Determinante der Matrix

$$\begin{matrix} x_1 & y_1 & z_1 \\ x_2 & y_2 & z_2 \end{matrix}$$

mit der entsprechenden Determinante der Matrix

$$\begin{matrix} x_1' & y_1' & z_1' \\ x_2' & y_2' & z_2' \end{matrix}$$

multipliziert. Rechts sind die Elemente der Determinante durch Zusammensetzung der Zeilen der ersten Matrix mit denen der zweiten gewonnen.

Die Identität überträgt sich auf Matrizen mit m Zeilen und n Spalten. Für $m = n$ geht sie in den Multiplikationssatz der Determinanten über.

Läßt man in der Identität (5′) die Striche der x, y, z fort, so ergibt sich die Relation

$$\begin{vmatrix} y_1 & z_1 \\ y_2 & z_2 \end{vmatrix}^2 + \begin{vmatrix} x_1 & z_1 \\ x_2 & z_2 \end{vmatrix}^2 + \begin{vmatrix} x_1 & y_1 \\ x_2 & y_2 \end{vmatrix}^2 = (x_1^2 + y_1^2 + z_1^2)(x_2^2 + y_2^2 + z_2^2) - (x_1 x_2 + y_1 y_2 + z_1 z_2)^2.$$

Da die linke Seite niemals negativ ist, folgt

$$(x_1 x_2 + y_1 y_2 + z_1 z_2)^2 \leqq (x_1^2 + y_1^2 + z_1^2)(x_2^2 + y_2^2 + z_2^2),$$

die sogenannte **Schwarzsche Ungleichung**.

§ 18. Anwendungen auf die sphärische Trigonometrie.

Die sphärische Trigonometrie spielt auf der Oberfläche der Einheitskugel (Kugel vom Radius 1) und beschäftigt sich mit Dreiecken, die aus Bögen der Großkreise bestehen. Jedem solchen Bogen entspricht, wenn wir seine Endpunkte mit dem Kugelzentrum O verbinden, ein Winkel mit dem Scheitel O, von dessen Größe die Länge des Bogens abhängt. In der Elementarmathematik und auch sonst vielfach, z. B. in der Astronomie, werden die Winkel in Graden, Minuten und Sekunden ausgedrückt. Es ist aber bequemer, den Bogen auf der Einheitskugel als Maß des Winkels zu benutzen. Diese Meßweise wird in der höheren Mathematik überall benutzt. Man muß sich den zu messenden Winkel mit seinem Scheitel nach O gebracht denken. Seine Ebene schneidet dann die Einheitskugel in einem Großkreis, und der zwischen den Schenkeln des Winkels liegende Bogen dieses Großkreises gibt uns durch seine Länge die Maßzahl des Winkels. Ein Winkel von 90° hat, da ein Viertel eines Großkreises von der Länge $\frac{\pi}{2}$ ist, die Maßzahl $\frac{\pi}{2}$, ein Winkel von 60° die Maßzahl $\frac{\pi}{3}$. Um die Maßzahl oder, wie man auch sagt, das **Bogenmaß** α^* des Winkels von α Graden zu finden, muß man sagen: α verhält sich zu 180 wie α^* zu π. Es ist also

$$\alpha^* = \frac{\pi \alpha}{180}.$$

Nach dieser Gleichung wird das Gradmaß in Bogenmaß verwandelt. Will man umgekehrt aus dem Bogenmaß das Gradmaß haben, so schreibt man

$$\alpha = \frac{180\,\alpha^*}{\pi}.$$

Es ist nicht unzweckmäßig, wenn man sich zwischen den Schenkeln oder den Fingern des Winkels, die beide die Länge 1 haben mögen, eine Schwimmhaut denkt. Man kann sich vorstellen, daß ursprünglich beide Schenkel zusammenfallen und der Winkel dadurch zustande kommt, daß der eine Schenkel sich um eine zu ihm senkrechte Achse dreht. Die Fläche, die er bei dieser Drehung überstreicht, ist ein Kreissektor. Ihn denken wir uns aus irgendeinem Stoff gefertigt und haben dann die Schwimmhaut. Es besteht bei dieser Erzeugung kein Hindernis, die Drehung auch über 360° hinaus fortzusetzen. Die bei der Drehung ständig anwachsende Schwimmhaut greift dann über ihren eigenen Anfang hinaus, wie Fig. 17 andeutet. Die Schenkel des Winkels sind mit 1 und 2 bezeichnet. 2 ist der Schenkel, der die Drehung ausgeführt und sozusagen hinter sich die Schwimmhaut erzeugt hat, wie eine Spinne ihren Faden. Der Rand der Schwimmhaut ist das Bogenmaß des bei der Drehung beschriebenen Winkels. Er wird bei der Drehung in Richtung der Pfeile von A_1 bis A_2 durchlaufen. Wir nennen einen solchen Weg auf einem Großkreis eine sphärische Strecke, A_1 ihren Anfangspunkt, A_2 ihren Endpunkt. Wenn ein Wanderer auf der Kugelfläche eine solche sphärische Strecke durchläuft, so zerfällt für ihn die Kugel in eine linke und eine rechte Hälfte. Ist ON ein Kugelradius, der auf der Schwimmhaut des Winkels A_1OA_2 senkrecht steht und der linken Halbkugel angehört, so soll N der Pol der Strecke A_1A_2 heißen.

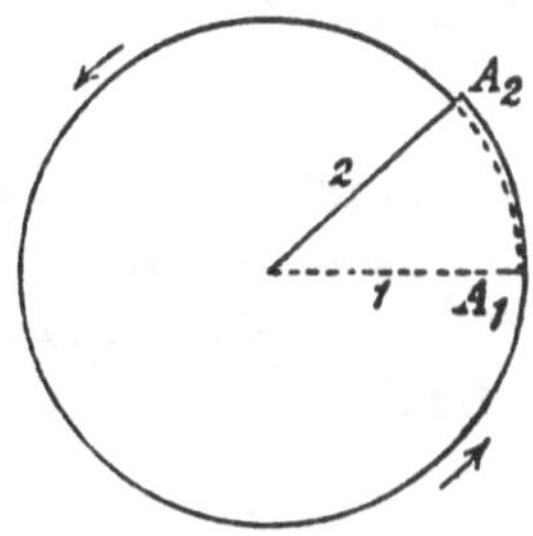

Fig. 17.

Ein sphärisches Dreieck besteht aus drei sphärischen Strecken BC, CA, AB. Diese Strecken, deren Längen wir a, b, c nennen, bilden die Seiten des sphärischen Dreiecks. A', B', C' seien die Pole von BC, CA, AB. Dann können wir die Strecken $B'C'$, $C'A'$, $A'B'$ mit den Längen a', b', c' so zeichnen, daß ihre Pole die Punkte A, B, C sind. Z. B. steht OA senkrecht auf OB', OC', und unter den beiden Großkreisbögen, die von B' nach C' führen und sich zu einem vollen Großkreis ergänzen, wird einer den Pol A haben. Die beiden sphärischen Dreiecke $A'B'C'$ und ABC stehen in wechselseitiger Beziehung. Die Ecken eines jeden sind die Pole der Seiten des andern.

Wenn man eine Linksdrehung um die Achse OA ausführt, bei der B' die Strecke $B'C'$ beschreibt, so wird die sphärische Strecke CA in den Großkreis von AB hineingedreht und erhält die Richtung von AB (vgl. Fig. 18). Man ersieht hieraus, daß $B'C'$ den Außenwinkel des sphärischen Dreiecks ABC bei A in Bogenmaß darstellt. Ähnliches gilt für $C'A'$, $A'B'$. Die Seiten a', b', c'

des Dreiecks $A'B'C'$ sind also die Außenwinkel des Dreiecks ABC, ebenso die Seiten a, b, c des Dreiecks ABC die Außenwinkel des Dreiecks $A'B'C'$.

Wenn wir die Vektoren OA, OB, OC mit $\mathfrak{A}, \mathfrak{B}, \mathfrak{C}$, die Vektoren OA', OB', OC' mit $\mathfrak{A}', \mathfrak{B}', \mathfrak{C}'$ bezeichnen, so ist auf Grund der obigen Angaben

$$(1) \quad \begin{cases} \mathfrak{B} \times \mathfrak{C} = \mathfrak{A}' \sin a, & \mathfrak{C} \times \mathfrak{A} = \mathfrak{B}' \sin b, \quad \mathfrak{A} \times \mathfrak{B} = \mathfrak{C}' \sin c, \\ \mathfrak{B}' \times \mathfrak{C}' = \mathfrak{A} \sin a', & \mathfrak{C}' \times \mathfrak{A}' = \mathfrak{B} \sin b', \quad \mathfrak{A}' \times \mathfrak{B}' = \mathfrak{C} \sin c'. \end{cases}$$

Hieraus lassen sich verschiedene Folgerungen ziehen. Z. B. ist

$$(2) \qquad (\mathfrak{C} \times \mathfrak{A}) \times (\mathfrak{A} \times \mathfrak{B}) = (\mathfrak{B}' \times \mathfrak{C}') \sin b \sin c.$$

Links steht ein Doppelkreuzprodukt der drei Vektoren $\mathfrak{C}$, $\mathfrak{A}$, $\mathfrak{A} \times \mathfrak{B}$. Nach dem Entwicklungssatz ist, da $\mathfrak{A} \cdot (\mathfrak{A} \times \mathfrak{B})$ verschwindet,

$$(\mathfrak{C} \times \mathfrak{A}) \times (\mathfrak{A} \times \mathfrak{B}) = ((\mathfrak{A} \times \mathfrak{B}) \cdot \mathfrak{C})\, \mathfrak{A} = [\mathfrak{A}\mathfrak{B}\mathfrak{C}]\, \mathfrak{A}.$$

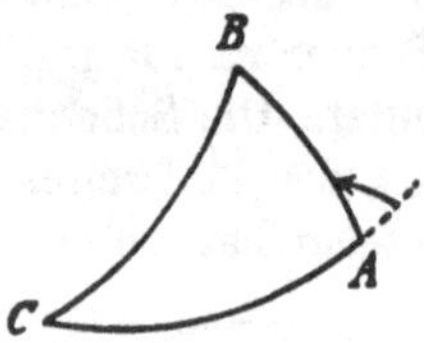

Fig. 18.

Auf der rechten Seite von (2) kann man für $\mathfrak{B}' \times \mathfrak{C}'$ den Ausdruck $\mathfrak{A} \sin a'$ einsetzen, wodurch $\mathfrak{A} \sin b \sin c \sin a'$ entsteht. Es ergibt sich also

$$[\mathfrak{A}\mathfrak{B}\mathfrak{C}] = \sin b \sin c \sin a'.$$

Ebenso ist

$$[\mathfrak{B}\mathfrak{C}\mathfrak{A}] = \sin c \sin a \sin b',$$
$$[\mathfrak{C}\mathfrak{A}\mathfrak{B}] = \sin a \sin b \sin c'.$$

Da nun $[\mathfrak{A}\mathfrak{B}\mathfrak{C}]$ bei zyklischer Vertauschung der Vektoren $\mathfrak{A}, \mathfrak{B}, \mathfrak{C}$ ungeändert bleibt, so hat man

$$\sin b \sin c \sin a' = \sin c \sin a \sin b' = \sin a \sin b \sin c',$$

mithin

$$\frac{\sin a'}{\sin a} = \frac{\sin b'}{\sin b} = \frac{\sin c'}{\sin c}.$$

Das ist der Sinussatz der sphärischen Trigonometrie.

Aus den Relationen (1) läßt sich weiter entnehmen, daß

$$(3) \qquad (\mathfrak{C} \times \mathfrak{A}) \cdot (\mathfrak{A} \times \mathfrak{B}) = (\mathfrak{B}' \cdot \mathfrak{C}') \sin b \sin c$$

ist. Die linke Seite ist, wie wir wissen, gleich der Determinante

$$\begin{vmatrix} \mathfrak{C} \cdot \mathfrak{A}, & \mathfrak{C} \cdot \mathfrak{B} \\ \mathfrak{A} \cdot \mathfrak{A}, & \mathfrak{A} \cdot \mathfrak{B} \end{vmatrix},$$

d. h. gleich

$$\begin{vmatrix} \cos b & \cos a \\ 1 & \cos c \end{vmatrix},$$

die rechte Seite hat den Wert $\sin b \sin c \cos a'$. Gleichung (3) besagt also, daß

$$\cos b \cos c - \cos a = \sin b \sin c \cos a'$$

ist oder

$$\cos a = \cos b \cos c - \sin b \sin c \cos a'.$$

Das ist der Kosinussatz der sphärischen Trigonometrie, nur in etwas anderer

Schreibung als sonst, nämlich unter Verwendung des Außenwinkels statt des Dreieckswinkels. Ebenso gilt die Gleichung

$$\cos a' = \cos b' \cos c' - \sin b' \sin c' \cos a.$$

Entsprechende Gleichungen kann man für $\cos b$, $\cos b'$ und $\cos c$, $\cos c'$ niederschreiben.

Kosinussatz und Sinussatz reichen aus, um die berühmten Neperschen Analogien zu beweisen. Analogie bedeutet soviel wie Proportion.

Die Neperschen Analogien lassen sich so schreiben, daß auf einer Seite der Gleichung nur a, b, c, auf der andern nur a', b', c' vorkommen. Es ist leicht, Ausdrücke zu finden, die sich aus a, b, c allein aufbauen, aber auch durch a', b', c' darstellbar sind. Produkt und Quotient von $\tan\frac{a}{2}$ und $\tan\frac{b}{2}$ haben z. B. diese Eigenschaft. Es ist nämlich

$$\tan\frac{a}{2} = \frac{\sin\frac{a}{2}}{\cos\frac{a}{2}} = \frac{2\sin^2\frac{a}{2}}{2\sin\frac{a}{2}\cos\frac{a}{2}} = \frac{1-\cos a}{\sin a},$$

ebenso

$$\tan\frac{b}{2} = \frac{1-\cos b}{\sin b}.$$

Hiernach wird unter Anwendung des Sinussatzes

$$\frac{\tan\frac{a}{2}}{\tan\frac{b}{2}} = \frac{1-\cos a}{1-\cos b}\cdot\frac{\sin b}{\sin a} = \frac{1-\cos a}{1-\cos b}\cdot\frac{\sin b'}{\sin a'}.$$

Nach dem Kosinussatz hat man aber

$$\cos a = \frac{\cos b' \cos c' - \cos a'}{\sin b' \sin c'},$$

also

$$1 - \cos a = \frac{\cos a' - \cos(b' + c')}{\sin b' \sin c'},$$

ebenso

$$1 - \cos b = \frac{\cos b' - \cos(c' + a')}{\sin c' \sin a'}.$$

Setzt man diese Ausdrücke ein und benutzt noch die Formel

$$\cos\alpha - \cos\beta = 2\sin\frac{\beta+\alpha}{2}\sin\frac{\beta-\alpha}{2},$$

so ergibt sich

$$\frac{\tan\frac{a}{2}}{\tan\frac{b}{2}} = \frac{\sin\frac{1}{2}(b' + c' - a')}{\sin\frac{1}{2}(c' + a' - b')}.$$

Führt man die Bezeichnung $a' + b' + c' = 2s'$ ein, so kann man auch schreiben

$$(4)\qquad \frac{\tan\frac{a}{2}}{\tan\frac{b}{2}} = \frac{\sin(s' - a')}{\sin(s' - b')}.$$

Um auch das Produkt von $\tan\frac{a}{2}$ und $\tan\frac{b}{2}$ durch a', b', c' auszudrücken, benutze man, daß

$$\tan\frac{a}{2} = \frac{\sin\frac{a}{2}}{\cos\frac{a}{2}} = \frac{2\sin\frac{a}{2}\cos\frac{a}{2}}{2\cos^2\frac{a}{2}} = \frac{\sin a}{1 + \cos a}$$

und

$$\tan\frac{b}{2} = \frac{1 - \cos b}{\sin b}$$

ist. Dann erhält man unter Anwendung des Sinussatzes

$$\tan\frac{a}{2}\tan\frac{b}{2} = \frac{1 - \cos b}{1 + \cos a}\cdot\frac{\sin a'}{\sin b'}.$$

Nach dem Kosinussatz kann man schreiben

$$1 + \cos a = \frac{\cos(b' - c') - \cos a'}{\sin b'\sin c'},$$

$$1 - \cos b = \frac{\cos b' - \cos(c' + a')}{\sin c'\sin a'}.$$

Setzt man diese Ausdrücke ein, so ergibt sich

$$\tan\frac{a}{2}\tan\frac{b}{2} = \frac{\cos b' - \cos(c' + a')}{\cos(b' - c') - \cos a'}$$

oder

$$(5)\qquad \tan\frac{a}{2}\tan\frac{b}{2} = \frac{\sin s'}{\sin(s' - c')}.$$

Die Gleichungen (4), (5) und die beiden andern, die durch Vertauschung des Gestrichenen und Ungestrichenen aus ihnen hervorgehen, also

$$(4')\qquad \frac{\tan\frac{a'}{2}}{\tan\frac{b'}{2}} = \frac{\sin(s - a)}{\sin(s - b)}$$

und

$$(5') \qquad \tan\frac{a'}{2}\tan\frac{b'}{2} = \frac{\sin s}{\sin(s-c)},$$

sind im wesentlichen die vier Neperschen Analogien. Um die gewöhnliche Schreibung zu gewinnen, leitet man aus (4) ab

$$\frac{\tan\frac{a}{2} - \tan\frac{b}{2}}{\tan\frac{a}{2} + \tan\frac{b}{2}} = \frac{\sin(s'-a') - \sin(s'-b')}{\sin(s'-a') + \sin(s'-b')}.$$

Benutzt man die Formeln

$$\sin\alpha - \sin\beta = 2\sin\frac{\alpha-\beta}{2}\cos\frac{\alpha+\beta}{2}, \quad \sin\alpha + \sin\beta = 2\cos\frac{\alpha-\beta}{2}\sin\frac{\alpha+\beta}{2},$$

so ergibt sich

$$(6) \qquad \frac{\sin\frac{a-b}{2}}{\sin\frac{a+b}{2}} = -\frac{\tan\frac{a'-b'}{2}}{\tan\frac{c'}{2}}.$$

Aus (5) kann man entnehmen

$$\frac{1 + \tan\frac{a}{2}\tan\frac{b}{2}}{1 - \tan\frac{a}{2}\tan\frac{b}{2}} = \frac{\sin(s'-c') + \sin s'}{\sin(s'-c') - \sin s'},$$

d. h.

$$(7) \qquad \frac{\cos\frac{a-b}{2}}{\cos\frac{a+b}{2}} = -\frac{\tan\frac{a'+b'}{2}}{\tan\frac{c'}{2}}.$$

Hierzu treten noch die Gleichungen

$$(6') \qquad \frac{\sin\frac{a'-b'}{2}}{\sin\frac{a'+b'}{2}} = -\frac{\tan\frac{a-b}{2}}{\tan\frac{c}{2}}$$

und

$$(7') \qquad \frac{\cos\frac{a'-b'}{2}}{\cos\frac{a'+b'}{2}} = -\frac{\tan\frac{a+b}{2}}{\tan\frac{c}{2}}.$$

Gewöhnlich benutzt man bei der Schreibung der vier Neperschen Analogien nicht die Außenwinkel a', b', c', sondern die Dreieckswinkel $\pi - a', \pi - b'$, $\pi - c'$, die man mit A, B, C oder α, β, γ bezeichnet.

Nach (4) kann man sagen, daß $\tan\frac{a}{2}$, $\tan\frac{b}{2}$, $\tan\frac{c}{2}$ zu $\sin(s'-a')$, $\sin(s'-b')$, $\sin(s'-c')$ proportional sind. Gleichung (5) enthält eine Aussage über den Proportionalitätsfaktor. Setzt man nämlich

$$\tan\frac{a}{2} = \lambda\sin(s'-a'),\quad \tan\frac{b}{2} = \lambda\sin(s'-b'),\quad \tan\frac{c}{2} = \lambda\sin(s'-c'),$$

so wird noch (5)

$$\lambda^2 = \frac{\sin s'}{\sin(s'-a')\sin(s'-b')\sin(s'-c')}.$$

Sinussatz, Kosinussatz und Nepersche Analogien gehören zur einfachsten Formelklasse der sphärischen Trigonometrie, zur Klasse der rationalen Formeln. Schon die Gaußschen Analogien fallen aus dieser Klasse heraus. Doch wollen wir hier nicht tiefer in die sphärische Trigonometrie eindringen.

§ 19. Ein Beispiel aus der Statik.

Wenn auf einen starren Körper Kräfte einwirken, so kann man diese durch Strecken $A_1B_1, A_2B_2, \ldots, A_nB_n$ veranschaulichen. $A_1, A_2, \ldots, A_n$ sind die Angriffspunkte der Kräfte. Größe und Richtung jeder einzelnen Kraft ist aus der Größe und Richtung der sie darstellenden Strecke zu entnehmen. Wenn eine Kraft AB auf einen starren Körper einwirkt, so kann man sie, wie leicht einzusehen, auf der Geraden $A\,B$ beliebig verschieben. Nur muß der neue Angriffspunkt starr mit dem betrachteten Körper verbunden sein. Die auf einen starren Körper einwirkenden Kräfte sind also gebundene Vektoren, aber nur insofern gebunden, als eine solche Kraft ihren Träger oder, wie man auch sagt, ihre Angriffslinie nicht verlassen darf.

Wenn zwei Kräfte denselben Angriffspunkt haben und durch die Strecken AB und AC dargestellt werden, so kann man sie durch ihre Resultante ersetzen. Sie wird durch die Streckensumme $AB + AC$ dargestellt, d. h. durch die Diagonale des aus AB und AC gebildeten Parallelogramms. Dies ist der berühmte Satz vom Parallelogramm der Kräfte, auf dessen Begründung wir hier nicht eingehen. Sind AB und AC entgegengesetzt gleich ($AB = -AC$), so ist die Resultante gleich Null. Zwei solche sich aufhebende Kräfte kann man fortlassen, wenn sie in dem betrachteten Kräftesystem auftreten. Ebenso kann man aber auch in jedem Punkte des starren Körpers solche Kräfte anbringen, oder in einem Punkte, der mit diesem Körper in starrer Verbindung steht.

Wir dürfen also mit den auf einen starren Körper wirkenden Kräften folgende Operationen vornehmen:

1. Verschiebung jeder Kraft auf ihrer Angriffslinie,
2. Vereinigung von Kräften mit demselben Angriffspunkt zur Resultante oder Zerfällung einer Kraft in Komponenten, insbesondere Anbringung entgegengesetzt gleicher Kräfte in einem Punkte des eventuell erweiterten starren Körpers.

Zwei Kräftesysteme, die auf denselben starren Körper einwirken, nennt man äquivalent, wenn sie durch diese beiden Operationen, die wir als **Grundoperationen** bezeichnen wollen, ineinander übergeführt werden können. Das **Äquivalenzproblem** besteht darin, daß man entscheiden soll, ob zwei vorgelegte Kräftesysteme im obigen Sinne äquivalent sind.

Wir werden dieses Problem dadurch lösen, daß wir Eigenschaften aufsuchen, die beim Übergange von einem Kräftesystem zu jedem äquivalenten System erhalten bleiben.

Wirken auf einen starren Körper die Kräfte $A_1B_1, A_2B_2, \ldots, A_nB_n$ und denkt man sie sich durch Translationen nach demselben Anfangspunkt O gebracht, so daß $OP_\nu = A_\nu B_\nu$ ist, so soll die Summe der Vektoren OP_ν die **Vektorsumme** $\mathfrak{S}$ der Kräfte heißen. Man sieht sofort, daß diese Vektorsumme bei beiden Grundoperationen erhalten bleibt. Bei der Bildung der Vektorsumme $\mathfrak{S}$ werden die Kräfte als freie Vektoren betrachtet und addiert.

Wenn man von dem irgendwie gewählten Anfangspunkt O aus die Strecken OA_ν nach den Angriffspunkten der Kräfte zieht, so soll das äußere Produkt

$$OM_\nu = OA_\nu \times A_\nu B_\nu$$

das **Moment** der Kraft $A_\nu B_\nu$ in bezug auf den Punkt O heißen. OA_ν nennt man den **Arm** dieser Kraft. Wenn man nun die Summe $OM = \Sigma OM_\nu$ bildet, so heißt OM das **Moment des Kräftesystems in bezug auf** O. Das Moment hängt von dem **Aufpunkt** O ab. Bildet man es für einen andern Aufpunkt O und ergibt sich dabei $O'M'$, so wird im allgemeinen nicht $OM = O'M'$ sein. Das zeigt sich schon in dem einfachen Falle, wo das System aus einer einzigen Kraft AB besteht. Bilden wir das Moment z. B. in bezug auf A, so erhalten wir Null. Bilden wir es für einen außerhalb der Angriffslinie liegenden Punkt, so kommt etwas von Null Verschiedenes heraus.

Das Moment OM bleibt ebenfalls erhalten, wenn wir das Kräftesystem den beiden Grundoperationen unterwerfen. Verschieben wir z. B. die Kraft $A_\nu B_\nu$ auf ihrer Angriffslinie nach $A'_\nu B'_\nu$, so ist $A_\nu B_\nu = A'_\nu B'_\nu$ und

$$OA'_\nu = OA_\nu + A_\nu A'_\nu = OA_\nu + kA_\nu B_\nu,$$

also

$$OA'_\nu \times A'_\nu B'_\nu = (OA_\nu + kA_\nu B_\nu) \times A_\nu B_\nu = OA_\nu \times A_\nu B_\nu.$$

Hieraus ersehen wir, daß die erste Grundoperation das Moment jeder einzelnen Kraft ungeändert läßt.

Die zweite Grundoperation besteht darin, daß man zwei Kräfte AB, AC mit gemeinsamem Angriffspunkt durch ihre Resultante $AR = AB + AC$ ersetzt oder umgekehrt AR in AB und AC zerlegt, wobei auch $AR = 0$ sein kann. Offenbar ist dann

$$OA \times AR = OA \times (AB + AC) = (OA \times AB) + (OA \times AC).$$

Es tritt also in der Summe aller Momentvektoren keine Änderung ein. Es werden nur $OA \times AB$ und $OA \times AC$ zur Summe $OA \times AR$ zusammengefaßt oder es wird $OA \times AR$ in die Summanden $OA \times AB$ und $OA \times AC$ zerlegt.

Die Vektorsumme und das Moment OM müssen, wie sich gezeigt hat, bei zwei äquivalenten Kräftesystemen übereinstimmen. Wir werden sehen, daß diese als notwendig erkannte Bedingung zugleich hinreichend ist. Um dies nachzuweisen, werden wir mittels der beiden Grundoperationen eine Reduktion der Kräftesysteme durchführen. Wenn wir für zwei Kräftesysteme die reduzierten Systeme hergestellt haben, werden offenbar die ursprünglichen Systeme äquivalent sein, wenn es die reduzierten Systeme sind. Die Äquivalenz der reduzierten Systeme wird sich aber ohne weiteres feststellen lassen. Die Reduktion auf eine einfache Form ist auch bei andern Äquivalenzproblemen eine sehr brauchbare Methode.

Wir wollen im Punkte O zwei entgegengesetzt gleiche Kräfte OP_ν und OP'_ν anbringen, so daß $OP_\nu = A_\nu B_\nu$ ist (vgl. Fig. 19). Diese Operation ist ein Spezialfall der zweiten Grundoperation. Wenn wir sie auf alle Kräfte des Systems anwenden, so entsteht ein äquivalentes Kräftesystem, das aus den Kräften OP_ν, d. h. den nach O verschobenen Kräften des ursprünglichen Systems, und aus den Kräftepaaren $OP'_\nu, A_\nu B_\nu$ besteht. Die Kräfte OP_ν können wir zur Resultante OR zusammenfassen, und es ist offenbar $OR = \mathfrak{S}$, also gleich der Vektorsumme des ursprünglichen Kräftesystems. Das neue System ist, wie man sieht, aufgebaut aus dieser Einzelkraft OR und aus so vielen Kräftepaaren $OP'_\nu, A_\nu B_\nu$, als das alte System Kräfte enthielt. Jedes Kräftepaar besteht aus zwei entgegengesetzt gleichen Kräften ($OP'_\nu = -A_\nu B_\nu$), und man wendet die Bezeichnung Kräftepaar nur an, wenn es sich um zwei entgegengesetzt gleiche Kräfte mit irgendwelchen Angriffspunkten handelt.

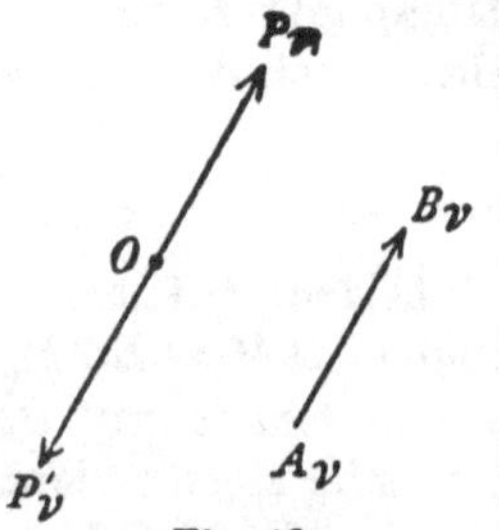

Fig. 19.

Das Kräftepaar ist ein viel schmiegsameres Gebilde als die Einzelkraft. Die Einzelkraft kann nur auf ihrer Angriffslinie verschoben werden, während das Kräftepaar mittels der beiden Grundoperationen eine überraschende Fülle von Abwandlungen zuläßt. Wenn $AB = -CD$ ist, so kann man das Kräftepaar AB, CD zunächst dadurch umgestalten, daß man die Kräfte auf ihren Angriffslinien verschiebt. Es läßt sich auf diese Weise erreichen, daß die Verbindung der Angriffspunkte senkrecht auf den Angriffslinien steht, wodurch das Kräftepaar die in Fig. 20 dargestellte Normalgestalt erhält. AC nennt man den Arm des Kräftepaares und M den Mittelpunkt.

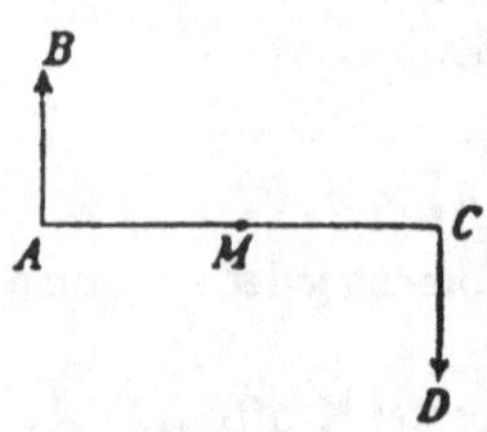

Fig. 20.

Mittels der Grundoperationen läßt sich ferner eine beliebige Drehung des Kräftepaares in seiner Ebene um den Mittelpunkt M bewirken.

Es sei z. B. $A'B'$, $C'D'$ irgendeine der hier betrachteten Drehlagen des Kräftepaares AB, CD. Durch $A'B'' = -A'B'$ und $C'D'' = -C'D'$ wollen wir die Kräfte $A'B'$ und $C'D'$ wieder aufheben. Dann ist das in Fig. 21 vorliegende Kräftesystem äquivalent mit dem Kräftepaar AB, CD. Nun können wir aber AB und $C'D''$ nach dem Schnittpunkt ihrer Angriffslinien, also nach E schieben, ebenso CD und $A'B''$ nach G und können die in E und G angreifenden Kräfte zu ihren Resultanten EF und GH vereinigen. Dann ist $EF = -GH$, und beide Kräfte liegen auf derselben Angriffslinie EMG, heben sich also zu Null auf. Es bleibt schließlich nur das Kräftepaar $A'B', C'D'$ übrig. In Fig. 22 sieht man diese beiden miteinander äquivalenten Kräftepaare ohne die Hilfskonstruktion. Sie bilden ein Hakenkreuz.

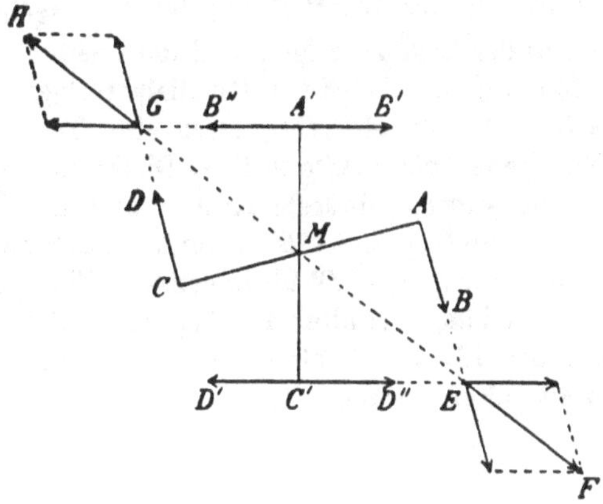

Fig. 21.

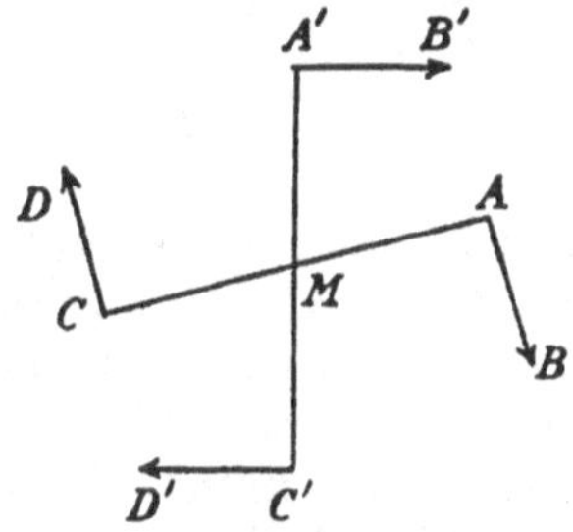

Fig. 22.

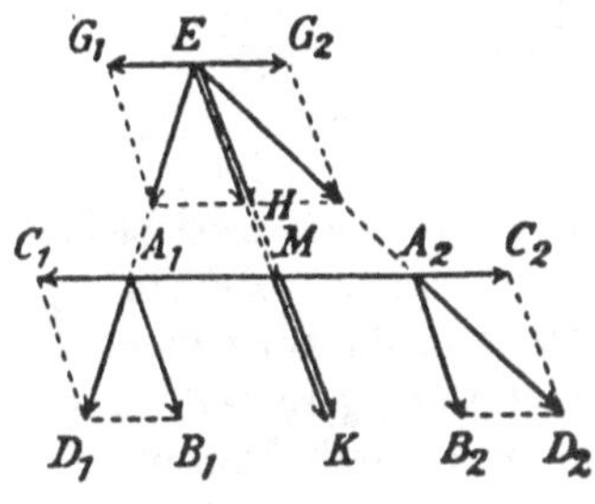

Fig. 23.

Bevor wir die weiteren Umformungen der Kräftepaare erörtern, müssen wir an den archimedischen Satz über die Resultante paralleler Kräfte erinnern. Zunächst brauchen wir diesen Satz nur für den einfachsten Fall, daß an den Endpunkten einer Strecke zwei Kräfte A_1B_1, A_2B_2 von gleicher Größe und Richtung angreifen (vgl. Fig. 23). Wir fügen die sich aufhebenden Kräfte A_1C_1 und A_2C_2 hinzu und bilden die Resultanten A_1D_1, A_2D_2. Diese Resultante verschieben wir nach E, dem Schnittpunkt ihrer Angriffslinien, und zerlegen sie dann wieder in die Komponenten, aus denen sie entstanden sind. EG_1, EG_2 heben sich auf, und es bleiben die beiden Kräfte EH übrig, die wir nach M schieben und zu $2MK$ vereinigen. Da die Dreiecke A_2ME und $D_2B_2A_2$, ebenso A_1ME und $D_1B_1A_1$ ähnlich sind, so folgt, daß M die Strecke A_1A_2 halbiert. Die beiden gleichen Kräfte A_1B_1, A_2B_2 sind also äquivalent mit einer doppelt so großen Kraft, die im Mittelpunkt M der Strecke A_1A_2 angreift und dieselbe Richtung hat wie A_1B_1, A_2B_2.

Jetzt sind wir in der Lage zu zeigen, daß man dem Kräftepaar AB, CD mittels der Grundoperationen beliebige Parallelverschiebungen aufzwingen kann. Es sei $A'B', C'D'$ aus AB, CD durch eine Translation entstanden (vgl. Fig. 24). Wir heben die Kräfte $A'B', C'D'$ durch $A'B''$ und $C'D''$ auf. Dann haben wir es im ganzen mit sechs Kräften zu tun. AB und $C'D''$ vereinigen sich zu MS, ebenso CD und $A'B''$ zu MR, und diese Kräfte MR, MS heben sich auf, so daß nur $A'B', C'D'$ übrigbleiben. Wir haben also erreicht, daß eine Parallelverschiebung des alten Kräftepaares erfolgt ist. Diese kann entweder innerhalb der Ebene des alten Paares erfolgen oder in eine neue Ebene hinein, die zur alten parallel ist.

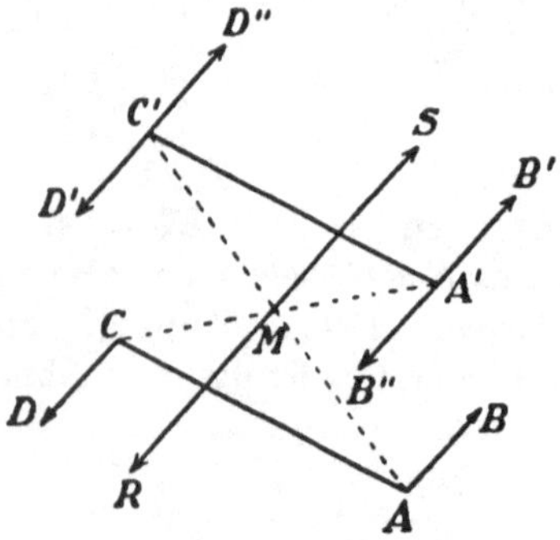

Fig. 24.

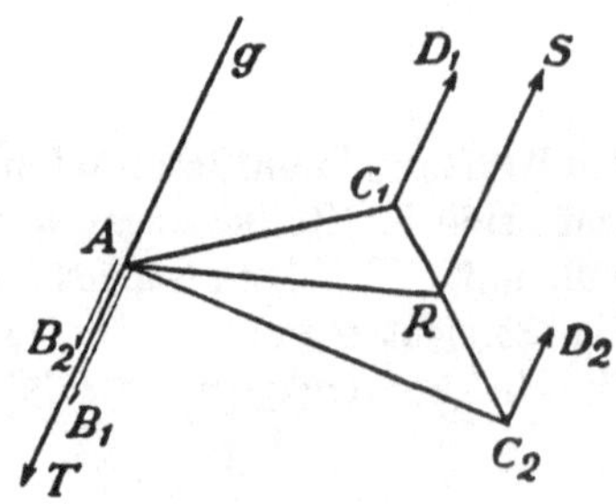

Fig. 25.

Nun wollen wir zwei beliebige Kräftepaare A_1B_1, C_1D_1 und A_2B_2, C_2D_2 betrachten, wobei also $A_1B_1 = -C_1D_1$, $A_2B_2 = -C_2D_2$ vorausgesetzt wird. Ob nun die Ebenen dieser Kräfte parallel sind oder nicht, immer läßt sich eine Gerade g so wählen, daß sie zu beiden Ebenen parallel läuft. Wir können dann durch Drehungen und Translationen, die mittels der Grundoperationen herbeigeführt werden, stets bewirken, daß A_1B_1 und A_2B_2 beide auf g liegen und Angriffspunkt und Richtung gemein haben. Die Kräftepaare bieten nach dieser Umwandlung das in Fig. 25 dargestellte Bild.

Auf Grund einer Verallgemeinerung der in Fig. 23 veranschaulichten Konstruktion vereinigen sich C_1D_1 und C_2D_2 zu einer in R angreifenden Resultante $RS = C_1D_1 + C_2D_2$. Da sich AB_1, AB_2 zu $AT = A_1B_1 + A_2B_2$ zusammenschließen, so entsteht das Kräftepaar AT, RS. Daß der Punkt R die Strecke C_1C_2 im umgekehrten Verhältnis der Kräfte teilt (Hebelgesetz), kommt hier nicht einmal in Betracht. Die Hauptsache ist die Feststellung, daß ein System von zwei Kräftepaaren stets mit einem einzigen Kräftepaar äquivalent ist.

Jetzt kehren wir zum Anfang unserer Betrachtungen zurück. Wir haben damals ein Kräftesystem reduziert auf eine Einzelkraft OR und auf eine Anzahl von Kräftepaaren. Diese Kräftepaare lassen sich, wie wir jetzt wissen, durch ein einziges Kräftepaar ersetzen, weil sich immer zwei Kräftepaare zu einem Kräftepaar vereinigen. Schließlich haben wir also statt des ursprünglichen Kräftesystems eine Einzelkraft OR und ein Kräftepaar.

Wenn die Ebene dieses Kräftepaars, die wir durch O hindurchgehend denken, nicht senkrecht auf OR steht, so schneidet sie die Normalebene ν zu OR in einer Geraden ON (vgl. Fig. 26). Wir können das Kräftepaar beliebig drehen und schieben und können dadurch erreichen, daß sein Arm auf ON fällt, mithin die Kräfte AB, CD des Paares auf ON senkrecht stehen. Jetzt seien B_1 und D_1 die Projektionen von B und D auf die Ebene ν, also BB_1 und DD_1 parallel zu OR und $AB_2 = B_1B, CD_2 = D_1D$. Dann haben wir das Kräftepaar AB, CD in die beiden Kräftepaare AB_1, CD_1 und AB_2, CD_2 zerlegt, von denen das eine in die Normalebene ν fällt, während das andere in der Ebene ORN enthalten ist.

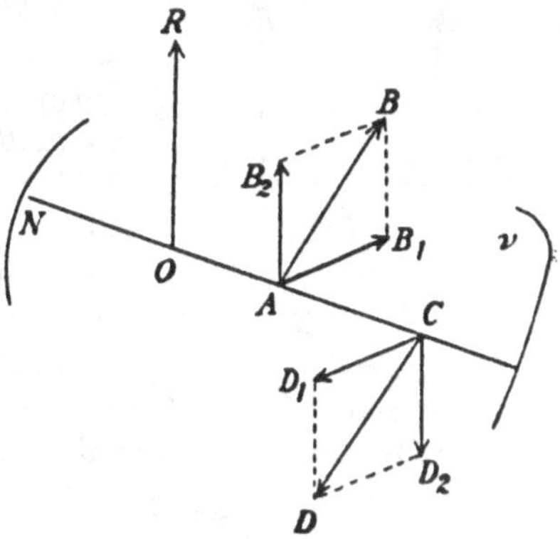

Fig. 26.

Wir brauchen nun zur endgültigen Durchführung der Reduktion eine wichtige Eigenschaft der Kräftepaare, die sich im Anschluß an Fig. 27 ergibt. Wir bringen in C zwei sich aufhebende Kräfte CE und CF von beliebiger Länge an und dieselben Kräfte noch einmal in einem Punkte G. Dieser Punkt G sei so gewählt, daß die Strecken AC und CG sich verhalten, wie die Längen von GK und AB. Dann haben AB und GK nach dem archimedischen Hebelsatz eine Resultante $AB + GK$, die in C angreift und die dort wirkenden Kräfte CD und CE aufhebt. Damit verschwinden aus Fig. 27 die Kräfte AB, CD, CE, GK, und es bleibt nur das Kräftepaar CF, GH übrig. Durch diese Umwandlung des Kräftepaares AB, CD kann die Länge der Kräfte (man könnte auch sagen der Arm des Paares) beliebig abgeändert werden. Das neue Kräftepaar ist gleichsinnig parallel zum alten.

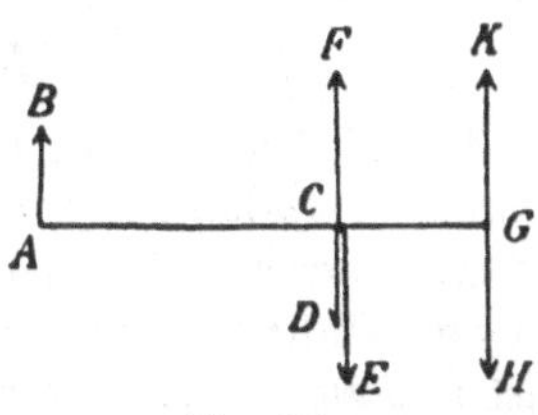

Fig. 27.

Wenden wir diese Umformung auf das Kräftepaar AB_2, CD_2 in Figur 26 an, so können wir erreichen, daß AB_2 und CD_2 dieselbe Länge haben wie OR. Wenn wir dann das Kräftepaar so verschieben, daß die zu OR entgegengesetzt gerichtete Kraft in O angreift, so hebt sie sich mit OR auf, und es bleibt nur die andere Kraft des Paares übrig. Es ist uns damit gelungen, das ursprüngliche Kräftesystem unter alleiniger Anwendung der beiden Grundoperationen in eine Einzelkraft und ein Kräftepaar überzuführen, wobei noch die Einzelkraft auf der Ebene des Kräftepaares senkrecht steht. Jedes Kräftesystem, so können wir sagen, ist äquivalent mit einem Kräftepaar und einer zur Ebene dieses Paares senkrechten Einzelkraft. Wir können das Kräftepaar so verschieben, daß sein Mittelpunkt mit dem Angriffspunkt der Einzelkraft zusammenfällt. Auch läßt sich bewirken, daß der Arm des Paares die Länge 2 hat. Es bietet sich also eines der beiden Bilder, die in Fig. 28 zu sehen sind.

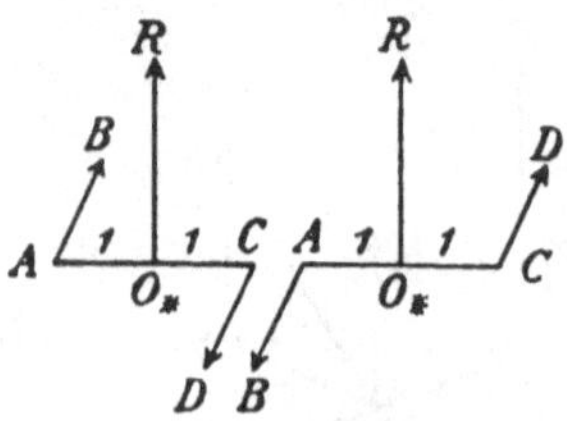

Fig. 28.

Da bei allen Umformungen die Vektorsumme $\mathfrak{S}$ und das Moment des Kräftesystems OM in bezug auf irgend einen Punkt O erhalten bleiben, so muß das reduzierte Kräftesystem in diesen beiden Dingen mit dem alten System übereinstimmen. Bildet man aber die Vektorsumme für das reduzierte System, also $AB + CD + O_* R$, so ergibt sich, weil $CD = -AB$ ist, $O_* R$. Die Einzelkraft im reduzierten System ist gleich $\mathfrak{S}$, wie übrigens schon früher bemerkt wurde.

Bildet man in bezug auf O die Momentsumme OM, so ergibt sich

$$OM = OA \times AB + OC \times CD + OO_* \times O_* R.$$

Setzt man $OA = OO_* + O_* A, OC = OO_* + O_* C$, so wird

$$OA \times AB = (OO_* \times AB) + (O_* A \times AB),$$
$$OC \times CD = (OO_* \times CD) + (O_* C \times CD).$$

Da $AB + CD = 0$ ist, sind $OO_* \times AB$ und $OO_* \times CD$ entgegengesetzt gleich, also $(OO_* \times AB) + (OO_* \times CD) = 0$. Ferner hat man

$$(O_* A \times AB) + (O_* C \times CD) = (O_* A \times AB) - (O_* C \times AB)$$
$$= (CO_* \times AB) + (O_* A \times AB) = (CA \times AB).$$

Demnach wird

$$OM = (OO_* \times O_* R) + (CA \times AB).$$

$CA \times AB$ ist ein zu $O^* R$ paralleler Vektor. Dagegen steht $OO_* \times O_* R$ auf $O_* R$ senkrecht. OM erscheint also zerlegt in eine zu $\mathfrak{S}$ parallele und eine dazu senkrechte Komponente. Die zu $\mathfrak{S}$ parallele Komponente, die man auch als die Projektion von OM auf eine zu $\mathfrak{S}$ gezogene Parallele betrachten kann, ist also gleich $CA \times AB$. Sie ist, wie aus der obigen Betrachtung hervorgeht, das Moment des Kräftepaares AB, CD. Ein Kräftepaar hat, wie man sieht, in bezug auf jeden Punkt des Raumes dasselbe Moment. Durch die $\mathfrak{S}$-Komponente des Vektors OM ist das Kräftepaar, dessen Arm gleich 2 ist, vollkommen bestimmt, bis auf die im Begriff des Kräftepaares enthaltenen Abwandlungsmöglichkeiten. Kennt man nämlich den Vektor $CA \times AB$, so hat man damit die Ebene des Kräftepaars. Man hat aber zugleich, weil die Länge jenes Vektors zahlenmäßig mit dem durch CA, AB bestimmten Rechteck zusammenfällt, die Länge von AB. Außerdem weiß man, daß dem in C angebrachten Vektor $CA \times AB$ die Kraft AB nach links gerichtet erscheint. Aus der zu $\mathfrak{S}$ orthogonalen Komponente von OM, die gleich $OO_* \times O_*R$ ist, läßt sich, da man $O_*R = \mathfrak{S}$ kennt, die Lage der Geraden O_*R erkennen.

Das reduzierte Kräftesystem O_*R, AB, CD ist also durch die Vektoren $\mathfrak{S}$ und OM völlig bestimmt. Deshalb kann man zwei Kräftesysteme, die in $\mathfrak{S}$ und OM übereinstimmen, mittels der Grundoperationen in dasselbe reduzierte Kräftesystem überführen. Daher lassen sie sich durch diese Grundoperationen auch ineinander verwandeln. Die notwendige und hinreichende Bedingung für die Äquivalenz zweier Kräftesysteme liegt also in der Übereinstimmung ihrer Vektorsummen und ihrer Momente in bezug auf einen Punkt O.

Wenn $\mathfrak{S} = 0$ ist, reduziert sich das System auf ein einziges Kräftepaar und die Gerade O_*R, die Achse des Systems, wird unbestimmt, weil nur ihre Richtung festliegt. Ist auch $OM = 0$, so gilt für das Kräftepaar, das sich bei der Reduktion ergibt, die Gleichung $CA \times AB = 0$ oder, da CA die Länge 2 hat, $AB = 0$. Die Kräfte des Systems heben sich also zu Null auf. Das ist der Fall des Gleichgewichts.

Wir können auf Grund unserer Ergebnisse mit Leichtigkeit die Frage beantworten, wann ein Kräftesystem mit einer Einzelkraft äquivalent ist. Dies wird dann und nur dann der Fall sein, wenn in dem reduzierten System das Kräftepaar fortfällt, also $CA \times AB = 0$ ist. Das bedeutet aber, daß die $\mathfrak{S}$-Komponente von OM gleich Null ist, daß also OM auf der $\mathfrak{S}$-Richtung senkrecht steht.

Unser allgemeines Ergebnis läßt sich dahin formulieren, daß jedes auf einen starren Körper wirkende Kräftesystem diesen um eine bestimmte Achse zu drehen und in Richtung dieser Achse zu verschieben strebt.

§ 20. Analytische Darstellung der Drehungen.

Ein für die Mechanik sehr wichtiges Problem ist die analytische Erfassung eines Bewegungsvorganges. Wir wollen uns hier insbesondere mit Drehungen beschäftigen. Die Drehungsachse gehe durch den Punkt O hindurch und sei durch den Einheitsvektor $ON = \mathfrak{a}$ ihrer Richtung nach festgelegt. Wir unterscheiden zwischen Links- und Rechtsdrehungen um ON. Dabei betrachten wir ON als einen Beobachter, dessen Füße in O liegen, während N der Kopf ist. Bei jeder Drehung um ON beschreibt ein im Abstand 1 von der Drehungsachse befindlicher Punkt einen Kreisbogen. Die Länge dieses Kreisbogens, positiv gerechnet bei Linksdrehungen, negativ bei Rechtsdrehungen, ist der Drehungswinkel. Nennen wir ihn α, so ist durch Angabe von O und $\mathfrak{a}$ und α die Drehung vollkommen festgelegt.

Um nun einen analytischen Ausdruck für eine solche Drehung zu finden, wollen wir uns fragen, in welche neue Lage P' irgendein Punkt P durch sie übergeführt wird. Wir bezeichnen die Ortsvektoren OP, OP' mit $\mathfrak{r}$, $\mathfrak{r}'$ und stellen uns die Aufgabe, die Beziehung zwischen $\mathfrak{r}$ und $\mathfrak{r}'$ zu ermitteln.

Zunächst zerlegen wir OP in die beiden Komponenten OQ und QP, und zwar soll QP parallel und OQ senkrecht zu $\mathfrak{a}$ sein. Setzen wir also

$QP = \lambda\mathfrak{a}$ und $OQ = \mathfrak{R}$, so wird

$$\mathfrak{r} = \mathfrak{R} + \lambda\mathfrak{a}$$

und $\mathfrak{a} \cdot \mathfrak{R} = 0$ sein. Es folgt also

$$\mathfrak{a} \cdot \mathfrak{r} = \lambda(\mathfrak{a} \cdot \mathfrak{a}) = \lambda,$$

mithin

$$(1) \qquad \mathfrak{r} = \mathfrak{R} + (\mathfrak{a} \cdot \mathfrak{r})\,\mathfrak{a}.$$

Macht man dieselbe Zerlegung bei OP', so ist offenbar $QP = Q'P'$. Es kommt also nur darauf an, die Beziehung zwischen $\mathfrak{R}' = OQ'$ und $\mathfrak{R} = OQ$ zu finden. Man hat mit andern Worten festzustellen, wie die Drehung sich innerhalb einer durch O gelegten Normalebene zu $\mathfrak{a}$ auswirkt.

$\mathfrak{a} \times \mathfrak{R}$ ist, weil $\mathfrak{R}$ auf dem Einheitsvektor $\mathfrak{a}$ senkrecht steht, ebenso lang wie $\mathfrak{R}$. Ferner bilden $\mathfrak{a}$, $\mathfrak{R}$, $\mathfrak{a} \times \mathfrak{R}$ ein orthogonales Rechtstripel. Dasselbe gilt von $\mathfrak{R}$, $\mathfrak{a} \times \mathfrak{R}$ und $\mathfrak{a}$. Wenn also $\mathfrak{a}$ der Oberkörper des Koordinatenmännchens ist, so kann man $\mathfrak{R}$ als sein rechtes, $\mathfrak{a} \times \mathfrak{R}$ als sein linkes Bein betrachten. $\mathfrak{a} \times \mathfrak{R}$ entsteht also aus $\mathfrak{R}$ durch eine um $\mathfrak{a}$ erfolgende Vierteldrehung nach links $\left(\text{Drehungswinkel } \frac{\pi}{2}\right)$. Nun liegt es nahe, $\mathfrak{R}'$ auf $\mathfrak{R}$ und $\mathfrak{a} \times \mathfrak{R}$ zu beziehen (vgl. Fig. 29). Wir zerlegen $\mathfrak{R}'$ in die Komponenten OQ_1 und Q_1Q', parallel zu $\mathfrak{R}$ und $\mathfrak{a} \times \mathfrak{R}$. Dann ist

$$OQ_1 = \mathfrak{R}\cos\alpha, \qquad Q_1Q' = (\mathfrak{a} \times \mathfrak{R})\sin\alpha,$$

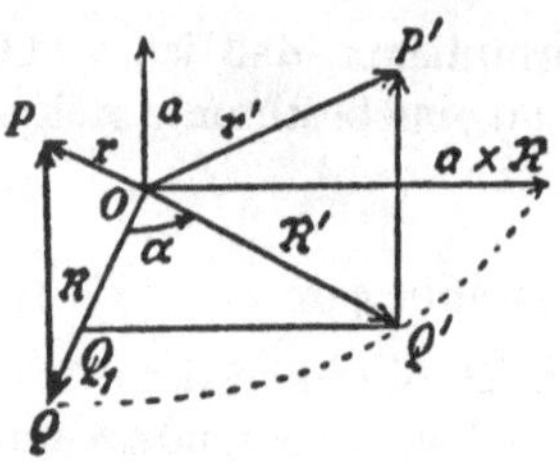

Fig. 29.

also

$$(2) \qquad \mathfrak{R}' = \mathfrak{R}\cos\alpha + (\mathfrak{a} \times \mathfrak{R})\sin\alpha.$$

Man könnte diese Gleichuug auch als Definition von $\cos\alpha$ und $\sin\alpha$ betrachten. Wenn ein zu $\mathfrak{a}$ senkrechter Vektor $\mathfrak{R}$ um $\mathfrak{a}$ gedreht wird, wobei er den Drehungswinkel α beschreibt, so geht er in $\mathfrak{R}'$ über und man definiert $\cos\alpha$ und $\sin\alpha$ als die Faktoren von $\mathfrak{R}$ und $\mathfrak{a} \times \mathfrak{R}$ in der Formel für $\mathfrak{R}'$. Wir werden auf diese Erklärung noch zurückkommen.

Aus (2) folgt nun, wenn wir uns erinnern, daß die Komponente QP von $\mathfrak{r}$ bei der Drehung ungeändert bleibt,

$$\mathfrak{r}' = \mathfrak{R}\cos\alpha + (\mathfrak{a} \times \mathfrak{R})\sin\alpha + (\mathfrak{a} \cdot \mathfrak{r})\,\mathfrak{a}.$$

Setzt man noch aus (1)

$$\mathfrak{R} = \mathfrak{r} - (\mathfrak{a} \cdot \mathfrak{r})\,\mathfrak{a}$$

ein und bemerkt, daß $\mathfrak{a} \times \mathfrak{R} = \mathfrak{a} \times \mathfrak{r}$ ist, so ergibt sich

$$(3) \qquad \mathfrak{r}' = \mathfrak{r}\cos\alpha + (\mathfrak{a} \times \mathfrak{r})\sin\alpha + \mathfrak{a}(\mathfrak{a} \cdot \mathfrak{r})\,(1 - \cos\alpha).$$

Wir wollen diese Formel, durch die das Problem der analytischen Darstellung einer Drehung erledigt wird, noch etwas umgestalten. Nach dem Entwicklungssatz ist

$$\mathfrak{a} \times (\mathfrak{a} \times \mathfrak{r}) = (\mathfrak{a} \cdot \mathfrak{r})\,\mathfrak{a} - (\mathfrak{a} \cdot \mathfrak{a})\,\mathfrak{r} = (\mathfrak{a} \cdot \mathfrak{r})\,\mathfrak{a} - \mathfrak{r}.$$

Daher können wir in (3) statt $\mathfrak{a}\cdot(\mathfrak{a}\cdot\mathfrak{r})$ auch schreiben $\mathfrak{r}+(\mathfrak{a}\times(\mathfrak{a}\times\mathfrak{r}))$. Dann nimmt die Formel folgende Gestalt an:

$$(3^*)\qquad \mathfrak{r}'=\mathfrak{r}+(\mathfrak{a}\times\mathfrak{r})\sin\alpha+(\mathfrak{a}\times(\mathfrak{a}\times\mathfrak{r}))(1-\cos\alpha)$$

Der gedrehte Ortsvektor wird hierbei aus den drei Vektoren $\mathfrak{r}$, $\mathfrak{a}\times\mathfrak{r}$ und $\mathfrak{a}\times(\mathfrak{a}\times\mathfrak{r})$ aufgebaut. Als Faktoren treten die Größen 1, $\sin\alpha$, $1-\cos\alpha$ auf. $1-\cos\alpha$ hieß in der alten Trigonometrie der Sinus versus. Bemerkenswert ist an Formel (3*), daß nur die äußere Multiplikation zur Verwendung kommt.

Eine Vereinfachung tritt noch ein, wenn man $\sin\alpha=2\cos\frac{\alpha}{2}\sin\frac{\alpha}{2}$ und $1-\cos\alpha=2\sin^2\frac{\alpha}{2}$ einsetzt und den Faktor $\sin\frac{\alpha}{2}$ zu $\mathfrak{a}$ schlägt. Bezeichnet man $\mathfrak{a}\sin\frac{\alpha}{2}$ mit $\mathfrak{A}$, so kann man schreiben

$$(3')\qquad \mathfrak{r}'=\mathfrak{r}+2(\mathfrak{A}\times\mathfrak{r})\cos\frac{\alpha}{2}+2(\mathfrak{A}\times(\mathfrak{A}\times\mathfrak{r}))\,.$$

Die Drehung ist hier bestimmt durch den Skalar $\cos\frac{\alpha}{2}$ und den Vektor $\mathfrak{A}$. Setzt man

$$\mathfrak{A}=a_1\mathfrak{i}+a_2\mathfrak{j}+a_3\mathfrak{k},$$

wobei $\mathfrak{i}$, $\mathfrak{j}$, $\mathfrak{k}$ die cartesischen Grundvektoren sind und $\cos\frac{\alpha}{2}=a$, so haben die vier Größen a, a_1, a_2, a_3 die Quadratsumme 1. Es ist nämlich, weil $\mathfrak{A}=\mathfrak{a}\sin\frac{\alpha}{2}$ gesetzt wurde, $\mathfrak{A}\cdot\mathfrak{A}=\sin^2\frac{\alpha}{2}$, d. h. $a_1^2+a_2^2+a_3^2=\sin^2\frac{\alpha}{2}$. Addiert man hierzu $a^2=\cos^2\frac{\alpha}{2}$, so kommt tatsächlich 1 heraus. Der Vektor $\mathfrak{A}$ ist, wie man sieht, der Bedingung unterworfen, daß seine Länge nicht über 1 hinausgehen darf. Ebenso muß $|a|\leqq 1$ sein. Die Formel

$$(4)\qquad \mathfrak{r}'=\mathfrak{r}+2a(\mathfrak{A}\times\mathfrak{r})+2(\mathfrak{A}\times(\mathfrak{A}\times\mathfrak{r}))$$

stellt also dann und nur dann eine Drehung um O dar, wenn

$$(5)\qquad a^2+(\mathfrak{A}\cdot\mathfrak{A})=1$$

ist. Wir wollen uns noch klarmachen, wie aus a und $\mathfrak{A}$ der Achsenvektor $\mathfrak{a}$ und der Drehungswinkel α gewonnen wird. Vom Falle $\mathfrak{A}=0$ können wir absehen, weil sich dann (4) auf die Identität $\mathfrak{r}'=\mathfrak{r}$ reduziert. Ist aber $\mathfrak{A}\neq 0$, so haben wir die Drehungsachse. Sie geht durch O in der Richtung des Vektors $\mathfrak{A}$. Auf ihr wählen wir, was auf zwei Weisen möglich ist, den Einheitsvektor $\mathfrak{a}$. Dann ist $\mathfrak{A}=\lambda\mathfrak{a}$. Setzen wir dies in (5) ein, so ergibt sich $a=\cos\frac{\alpha}{2}$, $\lambda=\sin\frac{\alpha}{2}$, wodurch die Übereinstimmung von (4) mit (3*) hergestellt ist. Wir dürfen offenbar $\mathfrak{a}$ in $-\mathfrak{a}$ und α in $-\alpha$ verwandeln, ohne daß sich a und $\mathfrak{A}$ ändern.

Eine Drehung mit dem Drehungswinkel π wird als **Umwendung** bezeichnet. Im Falle $\alpha = \pi$ hat man $\mathfrak{A} = \mathfrak{a} \sin \frac{\alpha}{2} = \mathfrak{a}$ und $a = \cos \frac{\alpha}{2} = 0$. Daher verwandelt sich Formel (4) in

$$\text{(6)} \qquad \mathfrak{r}' = \mathfrak{r} + 2(\mathfrak{a} \times (\mathfrak{a} \times \mathfrak{r})).$$

Dabei ist $\mathfrak{a} \cdot \mathfrak{a} = 1$. Wir sprechen kurz von der Umwendung $\mathfrak{a}$.

Schreiben wir (6) in der Form

$$\mathfrak{r}' = 2(\mathfrak{a} \cdot \mathfrak{r})\, \mathfrak{a} - \mathfrak{r},$$

so ist es leicht, den analytischen Ausdruck für die Zusammensetzung zweier Umwendungen zu finden. Folgt nämlich auf

$$\mathfrak{r}^* = 2(\mathfrak{a}_1 \cdot \mathfrak{r})\, \mathfrak{a}_1 - \mathfrak{r}$$

eine zweite Umwendung

$$\mathfrak{r}' = 2(\mathfrak{a}_2 \cdot \mathfrak{r}^*)\, \mathfrak{a}_2 - \mathfrak{r}^*,$$

so ergibt sich, da

$$\mathfrak{a}_2 \cdot \mathfrak{r}^* = 2(\mathfrak{a}_1 \cdot \mathfrak{r})\, (\mathfrak{a}_1 \cdot \mathfrak{a}_2) - (\mathfrak{a}_2 \cdot \mathfrak{r})$$

ist,

$$\text{(7)} \qquad \mathfrak{r}' = 4(\mathfrak{a}_1 \cdot \mathfrak{r})(\mathfrak{a}_1 \cdot \mathfrak{a}_2)\, \mathfrak{a}_2 - 2(\mathfrak{a}_1 \cdot \mathfrak{r})\, \mathfrak{a}_1 - 2(\mathfrak{a}_2 \cdot \mathfrak{r})\mathfrak{a}_2 + \mathfrak{r}.$$

Bedenken wir nun, daß in Formel (4) der Vektor $\mathfrak{A}$ die Form $\mathfrak{a} \sin \frac{\alpha}{2}$ hat, so liegt es nahe, $\mathfrak{A}$ als äußeres Produkt zweier Einheitsvektoren $\mathfrak{a}_1$ und $\mathfrak{a}_2$ zu schreiben. Um diese Darstellung zu erreichen, wählen wir als Vektor $\mathfrak{a}_1$ einen beliebigen Einheitsvektor senkrecht zu $\mathfrak{a}$ und lassen $\mathfrak{a}_2$ aus $\mathfrak{a}_1$ durch die Drehung $\frac{\alpha}{2}$ um $\mathfrak{a}$ hervorgehen. Dann wird nach Formel (5) in § 16

$$\mathfrak{a}_1 \times \mathfrak{a}_2 = \mathfrak{a} \sin \frac{\alpha}{2} = \mathfrak{A}$$

sein. Daraus folgt

$$\mathfrak{A} \times \mathfrak{r} = (\mathfrak{a}_1 \times \mathfrak{a}_2) \times \mathfrak{r} = (\mathfrak{a}_1 \cdot \mathfrak{r})\, \mathfrak{a}_2 - (\mathfrak{a}_2 \cdot \mathfrak{r})\, \mathfrak{a}_1$$

und

$$\begin{aligned}\text{(8)} \quad \mathfrak{A} \times (\mathfrak{A} \times \mathfrak{r}) &= (\mathfrak{a}_1 \cdot \mathfrak{r})\, ((\mathfrak{a}_1 \times \mathfrak{a}_2) \times \mathfrak{a}_2) - (\mathfrak{a}_2 \cdot \mathfrak{r})\, ((\mathfrak{a}_1 \times \mathfrak{a}_2) \times \mathfrak{a}_1) \\ &= (\mathfrak{a}_1 \cdot \mathfrak{r})\, \{(\mathfrak{a}_1 \cdot \mathfrak{a}_2)\mathfrak{a}_2 - \mathfrak{a}_1\} - (\mathfrak{a}_2 \cdot \mathfrak{r})\, \{\mathfrak{a}_2 - (\mathfrak{a}_1 \cdot \mathfrak{a}_2)\mathfrak{a}_1\}.\end{aligned}$$

Andererseits ist die in (4) auftretende Größe a nichts anderes als $\cos \frac{\alpha}{2}$ oder $\mathfrak{a}_1 \cdot \mathfrak{a}_2$. Mithin wird

$$\text{(9)} \qquad a(\mathfrak{A} \times \mathfrak{r}) = (\mathfrak{a}_1 \cdot \mathfrak{a}_2)(\mathfrak{a}_1 \cdot \mathfrak{r})\, \mathfrak{a}_2 - (\mathfrak{a}_1 \cdot \mathfrak{a}_2)(\mathfrak{a}_2 \cdot \mathfrak{r})\, \mathfrak{a}_1.$$

Setzt man die Ausdrücke (8) und (9) in (4) ein, so ergibt sich die Gleichung (7). Damit ist gezeigt, daß die Drehung (4) durch Zusammensetzung der Umwendungen $\mathfrak{a}_1$ und $\mathfrak{a}_2$ entsteht, wobei

$$\text{(10)} \qquad a = \mathfrak{a}_1 \cdot \mathfrak{a}_2, \quad \mathfrak{A} = \mathfrak{a}_1 \times \mathfrak{a}_2$$

ist. Schreibt man das äußere Produkt $\mathfrak{a}_1 \times \mathfrak{a}_2$ in der Form $\mathfrak{a} \sin \frac{\alpha}{2}$, so ist $\mathfrak{a}$ der Achsenvektor der Drehung, d. h. ein auf der Drehungsachse liegender Einheitsvektor, und $\frac{\alpha}{2}$ der halbe Drehungswinkel.

Daß eine Drehung mit dem Drehungswinkel α durch Zusammensetzung zweier Umwendungen bewirkt werden kann, ist geometrisch leicht zu bestätigen. Man lege durch die Drehungsachse eine Ebene E_1 und lasse auf sie die Drehung $\frac{\alpha}{2}$ um dieselbe Achse wirken. Dadurch gehe diese Ebene in E_2 über. Ferner sei E_3 eine dritte Ebene, die auf E_1 und E_2 senkrecht steht. g_1 und g_2 seien ihre Schnittlinien mit E_1 und E_2. Wenn man nun eine Spiegelung an E_1 und dann eine an E_3 vornimmt, so ist das Ergebnis eine Umwendung um g_1. Läßt man jetzt eine Spiegelung an E_3 und eine an E_1 folgen, so ist noch eine Umwendung um g_2 hinzugetreten. Es haben sich also zwei Umwendungen nacheinander vollzogen. Beachtet man, daß sich die beiden Spiegelungen an E_3, die unmittelbar hintereinander kamen, aufheben, so sind nur zwei Spiegelungen übrig geblieben, die an E_1 und die an E_2. Ihre Zusammensetzung ergibt aber eine Drehung α um die Schnittlinie der beiden Ebenen. Das kann man sich sehr leicht klarmachen.

Wir wollen nochmals zu den Gleichungen (10) zurückkehren, um sie nach $\mathfrak{a}_1$ und $\mathfrak{a}_2$ aufzulösen, wobei die Bedingungen $\mathfrak{a}_1 \cdot \mathfrak{a}_1 = 1$, $\mathfrak{a}_2 \cdot \mathfrak{a}_2 = 1$ zu beachten sind. Diese Gleichungen ziehen die Gleichung (5) nach sich, so daß man von vornherein $a = \cos \frac{\alpha}{2}$, $\mathfrak{A} = \mathfrak{a} \sin \frac{\alpha}{2}$ setzen kann, wobei $\mathfrak{a}$ ein Einheitsvektor ist. Wenn man die Vektoren $\mathfrak{a}_1$, $\mathfrak{a}_2$ beide derselben Drehung um $\mathfrak{a}$ unterwirft, bleiben die Gleichungen (10) erfüllt, weil $\mathfrak{a}_1 \cdot \mathfrak{a}_2$ und $\mathfrak{a}_1 \times \mathfrak{a}_2$ sich nicht ändern. Man kann also $\mathfrak{a}_1$ mit irgendeinem zu $\mathfrak{a}$ senkrechten Einheitsvektor zusammenfallen lassen. Für $\mathfrak{a}_2$ kann man unter Erinnerung an Formel (2) setzen

$$\mathfrak{a}_2 = \mathfrak{a}_1 \cos \frac{\alpha}{2} + (\mathfrak{a} \times \mathfrak{a}_1) \sin \frac{\alpha}{2}.$$

Tut man dies, so wird tatsächlich

$$\mathfrak{a}_1 \cdot \mathfrak{a}_2 = (\mathfrak{a}_1 \cdot \mathfrak{a}_1) \cos \frac{\alpha}{2} + (\mathfrak{a}_1 \cdot (\mathfrak{a} \times \mathfrak{a}_1)) \sin \frac{\alpha}{2} = \cos \frac{\alpha}{2},$$

$$\mathfrak{a}_1 \times \mathfrak{a}_2 = (\mathfrak{a}_1 \times \mathfrak{a}_1) \cos \frac{\alpha}{2} + (\mathfrak{a}_1 \times (\mathfrak{a} \times \mathfrak{a}_1)) \sin \frac{\alpha}{2} = \mathfrak{a} \sin \frac{\alpha}{2}.$$

Es gibt außer $\mathfrak{a}_2$ keinen zweiten Einheitsvektor, der mit $\mathfrak{a}_1$ zusammen die Gleichungen (10) erfüllt. Wäre nämlich $\mathfrak{a}_2^*$ ein solcher Vektor, so hätte man

$$\mathfrak{a}_1 \cdot \mathfrak{a}_2^* = \mathfrak{a}_1 \cdot \mathfrak{a}_2, \quad \mathfrak{a}_1 \times \mathfrak{a}_2^* = \mathfrak{a}_1 \times \mathfrak{a}_2,$$

also

$$\mathfrak{a}_1 \cdot (\mathfrak{a}_2^* - \mathfrak{a}_2) = 0, \; \mathfrak{a}_1 \times (\mathfrak{a}_2^* - \mathfrak{a}_2) = 0.$$

Die erste Gleichung bedeutet, daß $\mathfrak{a}_2^* - \mathfrak{a}_2$ zu $\mathfrak{a}_1$ orthogonal, die zweite, daß $\mathfrak{a}_2^* - \mathfrak{a}_2$ zu $\mathfrak{a}_1$ parallel ist. Beides verträgt sich nur im Falle $\mathfrak{a}_2^* - \mathfrak{a}_2 = 0$. Zusammenfassend können wir sagen, daß die Gleichungen

$$\cos\frac{\alpha}{2} = \mathfrak{a}_1 \cdot \mathfrak{a}_2, \qquad \mathfrak{a} \sin\frac{\alpha}{2} = \mathfrak{a}_1 \times \mathfrak{a}_2$$

nur durch

$$(11) \qquad \mathfrak{a}_1 = \mathfrak{n}, \quad \mathfrak{a}_2 = \mathfrak{n}\cos\frac{\alpha}{2} + (\mathfrak{a} \times \mathfrak{n})\sin\frac{\alpha}{2}$$

erfüllt werden, wobei $\mathfrak{n}$ ein zu $\mathfrak{a}$ orthogonaler Einheitsvektor ist. Man könnte auch schreiben

$$(11') \qquad \mathfrak{a}_1 = \mathfrak{n}\cos\frac{\alpha}{2} - (\mathfrak{a} \times \mathfrak{n})\sin\frac{\alpha}{2}, \qquad \mathfrak{a}_2 = \mathfrak{n}.$$

In beiden Fällen geben die Umwendungen $\mathfrak{a}_1$ und $\mathfrak{a}_2$ nacheinander ausgeführt eine Drehung um die Achse $\mathfrak{a}$ mit dem Drehungswinkel α.

Es ist jetzt leicht, zwei beliebige Drehungen um den Punkt O zusammenzusetzen. Wenn die Drehungen dieselbe Achse $\mathfrak{a}$ haben, so addieren sich die Drehungswinkel. Sind die Achsen verschieden und werden sie durch $\mathfrak{a}$ und $\mathfrak{a}^*$ dargestellt, so lasse man den Einheitsvektor $\mathfrak{n}$ senkrecht auf beiden stehen. Dann wird sich die erste Drehung nach (11′) in die Umwendungen

$$\mathfrak{n}\cos\frac{\alpha}{2} - (\mathfrak{a} \times \mathfrak{n})\sin\frac{\alpha}{2} \text{ und } \mathfrak{n},$$

die zweite Drehung nach (11) in die Umwendungen

$$\mathfrak{n} \text{ und } \mathfrak{n}\cos\frac{\alpha^*}{2} + (\mathfrak{a}^* \times \mathfrak{n})\sin\frac{\alpha^*}{2}$$

zerlegen. Führt man diese vier Umwendungen nacheinander aus, so heben sich die beiden Umwendungen um $\mathfrak{n}$, die unmittelbar aufeinanderfolgen, fort. Man hat also nur die Umwendungen

$$(12) \qquad \mathfrak{n}\cos\frac{\alpha}{2} - (\mathfrak{a} \times \mathfrak{n})\sin\frac{\alpha}{2}, \quad \mathfrak{n}\cos\frac{\alpha^*}{2} + (\mathfrak{a}^* \times \mathfrak{n})\sin\frac{\alpha^*}{2}$$

zusammenzusetzen. Dadurch entsteht aber eine Drehung um O, für deren Achsenvektor und Drehungswinkel folgende Gleichungen gelten:

$$\cos\frac{\gamma}{2} = \mathfrak{u} \cdot \mathfrak{u}^*, \qquad \mathfrak{c}\sin\frac{\gamma}{2} = \mathfrak{u} \times \mathfrak{u}^*.$$

Dabei bezeichnen $\mathfrak{u}$ und $\mathfrak{u}^*$ die Vektoren (12).

Man findet nun

$$\mathfrak{u} \cdot \mathfrak{u}^* = \cos\frac{\alpha}{2}\cos\frac{\alpha^*}{2} - ((\mathfrak{a} \times \mathfrak{n}) \cdot (\mathfrak{a}^* \times \mathfrak{n}))\sin\frac{\alpha}{2}\sin\frac{\alpha^*}{2}$$

oder, da

$$(\mathfrak{a} \times \mathfrak{n}) \cdot (\mathfrak{a}^* \times \mathfrak{n}) = \begin{vmatrix} \mathfrak{a} \cdot \mathfrak{a}^*, & \mathfrak{a} \cdot \mathfrak{n} \\ \mathfrak{n} \cdot \mathfrak{a}^*, & \mathfrak{n} \cdot \mathfrak{n} \end{vmatrix} = \mathfrak{a} \cdot \mathfrak{a}^*$$

ist,

$$(13)\qquad \mathfrak{u}\cdot\mathfrak{u}^* = \cos\frac{\alpha}{2}\cos\frac{\alpha^*}{2} - (\mathfrak{a}\cdot\mathfrak{a}^*)\sin\frac{\alpha}{2}\sin\frac{\alpha^*}{2}.$$

Ferner erhält man zunächst

$$\mathfrak{u}\times\mathfrak{u}^* = (\mathfrak{n}\times(\mathfrak{a}^*\times\mathfrak{n}))\cos\frac{\alpha}{2}\sin\frac{\alpha^*}{2} - ((\mathfrak{a}\times\mathfrak{n})\times\mathfrak{n})\cos\frac{\alpha^*}{2}\sin\frac{\alpha}{2}$$
$$- ((\mathfrak{a}\times\mathfrak{n})\times(\mathfrak{a}^*\times\mathfrak{n}))\sin\frac{\alpha}{2}\sin\frac{\alpha^*}{2}.$$

Nach dem Entwicklungssatz ist aber

$$\mathfrak{n}\times(\mathfrak{a}^*\times\mathfrak{n}) = \mathfrak{a}^*, \qquad (\mathfrak{a}\times\mathfrak{n})\times\mathfrak{n} = -\mathfrak{a}$$

und

$$(\mathfrak{a}\times\mathfrak{n})\times(\mathfrak{a}^*\times\mathfrak{n}) = (\mathfrak{a}\cdot(\mathfrak{a}^*\times\mathfrak{n}))\,\mathfrak{n} = ((\mathfrak{a}\times\mathfrak{a}^*)\cdot\mathfrak{n})\,\mathfrak{n}.$$

Da $\mathfrak{n}$ auf $\mathfrak{a}$ und $\mathfrak{a}^*$ senkrecht steht, so hat man $\mathfrak{a}\times\mathfrak{a}^* = \lambda\mathfrak{n}$, also

$$((\mathfrak{a}\times\mathfrak{a}^*)\cdot\mathfrak{n})\,\mathfrak{n} = \lambda\mathfrak{n},$$

mithin

$$(\mathfrak{a}\times\mathfrak{n})\times(\mathfrak{a}^*\times\mathfrak{n}) = \mathfrak{a}\times\mathfrak{a}^*.$$

Setzt man die gefundenen Ausdrücke ein, so ergibt sich

$$(14)\quad \mathfrak{u}\times\mathfrak{u}^* = \mathfrak{a}\sin\frac{\alpha}{2}\cos\frac{\alpha^*}{2} + \mathfrak{a}^*\sin\frac{\alpha^*}{2}\cos\frac{\alpha}{2} - (\mathfrak{a}\times\mathfrak{a}^*)\sin\frac{\alpha}{2}\sin\frac{\alpha^*}{2}.$$

Eine starke Vereinfachung tritt ein, wenn man die Größen $a = \cos\frac{\alpha}{2}$, $\mathfrak{A} = \mathfrak{a}\sin\frac{\alpha}{2}$, $a^* = \cos\frac{\alpha^*}{2}$, $\mathfrak{A}^* = \mathfrak{a}^*\sin\frac{\alpha^*}{2}$, $c = \cos\frac{\gamma}{2}$, $\mathfrak{C} = \mathfrak{c}\sin\frac{\gamma}{2}$ einführt. Dann nehmen die Gleichungen (13) und (14) folgende Gestalt an:

$$(15)\qquad \begin{cases} c = aa^* - (\mathfrak{A}\cdot\mathfrak{A}^*), \\ \mathfrak{C} = a^*\mathfrak{A} + a\mathfrak{A}^* - (\mathfrak{A}\times\mathfrak{A}^*). \end{cases}$$

Wir können unser Ergebnis in dem Satze zusammenfassen, daß die beiden Drehungen

$$\mathfrak{r}^* = \mathfrak{r} + 2a(\mathfrak{A}\times\mathfrak{r}) + 2(\mathfrak{A}\times\mathfrak{A}\times\mathfrak{r})),$$
$$\mathfrak{r}' = \mathfrak{r}^* + 2a^*(\mathfrak{A}^*\times\mathfrak{r}^*) + 2(\mathfrak{A}^*\times(\mathfrak{A}^*\times\mathfrak{r}^*))$$

nacheinander ausgeführt dieselbe Wirkung üben wie die einzelne Drehung

$$\mathfrak{r}' = \mathfrak{r} + 2c(\mathfrak{C}\times\mathfrak{r}) + 2(\mathfrak{C}\times(\mathfrak{C}\times\mathfrak{r})),$$

wobei c und $\mathfrak{C}$ durch die Gleichungen (15) bestimmt sind. Dies ließe sich natürlich auch direkt ohne Zuhilfenahme der Umwendungen bestätigen. In den Gleichungen (15) steckt die Zusammensetzungsregel der Drehungen. Die Erscheinung, daß zwei aufeinanderfolgende Drehungen durch eine einzige Drehung ersetzt werden können, nennt man die Gruppeneigenschaft. Die Drehungen um einen Punkt O bilden eine Gruppe.

Zum Schluß wollen wir noch die Frage erörtern, wann zwei Drehungen, deren eine durch a, $\mathfrak{A}$, die andere durch a^*, $\mathfrak{A}^*$ gekennzeichnet ist, dieselbe Wirkung üben, d. h. miteinander vom geometrischen Standpunkt identisch sind. Es bestehen dabei die Relationen

$$a^2 + (\mathfrak{A} \cdot \mathfrak{A}) = 1, \quad a^{*2} + (\mathfrak{A}^* \cdot \mathfrak{A}^*) = 1.$$

Nach (4) muß, wenn die betrachteten Bewegungen gleichwirkend sein sollen, stets die Gleichung

$$(16) \quad a(\mathfrak{A} \times \mathfrak{r}) + (\mathfrak{A} \times (\mathfrak{A} \times \mathfrak{r})) = a^*(\mathfrak{A}^* \times \mathfrak{r}) + (\mathfrak{A}^* \times (\mathfrak{A}^* \times \mathfrak{r}))$$

stattfinden, was auch $\mathfrak{r}$ sein mag. Setzt man nun $\mathfrak{r} = \mathfrak{A}$, so verschwindet die linke Seite dieser Gleichung. Folglich muß

$$a^*(\mathfrak{A}^* \times \mathfrak{A}) + (\mathfrak{A}^* \times (\mathfrak{A}^* \times \mathfrak{A})) = 0$$

sein. $\mathfrak{A}^* \times (\mathfrak{A}^* \times \mathfrak{A})$ ist ein Vektor, der senkrecht auf $\mathfrak{A}^* \times \mathfrak{A}$ steht, während $a^*(\mathfrak{A}^* \times \mathfrak{A})$ parallel zu $\mathfrak{A}^* \times \mathfrak{A}$ läuft. Beides reimt sich nur dann zusammen, wenn $\mathfrak{A}^* \times \mathfrak{A}$ verschwindet. Nehmen wir an, daß $\mathfrak{A} \neq 0$ ist, so folgt $\mathfrak{A}^* = \lambda \mathfrak{A}$. Gleichung (16) reduziert sich also auf

$$(a - \lambda a^*)(\mathfrak{A} \times \mathfrak{r}) + (1 - \lambda^2)(\mathfrak{A} \times (\mathfrak{A} \times \mathfrak{r})) = 0.$$

Nun steht $\mathfrak{A} \times \mathfrak{r}$ senkrecht auf $\mathfrak{A}$ und $\mathfrak{A} \times (\mathfrak{A} \times \mathfrak{r})$ senkrecht auf beiden. Denkt man sich $\mathfrak{r}$ senkrecht zu $\mathfrak{A}$ und von Null verschieden, so sind auch $\mathfrak{A} \times \mathfrak{r}$ und $\mathfrak{A} \times (\mathfrak{A} \times \mathfrak{r})$ ungleich Null. Daher muß

$$a - \lambda a^* = 0, \quad 1 - \lambda^2 = 0$$

sein, also entweder $\lambda = 1$ und $a^* = a$, $\mathfrak{A}^* = \mathfrak{A}$ oder $\lambda = -1$ und $a^* = -a$, $\mathfrak{A}^* = -a$. Zwei Bewegungen $a, \mathfrak{A}$ und $a^*, \mathfrak{A}^*$ sind also nur dann und offenbar auch immer dann gleichwirkend, wenn die Gleichungen $a^* = \varepsilon a$, $\mathfrak{A}^* = \varepsilon \mathfrak{A}$ gelten ($\varepsilon = \pm 1$). Wir haben bei der obigen Betrachtung $\mathfrak{A} \neq 0$ angenommen. Ebensogut hätten wir $\mathfrak{A}^* \neq 0$ voraussetzen können. Die einzige nicht mit eingeschlossene Möglichkeit wäre demnach $\mathfrak{A} = 0$, $\mathfrak{A}^* = 0$. Dann ist aber $a^2 = 1$, $a^{*2} = 1$, also $a^* = \varepsilon a$ aber auch $\mathfrak{A}^* = \varepsilon \mathfrak{A}$, weil beide Vektoren verschwinden. Der obige Satz gilt somit ohne jede Ausnahme. Durch $a = \varepsilon$, $\mathfrak{A} = 0$ wird, wie man aus Formel (4) sofort sieht, die Identität $\mathfrak{r}' = \mathfrak{r}$ gekennzeichnet.

Setzt man in den Gleichungen (15)

$$a^* = \varepsilon a, \quad \mathfrak{A}^* = -\varepsilon \mathfrak{A},$$

so ergibt sich mit Rücksicht auf (5)

$$c = \varepsilon, \quad \mathfrak{C} = 0.$$

Die beiden Drehungen $a, \mathfrak{A}$ und $\varepsilon a, -\varepsilon \mathfrak{A}$ sind also zueinander invers, weil sie nacheinander ausgeführt die Identität liefern. Dies läßt sich auch an Hand der Gleichungen $a = \cos\frac{\alpha}{2}$, $\mathfrak{A} = \mathfrak{a} \sin\frac{\alpha}{2}$ bestätigen. Ersetzt man in ihnen α durch $-\alpha$, so gehen $a, \mathfrak{A}$ in $a, -\mathfrak{A}$ über.

Noch eine Bemerkung über die Zusammensetzungsregel der Drehungen, die durch die Gleichungen (15) ausgesprochen wird, sei hier angefügt. Wenn man rein formal das Produkt

$$(a^* + \mathfrak{A}^*)(a + \mathfrak{A})$$

ausrechnet unter Wahrung der Faktorenfolge, so ergibt sich

(17) $$(a^* + \mathfrak{A}^*)(a + \mathfrak{A}) = a^*a + a^*\mathfrak{A} + \mathfrak{A}^*a + \mathfrak{A}^*\mathfrak{A}.$$

Die drei ersten Bestandteile sind bekannte Symbole und $\mathfrak{A}^*a$ ist dasselbe wie $a\mathfrak{A}^*$. Das einzige neue Element in obigem Ausdruck ist das punkt- und kreuzlose Produkt $\mathfrak{A}^*\mathfrak{A}$. Bildet man andererseits auf Grund von (15) ebenfalls rein formal die Summe $c + \mathfrak{C}$, so findet man

$$c + \mathfrak{C} = aa^* + a^*\mathfrak{A} + a\mathfrak{A}^* - (\mathfrak{A}^* \cdot \mathfrak{A}) + (\mathfrak{A}^* \times \mathfrak{A}).$$

Sie stimmt mit (17) überein, wenn festgesetzt wird, daß

(18) $$\mathfrak{A}^*\mathfrak{A} = -(\mathfrak{A}^* \cdot \mathfrak{A}) + (\mathfrak{A}^* \times \mathfrak{A})$$

sein soll. Wenn man dem punkt- und kreuzlosen Produkt zweier Vektoren diese Bedeutung beilegt, so kann man schreiben

(19) $$c + \mathfrak{C} = (a^* + \mathfrak{A}^*)(a + \mathfrak{A}).$$

Die Gleichungen (17) und (18) belehren uns über die Berechnung solcher Produkte, deren Faktoren Verbindungen aus einem Skalar und einem Vektor sind. Man nennt solche Verbindungen Quaternionen, weil in

$$a + \mathfrak{A} = a + a_1\mathfrak{i} + a_2\mathfrak{j} + a_3\mathfrak{k}$$

vier Zahlen a, a_1, a_2, a_3 auftreten.

Zu jeder Drehung um O gehört eine Quaternion $a + \mathfrak{A}$, die nach (5) die Eigenschaft

$$a^2 + a_1^2 + a_2^2 + a_3^2 = 1$$

besitzt, d. h. die Norm 1 hat. Man nennt nämlich $a^2 + a_1^2 + a_2^2 + a_3^2$ oder $(a + \mathfrak{A})(a - \mathfrak{A})$ die Norm der Quaternion $a + \mathfrak{A}$. Die Quaternionen $a + \mathfrak{A}$, $a - \mathfrak{A}$ heißen konjugiert. Eine Quaternion mit der Norm 1 wird auch als Einheitsquaternion bezeichnet. Jeder Einheitsquaternion $a + \mathfrak{A}$ entspricht also als anschauliches Korrelat eine Drehung um O. Ist der skalare Bestandteil a gleich Null, so handelt es sich um eine Umwendung. Konjugierten Einheitsquaternionen entsprechen Drehungen, die zueinander invers sind. Beim Zusammensetzen zweier Drehungen um O multiplizieren sich ihre Quaternionen, jedoch in umgekehrter Reihenfolge. Wie wir gesehen haben, gehört zu $-a - \mathfrak{A}$ dieselbe Drehung wie zu $a + \mathfrak{A}$. Sonst aber besteht keine Mehrdeutigkeit.

Mit Hilfe von (18) kann man das innere und äußere Produkt auf punkt- und kreuzlose Produkte zurückführen. Es besteht nämlich neben (18) die Gleichung

(18') $$\mathfrak{A}\mathfrak{A}^* = -(\mathfrak{A}^* \cdot \mathfrak{A}) - (\mathfrak{A}^* \times \mathfrak{A}).$$

Sie geht aus (18) durch Vertauschung der beiden Vektoren $\mathfrak{A}, \mathfrak{A}^*$ hervor. Nun erhält man aus (18) und (18') durch Addition und Subtraktion

(20) $$\begin{cases} \mathfrak{A}^* \cdot \mathfrak{A} = -\dfrac{\mathfrak{A}^*\mathfrak{A} + \mathfrak{A}\mathfrak{A}^*}{2}, \\ \mathfrak{A}^* \times \mathfrak{A} = \dfrac{\mathfrak{A}^*\mathfrak{A} - \mathfrak{A}\mathfrak{A}^*}{2}. \end{cases}$$

Wir haben hier Addition und Subtraktion zweier Quaternionen durchgeführt, ohne sie vorher zu erklären. Man sieht aber sofort, wie diese Operationen gemeint sind. Beim Addieren oder Subtrahieren von Quaternionen addieren oder subtrahieren sich ihre skalaren und ihre Vektorbestandteile.

Wenn man drei Quaternionen betrachtet, $a_1 + \mathfrak{A}_1$, $a_2 + \mathfrak{A}_2$, $a_3 + \mathfrak{A}_3$, so ist

$$(a_1 + \mathfrak{A}_1)(a_2 + \mathfrak{A}_2) = \{a_1 a_2 - (\mathfrak{A}_1 \cdot \mathfrak{A}_2)\} + \{a_1 \mathfrak{A}_2 + a_2 \mathfrak{A}_1 + (\mathfrak{A}_1 \times \mathfrak{A}_2)\} = p + \mathfrak{P}$$

und weiter

$$(21) \quad \{(a_1 + \mathfrak{A}_1)(a_2 + \mathfrak{A}_2)\}(a_3 + \mathfrak{A}_3) = (p + \mathfrak{P})(a_3 + \mathfrak{A}_3) \\ = \{p a_3 - (\mathfrak{P} \cdot \mathfrak{A}_3)\} + \{p \mathfrak{A}_3 + a_3 \mathfrak{P} + (\mathfrak{P} \times \mathfrak{A}_3)\}.$$

Wir wollen nun feststellen, ob sich das Produkt $\{(a_1 + \mathfrak{A}_1)(a_2 + \mathfrak{A}_2)\}$ $(a_3 + \mathfrak{A}_3)$ ändert, wenn man die geschweiften Klammern ohne die Faktorenfolge zu stören, nach rechts schiebt, wobei $(a_1 + \mathfrak{A}_1)\{a_2 + \mathfrak{A}_2)(a_3 + \mathfrak{A}_3)\}$ entsteht. Setzt man

$$(a_2 + \mathfrak{A}_2)(a_3 + \mathfrak{A}_3) = \{a_2 a_3 - (\mathfrak{A}_2 \cdot \mathfrak{A}_3)\} + \{a_2 \mathfrak{A}_3 + a_3 \mathfrak{A}_2 + (\mathfrak{A}_2 \times \mathfrak{A}_3)\} = q + \mathfrak{Q},$$

so wird

$$(21') \quad (a_1 + \mathfrak{A}_1)\{(a_2 + \mathfrak{A}_2)(a_3 + \mathfrak{A}_3)\} = (a_1 + \mathfrak{A}_1)(q + \mathfrak{Q}) \\ = \{a_1 q - (\mathfrak{A}_1 \cdot \mathfrak{Q})\} + \{a_1 \mathfrak{Q} + q \mathfrak{A}_1 + (\mathfrak{A}_1 \times \mathfrak{Q})\}.$$

Es handelt sich nun darum, die beiden Ausdrücke (21) und (21′) miteinander zu vergleichen. Was zunächst ihre skalaren Bestandteile betrifft, so wird

$$p a_3 - (\mathfrak{P} \cdot \mathfrak{A}_3) = a_1 a_2 a_3 - (\mathfrak{A}_1 \cdot \mathfrak{A}_2) a_3 - (\mathfrak{A}_2 \cdot \mathfrak{A}_3) a_1 - (\mathfrak{A}_1 \cdot \mathfrak{A}_3) a_2 - ((\mathfrak{A}_1 \times \mathfrak{A}_2) \cdot \mathfrak{A}_3)$$

und

$$a_1 q - (\mathfrak{A}_1 \cdot \mathfrak{Q}) = a_1 a_2 a_3 - (\mathfrak{A}_2 \cdot \mathfrak{A}_3) a_1 - (\mathfrak{A}_1 \cdot \mathfrak{A}_3) a_2 - (\mathfrak{A}_1 \cdot \mathfrak{A}_2) a_3 - (\mathfrak{A}_2 \times \mathfrak{A}_3) \cdot \mathfrak{A}_1).$$

Beide Ausdrücke stimmen überein, weil das gemischte Produkt dreier Vektoren die Eigenschaft

$$(\mathfrak{A}_1 \times \mathfrak{A}_2) \cdot \mathfrak{A}_3 = (\mathfrak{A}_2 \times \mathfrak{A}_3) \cdot \mathfrak{A}_1$$

besitzt. Wir nannten das seinerzeit den Vertauschungssatz.

Über die vektoriellen Bestandteile von (21) und (21′) ist folgendes zu sagen: Man hat

$$p \mathfrak{A}_3 + a_3 \mathfrak{P} + (\mathfrak{P} \times \mathfrak{A}_3) = a_1 a_2 \mathfrak{A}_3 - (\mathfrak{A}_1 \cdot \mathfrak{A}_2) \mathfrak{A}_3 + a_1 a_3 \mathfrak{A}_2 + a_2 a_3 \mathfrak{A}_1 \\ + a_3 (\mathfrak{A}_1 \times \mathfrak{A}_2) + a_1 (\mathfrak{A}_2 \times \mathfrak{A}_3) + a_2 (\mathfrak{A}_1 \times \mathfrak{A}_3) + ((\mathfrak{A}_1 \times \mathfrak{A}_2) \times \mathfrak{A}_3)$$

und

$$a_1 \mathfrak{Q} + q \mathfrak{A}_1 + (\mathfrak{A}_1 \times \mathfrak{Q}) = a_1 a_2 \mathfrak{A}_3 + a_1 a_3 \mathfrak{A}_2 + a_1 (\mathfrak{A}_2 \times \mathfrak{A}_3) + a_2 a_3 \mathfrak{A}_1 - (\mathfrak{A}_2 \cdot \mathfrak{A}_3) \mathfrak{A}_1 \\ + a_2 (\mathfrak{A}_1 \times \mathfrak{A}_3) + a_3 (\mathfrak{A}_1 \times \mathfrak{A}_2) + (\mathfrak{A}_1 \times (\mathfrak{A}_2 \times \mathfrak{A}_3)).$$

Schreibt man auf Grund des Entwicklungssatzes

$$(\mathfrak{A}_1 \times \mathfrak{A}_2) \times \mathfrak{A}_3 = (\mathfrak{A}_1 \cdot \mathfrak{A}_3) \mathfrak{A}_2 - (\mathfrak{A}_2 \cdot \mathfrak{A}_3) \mathfrak{A}_1, \\ \mathfrak{A}_1 \times (\mathfrak{A}_2 \times \mathfrak{A}_3) = (\mathfrak{A}_1 \cdot \mathfrak{A}_3) \mathfrak{A}_2 - (\mathfrak{A}_1 \cdot \mathfrak{A}_2) \mathfrak{A}_3,$$

so werden die beiden Ausdrücke miteinander identisch. Es gilt daher die Gleichung

$$(a_1 + \mathfrak{A}_1)\{(a_2 + \mathfrak{A}_2)(a_3 + \mathfrak{A}_3)\} = \{(a_1 + \mathfrak{A}_1)(a_2 + \mathfrak{A}_2)\}(a_3 + \mathfrak{A}_3).$$

Man nennt diese Erscheinung das Assoziativgesetz. Weil dieses Gesetz besteht, wird man in solchen Dreifaktorenprodukten die geschweiften Klammern einfach fortlassen und $(a_1 + \mathfrak{A}_1)(a_2 + \mathfrak{A}_2)(a_3 + \mathfrak{A}_3)$ schreiben. Ähnliches gilt für mehr als drei Faktoren.

Die Reihenfolge der Faktoren muß in Quaternionenprodukten streng gewahrt bleiben. Daß diese Produkte im allgemeinen nicht kommutativ sind, geht schon daraus hervor, daß in ihnen äußere Produkte von Vektoren auftreten. Man kann leicht feststellen, wann der Ausnahmefall der Kommutativität eintritt. Die beiden Produkte

$$(22)\quad \begin{cases} (a_1+\mathfrak{A}_1)(a_2+\mathfrak{A}_2) = \{a_1 a_2 - (\mathfrak{A}_1 \cdot \mathfrak{A}_2)\} + \{a_1 \mathfrak{A}_2 + a_2 \mathfrak{A}_1 + (\mathfrak{A}_1 \times \mathfrak{A}_2)\}, \\ (a_2+\mathfrak{A}_2)(a_1+\mathfrak{A}_1) = \{a_1 a_2 - (\mathfrak{A}_1 \cdot \mathfrak{A}_2)\} + \{a_1 \mathfrak{A}_2 + a_2 \mathfrak{A}_1 + (\mathfrak{A}_2 \times \mathfrak{A}_1)\} \end{cases}$$

stimmen unter allen Umständen in ihren skalaren Bestandteilen überein. Die vektoriellen Bestandteile werden im allgemeinen verschieden sein, weil $\mathfrak{A}_2 \times \mathfrak{A}_1 = -(\mathfrak{A}_1 \times \mathfrak{A}_2)$ ist. Sie stimmen nur im Falle $\mathfrak{A}_1 \times \mathfrak{A}_2 = 0$ überein, d. h. wenn $\mathfrak{A}_1$ und $\mathfrak{A}_2$ parallele Vektoren sind.

Eine Quaternion $a + \mathfrak{A}$ gilt nur dann als verschwindend, wenn $a = 0$ und zugleich $\mathfrak{A} = 0$ ist. Zu jeder von Null verschiedenen Quaternion gibt es eine **inverse**, die mit ihr das Produkt 1 bildet, wie man auch die Reihenfolge der Faktoren wählen mag. Um zunächst die Gleichung

$$(23)\qquad (a + \mathfrak{A})(u + \mathfrak{U}) = 1$$

zu erfüllen, multiplizieren wir von links mit $a - \mathfrak{A}$ und bemerken, daß

$$(a - \mathfrak{A})(a + \mathfrak{A}) = a^2 + (\mathfrak{A} \cdot \mathfrak{A})$$

ist. Dann ergibt sich auf Grund des Assoziativgesetzes

$$\{a^2 + (\mathfrak{A} \cdot \mathfrak{A})\}(u + \mathfrak{U}) = a - \mathfrak{A}$$

und weiter

$$(24)\qquad u + \mathfrak{U} = \{a^2 + (\mathfrak{A} \cdot \mathfrak{A})\}^{-1}(a - \mathfrak{A}).$$

Nun ist aber von selbst

$$(23')\qquad (u + \mathfrak{U})(a + \mathfrak{A}) = 1.$$

Die Quaternion (24) erfüllt also die beiden Gleichungen (23) und (23′). Sie hat einen Sinn, weil $a + \mathfrak{A}$ als nichtverschwindend angenommen wird und daher $a^2 + (\mathfrak{A} \cdot \mathfrak{A})$ nicht gleich Null sein kann. In Formel (24) steht folgende Regel: Man erhält die zu $a + \mathfrak{A}$ inverse Quaternion, indem man die konjugierte Quaternion durch ihre Norm dividiert (d. h. mit der reziproken Norm multipliziert). Ist die Norm gleich 1, also $a + \mathfrak{A}$ eine Einheitsquaternion, so fallen inverse und konjugierte Quaternion zusammen.

Weil die Gleichungen (23) und (23′) sich gegenseitig zur Folge haben, kann man von der zu $a + \mathfrak{A}$ inversen Quaternion schlechthin reden und dafür die Bezeichnung $(a + \mathfrak{A})^{-1}$ oder auch $\dfrac{1}{a + \mathfrak{A}}$ benutzen.

Die zu $(a_1 + \mathfrak{A}_1)(a_2 + \mathfrak{A}_2)$ inverse Quaternion lautet

$$(a_2 + \mathfrak{A}_2)^{-1}\,(a_1 + \mathfrak{A}_1)^{-1}.$$

Es ist nämlich nach dem Assoziativgesetz

$$\{(a_1 + \mathfrak{A}_1)(a_2 + \mathfrak{A}_2)\}\{(a_2 + \mathfrak{A}_2)^{-1}(a_1 + \mathfrak{A}_1)^{-1}\}$$
$$= (a_1 + \mathfrak{A}_1)\{(a_2 + \mathfrak{A}_2)(a_2 + \mathfrak{A}_2)^{-1}\}(a_1 + \mathfrak{A}_1)^{-1}$$
$$= (a_1 + \mathfrak{A}_1)(a_1 + \mathfrak{A}_1)^{-1} = 1.$$

Um die inverse Quaternion zu erhalten, muß man also die Faktoren invertieren und die Reihenfolge umkehren.

Ähnlich lautet, wie man hieraus folgern kann, die Regel zur Bildung der konjugierten Quaternion. Übrigens läßt sich diese Regel auch mit Hilfe der Gleichungen (22) gewinnen. Nach der zweiten Gleichung (22) hat man nämlich

$$(a_2 - \mathfrak{A}_2)(a_1 - \mathfrak{A}_1) = \{a_1 a_2 - (\mathfrak{A}_1 \cdot \mathfrak{A}_2)\} - \{a_1 \mathfrak{A}_2 + a_2 \mathfrak{A}_1 + (\mathfrak{A}_1 \times \mathfrak{A}_2)\}.$$

Die rechte Seite ist offenbar konjugiert zur rechten Seite der ersten Gleichung (22). Die Produkte $(a_1 + \mathfrak{A}_1)(a_2 + \mathfrak{A}_2)$ und $(a_2 - \mathfrak{A}_2)(a_1 - \mathfrak{A}_1)$ sind also konjugierte Quaternionen. Multipliziert man diese Quaternionen, so ergibt sich die Norm des Produkts $(a_1 + \mathfrak{A}_1)(a_2 + \mathfrak{A}_2)$. Diese lautet also

$$\{(a_1 + \mathfrak{A}_1)(a_2 + \mathfrak{A}_2)\}\{(a_2 - \mathfrak{A}_2)(a_1 - \mathfrak{A}_1)\}$$

oder nach dem Assoziativgesetz

$$(a_1 + \mathfrak{A}_1)\{a_2^2 + (\mathfrak{A}_2 \cdot \mathfrak{A}_2)\}(a_1 - \mathfrak{A}_1). \tag{25}$$

Ein skalarer Faktor kann aber in einem Produkt beliebig verschoben werden. Man erkennt das sofort aus den Definitionsformeln (17), (18), nach welchen

$$k(a + \mathfrak{A}) = ka + k\mathfrak{A}$$

und zugleich

$$(a + \mathfrak{A})k = ak + k\mathfrak{A},$$

also

$$k(a + \mathfrak{A}) = (a + \mathfrak{A})k$$

ist. Auf Grund dieser Verschiebbarkeit skalarer Faktoren nimmt nun das Produkt (25) die Form an

$$(a_1 + \mathfrak{A}_1)(a_1 - \mathfrak{A}_1)\{a_2^2 + (\mathfrak{A}_2 \cdot \mathfrak{A}_2)\}$$

oder

$$\{a_1^2 + (\mathfrak{A}_1 \cdot \mathfrak{A}_1)\}\{a_2^2 + (\mathfrak{A}_2 \cdot \mathfrak{A}_2)\}.$$

Die Norm eines Produkts ist somit gleich dem Normenprodukt der Faktoren. Auf Grund dieses die Multiplikation der Quaternionen beherrschenden Normengesetzes verschwindet ein Quaternionenprodukt dann und nur dann, wenn wenigstens ein Faktor gleich Null ist.

Wir kehren jetzt noch einmal zu der Drehungsformel (4) zurück, um sie in Quaternionenschreibung umzusetzen. Nach der zweiten Gleichung (20) ist

$$\mathfrak{A} \times \mathfrak{r} = \frac{1}{2}(\mathfrak{A}\mathfrak{r} - \mathfrak{r}\mathfrak{A}),$$

ferner

$$\mathfrak{A} \times (\mathfrak{A} \times \mathfrak{r}) = \frac{1}{4}\mathfrak{A}(\mathfrak{A}\mathfrak{r} - \mathfrak{r}\mathfrak{A}) - \frac{1}{4}(\mathfrak{A}\mathfrak{r} - \mathfrak{r}\mathfrak{A})\mathfrak{A}$$
$$= \frac{1}{4}(\mathfrak{A}\mathfrak{A}\mathfrak{r} + \mathfrak{r}\mathfrak{A}\mathfrak{A} - 2\mathfrak{A}\mathfrak{r}\mathfrak{A}).$$

Nach der ersten Gleichung (20) ist aber $\mathfrak{A}\mathfrak{A} = -(\mathfrak{A}\cdot\mathfrak{A})$, also ein Skalar. Daher darf das Faktorenpaar $\mathfrak{A}\mathfrak{A}$ verschoben werden. Man kann deshalb schreiben

$$\mathfrak{A} \times (\mathfrak{A} \times \mathfrak{r}) = \frac{1}{2}(\mathfrak{A}\mathfrak{A}\mathfrak{r} - \mathfrak{A}\mathfrak{r}\mathfrak{A}).$$

Setzt man diese Ausdrücke in die Drehungsformel (4) ein und berücksichtigt noch, daß nach (5)

$$a^2 - \mathfrak{A}\mathfrak{A} = 1$$

ist, so erhält man statt (4)

$$\mathfrak{r}' = (a^2 - \mathfrak{A}\mathfrak{A})\mathfrak{r} + a(\mathfrak{A}\mathfrak{r} - \mathfrak{r}\mathfrak{A}) + (\mathfrak{A}\mathfrak{A}\mathfrak{r} - \mathfrak{A}\mathfrak{r}\mathfrak{A})$$

oder unter Verschiebung skalarer Faktoren

$$\mathfrak{r}' = a\mathfrak{r}a + \mathfrak{A}\mathfrak{r}a - a\mathfrak{r}\mathfrak{A} - \mathfrak{A}\mathfrak{r}\mathfrak{A}$$
$$= (a + \mathfrak{A})\mathfrak{r}a - (a + \mathfrak{A})\mathfrak{r}\mathfrak{A}$$
$$= (a + \mathfrak{A})(\mathfrak{r}a - \mathfrak{r}\mathfrak{A}) = (a + \mathfrak{A})\mathfrak{r}(a - \mathfrak{A}).$$

Die Drehungsformel nimmt also die knappe Form an

$$(4^*) \qquad \mathfrak{r}' = ((a + \mathfrak{A})\mathfrak{r}(a - \mathfrak{A}).$$

Diese Schreibung rührt von **Hamilton** her, dem wir den Quaternionenkalkül verdanken. Läßt man die beiden Bewegungen

$$\mathfrak{r}^* = (a_1 + \mathfrak{A}_1)\mathfrak{r}(a_1 - \mathfrak{A}_1)$$

und

$$\mathfrak{r}' = (a_2 + \mathfrak{A}_2)\mathfrak{r}^*(a_2 - \mathfrak{A}_2)$$

aufeinanderfolgen, so ergibt sich

$$\mathfrak{r}' = (a_2 + \mathfrak{A}_2)\{(a_1 + \mathfrak{A}_1)\mathfrak{r}(a_1 - \mathfrak{A}_1)\}(a_2 - \mathfrak{A}_2)\,.$$

Setzt man

$$(a_2 + \mathfrak{A}_2)(a_1 + \mathfrak{A}_1) = a + \mathfrak{A},$$

so wird

$$(a_1 - \mathfrak{A}_1)(a_2 - \mathfrak{A}_2) = a - \mathfrak{A}$$

und wir gelangen zur Gleichung (4*). Hiermit ist die Zusammensetzungsregel der Drehungen nochmals bestätigt.

Wir haben bei unsern Umformungen davon Gebrauch gemacht, daß man, wenn ξ_1, ξ_2 und η Quaternionen sind, stets schreiben kann

$$(26) \qquad \begin{cases} \eta(\xi_1 + \xi_2) = \eta\xi_1 + \eta\xi_2, \\ (\xi_1 + \xi_2)\eta = \xi_1\eta + \xi_2\eta, \end{cases}$$

gerade so, als handelte es sich um gewöhnliche Zahlen. Man bezeichnet die in (26) enthaltenen Rechnungsregeln als **Distributivgesetze**. Daß sie tatsächlich gelten, läßt sich sofort unter Rückgang auf die Definition der Quaternionenprodukte bestätigen.

§ 21. Koaxiale Quaternionen und gewöhnliche komplexe Zahlen.

Zwei Quaternionen $a_1 + \mathfrak{A}_1, a_2 + \mathfrak{A}_2$ heißen **koaxial**, wenn die Vektoren $\mathfrak{A}_1$ und $\mathfrak{A}_2$ parallel sind. Wir wollen unter $\mathfrak{a}$ einen bestimmten Einheitsvektor verstehen und alle Quaternionen betrachten, die zu $\mathfrak{a}$ koaxial sind, also die Form $a + b\,\mathfrak{a}$ besitzen. Wenn man auf diese Quaternionen die elementaren Rechnungsoperationen anwendet (Addition, Subtraktion, Multiplikation und Inversion), so ist das Ergebnis immer wieder eine Quaternion von jener Form. Insbesondere hat man

$$(a_1 + b_1\mathfrak{a})(a_2 + b_2\mathfrak{a}) = a_1 a_2 + a_1 b_2 \mathfrak{a} + b_1 a_2 \mathfrak{a} + b_1 b_2 \mathfrak{a}\mathfrak{a}$$

oder, da $\mathfrak{a}\mathfrak{a} = -(\mathfrak{a}\cdot\mathfrak{a}) + (\mathfrak{a}\times\mathfrak{a}) = -1$ ist,

$$(a_1 + b_1\mathfrak{a})(a_2 + b_2\mathfrak{a}) = a_1 a_2 - b_1 b_2 + (a_1 b_2 + a_2 b_1)\,\mathfrak{a}.$$

Das Produkt bleibt offenbar ungeändert, wenn man die Indizes 1 und 2 vertauscht, d. h. koaxiale Quaternionen multiplizieren sich kommutativ.

Ausdrücke von der Form $a + b\,\mathfrak{a}$ treten schon in der elementaren Algebra auf und werden als **komplexe Zahlen** bezeichnet. Statt $\mathfrak{a}$ schreibt man dort i, was aber ein belangloser Unterschied ist, da für i ebenso wie hier für $\mathfrak{a}$ die Multiplikationsregel $ii = -1$ gilt.

Wenn man die Drehungen in einer Ebene analytisch erfassen will, und zwar die Drehungen um einen Punkt O, so kommen dabei Quaternionen von der Form $a + b\mathfrak{a}$ in Frage, also komplexe Zahlen. Um dies zu erkennen, denke man sich in O eine Einheitsstrecke $ON = \mathfrak{a}$ angebracht, die senkrecht auf der Ebene steht. $\mathfrak{R}$ sei der Ortsvektor eines Punktes P dieser Ebene und $\mathfrak{R}'$ der Ortsvektor des Punktes P', der aus P durch die Drehung α um $\mathfrak{a}$ hervorgeht. Dann hängen $\mathfrak{R}$ und $\mathfrak{R}'$ nach Formel (2) in § 20 folgendermaßen zusammen:

$$\mathfrak{R}' = \mathfrak{R}\cos\alpha + (\mathfrak{a}\times\mathfrak{R})\sin\alpha\,.$$

Nun ist aber

$$\mathfrak{a}\mathfrak{R} = -(\mathfrak{a}\cdot\mathfrak{R}) + (\mathfrak{a}\times\mathfrak{R}) = \mathfrak{a}\times\mathfrak{R},$$

weil $\mathfrak{a}$ und $\mathfrak{R}$ aufeinander senkrecht stehen. Daher können wir schreiben

$$\mathfrak{R}' = \mathfrak{R}\cos\alpha + \mathfrak{a}\mathfrak{R}\sin\alpha$$

oder

$$\mathfrak{R}' = (\cos\alpha + \mathfrak{a}\sin\alpha)\,\mathfrak{R}. \tag{1}$$

Diese Formel läßt sich auch aus der allgemeinen Hamiltonschen Drehungsformel herleiten, die nach (4*) in § 20 so lautet:

$$\mathfrak{r}' = \left(\cos\frac{\alpha}{2} + \mathfrak{a}\sin\frac{\alpha}{2}\right)\mathfrak{r}\left(\cos\frac{\alpha}{2} - \mathfrak{a}\sin\frac{\alpha}{2}\right). \tag{2}$$

Setzt man $\mathfrak{r} = \mathfrak{R}$ und bedenkt, daß $\mathfrak{R}$ senkrecht zu $\mathfrak{a}$ ist, so wird

$$\mathfrak{R}\left(\cos\frac{\alpha}{2} - \mathfrak{a}\sin\frac{\alpha}{2}\right) = \left(\cos\frac{\alpha}{2} + \mathfrak{a}\sin\frac{\alpha}{2}\right)\mathfrak{R}.$$

Diese Gleichung ist nämlich gleichbedeutend mit $-\mathfrak{R}\mathfrak{a} = \mathfrak{a}\mathfrak{R}$ oder mit $-(\mathfrak{R}\times\mathfrak{a}) = (\mathfrak{a}\times\mathfrak{R})$. Daher nimmt (2) die Form an

$$\mathfrak{R}' = \left(\cos\frac{\alpha}{2} + \mathfrak{a}\sin\frac{\alpha}{2}\right)\left(\cos\frac{\alpha}{2} + \mathfrak{a}\sin\frac{\alpha}{2}\right)\mathfrak{R}.$$

Nun ist aber

$$\left(\cos\frac{\alpha}{2} + \mathfrak{a}\sin\frac{\alpha}{2}\right)\left(\cos\frac{\alpha}{2} + \mathfrak{a}\sin\frac{\alpha}{2}\right) = \cos^2\frac{\alpha}{2} - \sin^2\frac{\alpha}{2} + 2\mathfrak{a}\sin\frac{\alpha}{2}\cos\frac{\alpha}{2}$$
$$= \cos\alpha + \mathfrak{a}\sin\alpha,$$

so daß man auf Gleichung (1) kommt.

Im Anschluß an diese Gleichung lassen sich verschiedene Bemerkungen machen. Zunächst wollen wir ihren Inhalt dahin aussprechen, daß bei der Drehung α alle Ortsvektoren den vorderen Faktor $\cos\alpha + \mathfrak{a}\sin\alpha$ erhalten. Läßt man auf diese Drehung eine zweite mit dem Winkel β folgen, so tritt als neuer vorderer Faktor $\cos\beta + \mathfrak{a}\sin\beta$ hinzu. Daher erhält $\mathfrak{R}$ den Gesamtfaktor

$$(\cos\beta + \mathfrak{a}\sin\beta)(\cos\alpha + \mathfrak{a}\sin\alpha)$$

oder, da koaxiale Quaternionen kommutativ sind,

$$(\cos\alpha + \mathfrak{a}\sin\alpha)(\cos\beta + \mathfrak{a}\sin\beta).$$

Andererseits geben die beiden nacheinander ausgeführten Drehungen eine Gesamtdrehung mit dem Winkel $\alpha + \beta$, bei der sich $\mathfrak{R}$ mit

$$\cos(\alpha + \beta) + \mathfrak{a}\sin(\alpha + \beta)$$

multipliziert. Hieraus folgt

$$(3)\qquad (\cos\alpha + \mathfrak{a}\sin\alpha)(\cos\beta + \mathfrak{a}\sin\beta) = \cos(\alpha + \beta) + \mathfrak{a}\sin(\alpha + \beta),$$

die Moivresche Formel. Rechnet man die linke Seite aus unter Beachtung von $\mathfrak{a}\mathfrak{a} = -1$, so gelangt man zu den bekannten trigonometrischen Formeln

$$\cos(\alpha + \beta) = \cos\alpha\cos\beta - \sin\alpha\sin\beta,$$
$$\sin(\alpha + \beta) = \cos\alpha\sin\beta + \sin\alpha\cos\beta.$$

Die Eigenschaft (3) überträgt sich sofort auf mehr als zwei Faktoren und nimmt dann folgende Fassung an:

$$(\cos\alpha_1 + \mathfrak{a}\sin\alpha_1)(\cos\alpha_2 + \mathfrak{a}\sin\alpha_2)\cdots(\cos\alpha_n + \mathfrak{a}\sin\alpha_n)$$
$$= \cos(\alpha_1 + \alpha_2 + \cdots + \alpha_n) + \mathfrak{a}\sin(\alpha_1 + \alpha_2 + \cdots + \alpha_n).$$

Läßt man alle α zusammenfallen, so ergibt sich

$$(4)\qquad (\cos\alpha + \mathfrak{a}\sin\alpha)^n = \cos n\alpha + \mathfrak{a}\sin n\alpha,$$

die Moivresche Formel im engeren Sinne.

Fügt man in (1) beiderseits den vorderen Faktor $\cos\alpha - \mathfrak{a}\sin\alpha$ hinzu und bedenkt, daß

$$(\cos\alpha - \mathfrak{a}\sin\alpha)(\cos\alpha + \mathfrak{a}\sin\alpha) = 1$$

ist, so ergibt sich

$$(1')\qquad \mathfrak{R} = (\cos\alpha - \mathfrak{a}\sin\alpha)\,\mathfrak{R}'.$$

Daß diese Beziehung besteht, war vorauszusehen, weil die zur Drehung α inverse Drehung den Winkel $-\alpha$ hat.

Man kann von (1) aus leicht eine Formel gewinnen, die eine beliebige Bewegung in der betrachteten Ebene darstellt. Wenn man zu allen Ortsvektoren $\mathfrak{R}'$ einen konstanten Vektor $\mathfrak{C}$ hinzufügt, der in diese Ebene fällt, also auf $\mathfrak{a}$ senkrecht steht, so vollzieht sich offenbar eine Translation, deren Sinn eben darin liegt, daß alle Punkte der Ebene Strecken von gleicher Länge und Richtung durchlaufen. Die Aufeinanderfolge der Drehung (1) und der Translation

$$\mathfrak{R}^* = \mathfrak{R}' + \mathfrak{C} \tag{5}$$

ist soviel wie eine Bewegung der Ebene in sich. Man tut gut, sich die Ebene aus zwei übereinanderliegenden Blättern bestehend zu denken, von denen eins ruht, während das andere auf dem ruhenden Blatt verschoben wird, ohne sich von ihm zu trennen. Durch eine passende Drehung um O und eine darauffolgende Translation kann man jede beliebige Lageänderung des beweglichen Blattes herbeiführen. Aus (1) und (5) folgt nun

$$\mathfrak{R}^* = (\cos\alpha + \mathfrak{a}\sin\alpha)\,\mathfrak{R} + \mathfrak{C}. \tag{6}$$

Das ist der analytische Ausdruck einer beliebigen Bewegung in der Ebene. $\mathfrak{R}$, $\mathfrak{R}^*$ und $\mathfrak{C}$ sind dabei, wie schon gesagt, senkrecht zu $\mathfrak{a}$.

Wir wollen nun eine wichtige Vereinfachung an Formel (6) anbringen. Dazu benutzen wir die in O angebrachten cartesischen Grundvektoren $\mathfrak{i}, \mathfrak{j}, \mathfrak{k}$. Wir setzen $\mathfrak{a} = \mathfrak{k}$, so daß $\mathfrak{i}$ und $\mathfrak{j}$ in die betrachtete Ebene fallen. Da $\mathfrak{R}$, $\mathfrak{R}^*$ und $\mathfrak{C}$ in dieser Ebene enthalten sind, können wir setzen

$$\left\{\begin{aligned} \mathfrak{R} &= x\mathfrak{i} + y\mathfrak{j}, \quad \mathfrak{R}^* = x^*\mathfrak{i} + y^*\mathfrak{j}, \\ \mathfrak{C} &= A\mathfrak{i} + B\mathfrak{j}. \end{aligned}\right. \tag{7}$$

x, y sind übrigens nichts anderes als die cartesischen Koordinaten des Punktes P mit dem Ortsvektor $\mathfrak{R}$, ebenso x^*, y^* die des Punktes P^* mit dem Ortsvektor $\mathfrak{R}^*$. Bedenkt man nun, daß bei orthogonalen Vektoren das punkt- und kreuzlose Produkt oder, wie man kurz sagt, das Quaternionenprodukt mit dem äußeren Produkt zusammenfällt, so kann man die Gleichungen

$$\mathfrak{j}\mathfrak{k} = \mathfrak{j} \times \mathfrak{k} = \mathfrak{i}, \quad \mathfrak{k}\mathfrak{i} = \mathfrak{k} \times \mathfrak{i} = \mathfrak{j}, \quad \mathfrak{i}\mathfrak{j} = \mathfrak{i} \times \mathfrak{j} = \mathfrak{k}$$

sofort als richtig erkennen. Dann folgt aber aus (7), weil $\mathfrak{i}\mathfrak{i} = -1$ ist,

$$\begin{aligned} \mathfrak{R}\mathfrak{i} &= (x\mathfrak{i} + y\mathfrak{j})\,\mathfrak{i} = -x - \mathfrak{k}y, \\ \mathfrak{R}^*\mathfrak{i} &= (x^*\mathfrak{i} + y^*\mathfrak{j})\,\mathfrak{i} = -x^* - \mathfrak{k}y^*, \\ \mathfrak{C}\mathfrak{i} &= (A\mathfrak{i} + B\mathfrak{j})\,\mathfrak{i} = -A - \mathfrak{k}B. \end{aligned}$$

Multipliziert man jetzt beide Seiten von (6) mit dem hinteren Faktor $\mathfrak{i}$ und kehrt dann noch sämtliche Zeichen um, so ergibt sich

$$x^* + \mathfrak{k}y^* = (\cos\alpha + \mathfrak{k}\sin\alpha)\,(x + \mathfrak{k}y) + A + \mathfrak{k}B \tag{6'}$$

oder, wenn wir $\mathfrak{k}$ durch das in der Algebra übliche Symbol i ersetzen,

$$x^* + iy^* = (\cos\alpha + i\sin\alpha)\,(x + iy) + A + iB. \tag{6*}$$

Das ist die Bewegungsformel (6) in komplexen Zahlen geschrieben. Sie leistet genau dasselbe wie die Formel (6). Man kann nämlich von ihr zu (6) zurückkehren, indem man zunächst i durch $\mathfrak{k}$ ersetzt, wodurch (6′) entsteht, und dann beiderseits den hinteren Faktor $\mathfrak{i}$ anfügt.

Man nennt $x + iy$ die komplexe Koordinate des Punktes P, dessen rechtwinklige Koordinaten x, y lauten. Die komplexe Koordinate ist sozusagen die Erkennungsmarke dieses Punktes, durch die er vollkommen gekennzeichnet wird. Wenn man $x + iy = z, x^* + iy^* = z^*$ und außerdem $\cos\alpha + i\sin\alpha = \varkappa, A + iB = c$ setzt, so lautet die Bewegungsformel

$$(6^{**}) \qquad z^* = \varkappa z + c.$$

Alle hier auftretenden Buchstaben bedeuten komplexe Zahlen. Insbesondere ist $\varkappa = \cos\alpha + i\sin\alpha$ eine komplexe Zahl mit der Norm 1 oder, wie man auch sagt, mit dem absoluten Betrag 1. Die Norm einer komplexen Zahl $u + iv$ ist entsprechend dem Normbegriff bei Quaternionen die Quadratsumme $u^2 + v^2$, der absolute Betrag, nach Weierstraß mit $|u + iv|$ bezeichnet, die positive Quadratwurzel aus $u^2 + v^2$, also

$$(8) \qquad |u + iv| = \sqrt{u^2 + v^2}.$$

Auch bei Quaternionen bezeichnet man die positive Quadratwurzel der Norm als den absoluten Betrag und gebraucht dafür das im Druck etwas unschöne Weierstraßsche Symbol.

Wenn z die komplexe Koordinate des Punktes P ist, so pflegt man zu sagen, daß auch der Ortsvektor OP dieses Punktes, ebenso jeder ihm gleiche Vektor, die komplexe Koordinate z hat. Um die komplexe Koordinate eines Vektors P_1P_2 zu finden, wobei P_1 die komplexe Koordinate z_1 und P_2 die komplexe Koordinate z_2 hat, muß man P_1P_2 durch eine Translation in OP überführen. Die Koordinate z des Punktes P stellt dann die gesuchte Koordinate des Vektors P_1P_2 dar. Ist $z^* = z + c$ die Formel der Translation, die P_1P_2 in OP verwandelt, so hat man

$$0 = z_1 + c, \; z = z_2 + c,$$

woraus sich $z = z_2 - z_1$ ergibt. Die komplexe Koordinate des Vektors P_1P_2 ist also gleich der Koordinate des Endpunktes, vermindert um die Koordinate des Anfangspunktes.

Wenn man die Drehung α ausführt, so geht P_1P_2 in $P_1^*P_2^*$ über. Nach der Drehungsformel hat man

$$z_1^* = \varkappa z_1, \; z_2^* = \varkappa z_2,$$

wobei $\varkappa = \cos\alpha + i\sin\alpha$ ist. Es folgt also

$$z_2^* - z_1^* = \varkappa(z_2 - z_1),$$

d. h. die komplexe Koordinate eines Vektors multipliziert sich bei der Drehung α mit dem Faktor $\cos\alpha + i\sin\alpha$. Im Falle $\alpha = \frac{\pi}{2}$ wird dieser Faktor gleich i. Betrachten wir die beiden Einheitsvektoren $\mathfrak{i}$ und $\mathfrak{j}$, die den positiven Richtungen der x- und y-Achse folgen, so ist die Koordinate von $\mathfrak{i}$ gleich 1, die von $\mathfrak{j}$ gleich i. Die zweite Zahl unterscheidet sich von der ersten um den Faktor i. Tatsächlich geht auch $\mathfrak{j}$ aus $\mathfrak{i}$ durch eine Vierteldrehung nach links hervor. Links und rechts beziehen sich ursprünglich auf den Vektor $\mathfrak{k}$. Wir müssen uns also immer auf diejenige Seite der Ebene stellen, auf welcher $\mathfrak{k}$

liegt. Linksdrehungen werden positiv gerechnet. Daher hat jene Vierteldrehung das Maß $\frac{\pi}{2}$.

Wenn man weiß, wie sich die komplexe Koordinate eines Vektors bei Drehungen ändert und daß sie bei Translationen erhalten bleibt, so kann man schon mancherlei analytisch-geometrische Betrachtungen, die sonst sehr umständlich ausfallen würden, in erfreulicher Kürze erledigen. Wir wollen das an einem berühmten Beispiel zeigen.

Ein Kreis K soll auf einem ruhenden Kreise K_1 gleitungslos rollen. Man will die Bahn bestimmen, die dabei ein Punkt A des rollenden Kreises beschreibt. In jedem Augenblick haben beide Kreise einen Berührungspunkt P, der sich beim Ablauf der Rollbewegung auf dem ruhenden Kreise K_1 verschiebt. Indem wir eventuell den Kreis K rückwärts rollen lassen, können wir es so einrichten, daß P den Kreis K_1 nach links herum durchläuft.

Irgendeinmal wird auch der Punkt A des rollenden Kreises zum Berührungspunkt P_0 werden. Diesen Augenblick wollen wir als Anfang des Vorganges betrachten. In ihm beginnt die Rollbewegung, und zwar lassen wir sie, wie schon gesagt, derart ablaufen, daß der jeweilige Berührungspunkt P auf dem ruhenden Kreise K_1 nach links herum fortschreitet. Es ist zweckmäßig, sich vorzustellen, daß die abgerollten Bögen auf beiden Kreisen farbig, sagen wir rot, markiert sind. Das rote Bogenstück auf K_1 beginnt in P_0, es endigt in P und wächst nach links herum. Auf K reicht das rote Bogenstück von P bis zum Punkte A. Durchläuft man es von P nach A hin,

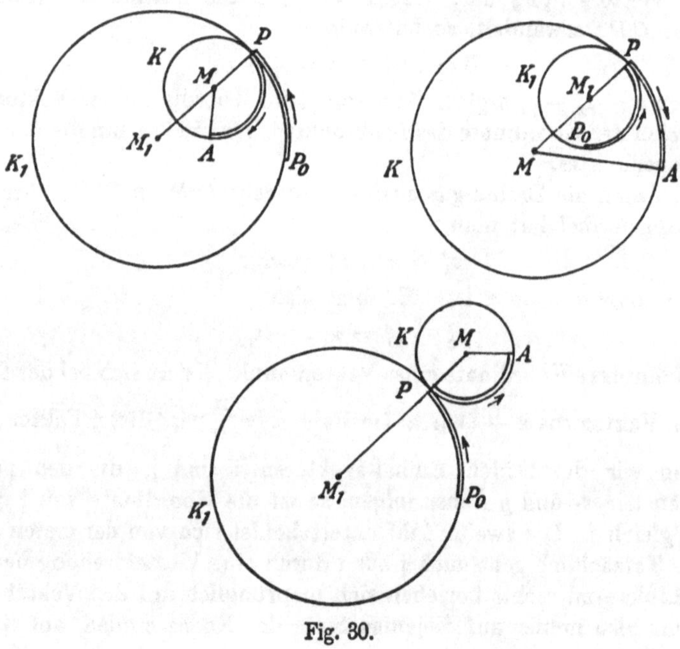

Fig. 30.

so bewegt man sich auf K links oder rechts herum, je nachdem die Kreise auf verschiedenen Seiten oder auf derselben Seite der gemeinsamen Tangente liegen. In Figur 30 sind diese verschiedenen Möglichkeiten zur Darstellung gebracht, die zweite sogar auf zweierlei Weise.

Die roten Bogenstücke erscheinen in Fig. 30 als Doppellinien. Ihnen entsprechen wegen der Ungleichheit der Kreisradien, die wir k und k_1 nennen wollen, verschiedene Zentriwinkel, die sich umgekehrt verhalten, wie k und k_1. Wenn wir mit β die Drehung bezeichnen, die $M_1 P_0$ in $M_1 P$, und mit α die Drehung, die MP in MA verwandelt, so wird (vgl. Fig. 30) $\beta = \frac{k}{k_1}\alpha$ oder $\beta = -\frac{k}{k_1}\alpha$ sein, je nachdem die Kreise auf entgegengesetzten Seiten der gemeinsamen Tangente liegen oder auf derselben Seite. Im ersten Falle ist $MP = -\frac{k}{k_1} M_1 P$, im zweiten $MP = \frac{k}{k_1} M_1 P$. Setzt man also $MP = -\varkappa M_1 P$, so weiß man, daß $\beta = \varkappa\alpha$ sein wird. MP und $M_1 P$ sind lineare Verbindungen der Grundvektoren $\mathfrak{i}$, $\mathfrak{j}$, also Ausdrücke von der Form $u\mathfrak{i} + v\mathfrak{j}$. Multipliziert man einen solchen Ausdruck mit dem hinteren Faktor $-\mathfrak{i}$, so ergibt sich $u + v\mathfrak{k}$. Das ist, wenn man noch $\mathfrak{k}$ in i verwandelt, die komplexe Koordinate des Vektors $u\mathfrak{i} + v\mathfrak{j}$. Bedenkt man dies, so läßt sich aus $MP = -\varkappa M_1 P$ sofort folgern

$$(9) \qquad p - m = -\varkappa p.$$

Dabei sind m und p die komplexen Koordinaten der Punkte M und P, während M_1 als Anfangspunkt mit der Koordinate Null betrachtet wird. Die komplexen Koordinaten der Punkte A und P_0 wollen wir z und p_0 nennen. Da $M_1 P_0$ durch die Drehung β in $M_1 P$ verwandelt wird und $\beta = \varkappa\alpha$ ist, gilt die Beziehung

$$(10) \qquad p = p_0(\cos\varkappa\alpha + i\sin\varkappa\alpha).$$

Ebenso besteht, weil die Drehung α von MP zu MA führt, die Gleichung

$$(11) \qquad z - m = (p - m)(\cos\alpha + i\sin\alpha).$$

Aus (9) und (10) entnimmt man

$$m = (1 + \varkappa)\, p = (1 + \varkappa)\, p_0(\cos\varkappa\alpha + i\sin\varkappa\alpha)$$

und

$$p - m = -\varkappa\, p_0(\cos\varkappa\alpha + i\sin\varkappa\alpha).$$

Setzt man diese Ausdrücke in (11) ein, so ergibt sich

$$(11^*) \qquad z = p_0(1+\varkappa)(\cos\varkappa\alpha + i\sin\varkappa a) - p_0\varkappa\{\cos(1+\varkappa)\alpha + i\sin(1+\varkappa)\alpha\}.$$

Nichts hindert uns, die positive x-Achse durch P_0 hindurchzulegen. Dann ist p_0 der Radius des ruhenden Kreises, also $p_0 = k_1$.

In (11*) sieht man die analytische Darstellung einer Epizykloide. So nennen wir allgemein die Kurve, welche bei gleitungslosem Rollen eines Kreises K auf einem ruhenden Kreise K_1 durch einen Punkt von K beschrieben wird. Wenn man den Radius von K_1 als Längeneinheit benutzt, wird $\varkappa$ die

Maßzahl von PM sein und $1+\varkappa$ die Maßzahl von M_1P+PM, d. h. von M_1M. Diese Maßzahlen sind positive oder negative Längen, je nachdem die betreffende Strecke mit M_1P gleich oder entgegengesetzt gerichtet ist. In der unteren Figur 30 sind PM und M_1M mit M_1P gleichgerichtet, also $\varkappa$ und $1+\varkappa$ beide positiv. In der linken oberen Figur ist $\varkappa$ negativ, $1+\varkappa$ positiv. In der rechten oberen Figur sind $\varkappa$ und $1+\varkappa$ beide negativ.

$$(11_*)\qquad z=(1+\varkappa)(\cos\varkappa\alpha+i\sin\varkappa\alpha)-\varkappa\{\cos(1+\varkappa)\alpha+i\sin(1+\varkappa)\alpha\}$$

ist also die analytische Darstellung einer Epizykloide, bei welcher der ruhende Kreis den Radius 1 hat. $\varkappa$ stellt das negative Verhältnis der Strecken MP und M_1P dar, $MP=-\varkappa M_1P$.

Wenn z. B. ein Kreis vom Radius $\frac{1}{2}$ innerlich auf einem Kreise vom Radius 1 rollt, ohne zu gleiten, so wird $\varkappa=-\frac{1}{2}$, und man erhält aus (11_*)

$$z=\frac{1}{2}\left(\cos\frac{\alpha}{2}-i\sin\frac{\alpha}{2}\right)+\frac{1}{2}\left(\cos\frac{\alpha}{2}+i\sin\frac{\alpha}{2}\right)=\cos\frac{\alpha}{2}.$$

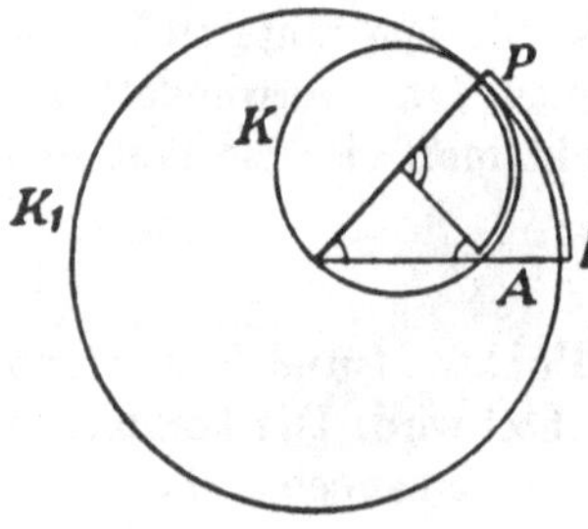

Fig. 31.

Bedenkt man, daß $z=x+iy$ ist, so sieht man, daß $y=0$ ist und x bei variierendem α zwischen -1 und 1 hin und her pendelt. Dies bedeutet, daß bei der betrachteten Rollbewegung jeder Peripheriepunkt des rollenden Kreises auf einem Durchmesser des ruhenden Kreises hin und her geht. Man kann die gefundene Eigenschaft auch rein geometrisch an der Figur bestätigen (vgl. Fig. 31). Der doppelt angestrichene Winkel ist zweimal so groß wie die einfach angestrichenen. Daraus folgt die Gleichheit der Bögen P_0P und AP.

Läßt man einen Kreis vom Radius $\frac{1}{4}$ auf einem Kreise vom Radius 1 innerlich rollen, so wird $\varkappa=-\frac{1}{4}$ zu setzen sein. Dann verwandelt sich Formel (11_*) in

$$z=\frac{3}{4}\left(\cos\frac{\alpha}{4}-i\sin\frac{\alpha}{4}\right)+\frac{1}{4}\left(\cos\frac{3\alpha}{4}+i\sin\frac{3\alpha}{4}\right)$$

oder, wenn man $\frac{\alpha}{4}$ durch ϑ ersetzt, was eine belanglose Änderung ist, in

$$(12)\qquad z=\frac{3}{4}(\cos\vartheta-i\sin\vartheta)+\frac{1}{4}(\cos 3\vartheta+i\sin 3\vartheta).$$

Nun ist nach der Moivreschen Formel

$$\begin{aligned}\cos 3\vartheta+i\sin 3\vartheta&=(\cos\vartheta+i\sin\vartheta)^3\\&=\cos^3\vartheta-3\cos\vartheta\sin^2\vartheta+i(3\cos^2\vartheta\sin\vartheta-\sin^3\vartheta)\\&=4\cos^3\vartheta-3\cos\vartheta+i(3\sin\vartheta-4\sin^3\vartheta).\end{aligned}$$

Setzt man diesen Ausdruck in (12) ein, so ergibt sich

$$z = \cos^3\vartheta - i\sin^3\vartheta.$$

Es ist also

$$x = \cos^3\vartheta, \quad y = -\sin^3\vartheta,$$

mithin

$$x^{\frac{1}{3}} = \cos\vartheta, \quad y^{\frac{1}{3}} = -\sin\vartheta,$$

und daher

$$x^{\frac{2}{3}} + y^{\frac{2}{3}} = 1. \tag{13}$$

Dies ist die cartesische Gleichung der durch (12) dargestellten Rollkurve, die wegen ihrer sternförmigen Gestalt den Namen **Astroide** führt. Wenn man den Einheitskreis um den Mittelpunkt O betrachtet und mit ξ, η die cartesischen Koordinaten eines auf ihm laufenden Punktes bezeichnet, so wird sich der Punkt mit den Koordinaten $x = \xi^3, y = \eta^3$ auf der Astroide (13) bewegen. Aus $\xi^2 + \eta^2 = 1$ folgt nämlich die Gleichung (13). Man kann hieraus eine einfache Konstruktion der Astroide herleiten, die wir an Figur 32 erklären wollen. OPQ ist das rechtwinklige Dreieck mit den Katheten ξ, η und der Hypotenuse 1. Wir fällen von Q das Lot QR auf die Hypotenuse und von R die Lote RS und RT auf die Katheten. Dann ist nach dem Kathetensatz $|OR| = \xi^2, |PR| = \eta^2$, ferner nach demselben Satz $\xi^4 = |OS|\,\xi$, $\eta^4 = |PT|\,\eta$, d. h.

$$|OS| = \xi^3, \quad |PT| = \eta^3.$$

Wenn man also $SU = TP$ macht, wird U ein Astroidenpunkt sein. Man wird den Punkt U am einfachsten erhalten, wenn man noch ein zweites Dreieck mit den Katheten ξ, η benutzt und für dieses Dreieck dieselbe Konstruktion durchführt. Es genügt, die Lote $QR, Q'R'$ und $RS, R'T'$ zu fällen, um

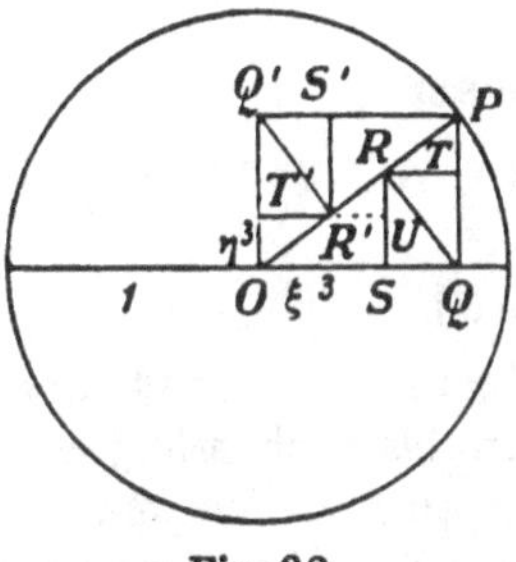

Fig. 32.

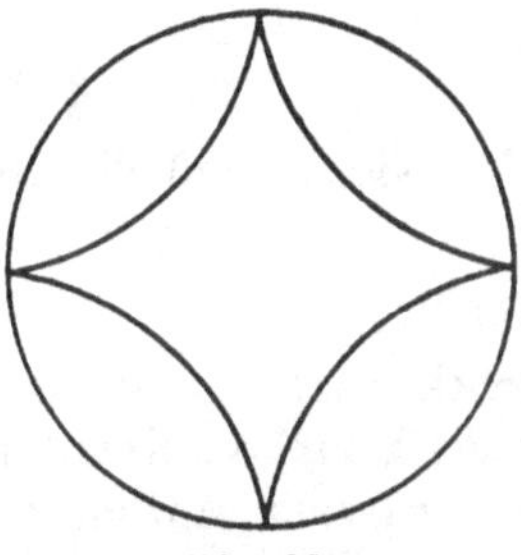

Fig. 33.

$|OS| = \xi^3, |OT'| = \eta^3$ zu erhalten. U ist, so kann man kurz sagen, der Schnitt der Geraden RS und $R'T'$. In Fig. 33 sieht man die fertige Astroide. Aus ihrer Erzeugung als Rollkurve geht hervor, daß sie dem Mittelpunkt des durch die Sternspitzen hindurchlaufenden Kreises, der den Radius 1 hat, bis auf $\frac{1}{2}$ nahekommt.

Wenn man einen Kreis vom Radius $\frac{3}{4}$ auf einem Kreise vom Radius 1 innerlich rollen läßt, so hat man $MP = \frac{3}{4} M_1P$, also $\varkappa = -\frac{3}{4}$. Setzt man diesen Wert in die Epizykloidenformel (11_*) ein, so ergibt sich

$$z = \frac{1}{4}\left(\cos\frac{3\alpha}{4} - i\sin\frac{3\alpha}{4}\right) + \frac{3}{4}\left(\cos\frac{\alpha}{4} + i\sin\frac{\alpha}{4}\right)$$

oder, wenn man $\frac{\alpha}{4}$ durch $-\vartheta$ ersetzt,

$$(12') \qquad z = \frac{1}{4}(\cos 3\vartheta + i\sin 3\vartheta) + \frac{3}{4}(\cos\vartheta - i\sin\vartheta).$$

Das ist genau dieselbe Gleichung wie (12). Man sieht also, daß die Astroide auf zwei Weisen epizykloidisch erzeugt werden kann.

Diese doppelte Erzeugbarkeit ist eine allgemeine Eigenschaft der Epizykloiden. Betrachtet man die beiden Epizykloiden

$$z_1 = (1+\varkappa_1)(\cos\varkappa_1\alpha_1 + i\sin\varkappa_1\alpha_1) - \varkappa_1\{\cos(1+\varkappa_1)\alpha_1 + i\sin(1+\varkappa_1)\alpha_1\},$$
$$z_2 = -\varkappa_2\{\cos(1+\varkappa_2)\alpha_2 + i\sin(1+\varkappa_2)\alpha_2)\} + (1+\varkappa_2)(\cos\varkappa_2\alpha_2 + i\sin\varkappa_2\alpha_2),$$

so fallen sie zusammen, wenn $1 + \varkappa_1 + \varkappa_2 = 0$ und $\alpha_1 + \alpha_2 = 0$ ist. Setzt man nämlich in der zweiten Gleichung $\varkappa_2 = -(1+\varkappa_1)$, $\alpha_2 = -\alpha_1$, so geht ihre rechte Seite in die der ersten über, es wird also $z_2 = z_1$. Beide Erzeugungen einer Epizykloide werden miteinander identisch im Falle $\varkappa_1 = \varkappa_2 = \varkappa$ und $2\varkappa + 1 = 0$, d. h. $\varkappa = -\frac{1}{2}$. Das ist der zuerst betrachtete Spezialfall, wobei die Epizykloide sich auf eine hin und her durchlaufene Strecke reduzierte. In jedem andern Falle gibt es zwei wirklich verschiedene epizykloidische Erzeugungen.

§ 22. Drehstreckungen.

Wir wissen, daß die Drehung α um den Anfangspunkt O durch die Formel

$$(1) \qquad z^* = z(\cos\alpha + i\sin\alpha)$$

ausgedrückt wird. Dabei ist z die komplexe Koordinate irgendeines Punktes und z^* die komplexe Koordinate desselben Punktes nach erfolgter Drehung. Das Achsensystem, auf das sich diese Koordinaten beziehen, macht die Drehung nicht mit. Von der Richtigkeit der Formel (1) kann man sich leicht direkt überzeugen, wenn man mit Polarkoordinaten arbeitet. Ist $z = x + iy$, so sind x, y die rechtwinkligen cartesischen Koordinaten des betrachteten Punktes. Seine Polarkoordinaten r, ϑ hängen mit ihnen durch die Gleichungen

$$x = r\cos\vartheta, \quad y = r\sin\vartheta$$

zusammen (vgl. Fig. 15 in § 16). Hiernach wird

$$(2) \qquad z = r(\cos\vartheta + i\sin\vartheta).$$

Man nennt das vielfach die **trigonometrische Darstellung** der komplexen Zahl z. Entsprechend ist

$$z^* = r^*(\cos\vartheta^* + i\sin\vartheta^*).$$

Da man von z zu z^* durch die Drehung α gelangt, ist offenbar

$$r^* = r, \quad \vartheta^* = \vartheta + \alpha,$$

also

$$z^* = r\{\cos(\vartheta + \alpha) + i\sin(\vartheta + \alpha)\} = r(\cos\vartheta + i\sin\vartheta)(\cos\alpha + i\sin\alpha),$$

d. h. es gilt die Gleichung (1).

Wenn man die Amplitude ϑ ungeändert läßt und r mit einem positiven Faktor k versieht, so multipliziert sich, wie man aus (2) ersieht, z mit k. An die Stelle von z tritt

(3) $$z' = kz.$$

Man nennt diese Operation eine Streckung. Jeder Punkt P rückt dabei in der Richtung nach O hin oder von O fort, bis seine Entfernung von O den k-fachen Betrag erreicht hat. Im Falle $k < 1$ paßt eigentlich das Wort Streckung nicht recht, vielmehr handelt es sich da um eine Zusammenziehung oder Schrumpfung. Man wendet aber lieber in beiden Fällen, $k > 1$ und $k < 1$, dieselbe Bezeichnung an. k nennt man den **Streckungsfaktor** und spricht kurz von der Streckung k. Führt man zuerst eine Drehung α und dann eine Streckung k aus oder auch umgekehrt, so multiplizieren sich alle z mit dem Faktor $k(\cos\alpha + i\sin\alpha) = c$. Durch

(4) $$z' = cz$$

wird also das Nacheinander einer Drehung und einer Streckung oder, wie man auch sagt, eine **Drehstreckung** dargestellt. Um zu sehen, um welche Drehung und welche Streckung es sich dabei handelt, muß man c in trigonometrischer Darstellung schreiben, also in der Form $k(\cos\alpha + i\sin\alpha)$. Dann ist $k = |c|$ der Streckungsfaktor und α, die Amplitude der komplexen Zahl c, der Drehungswinkel.

Wenn von einer Drehung die Rede ist, stellt man sich diese als das Ergebnis einer Bewegung vor, die ein Zeitintervall ausfüllt. Gibt es, so kann man fragen, einen zeiterfüllenden Vorgang, dessen Endergebnis die Streckung (4) ist? Die Frage ist in dieser Form nicht ganz bestimmt. Man muß, um die volle Analogie zur Drehbewegung herzustellen, noch fordern, daß bei jenem Vorgang während jedes Augenblicks dasselbe geschieht. Dies ist nämlich bei einer mit konstanter Geschwindigkeit ablaufenden Drehung tatsächlich der Fall.

Setzt man, unter t die Zeit verstehend,

(5) $$z' = k^t(\cos\alpha t + i\sin\alpha t)\,z,$$

so liefert diese Gleichung bei gegebenem z für jeden Wert von t ein bestimmtes z'. Zu jeder Zeit hat also der Punkt z' eine bestimmte Lage. Im Augenblick $t = 0$ fällt er mit z zusammen, im Augenblick $t = 1$ mit $k(\cos\alpha + i\sin\alpha)\,z$. Durch die Gleichung (5) wird also ein zeiterfüllender Vorgang definiert, der nach Ablauf des Zeitintervalles 1 die Drehstreckung (4) hervorbringt. Man kann diesen Vorgang als eine Strömung in der z-Ebene betrachten. Die Punkte der Ebene muß man sich als Teilchen einer Flüssigkeit vorstellen, die über die Ebene ausgebreitet ist. Jedes Teilchen verschiebt sich unter dem Einfluß der Strömung nach einem bestimmten Gesetz. Dieses Gesetz wird durch die Gleichung (5) ausgesprochen. Sie sagt uns, daß das Teilchen, welches zur Zeit $t = 0$ die komplexe Koordinate z hatte, zur Zeit t die Koordinate $k^t(\cos \alpha t + i \sin \alpha t)$ besitzt. In dieser Formel liegt sozusagen das Schicksal jenes Flüssigkeitsteilchens. Sie enthält sogar eine zusammenfassende Festlegung des Schicksals aller einzelnen Teilchen, weil wir z beliebig wählen können. Durch einen einzigen kurzen Formelspruch läßt sich eine so weitgehende Bestimmung treffen.

Nun wollen wir noch zusehen, ob dem Vorgang (5) jene Eigenschaft der Drehbewegung zukommt, daß sozusagen in jedem Augenblick dasselbe geschieht. Was ereignet sich während des Zeitraums t bis $t + \varepsilon$? Zur Zeit t hat das Teilchen z, d. h. das Teilchen mit der Anfangskoordinate z, die komplexe Koordinate z', zur Zeit $t + \varepsilon$ die Koordinate

$$\begin{aligned} z^* &= k^{t+\varepsilon}\{\cos \alpha (t + \varepsilon) + i \sin \alpha (t + \varepsilon)\} \\ &= k^\varepsilon(\cos \alpha\varepsilon + i \sin \alpha\varepsilon)\, k^t\, (\cos \alpha t + i \sin \alpha t). \end{aligned}$$

Es ist also

$$z^* = k^\varepsilon(\cos \alpha\varepsilon + i \sin \alpha\varepsilon)\, z'.$$

In jedem Zeitintervall $t \ldots t + \varepsilon$ vollzieht sich also wirklich dasselbe; denn der Faktor, der nach Ablauf dieses Intervalls neu hinzutritt, ist, wie man sieht, ganz unabhängig von t. Denkt man sich ε sehr klein, so wird aus dem Zeitintervall sozusagen ein Augenblick, und man versteht jetzt den Sinn unserer Aussage, daß bei dem Vorgang (5) in jedem Augenblick dasselbe geschieht.

Die Bahn, welche ein Punkt z unter dem Einfluß der durch Formel (5) definierten Strömung beschreibt, wird als logarithmische Spirale bezeichnet. Lassen wir z mit dem Punkt 1 zusammenfallen, so nimmt die Gleichung (5) folgende Form an:

$$(5') \qquad z = k^t\,(\cos \alpha t + i \sin \alpha t).$$

Dabei haben wir z' ohne den Strich geschrieben. z ist jetzt also ein auf der logarithmischen Spirale laufender Punkt. Nach (5') gelten für die Polarkoordinaten r, ϑ dieses Punktes die Gleichungen

$$r = k^t, \quad \vartheta = \alpha t.$$

Es ist also

$$r = k^{\alpha^{-1}\vartheta}$$

oder

$$(6) \qquad \vartheta = \log r,$$

wobei sich der Logarithmus auf die Basis $k^{\frac{1}{\alpha}}$ bezieht. (6) ist die Polargleichung der logarithmischen Spirale. Eine solche Kurve läßt sich als eine

geometrische Logarithmentafel ansehen. Durch passende Wahl von α kann man die Basis dieser Logarithmen beliebig abändern. Wir kommen auf diese Beziehung der Drehstreckungen zu den Logarithmen noch zurück. Es handelt sich hier um eine Eigenschaft der logarithmischen Spirale, die man folgendermaßen aussprechen kann: Einer arithmetischen Reihe von Amplituden entspricht stets eine geometrische Reihe von Radienvektoren.

Wenn man alles auf Kurven in (x, y)-Darstellung überträgt, wenn man also kurz gesagt ϑ als Abszisse und r als Ordinate in einem rechtwinkligen Achsensystem ansieht, so wird aus der logarithmischen Spirale die zuerst von **Leibniz** konstruierte **Exponentialkurve**, die er auch als logarithmische Kurve bezeichnete. Diese wichtige Kurve ist dadurch gekennzeichnet, daß sie einer arithmischen Reihe von Abszissen eine geometrische Reihe von Ordinaten zuordnet. Aus zwei bekannten Punkten läßt sich eine beliebig dichte Reihe von Punkten der Exponentialkurve gewinnen. Entspricht z. B. der Abszisse x_0 die Ordinate y_0, der Abszisse x_1 die Ordinate $y_1 = qy_0$ und setzt man $x_1 = x_0 + h$, so wird der Abszisse $x_n = x_0 + nh$ die Ordinate $y_n = q^n y_0$ zuzuweisen sein. Dabei hat man sich unter n eine positive oder negative ganze Zahl zu denken. Wenn man mit $x_{n+\frac{1}{2}}$ das arithmetische Mittel aus x_n und x_{n+1} bezeichnet, also

$$x_{n+\frac{1}{2}} = \frac{1}{2}(x_n + x_{n+1})$$

setzt, so wird als Ordinate $y_{n+\frac{1}{2}}$ das geometrische Mittel aus y_n und y_{n+1} zu betrachten sein. Man wird also $y_{n+\frac{1}{2}} = \sqrt{y_n y_{n+1}}$ wählen müssen, d. h.

$$y_{n+\frac{1}{2}} = q^{n+\frac{1}{2}} y_0.$$

Nun werden wieder die arithmetischen Mittel aus zwei aufeinanderfolgenden Abszissen betrachtet und als Ordinaten die geometrischen Mittel der entsprechenden y-Werte aufgetragen usf. Es ist klar, daß man bei Fortsetzung dieses Verfahrens beliebig dichtliegende Punkte der Exponentialkurve finden kann. Das ist die Leibnizsche Konstruktion.

Wir wollen noch bemerken, daß auch in dem berühmten Fechnerschen Gesetz der experimentellen Psychologie diese Verknüpfung einer geometrischen mit einer arithmetischen Reihe vorliegt. Wächst die Reizstärke in geometrischer Reihe, so nimmt die Empfindungsstärke in arithmetischer Reihe zu. So spielt die Exponentialkurve, die in vielen physikalischen Gesetzen auftritt, auch in der Psychologie eine grundlegende Rolle.

Wir kehren nochmals zum Ausgangspunkt unserer Betrachtungen zurück, um zu zeigen, daß auch die allgemeinere Gleichung

$$z' = az + b, \tag{7}$$

in der a und b feste komplexe Zahlen bedeuten, eine Drehstreckung darstellt, sobald a von 1 verschieden ist. Um das zu erkennen, wollen wir zunächst fragen, ob es einen Punkt z_0 gibt, der auf Grund der Beziehung (7) sich selbst entspricht. Dieser Punkt muß die Gleichung

(8) $$z_0 = az_0 + b$$

erfüllen, aus der sich im Falle $a \neq 1$ ergibt

$$z_0 = \frac{b}{1-a}.$$

Subtrahiert man (7) und (8), so fällt b heraus, und man erhält

$$z' - z_0 = a(z - z_0).$$

$z - z_0$ ist die komplexe Koordinate des von z_0 nach z laufenden Vektors, also des Ortsvektors des Punktes z in bezug auf den Anfangspunkt z_0. Ebenso stellt $z' - z_0$ die komplexe Koordinate des von z_0 nach z' laufenden Vektors dar, also des Ortsvektors von z' in bezug auf z_0. Benennt man diese beiden Differenzen, die zugleich die komplexen Koordinaten der Punkte z und z' in bezug auf den Anfangspunkt z_0 sind, mit Z, Z', so hat man statt (7) die Relation

(7') $$Z' = aZ.$$

Das ist aber, wie wir wissen, eine Drehstreckung. So bedeutet also auch die allgemeinere Gleichung (7), ebenso wie Gleichung (4), eine Drehstreckung. Das Streckungszentrum, das als ruhender Punkt oder Fixpunkt gekennzeichnet ist, wird aus (8) gewonnen. Notwendige Voraussetzung ist $a \neq 1$. Im Falle $a = 1$ stellt (7) eine Translation dar. Es wird nämlich in diesem Falle an alle Ortsvektoren derselbe Vektor b additiv angesetzt.

§ 23. Linear gebrochene Transformationen.

Wenn man die Punkte der Ebene durch komplexe Koordinaten kennzeichnet, also die reellen rechtwinkligen Koordinaten x, y eines solchen Punktes zu der komplexen Zahl $x + iy = z$ verbindet, so wird, wie wir gesehen haben, durch $z' = z + b$ eine Translation, durch $z' = az + b$, falls $a \neq 1$ ist, eine Drehstreckung dargestellt. Ist a eine positive reelle Zahl, so handelt es sich um eine reine Streckung. Hat a den absoluten Betrag 1, so liegt eine reine Drehung vor. Das geht aus den Betrachtungen des § 22 hervor.

Wird jedem Punkt z ein anderer Punkt z' nach dem Gesetz

(1) $$z' = \frac{az + b}{cz + d}$$

zugeordnet, wobei a, b, c, d feste komplexe Zahlen sind, so spricht man von einer linear gebrochenen Transformation. Translationen und Drehstreckungen sind Spezialfälle dieser allgemeineren Transformationen, mit denen wir uns jetzt näher beschäftigen wollen.

Wenn man die Transformation (1) auf zwei Punkte z_1, z_2 anwendet, so ergeben sich als zugeordnete Punkte z_1', z_2', und man hat

$$z_1' = \frac{az_1 + b}{cz_1 + d}, \quad z_2' = \frac{az_2 + b}{cz_2 + d}.$$

Hieraus folgt, wenn man beide Brüche auf denselben Nenner bringt,

$$(2) \qquad z_2' - z_1' = \frac{(ad - bc)(z_2 - z_1)}{(cz_1 + d)(cz_2 + d)}.$$

Man sieht, daß im Falle $ad - bc = 0$ stets $z_1' - z_2' = 0$ ist, daß also die Transformation allen Punkten z denselben Punkt z' zuordnet. Diese Ausartung wollen wir ausschließen und grundsätzlich $ad - bc \neq 0$ annehmen. Man nennt $ad - bc$ die Determinante der Transformation (1). Wir betrachten also nur Transformationen mit nichtverschwindender Determinante.

Nehmen wir einen dritten Punkt z_3 hinzu, so können wir der Gleichung (2) die Gleichung

$$(2') \qquad z_3' - z_1' = \frac{(ad - bc)(z_3 - z_1)}{(cz_1 + d)(cz_3 + d)}$$

an die Seite stellen und aus beiden Gleichungen folgern

$$(3) \qquad \frac{z_3' - z_1'}{z_2' - z_1'} = \frac{z_3 - z_1}{z_2 - z_1} \frac{cz_2 + d}{cz_3 + d}.$$

Der Ausdruck

$$\frac{z_3 - z_1}{z_2 - z_1}$$

zeigt hiernach bei der Transformation (1) ein bemerkenswertes Verhalten. Er multipliziert sich mit einem Faktor, der nur von z_2 und z_3, nicht aber von z_1 abhängt. Ersetzt man also z_1 durch einen andern Punkt, etwa durch z_0, so wird neben (3) die Gleichung

$$(3') \qquad \frac{z_3' - z_0'}{z_2' - z_0'} = \frac{z_3 - z_0}{z_2 - z_0} \frac{cz_2 + d}{cz_3 + d}$$

treten. Aus (3) und (3') folgt dann

$$(4) \qquad \frac{z_3' - z_1'}{z_2' - z_1'} : \frac{z_3' - z_0'}{z_2' - z_0'} = \frac{z_3 - z_1}{z_2 - z_1} : \frac{z_3 - z_0}{z_2 - z_0}.$$

Diese Gleichung besagt, daß der Ausdruck

$$(5) \qquad \frac{z_3 - z_1}{z_2 - z_1} : \frac{z_3 - z_0}{z_2 - z_0},$$

den man das Doppelverhältnis der vier Punkte z_0, z_1, z_2, z_3 nennt, bei der Transformation (1) ungeändert bleibt. Dabei können die festen komplexen Zahlen a, b, c, d alle Werte annehmen, bis auf die Bedingung $ad - bc \neq 0$. Das Doppelverhältnis ist, wie man sich auszudrücken pflegt, eine Invariante gegenüber allen linear gebrochenen Transformationen. Der Name Doppelverhältnis, der die Struktur des Ausdrucks (5) nur sehr oberflächlich beschreibt, kommt daher, daß es sich hier um ein Verhältnis zweier Verhältnisse, d. h. um einen Quotienten zweier Quotienten handelt.

Um besser zu verstehen, wie das Doppelverhältnis (5), das man auch mit $(z_0 z_1 z_2 z_3)$ bezeichnet, von den vier Punkten z_0, z_1, z_2, z_3 abhängt, empfiehlt es sich, folgende Betrachtung vorauszuschicken: Der Punkt z bestimmt mit den beiden Grundpunkten z_0, z_1 die Vektoren $z_0 z$ und $z_1 z$. Ihre Längen mögen r und R heißen. Ferner sei ϑ der Winkel, um den der zweite Vektor gegen den ersten gedreht erscheint. Wenn man den Vektor $z_0 z$ zuerst im Verhältnis $r : R$ streckt und dann noch um ϑ dreht, wird er dem Vektor $z_1 z$ gleich sein. Die komplexe Zahl $\frac{R}{r}(\cos\vartheta + i\sin\vartheta)$ kennzeichnet also die Drehstreckung, die den Vektor $z_0 z$ in $z_1 z$ verwandelt. Sie ist nichts anderes als der Quotient aus den komplexen Koordinaten dieser Vektoren, also der Quotient $(z - z_1) : (z - z_0)$, und kann genau so wie z selbst als Erkennungsmarke oder Koordinate dieses Punktes benutzt werden. Nennt man sie Z, so folgt aus

$$\frac{z - z_1}{z - z_0} = Z$$

sofort

$$z = \frac{z_1 - Z z_0}{1 - Z}.$$

Man kann also jede der beiden Größen z, Z berechnen, sobald die andere gegeben ist. Wir wollen Z die Koordinate des Punktes z in bezug auf die Grundpunkte oder Pole z_0, z_1 nennen. Ihre geometrische Bedeutung läßt sich an der Gleichung

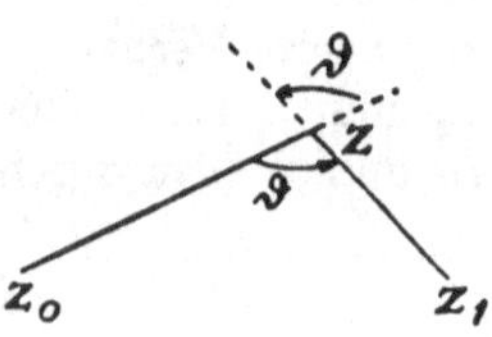

Fig. 34.

$$Z = \frac{R}{r}(\cos\vartheta + i\sin\vartheta) \tag{6}$$

ablesen. Man sieht, daß der absolute Betrag von Z gleich ist dem Entfernungsverhältnis $R : r$ der beiden Pole vom Punkte z, die Amplitude aber (vgl. Fig. 34) gleich dem Winkel, um den die Richtung von z nach z_1 gegen die Richtung nach z_0 gedreht erscheint, also gleich dem Richtungsunterschied der beiden Pole in bezug auf z.

Wenn man diese Doppelpolkoordinaten Z verwendet, so läßt sich das Doppelverhältnis $(z_0 z_1 z_2 z_3)$ sehr einfach erklären. Es kann nach (5) auch in der Form

$$\frac{z_3 - z_1}{z_3 - z_0} : \frac{z_2 - z_1}{z_2 - z_0}$$

geschrieben werden. Der erste Bruch ist die Koordinate Z_3 von z_3 in bezug auf die Pole z_0, z_1 der zweite die Koordinate Z_2 von z_2 in bezug auf dieselben Pole. Setzt man

$$Z_2 = \frac{z_2 - z_1}{z_2 - z_0} = \frac{R_2}{r_2}(\cos\vartheta_2 + i\sin\vartheta_2),$$

$$Z_3 = \frac{z_3 - z_1}{z_3 - z_0} = \frac{R_3}{r_3}(\cos\vartheta_3 + i\sin\vartheta_3),$$

so wird

$$\frac{Z_3}{Z_2} = (z_0 z_1 z_2 z_3) = \left(\frac{R_3}{r_3} : \frac{R_2}{r_2}\right)\{\cos(\vartheta_3 - \vartheta_2) + i\sin(\vartheta_3 - \vartheta_2)\}.$$

Der absolute Betrag von $(z_0 z_1 z_2 z_3)$ ist also der Quotient der Entfernungsverhältnisse, die Amplitude aber die Differenz der Richtungsunterschiede.

Hieraus läßt sich eine wichtige Folgerung ziehen. Wenn es (vgl. Fig. 35) einen Kreisbogen gibt, der von z_0 über z_2 und z_3 oder z_3 und z_2 nach z_1 führt, so ist nach einem bekannten Satze $\vartheta_2 = \vartheta_3$. In diesem Falle wird also

$$(7)\qquad (z_0 z_1 z_2 z_3) = \frac{R_3}{r_3} : \frac{R_2}{r_2},$$

d. h. das Doppelverhältnis ist eine positive reelle Zahl.

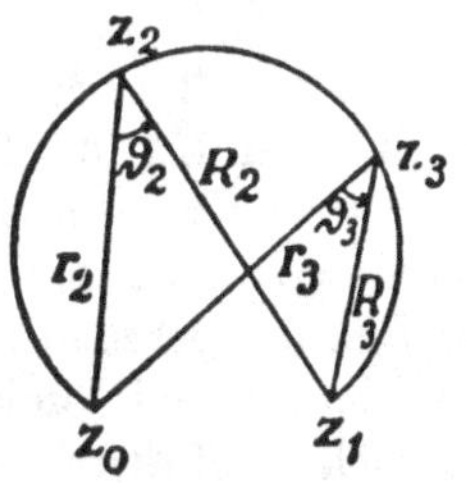

Fig. 35.

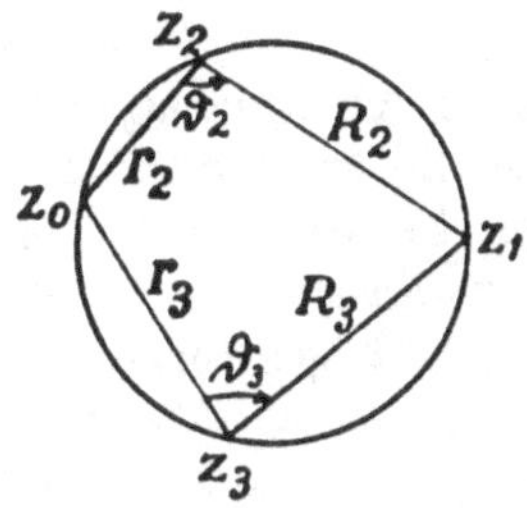

Fig. 36.

Wenn der Kreisbogen, der von z_0 über z_2 nach z_1 führt, den Punkt z_3 nicht selbst enthält, aber bei weiterer Fortsetzung diesen Punkt trifft, so hat man (vgl. Fig. 36), da ϑ_2 und ϑ_3 verschieden gerichtet sind, $\vartheta_3 - \vartheta_2 = \pi$ oder $\vartheta_3 - \vartheta_2 = -\pi$, weil die Absolutwerte der Winkel sich zu zwei Rechten oder π ergänzen. Jedenfalls wird $\sin(\vartheta_3 - \vartheta_2) = 0$, $\cos(\vartheta_3 - \vartheta_2) = -1$, also

$$(7')\qquad (z_0 z_1 z_2 z_3) = -\frac{R_3}{r_3} : \frac{R_2}{r_2}.$$

Aus beiden Ergebnissen geht hervor, daß das Doppelverhältnis $(z_0 z_1 z_2 z_3)$ reell ist, wenn die vier Punkte z_0, z_1, z_2, z_3 auf einem Kreise liegen. Das Umgekehrte gilt ebenfalls. Wenn das Doppelverhältnis reell ist, so liegen die vier Punkte auf einem Kreise. Hat das Doppelverhältnis einen positiven Wert, so gibt es auf dem Kreisbogen, der von z_0 über z_2 nach z_1 führt, einen Punkt z_3, der zusammen mit z_0, z_1, z_2 gerade den gegebenen Doppelverhältniswert liefert. Wenn nämlich z_3 von z_1 ausgehend den genannten Kreisbogen beschreibt, so wächst, wie man leicht erkennt, das Doppelverhältnis $(z_0 z_1 z_2 z_3)$ von Null bis Unendlich und nimmt unterwegs jeden gegebenen positiven Wert irgend einmal an. Hat das Doppelverhältnis einen negativen Wert, so muß man den Punkt z_3 auf der Ergänzung des Kreisbogens $z_0 z_2 z_1$ suchen.

Versteht man unter u eine Größe, die alle möglichen positiven Werte annehmen kann und setzt man

$$(8)\qquad (z_0 z_1 z_2 z) = u,$$

so beschreibt der Punkt z den Kreisbogen $z_1 z_2 z_0$, wenn u von Null bis Unendlich zunimmt. Hiermit ist eine bequeme analytische Darstellung eines

Kreisbogens gewonnen, der zwei gegebene Punkte verbindet und einen gegebenen dritten Punkt enthält. Durch

$$(8') \qquad (z_0 z_1 z_2 z^*) = -u$$

wird der komplementäre Kreisbogen bestimmt. z^* beschreibt ihn von z_1 ausgehend, wenn u von Null bis Unendlich wächst.

Wenn man nun eine linear gebrochene Transformation anwendet, so gehen die Punkte z_0, z_1, z_2 und z in z_0', z_1', z_2' und z' über. Das Doppelverhältnis bleibt, wie wir wissen, ungeändert. Daher wird aus (8) folgen

$$(z_0' z_1' z_2' z') = u.$$

Wenn also z den Kreisbogen $z_1 z_2 z_0$ beschreibt, durchläuft z' den Kreisbogen $z_1' z_2' z_0'$. Die linear gebrochenen Transformationen haben also die Eigenschaft, Kreisbögen in Kreisbögen überzuführen, mithin auch Kreise in Kreise. Sie sind, wie man sagt, Kreisverwandtschaften. Wenn wir hier von Kreisbögen reden, so ist immer der Fall der geraden Strecke mit eingeschlossen. Wenn z. B. in (8) die drei Punkte z_0, z_2, z_1 in gerader Linie liegen, so fällt auch z auf diese Gerade. Die geraden Linien werden als Kreise mit unendlich großem Radius betrachtet.

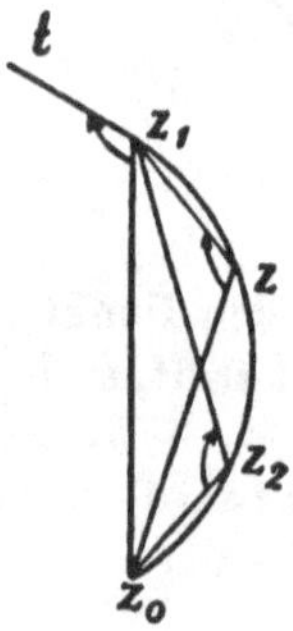

Fig. 37.

Für alle Punkte des Kreisbogens (8) haben die Punkte z_0, z_1 denselben Richtungsunterschied ϑ. Wenn man z nach z_1 rücken läßt, so wird die Gerade z, z_1 zur Tangente des Kreisbogens im Punkte z_1, und zwar muß man sich diese Tangente als Verlängerung des Kreisbogens denken. Ist t ein Punkt der Tangente (vgl. Fig. 37), so erscheint $z_1 t$ gegen $z_1 z_0$ um ϑ gedreht. Dieser Winkel ϑ ist die Amplitude der komplexen Zahl $\frac{z_2 - z_1}{z_2 - z_0}$. Nun stelle man sich einen zweiten Kreisbogen vor, der ebenfalls von z_0 nach z_1 führt, aber nicht über z_2, sondern über z_2^*. Seine Endtangente $z_1 t^*$ wird dann gegen $z_1 z_0$ um ϑ^* gedreht erscheinen, und ϑ^* ist die Amplitude der komplexen Zahl $\frac{z_2^* - z_1}{z_2^* - z_0}$. Um $z_1 t$ in die Richtung von $z_1 t^*$ zu bringen, muß man offenbar die Drehung $\vartheta^* - \vartheta$ anwenden. Diese Differenz ist die Amplitude der komplexen Zahl

$$\frac{z_2^* - z_1}{z_2^* - z_0} : \frac{z_2 - z_1}{z_2 - z_0} = (z_0 z_1 z_2 z_2^*).$$

Da nun das Doppelverhältnis bei allen linear gebrochenen Transformationen ungeändert bleibt, so folgt, daß sich der Winkel zwischen $z_1 t$ und $z_1 t^*$ invariant verhält. Es gehen also bei den linear gebrochenen Transformationen nicht nur Kreise in Kreise über, sondern es bleiben auch die Winkel, unter denen sie sich schneiden, erhalten. Die genannten Transformationen sind, wie man zu sagen pflegt, winkeltreu. Unsere Herleitung zeigt, daß auch der Drehungssinn eines solchen Winkels erhalten bleibt, nicht nur die absolute Größe.

Wir wollen noch einige Eigenschaften der linear gebrochenen Transformationen hervorheben. Wenn man zwei solche Transformationen nacheinander ausführt, so läßt sich dieselbe Wirkung durch eine einzige linear gebrochene Transformation erreichen. Setzt man in der Tat

$$z' = \frac{az+b}{cz+d}, \quad z^* = \frac{a'z'+b'}{c'z'+d'},$$

so wird

$$z^* = \frac{a'(az+b)+b'(cz+d)}{c'(az+b)+d'(cz+d)} = \frac{a^*z+b^*}{c^*z+d^*}.$$

Dabei ist

$$a^* = a'a + b'c, \quad b^* = a'b + b'd,$$
$$c^* = c'a + d'c, \quad d^* = c'b + d'd.$$

Man kann diese vier Gleichungen in die Matrizengleichung

$$(9) \qquad \begin{pmatrix} a' & b' \\ c' & d' \end{pmatrix} \begin{pmatrix} a & b \\ c & d \end{pmatrix} = \begin{pmatrix} a^* & b^* \\ c^* & d^* \end{pmatrix}$$

zusammenziehen. Nennt man $\begin{pmatrix} a & b \\ c & d \end{pmatrix}$ die Matrix der Transformation (1), so kann man sagen, daß sich beim Zusammensetzen linear gebrochener Transformationen ihre Matrizen in umgekehrter Reihenfolge multiplizieren. Es handelt sich hier um Matrizen, deren Elemente komplexe Zahlen sind. In Formel (9) ist die Zusammensetzungsregel der linear gebrochenen Transformationen enthalten. Aus ihr folgt nach dem Multiplikationssatz der Determinanten

$$(ad-bc)(a'd'-b'c') = a^*d^* - b^*c^*.$$

Wenn man linear gebrochene Transformationen zusammensetzt, so multiplizieren sich ihre Determinanten.

Erinnern wir uns an den Satz, daß bei der Multiplikation zweier Quaternionen sich ihre Normen multiplizieren, so liegt der Gedanke nahe, die Zusammensetzung der linear gebrochenen Transformationen mit der Multiplikation der Quaternionen in Zusammenhang zu bringen. Man muß, um diesen Zusammenhang aufzudecken, die Determinante $ad - bc$ zur Norm einer Quaternion machen, d. h. man muß sie als Summe von vier Quadraten schreiben. Setzt man

$$(10) \quad A_0 = \frac{a+d}{2}, \quad A_1 = i\frac{a-d}{2}, \quad A_2 = \frac{b-c}{2}, \quad A_3 = i\frac{b+c}{2},$$

so wird

$$ad - bc = A_0^2 + A_1^2 + A_2^2 + A_3^2.$$

Wir wollen nun der linear gebrochenen Transformation (1) oder der Matrix $\begin{pmatrix} a & b \\ c & d \end{pmatrix}$ die Quaternion

$$A_0 + \mathfrak{i}_1 A_1 + \mathfrak{i}_2 A_2 + \mathfrak{i}_3 A_3$$

zuordnen. $\mathfrak{i}_1, \mathfrak{i}_2, \mathfrak{i}_3$ sind die fundamentalen Einheitsvektoren, die wir sonst mit $\mathfrak{i}, \mathfrak{j}, \mathfrak{k}$ bezeichnet haben. Wenn man in dieser Weise Matrizen und Quaternionen verknüpft, so läßt sich (9) durch folgende Gleichung ersetzen:

$$(9') \quad (A_0' + \mathfrak{i}_1 A_1' + \mathfrak{i}_2 A_2' + \mathfrak{i}_3 A_3')(A_0 + \mathfrak{i}_1 A_1 + \mathfrak{i}_2 A_2 + \mathfrak{i}_3 A_3) = A_0^* + \mathfrak{i}_1 A_1^* + \mathfrak{i}_2 A_2^* + \mathfrak{i}_3 A_3^*.$$

Erinnert man sich an die Multiplikationsregel der Quaternionen, die sich in den Gleichungen

$$\begin{aligned}
\mathfrak{i}_1\mathfrak{i}_1 &= \mathfrak{i}_2\mathfrak{i}_2 = \mathfrak{i}_3\mathfrak{i}_3 = -1,\\
\mathfrak{i}_2\mathfrak{i}_3 &= -\mathfrak{i}_3\mathfrak{i}_2 = \mathfrak{i}_1,\\
\mathfrak{i}_3\mathfrak{i}_1 &= -\mathfrak{i}_1\mathfrak{i}_3 = \mathfrak{i}_2,\\
\mathfrak{i}_1\mathfrak{i}_2 &= -\mathfrak{i}_2\mathfrak{i}_1 = \mathfrak{i}_3
\end{aligned}$$

ausspricht, so zerfällt (9') in die vier Aussagen

$$\begin{aligned}
A_0'A_0 - A_1'A_1 - A_2'A_2 - A_3'A_3 &= A_0^*,\\
A_0'A_1 + A_1'A_0 + A_2'A_3 - A_3'A_2 &= A_1^*,\\
A_0'A_2 + A_2'A_0 + A_3'A_1 - A_1'A_3 &= A_2^*,\\
A_0'A_3 + A_3'A_0 + A_1'A_2 - A_2'A_1 &= A_3^*,
\end{aligned}$$

von deren Richtigkeit man sich leicht überzeugt. In ausführlicher Schreibung lauten sie nämlich

$$\frac{1}{4}(a' + d')(a + d) + \frac{1}{4}(a' - d')(a - d) - \frac{1}{4}(b - c)(b' - c') + \frac{1}{4}(b + c)(b' + c') = \frac{1}{2}(a'a + b'c + c'b + d'd),$$

$$\frac{i}{4}(a' + d')(a - d) + \frac{i}{4}(a' - d')(a + d) + \frac{i}{4}(b' - c')(b + c) - \frac{i}{4}(b' + c')(b - c) = \frac{i}{2}(a'a + b'c - c'b - d'd),$$

$$\frac{1}{4}(a' + d')(b - c) + \frac{1}{4}(b' - c')(a + d) - \frac{1}{4}(b' + c')(a - d) + \frac{1}{4}(a' - d')(b + c) = \frac{1}{2}(a'b + b'd - c'a - d'c),$$

$$\frac{i}{4}(a' + d')(b + c) + \frac{i}{4}(b' + c')(a + d) + \frac{i}{4}(a' - d')(b - c) - \frac{i}{4}(b' - c')(a - d) = \frac{i}{2}(a'b + b'd + c'a + d'c).$$

Man stellt aber sofort fest, daß die linken und rechten Seiten tatsächlich übereinstimmen.

Die Quaternion $A_0 + \mathfrak{i}_1 A_1 + \mathfrak{i}_2 A_2 + \mathfrak{i}_3 A_3$, welche wir der Transformation (1) oder der Matrix $\begin{pmatrix} a & b \\ c & d \end{pmatrix}$ zugeordnet haben, lautet nach Einsetzung der Werte (10)

$$(11) \qquad \frac{a + d}{2} + i\,\frac{a - d}{2}\,\mathfrak{i}_1 + \frac{b - c}{2}\,\mathfrak{i}_2 + i\,\frac{b + c}{2}\,\mathfrak{i}_3$$

oder nach a, b, c, d geordnet

$$(11') \qquad a\frac{1+ii_1}{2}+b\frac{i_2+ii_3}{2}+c\frac{-i_2+ii_3}{2}+d\frac{1-ii_1}{2}.$$

Führt man die vier Grundquaternionen

$$(12) \qquad \alpha=\frac{1+ii_1}{2},\quad \beta=\frac{i_2+ii_3}{2},\quad \gamma=\frac{-i_2+ii_3}{2},\quad \delta=\frac{1-ii_1}{2}$$

ein und berechnet die Produkte aus zweien von ihnen, so ergibt sich folgende Multiplikationstabelle, wobei neben jeder Zeile der erste Faktor, über jeder Spalte der zweite Faktor und in jedem Feld das Produkt steht:

	α	β	γ	δ
α	α	β	0	0
β	0	0	α	β
γ	γ	δ	0	0
δ	0	0	γ	δ

Man kann mit Hilfe dieser Tabelle das Produkt

$$(a'\alpha+b'\beta+c'\gamma+d'\delta)\,(a\alpha+b\beta+c\gamma+d\delta)$$

mit Leichtigkeit herstellen. Zu diesem Zweck muß man die Zeilen der Tabelle mit den Faktoren a', b', c', d' und die Spalten mit den Faktoren a, b, c, d versehen. Dadurch erhält man

$$a'a\alpha+a'b\beta+b'c\alpha+b'd\beta+c'a\gamma+c'b\delta+d'c\gamma+d'd\delta$$

oder

$$(a'a+b'c)\,\alpha+(a'b+b'd)\,\beta+(c'a+d'c)\,\gamma+(c'b+d'd)\,\delta$$

in Übereinstimmung mit Formel (9).

Wir haben es hier mit Quaternionen zu tun, deren Bestandteile komplexe Zahlen sind. Daher kann es vorkommen, daß ein Produkt aus solchen Quaternionen verschwindet, während die Faktoren von Null verschieden sind. Wir sehen z. B. in der Multiplikationstabelle, daß die Produkte $\alpha\gamma$, $\alpha\delta$, $\beta\alpha$, $\beta\beta$, $\gamma\gamma$, $\gamma\delta$, $\delta\alpha$, $\delta\beta$ gleich Null sind, obwohl α, β, γ, δ nicht verschwinden.

Unter den linear gebrochenen Transformationen bilden diejenigen eine bemerkenswerte Unterklasse, deren zugeordnete Quaternion lauter reelle Bestandteile hat, so daß also die Größen (10) sämtlich reell sind. Löst man die Gleichungen (10) nach a, b, c, d auf, so findet man

$$a=A_0-iA_1,\quad b=A_2-iA_3,\quad c=-(A_2+iA_3),\quad d=A_0+iA_1.$$

Eine Transformation der hier betrachteten Art hat also die Form

$$(13) \qquad z'=\frac{(A_0-iA_1)\,z+(A_2-iA_3)}{-(A_2+iA_3)\,z+(A_0+iA_1)},$$

wobei A_0, A_1, A_2, A_3 reell sind. Die Determinante einer solchen Transformation lautet

$$(A_0-iA_1)\,(A_0+iA_1)+(A_2-iA_3)\,(A_2+iA_3)$$
$$=A_0^2+A_1^2+A_2^2+A_3^2.$$

Dadurch, daß man im Zähler und Nenner einen passenden gemeinsamen Faktor, nämlich $(A_0^2 + A_1^2 + A_2^2 + A_3^2)^{-\frac{1}{2}}$ hinzufügt, kann man die Gleichung

$$(14) \qquad A_0^2 + A_1^2 + A_2^2 + A_3^2 = 1$$

herbeiführen. Wir werden nun, und zwar auf sehr kurzem Wege, zu einer Deutung der Transformation (13) gelangen. Zu diesem Zwecke greifen wir auf die berühmte Hamiltonsche Drehungsformel zurück, d. h. auf Formel (4*) in § 20, die wir in der Form

$$(15) \qquad \mathfrak{r}' = Q\mathfrak{r}Q^{-1}$$

schreiben können, wobei Q eine Einheitsquaternion bedeutet, d. h. eine Quaternion $Q_0 + Q_1\mathfrak{i}_1 + Q_2\mathfrak{i}_2 + Q_3\mathfrak{i}_3$ mit der Norm 1. Da nun eine reelle oder komplexe Zahl in einem Quaternionenprodukt frei verschiebbar ist, so besteht neben (15) die Gleichung

$$(16) \qquad i = QiQ^{-1},$$

und aus (15) und (16) folgt

$$(15^*) \qquad i + \mathfrak{r}' = Q(i + \mathfrak{r})Q^{-1}.$$

Wenn man die Grundquaternionen (12) einführt, also die Einsetzungen

$$1 = \alpha + \delta, \quad \mathfrak{i}_1 = -i(\alpha - \delta), \quad \mathfrak{i}_2 = \beta - \gamma, \quad \mathfrak{i}_3 = -i(\beta + \gamma)$$

vornimmt, so wird

$$\begin{aligned} Q &= Q_0(\alpha + \delta) - Q_1 i(\alpha - \delta) + Q_2(\beta - \gamma) - Q_3 i(\beta + \gamma) \\ &= (Q_0 - iQ_1)\,\alpha + (Q_2 - iQ_3)\,\beta - (Q_2 + iQ_3)\,\gamma + (Q_0 + iQ_1)\,\delta, \end{aligned}$$

ferner

$$\begin{aligned} i + \mathfrak{r} &= i + \xi_1\mathfrak{i}_1 + \xi_2\mathfrak{i}_2 + \xi_3\mathfrak{i}_3 \\ &= i(1 - \xi_1)\,\alpha + (\xi_2 - i\xi_3)\,\beta - (\xi_2 + i\xi_3)\,\gamma + i(1 + \xi_1)\,\delta. \end{aligned}$$

Gleichung (15*), die mit

$$(i + \mathfrak{r}')\,Q = Q(i + \mathfrak{r})$$

gleichbedeutend ist, verwandelt sich durch Einführung der Grundquaternionen $\alpha, \beta, \gamma, \delta$ in folgende Matrizengleichung:

$$\begin{aligned} &\begin{pmatrix} i(1 - \xi_1'), & \xi_2' - i\xi_3' \\ -(\xi_2' + i\xi_3'), & i(1 + \xi_1') \end{pmatrix} \begin{pmatrix} Q_0 - iQ_1, & Q_2 - iQ_3 \\ -(Q_2 + iQ_3), & Q_0 + iQ_1 \end{pmatrix} \\ = &\begin{pmatrix} Q_0 - iQ_1, & Q_2 - iQ_3 \\ -(Q_2 + iQ_3), & Q_0 + iQ_1 \end{pmatrix} \begin{pmatrix} i(1 - \xi_1), & \xi_2 - i\xi_3 \\ -(\xi_2 + i\xi_3), & i(1 + \xi_1) \end{pmatrix}. \end{aligned}$$

Wenn man diese Produkte ausrechnet, so müssen sich übereinstimmende Matrizen ergeben. Links erscheinen in der ersten Spalte die Ausdrücke

$$(17) \qquad \begin{cases} i(1 - \xi_1')\,(Q_0 - iQ_1) - (\xi_2' - i\xi_3')\,(Q_2 + iQ_3), \\ -(\xi_2' + i\xi_3')\,(Q_0 - iQ_1) - i(1 + \xi_1')\,(Q_2 + iQ_3), \end{cases}$$

rechts die Ausdrücke

$$(18) \qquad \begin{cases} i(1 - \xi_1)\,(Q_0 - iQ_1) - (\xi_2 + i\xi_3)\,(Q_2 - iQ_3), \\ -i(1 - \xi_1)\,(Q_2 + iQ_3) - (\xi_2 + i\xi_3)\,(Q_0 + iQ_1). \end{cases}$$

Achtet man nur auf die Punkte, deren Entfernung vom Drehpol gleich 1 ist, so wird $\xi_1^2 + \xi_2^2 + \xi_3^2 = 1$ sein, ebenso $\xi_1'^2 + \xi_2'^2 + \xi_3'^2 = 1$. Schreibt man die zweite Gleichung in der Form

$$(\xi_2' + i\xi_3')(\xi_2' - i\xi_3') = (1 - \xi_1')(1 + \xi_1'),$$

so sieht man, daß die Größen

$$\xi_2' - i\xi_3', \quad i(1 + \xi_1')$$

proportional sind zu

$$i(1 - \xi_1'), \quad -(\xi_2' + i\xi_3').$$

Daher verhalten sich die beiden Ausdrücke (17) zueinander wie $i(1 - \xi_1')$ zu $-(\xi_2' + i\xi_3')$. Ebenso verhalten sich die ihnen gleichen Ausdrücke (18). Es ergibt sich auf diese Weise die Gleichung

$$\frac{\xi_2' + i\xi_3'}{1 - \xi_1'} = \frac{(Q_0 + iQ_1)(\xi_2 + i\xi_3) + (iQ_2 - Q_3)(1 - \xi_1)}{(iQ_2 + Q_3)(\xi_2 + i\xi_3) + (Q_0 - iQ_1)(1 - \xi_1)}.$$

Setzt man

$$(19) \qquad z = \frac{\xi_2 + i\xi_3}{1 - \xi_1}, \quad z' = \frac{\xi_2' + i\xi_3'}{1 - \xi_1'},$$

so nimmt sie folgende Gestalt an:

$$(20) \qquad z' = \frac{(Q_0 + iQ_1)z + (iQ_2 - Q_3)}{(iQ_2 + Q_3)z + (Q_0 - iQ_1)}.$$

Die Koeffizientenmatrix hat, wie im Falle (13), die Eigenschaft, daß in der Hauptdiagonale zwei konjugierte Größen stehen, d. h. solche, die durch Verwandlung von i in $-i$ ineinander übergehen, in der Nebendiagonale aber entgegengesetzt konjugierte Größen, d. h. Größen, die entgegengesetzt gleich werden, wenn man in einer von ihnen i durch $-i$ ersetzt. Außerdem lautet bei (20) die Determinante $Q_0^2 + Q_1^2 + Q_2^2 + Q_3^2 = 1$, bei (13) genau entsprechend $A_0^2 + A_1^2 + A_2^2 + A_3^2 = 1$.

Hiermit ist eine Deutung der Transformation (13) gewonnen. Man sieht, daß sie nichts anderes ist als der analytische Ausdruck einer Drehung. Man gewinnt diesen Ausdruck, wenn man darauf achtet, wie die Punkte der um den Drehpol beschriebenen Einheitskugel durch die Drehung beeinflußt werden. Man kann einen solchen Punkt durch die komplexe Koordinate $\frac{\xi_2 + i\xi_3}{1 - \xi_1}$ kennzeichnen. Daß hiermit eine eindeutige Festlegung gewonnen ist, erkennt man sofort, wenn man bemerkt, daß $\frac{\xi_2 - i\xi_3}{1 - \xi_1} = \bar{z}$ die zu z konjugierte komplexe Zahl ist, die man kennt, sobald z gegeben wird. Außerdem gilt auf Grund der Relation $\xi_1^2 + \xi_2^2 + \xi_3^2 = 1$ die Gleichung

$$z\bar{z} = \frac{\xi_2^2 + \xi_3^2}{(1 - \xi_1)^2} = \frac{1 + \xi_1}{1 - \xi_1},$$

aus der man ξ_1 berechnen kann, und zwar ergibt sich

$$\xi_1 = \frac{z\bar{z} - 1}{z\bar{z} + 1}.$$

Hat man aber ξ_1, so findet man sogleich, da $1 - \xi_1 = \frac{2}{z\bar{z} + 1}$ ist,

$$\xi_2 = \frac{z + \bar{z}}{z\bar{z} + 1}, \quad \xi_3 = -\frac{i(z - \bar{z})}{z\bar{z} + 1}.$$

Ein Punkt der Einheitskugel ist also durch seine komplexe Koordinate $\frac{\xi_2 + i\xi_3}{1 - \xi_1}$, die wir z nennen, eindeutig festgelegt. Bei dieser Koordinatenbestimmung spielt ein Kugelpunkt eine Ausnahmerolle, nämlich der Punkt $\xi_1 = 1, \xi_2 = 0, \xi_3 = 0$. Bei ihm versagt die Formel $z = \frac{\xi_2 + i\xi_3}{1 - \xi_1}$, weil Zähler und Nenner gleich Null werden. Da

$$\frac{\xi_2 + i\xi_3}{1 - \xi_1} = \frac{1 + \xi_1}{\xi_2 - i\xi_3}$$

ist, so kann man die komplexe Koordinate z eines Kugelpunktes auch nach der Formel

$$z = \frac{1 + \xi_1}{\xi_2 - i\xi_3}$$

berechnen. Setzt man hier $\xi_1 = 1, \xi_2 = 0, \xi_3 = 0$, so wird der Zähler gleich 2, der Nenner gleich Null. Auch diese Formel versagt also bei direktem Einsetzen der cartesischen Koordination des Kugelpunktes. Aber sie liefert doch eine wertvolle Belehrung. Wenn wir dem Ausnahmepunkt sehr nahekommen, wird der Zähler des Bruches $(1 + \xi_1) : (\xi_2 - i\xi_3)$ sehr nahe an 2, der Nenner sehr nahe an Null liegen. Daher wird der absolute Betrag des Bruches sehr groß sein. Hierdurch können wir uns veranlaßt fühlen, dem Ausnahmepunkt die Koordinate Unendlich zuzuschreiben, wofür das Symbol ∞ gebraucht wird. Viele Mathematiker kennen nicht den Ursprung dieses Symbols, daß wie eine liegende Acht aussieht. Es ist aus dem letzten Buchstaben ω des griechischen Alphabets entstanden. Das Unendliche wird hierbei als das Letzte, als der Abschluß des Endlichen gedacht. In Eulers Schriften findet man noch das ω an Stelle des jetzt üblichen ∞.

Wenn man dem Ausnahmepunkt $\xi_1 = 1, \xi_2 = 0, \xi_3 = 0$ die Koordinate ∞ zuordnet, hat jeder Punkt der Einheitskugel seine ihn kennzeichnende komplexe Koordinate. Wir wollen noch die naheliegende Frage nach der geometrischen Bedeutung dieser Koordinate erörtern. Der komplexen Zahl $z = \frac{\xi_2 + i\xi_3}{1 - \xi_1}$ ordnen wir zunächst den Punkt P mit den cartesischen Koordinaten

$$0, \frac{\xi_2}{1 - \xi_1}, \frac{\xi_3}{1 - \xi_1} \tag{21}$$

zu. Die Gerade, die ihn mit dem vorhin besprochenen Ausnahmepunkt A der Einheitskugel verbindet, trifft diese in einem zweiten Punkte P^*. Um dessen Koordinaten $\zeta_1, \zeta_2, \zeta_3$ zu berechnen, bemerke man, daß die Koordinaten des Vektors AP^* proportional zu denen des Vektors AP sind, daß also Gleichungen von folgender Form gelten:

$$\zeta_1 - 1 = -\lambda, \quad \zeta_2 = \frac{\lambda\xi_2}{1-\xi_1}, \quad \zeta_3 = \frac{\lambda\xi_3}{1-\xi_1}.$$

Die Koordinaten des Vektors AP sind nämlich die Differenzen aus den Koordinaten der Punkte A und P, also aus

$$0, \frac{\xi_2}{1-\xi_1}, \frac{\xi_3}{1-\xi_1} \quad \text{und} \quad 1, 0, 0.$$

Entsprechendes gilt von den Koordinaten des Vektors AP^*. Offenbar wird P^* der Einheitskugel angehören, wenn $\lambda = 1 - \xi_1$ ist, und zwar wird dann $\zeta_1 = \xi_1$, $\zeta_2 = \xi_2$, $\zeta_3 = \xi_3$. Man ersieht hieraus, daß der Punkt P mit den Koordinaten (21) die von A aus gebildete Projektion des Kugelpunktes P^* auf die Ebene $O\xi_2$, $O\xi_3$ ist. Die komplexe Koordinate z des Kugelpunktes P^* ist nichts anderes als die komplexe Koordinate des Punktes P in dem früher erklärten Sinne. Der Übergang von den Punkten P^* zu den Punkten P wird als **stereographische Projektion** oder **Abbildung** der Kugel auf die Ebene $O\xi_2$, $O\xi_3$ bezeichnet. A ist das **Projektionszentrum**. Die Kugel wird hier von einem ihrer Punkte, nämlich vom Punkte A, auf eine durch den Mittelpunkt O gelegte Ebene projiziert, die senkrecht auf OA steht. Formel (20) sagt uns, was bei einer Drehung der Einheitskugel um ihren Mittelpunkt mit den komplexen Koordinaten der Kugelpunkte geschieht. Bildet man nach der Regel (10) die zu (20) gehörige Quaternion, so findet man $Q_0 - Q_1\mathfrak{i}_1 - Q_3\mathfrak{i}_2 - Q_2\mathfrak{i}_3$. Man muß also, um von Formel (13) zu (20) zu gelangen, A_0, A_1, A_2, A_3 durch Q_0, $-Q_1$, $-Q_3$, $-Q_2$ ersetzen. Wir möchten glauben, daß Formel (20) am bequemsten ist, weil ihre Koeffizienten besonders einfach mit den geometrischen Bestimmungsstücken der Drehung zusammenhängen. Ist $\mathfrak{a}$ der Achsenvektor und α der Drehungswinkel, so hat man $Q_0 = \cos\frac{\alpha}{2}$, $Q_1\mathfrak{i}_1 + Q_2\mathfrak{i}_2 + Q_3\mathfrak{i}_3 = \mathfrak{a}\sin\frac{\alpha}{2}$. Der erste Koeffizient, zugleich der Koeffizient von z, im Zähler der Formel (20) lautet $Q_0 + iQ_1$, der erste im Nenner $iQ_2 + Q_3$. Im übrigen gilt das Gesetz, daß in der Hauptdiagonale konjugierte Größen stehen, in der Nebendiagonale entgegengesetzt konjugierte. Weiß man dies, so kann man die Formel (20), die ich die **stereographische Darstellung** der betrachteten Drehung nennen möchte, sofort hinschreiben.

Mit Hilfe der Formel (20) lassen sich zwei wichtige Eigenschaften der stereographischen Abbildung nachweisen. Die Abbildung kommt, wie wir wissen, dadurch zustande, daß man die Punkte der um O beschriebenen Einheitskugel vom Punkte A ($\xi_1 = 1, \xi_2 = 0, \xi_3 = 0$) auf die Ebene $O\xi_2$, $O\xi_3$ projiziert. Schneidet man nun die Kugel mit einer Parallelebene zur Projektionsebene, so entsteht ein Kreis, dessen Mittelpunkt auf der ξ_1-Achse liegt, während seine Ebene senkrecht auf dieser Achse steht. Das stereographische Bild eines solchen Kreises K ist offenbar ein um O beschriebener Kreis k in der Ebene $O\xi_2, O\xi_3$. Führt man nun irgendeine Drehung um eine durch O gelegte Achse aus, so geht der Kreis K in einen andern Kreis K' der Einheitskugel über. Wir haben aber gelernt, daß sich gleichzeitig in der Ebene $O\xi_2, O\xi_3$ eine Transformation von der Form (20) vollzieht, also jedenfalls eine linear gebrochene Transformation. Solche Transformationen führen aber Kreise stets wieder in Kreise über. Hieraus folgt, daß das stereographische Bild des Kreises K' ein Kreis k' ist. Jeder Kreis auf der Kugel wird bei der stereographischen Projektion als Kreis abgebildet. Die Eigenschaft, ein Kreis zu sein, bleibt bei dieser Abbildung erhalten. Daß auch umgekehrt jedem Kreis k' in der Ebene $O\xi_2, O\xi_3$ ein Kreis auf der Kugel entspricht, bedarf kaum der Erwähnung. Man denke sich drei Punkte a, b, c auf k'. Ihnen entsprechen auf der Kugel drei Punkte A, B, C. Sie bestimmen einen Kreis K', dessen stereographisches Bild ein durch a, b, c hindurchgehender Kreis, also der Kreis k' ist, weil man durch drei Punkte eben nur einen Kreis ziehen kann. Es sei noch bemerkt, daß der Kreis k' eine Gerade ist, wenn K' durch das Projektionszentrum A hindurchgeht.

B sei der Gegenpunkt von A auf der Einheitskugel. Man stelle sich zwei Kreise auf dieser Kugel vor, die durch B hindurchgehen. Ihre Tangenten in B stehen senkrecht auf der ξ_1-Achse. Die stereographischen Bilder der beiden Kreise sind zwei Kreise in der Ebene $O\xi_2, O\xi_3$, die durch O hindurchgehen. Man sieht sofort, daß ihre Tangenten in O parallel zu den vorerwähnten Tangenten sind. Der Winkel, unter dem sich die beiden zuerst betrachteten Kreise schneiden, bleibt also beim Übergange zu ihren stereographischen Bildern erhalten. Führt man nun eine Drehung um O aus, so gehen die beiden Kreise, die sich in B schnitten, in zwei Kreise über, die einen andern Punkt B' der Kugel gemein haben und sich dort unter demselben Winkel schneiden. In der Projektionsebene vollzieht sich eine Transformation von der Form (20), die Kreise in Kreise verwandelt und die Winkel ungeändert läßt. Wir können also schließen, daß bei der stereographischen Projektion zwei beliebige Kreise der Kugel in zwei Kreise der Ebene übergehen, die sich unter demselben Winkel schneiden. Die stereographische Abbildung der Kugel auf die Ebene ist, wie man zu sagen pflegt, winkeltreu.

§ 24. Spiegelungen an Kreisen.

Wir gehen von einer ganz einfachen Operation aus, der Spiegelung an einer Geraden. Bei dieser Operation ist eine Gerade g gegeben, und es wird jedem Punkt P der Ebene, zu welcher die Gerade gehört, sein Spiegelbild P_1 zugeordnet. Man gewinnt P_1 dadurch, daß man von P ein Lot auf g fällt und dieses um sich selbst verlängert.

Wir wollen nun die Beziehung zwischen P und P_1 so zu fassen versuchen, daß sie verallgemeinerungsfähig wird. Offenbar hat jeder durch P und P_1 hindurchgehende Kreis die Eigenschaft, die Gerade g senkrecht zu schneiden. Man nennt die Gesamtheit aller durch P und P_1 gelegten Kreise ein Kreisbüschel. Die Beziehung zwischen P und P_1 läßt sich also dahin kennzeichnen, daß diese Punkte ein zu g orthogonales Kreisbüschel bestimmen (vgl. Fig. 38).

In dieser Formulierung ist die Spiegelung an der Geraden g sofort verallgemeinerungsfähig. Man denke sich auf die Figur 38 eine linear gebrochene Transformation angewandt. Dadurch wird g im allgemeinen in einen Kreis k übergehen. Ferner werden P und P_1 sich in zwei Punkte P^* und P_1^* verwandeln, die ein zu k orthogonales Kreisbüschel bestimmen. Zwei solche Punkte wollen wir **konjugiert** in bezug auf den Kreis k nennen. Die **Spiegelung am Kreise** k besteht darin, daß jeder Punkt in seinen konjugierten übergeht.

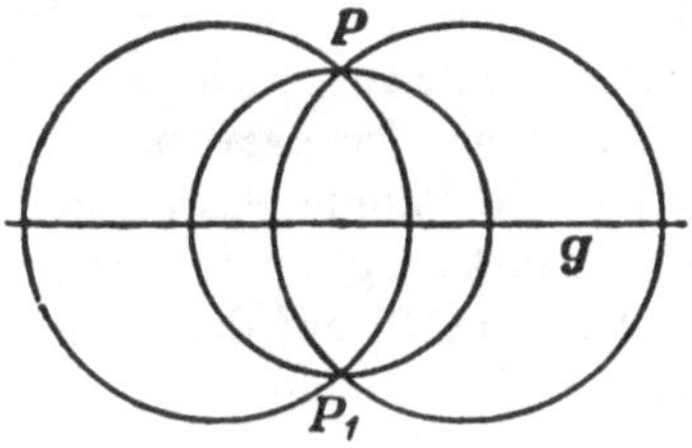

Fig. 38.

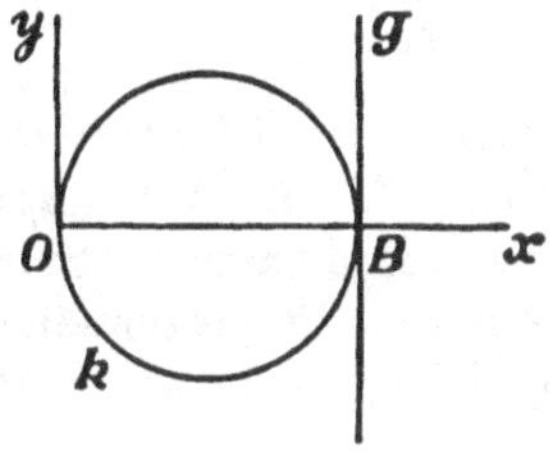

Fig. 39.

Durch passende Wahl der linear gebrochenen Transformation kann man erreichen, daß k ein Kreis mit vorgeschriebenem Radius wird. Wenn wir z. B. irgendeinen Kreis vom Radius R die Gerade g berühren lassen (vgl. Fig. 39), so hindert uns nichts, als Anfangspunkt O den Gegenpunkt des Berührungspunktes B zu wählen und OB zur positiven x-Achse zu machen, deren Punkte den positiven reellen Zahlen entsprechen. Dann führt die Transformation

$$z' = \frac{4R^2}{z} \tag{1}$$

die Gerade g in den Kreis k über. Liegt nämlich z auf der Geraden g, so ist $z = 2R + iy$. Es wird in diesem Falle

$$z' = \frac{4R^2}{2R + iy}.$$

Setzt man nun $y = 0$ oder $y = 2R$ oder $y = -2R$, so findet man für z' die Werte $2R$, $R - Ri$, $R + Ri$. Damit ist gezeigt, daß drei Punkte von g in drei Punkte von k übergehen. Da nun eine linear gebrochene Transformation eine Kreisverwandtschaft ist, so folgt, daß die Transformation (1) die Gerade g in den Kreis k verwandelt.

Nach dieser Zwischenbemerkung kehren wir zur Betrachtung der Spiegelung an einem Kreise k zurück. Die Beziehung zwischen zwei konjugierten Punkten P und P_1 läßt sich leicht durch eine metrische Aussage kennzeichnen. Wir wissen, daß jeder durch P und P_1 gelegte Kreis K den Kreis k rechtwinklig schneidet. In Fig. 40 ist ein solcher Kreis zu sehen. T ist einer der beiden Schnittpunkte mit k. Zur Erläuterung der Figur muß noch folgendes gesagt werden: Zu dem durch P und P_1 bestimmten Kreisbüschel gehört auch die Gerade PP_1. Auch sie muß also den Kreis k senkrecht schneiden, d. h. durch den Mittelpunkt M dieses Kreises hindurchgehen, wie es in der Figur der Fall ist. Da nun MT wegen der Orthogonalität der Kreise k und K den Kreis K in T berührt, so ist $MT^2 = MP \cdot MP_1$ oder, wenn man MP, MP_1 mit r, r_1 bezeichnet, $R^2 = rr_1$. Der zu P konjugierte Punkt P_1 liegt also mit P auf demselben Strahl durch M und hat von M die Entfernung $\frac{R^2}{r}$, die bis auf den konstanten Faktor R^2 dem reziproken Wert von r gleich ist. Aus diesem Grunde wird die Spiegelung an einem Kreise auch als **Transformation nach reziproken Radien** oder **Inversion** bezeichnet.

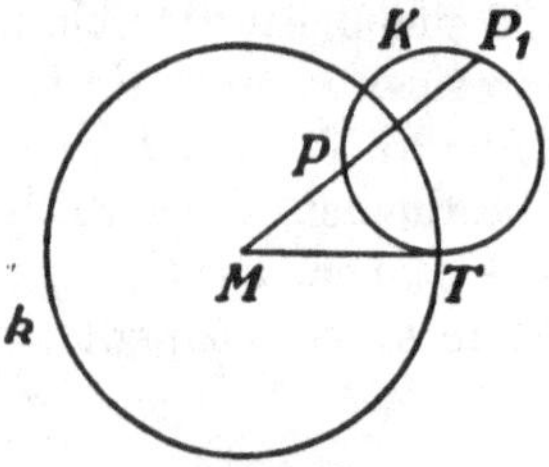

Fig. 40.

Wenn man M zum Anfangspunkt macht und die Punkte P, P_1 durch rechtwinklige Koordinaten bestimmt, so sind zunächst x_1, y_1 zu x, y proportional mit positivem Proportionalitätsfaktor, weil P und P_1 auf demselben Strahl durch M liegen. Man hat also $x_1 = \lambda x$, $y_1 = \lambda y$, mithin

$$x_1^2 + y_1^2 = \lambda^2(x^2 + y^2),$$

d. h. $r_1^2 = \lambda^2 r^2$ oder, weil λ positiv ist, $r_1 = \lambda r$. Da ferner $rr_1 = R^2$ ist, so hat man $\lambda r^2 = R^2$, also $\lambda = R^2(x^2 + y^2)^{-1}$, d. h.

$$x_1 = \frac{R^2 x}{x^2 + y^2}, \quad y_1 = \frac{R^2 y}{x^2 + y^2}.$$

Hieraus folgt

$$x_1 + iy_1 = \frac{R^2(x + iy)}{x^2 + y^2}$$

oder, wenn man $x^2 + y^2$ in die Faktoren $x + iy$, $x - iy$ zerlegt,

$$x_1 + iy_1 = \frac{R^2}{x - iy}.$$

Setzt man nun $z = x + iy$, $z_1 = x_1 + iy_1$ und bezeichnet, wie üblich, die zu $x + iy$ konjugierte komplexe Zahl $x - iy$ mit $\bar{z}$, so erhält man die Formel

$$z_1 = \frac{R^2}{\bar{z}} \tag{2}$$

als analytischen Ausdruck der Spiegelung an dem durch die Gleichung $x^2 + y^2 = R^2$ oder $z\bar{z} = R^2$ dargestellten Kreise. Aus Formel (2) kann man sofort eine Eigenschaft dieser Spiegelung ablesen, die auch durch Rückgang auf die Spiegelung an einer Geraden ohne weiteres bestätigt wird. Fragt man nach den Punkten, die bei der Spiegelung (2) in sich übergehen, so muß man $z_1 = z$ setzen. Dann verwandelt sich aber Gleichung (2) in $z\bar{z} = R^2$, also in die Gleichung des Kreises, an welchem gespiegelt wird, des sogenannten **Fundamentalkreises**. Die Punkte dieses Kreises und nur sie gehen also bei der Spiegelung in sich über. Auch aus der metrischen Beziehung $rr_1 = R^2$ ist das unmittelbar zu erkennen.

Bei der Spiegelung an einer Geraden g gehen Kreise in Kreise über, und der Winkel, unter dem zwei solche Kreise sich schneiden, bleibt erhalten, wird aber umgelegt, d. h. sein Drehungssinn wird umgekehrt. Da nun die Spiegelung an einem Kreise dadurch hervorgeht, daß man alle auf die Spiegelung an g bezüglichen Figuren einer linear gebrochenen Transformation unterwirft, so folgt, daß auch die Spiegelung an einem Kreise die beiden erwähnten Eigenschaften besitzt. Sie führt Kreise in Kreise über und legt die Winkel um. Hierbei muß man auch die Geraden mit zu den Kreisen rechnen. Da der Fundamentalkreis punktweise in Ruhe bleibt, wird jeder Orthogonalkreis zu ihm in sich übergehen. Ein solcher Kreis muß sich nämlich wieder in einen Orthogonalkreis verwandeln. Da aber seine Schnittpunkte mit dem Fundamentalkreis wie alle Punkte dieses Kreises in sich übergehen, so fällt der neue Orthogonalkreis mit dem alten zusammen. Daß jeder Orthogonalkreis des Fundamentalkreises invariant bleibt, läßt sich auch direkt daraus erkennen, daß je zwei Punkte des Orthogonalkreises, die mit dem Mittelpunkt des Fundamentalkreises in gerader Linie liegen, konjugiert sind. Der innere und der äußere Bogen des Orthogonalkreises vertauschen sich bei der Spiegelung.

Es ist nach allen diesen Bemerkungen leicht, eine Formel für die Spiegelung an einem beliebigen Kreise aufzustellen. Ein Kreis vom Radius a, dessen Mittelpunkt die rechtwinkligen Koordinaten x_0, y_0 hat, wird durch die Gleichung

$$(x - x_0)^2 + (y - y_0)^2 = a^2 \tag{3}$$

dargestellt. Diese Gleichung sagt nämlich aus, daß die Punkte x_0, y_0 und x, y um a voneinander entfernt sind. Setzt man nun $z = x + iy$, $z_0 = x_0 + iy_0$, so läßt sich Gleichung (3) in der Form schreiben

$$(z - z_0)(\bar{z} - \bar{z}_0) = a^2. \tag{3'}$$

Betrachtet man nun die Transformation

$$Z = z_0 + \frac{a^2}{\bar{z} - \bar{z}_0}, \tag{4}$$

so zeigt sich, daß sie nichts anderes ist als die Spiegelung an dem betrachteten Kreise. Man kann die Transformation (4) offenbar auffassen als die Aufeinanderfolge der beiden folgenden

$$\mathfrak{z} = \bar{z}, \quad Z = z_0 + \frac{a^2}{\mathfrak{z} - \bar{z}_0}.$$

$\mathfrak{z} = \bar{z}$ ist die Spiegelung an der Abszissenachse, weil dem Punkte $z = x + iy$ der Punkt $\bar{z} = x - iy$ zugeordnet wird. Auf diese Spiegelung folgt die linear gebrochene Transformation

$$Z = z_0 + \frac{a^2}{\mathfrak{z} - \bar{z}_0}. \tag{5}$$

Sie läßt, wie wir wissen, die Winkel invariant, und zwar ohne Umlegung. Ferner führt sie Kreise in Kreise über. Dagegen legt die Spiegelung $\mathfrak{z} = \bar{z}$

die Winkel um und führt wie (5) Kreise in Kreise über. Aus diesen Feststellungen folgt, daß die Transformation (4) Kreise in Kreise verwandelt und die Winkel zwar invariant läßt, aber umlegt. Weiter können wir über diese Transformation folgendes sagen: Die einzigen Punkte, die bei ihr fest bleiben, sind die Punkte des Kreises (3'). Macht man nämlich in (4) die Einsetzung $Z = z$, so ergibt sich die Gleichung (3'). Betrachten wir nun zwei Punkte P und P_1, die in bezug auf den Kreis (3') konjugiert sind, so bestimmen sie ein Kreisbüschel, das aus lauter Orthogonalkreisen des Kreises (3') besteht. Jeder solche Orthogonalkreis geht aber bei der Transformation (4) in sich über, weil sie alle Punkte des Kreises (3') einzeln in Ruhe läßt und wegen ihrer Winkel- und Kreistreue Orthogonalkreise in Orthogonalkreise verwandelt. Daher muß bei der Transformation (4) das Punktepaar P, P_1 invariant bleiben, und zwar so, daß P und P_1 vertauscht werden. Solange sie nämlich nicht zusammenfallen, können sie unmöglich einzeln fest bleiben, weil diese Eigenschaft nur den Punkten des Kreises (3') zukommt. Es bestätigt sich also, daß die Transformation (4) nichts anderes ist als die Spiegelung an dem Kreise (3'). Hiermit ist auch die Formel (2) aufs neue bewiesen.

§ 25. Spiegelungen an Geraden.

Um die Formel für eine Spiegelung an einer beliebigen Geraden zu erhalten, kann man so vorgehen, daß man zunächst die durch Gleichung (4) in § 24 dargestellte Spiegelung an einem Kreise betrachtet und dann den Mittelpunkt z_0 des Kreises ins Unendliche rücken läßt. z_1 sei ein spezieller Punkt des spiegelnden Kreises. Der Punkt z_0 möge auf der Geraden z_1, z_0 ins Unendliche wandern. Dann bleibt also die Amplitude α der komplexen Zahl $z_0 - z_1$ fest, während ihr absoluter Betrag a über alle Grenzen zunimmt. Setzen wir aber in Formel (4) des § 24

$$z_0 = z_1 + a\lambda,$$

mithin

$$\bar{z}_0 = \bar{z}_1 + a\bar{\lambda},$$

so ist $\lambda = \cos\alpha + i\sin\alpha$, $\bar{\lambda} = \cos\alpha - i\sin\alpha$, also $\lambda\bar{\lambda} = 1$, und man erhält

$$Z = z_1 + a\lambda + \frac{a^2}{\bar{z} - \bar{z}_1 - a\bar{\lambda}},$$

d. h.

$$Z = \frac{z_1(\bar{z} - \bar{z}_1) + a\lambda(\bar{z} - \bar{z}_1) - a\bar{\lambda}z_1}{\bar{z} - \bar{z}_1 - a\bar{\lambda}}$$

oder

$$Z = \frac{a^{-1}z_1(\bar{z} - \bar{z}_1) + \lambda(\bar{z} - \bar{z}_1) - \bar{\lambda}z_1}{a^{-1}(\bar{z} - \bar{z}_1) - \bar{\lambda}}.$$

Jetzt sieht man mit einem Blick, was herauskommt, wenn a über alle Grenzen wächst. Die Bestandteile, in denen a^{-1} als Faktor auftritt, werden zu Null, und es ergibt sich mit Rücksicht auf $\lambda\bar{\lambda} = 1$

$$(1) \qquad Z = z_1 - (\bar{z} - \bar{z}_1)\,\lambda^2.$$

Hierbei ist α der Winkel, den die Normale der spiegelnden Geraden g mit der Abszissenachse bildet, und z_1 irgendein Punkt dieser Geraden. Es gibt auf der Normalen zwei entgegengesetzte Fortschreitungen, d. h. man kann den Winkel α durch $\alpha + \pi$ ersetzen. Da $\lambda^2 = \cos 2\alpha + i \sin 2\alpha$ ist, so ändert sich bei dieser Ersetzung 2α um 2π, was auf den Kosinus und Sinus keinen Einfluß ausübt.

Da bei der Herleitung der Formel (1) mit dem Unendlichwerden der Größe a operiert wurde, ist es nicht unnötig, nachträglich zu bestätigen, daß sie wirklich eine Spiegelung an der Geraden g darstellt. Wenn wir den Anfangspunkt nach z_1 verlegen, so lautet die komplexe Koordinate des Punktes z nicht mehr z, sondern $z - z_1$. Ebenso tritt an die Stelle von Z die Differenz $Z - z_1$. Setzen wir $\mathfrak{z} = z - z_1$ und $\mathfrak{Z} = Z - z_1$, so erscheint (1) in folgender Gestalt:

$$\mathfrak{Z} = -\bar{\mathfrak{z}}\lambda^2.$$

Diese Gleichung ist aber gleichbedeutend mit $\mathfrak{Z}\bar{\lambda} = -\bar{\mathfrak{z}}\lambda$. Setzen wir $\mathfrak{z}_1 = \mathfrak{z}\bar{\lambda}$ und $\mathfrak{Z}_1 = \mathfrak{Z}\bar{\lambda}$, so wird hier ausgesagt, daß $\mathfrak{Z}_1 = -\bar{\mathfrak{z}}_1$ ist, d. h. $\mathfrak{z}_1$ und $\mathfrak{Z}_1$ hängen durch eine Spiegelung an der $\mathfrak{y}$-Achse zusammen. Da nun $\mathfrak{z} = \mathfrak{z}_1\lambda$ und $\mathfrak{Z} = \mathfrak{Z}_1\lambda$ ist und die Multiplikation mit λ eine Drehung um α bedeutet, so hängen die Punkte $\mathfrak{z}$ und $\mathfrak{Z}$ ebenfalls durch eine Spiegelung zusammen, aber an einer Geraden, die aus der $\mathfrak{y}$-Achse durch die Drehung α hervorgeht. Durch diese Drehung erhalten wir aber aus der $\mathfrak{x}$-Achse die Normale der Geraden g, folglich aus der $\mathfrak{y}$-Achse die Gerade g selbst. Es wird also tatsächlich an der Geraden g gespiegelt. So haben wir also trotz des Operierens mit einer nach Unendlich strebenden Größe, worin eine Abweichung von der mathematischen Strenge der alten Geometer liegt, ein richtiges Ergebnis erhalten. Wir wissen jetzt, daß die Gleichung (1) der analytische Ausdruck einer Spiegelung an einer Geraden ist. Die Punkte dieser Geraden sind dadurch gekennzeichnet, daß sie bei der Spiegelung in sich übergehen. Macht man in (1) die Einsetzung $Z = z$, so ergibt sich

$$(2) \qquad z = z_1 - (\bar{z} - \bar{z}_1)\,\lambda^2$$

oder in besserer Schreibung

$$(2') \qquad (z - z_1)\,\bar{\lambda} + (\bar{z} - \bar{z}_1)\,\lambda = 0.$$

Wir können auch zu den Koordinaten x, y übergehen, also $z = x + iy$ setzen, und erhalten dann, wenn wir uns an $z_1 = x_1 + iy_1$ und $\lambda = \cos\alpha + i \sin\alpha$ erinnern,

$$(2^*) \qquad (x - x_1)\cos\alpha + (y - y_1)\sin\alpha = 0.$$

Das ist also die Gleichung einer Geraden g durch den Punkt x_1, y_1, deren Normale mit der x-Achse den Winkel α bildet. Dieses Ergebnis läßt sich sehr leicht direkt gewinnen. Man denke sich auf den rechtwinkligen

Achsen die Einheitsvektoren $\mathfrak{i}$ und $\mathfrak{j}$ angebracht. Dann ist $(x - x_1)\mathfrak{i} + (y - y_1)\mathfrak{j}$ der von x_1, y_1 nach x, y laufende Vektor. Ferner ist $\mathfrak{i} \cos\alpha + \mathfrak{j} \sin\alpha$ ein Einheitsvektor, der aus $\mathfrak{i}$ durch die Drehung α entsteht. (2*) sagt aus, daß diese beiden Vektoren aufeinander senkrecht stehen, daß also die Verbindungsgerade der beiden Punkte x_1, y_1 und x, y senkrecht zu dem Vektor $\mathfrak{i} \cos\alpha + \mathfrak{j} \sin\alpha$ gerichtet ist. Dann liegt aber der Punkt x, y auf jener Geraden, die wir g nannten.

Der Ausdruck $(x - x_1)\cos\alpha + (y - y_1)\sin\alpha$ stellt, wenn man unter x, y einen beliebigen Punkt versteht, das innere Produkt der beiden Vektoren $\mathfrak{v} = (x - x_1)\,\mathfrak{i} + (y - y_1)\,\mathfrak{j}$ und $\mathfrak{n} = \mathfrak{i}\cos\alpha + \mathfrak{j}\sin\alpha$ dar. Zerlegt man den Vektor $\mathfrak{v}$ in eine Komponente, die parallel, und eine, die senkrecht zu $\mathfrak{n}$ ist, so wird die erste Komponente $(\mathfrak{v} \cdot \mathfrak{n})\,\mathfrak{n}$ lauten, weil

$$(\mathfrak{v} - (\mathfrak{v} \cdot \mathfrak{n})\mathfrak{n}) \cdot \mathfrak{n} = (\mathfrak{v} \cdot \mathfrak{n}) - (\mathfrak{v} \cdot \mathfrak{n}) = 0$$

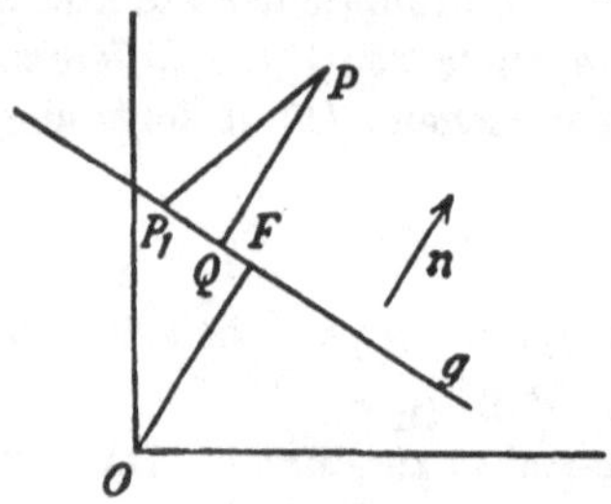

Fig. 41.

ist. $(\mathfrak{v} \cdot \mathfrak{n})$ oder $(x - x_1)\cos\alpha + (y - y_1)\sin\alpha$ stellt also die Maßzahl der $\mathfrak{n}$-Komponente des Vektors $\mathfrak{v}$ dar. Wenn wir den Punkt x, y mit P, den Punkt x_1, y_1 mit P_1 bezeichnen und PQ das von P auf die Gerade g gefällte Lot ist (vgl. Fig. 41), so wird $\mathfrak{v} = P_1P$ und $(\mathfrak{v} \cdot \mathfrak{n})\mathfrak{n} = QP$ sein oder in ausführlicher Schreibung

$$QP = \{(x - x_1)\cos\alpha + (y - y_1)\sin\alpha\}\,\mathfrak{n}.$$

Man kann also sagen, daß der Ausdruck $(x - x_1)\cos\alpha + (y - y_1)\sin\alpha$ die Maßzahl des Lotes QP darstellt, also die positive oder negative Länge dieses Lotes, je nachdem QP mit $\mathfrak{n}$ gleich oder entgegengesetzt gerichtet ist. Jener Ausdruck gibt den Abstand des Punktes x, y von der Geraden g an, und zwar in der einen Halbebene positiv, in der andern negativ, positiv in derjenigen, nach welcher der Vektor $\mathfrak{n} = \mathfrak{i}\cos\alpha + \mathfrak{j}\sin\alpha$ hinweist. Setzt man $x = 0$, $y = 0$, so findet man als Abstand des Anfangspunktes O von der Geraden g

$$p = -x_1\cos\alpha - y_1\sin\alpha.$$

p ist also die Maßzahl des Lotes FO, d. h. man hat $FO = p\mathfrak{n}$. Führt man diese Größe p ein, so lautet die Gleichung (2*)

$$(2^{**}) \qquad x\cos\alpha + y\sin\alpha + p = 0.$$

Man nennt sie die Hessesche Normalgleichung der Geraden g. Durch den Normalvektor $\mathfrak{n} = \mathfrak{i}\cos\alpha + \mathfrak{j}\sin\alpha$ ist die Gerade bis auf eine Parallelverschiebung festgelegt. Außerdem ist $FO = p\mathfrak{n}$. Man kennt also den Ortsvektor $OF = -p\mathfrak{n}$ des Punktes F, durch den die Gerade hindurchgeht. Dadurch ist sie vollkommen bestimmt. Der Vorzug der Hesseschen Gleichungsform liegt darin, daß ihre linke Seite den Abstand des Punktes x, y von der Geraden darstellt, und zwar, wie wir oben erörtert haben, in der einen Halbebene positiv, in der andern negativ.

Jede Gleichung von der Form

$$(3) \qquad Ax + By + C = 0,$$

in der A und B nicht beide null sind, stellt eine Gerade dar, d. h. die Punkte, die mit ihren Koordinaten diese Gleichung erfüllen, sind die Punkte einer gewissen Geraden. Die Gleichung (3) ist nämlich gleichbedeutend mit

$$(3') \qquad \frac{A}{\sqrt{A^2+B^2}}x + \frac{B}{\sqrt{A^2+B^2}}y + \frac{C}{\sqrt{A^2+B^2}} = 0.$$

Hier haben nun die Koeffizienten von x und y die Quadratsumme 1. Daher kann man

$$(4) \qquad \frac{A}{\sqrt{A^2+B^2}} = \cos\alpha, \quad \frac{B}{\sqrt{A^2+B^2}} = \sin\alpha$$

setzen. Um das noch deutlicher zu erklären, sei folgendes gesagt: Der Punkt mit den rechtwinkligen Koordinaten

$$\frac{A}{\sqrt{A^2+B^2}}, \quad \frac{B}{\sqrt{A^2+B^2}}$$

hat den Radiusvektor 1 und eine Amplitude, die wir α nennen. Auf Grund der bekannten Beziehung zwischen rechtwinkligen und Polarkoordinaten gelten die Gleichungen (4). Wird noch

$$\frac{C}{\sqrt{A^2+B^2}} = p$$

gesetzt, so verwandelt sich die Gleichung (3') ganz in (2**). Von Gleichung (2**) wissen wir aber, daß sie eine Gerade darstellt. Da man die Wurzel $\sqrt{A^2+B^2}$ positiv und negativ wählen kann, gibt es zwei Möglichkeiten, die Gleichung (3) auf die Hessesche Normalform zurückzuführen. Dies entspricht der zweifachen Möglichkeit, die positive Halbebene zu wählen. Man kann es durch passende Signierung der Wurzel $\sqrt{A^2+B^2}$ so einrichten, daß ein bestimmter Punkt x_0, y_0, der nicht auf der Geraden (3) liegt, in die positive Halbebene fällt. Man muß eben die Wurzel so wählen, daß

$$\frac{Ax_0+By_0+C}{\sqrt{A^2+B^2}}$$

positiv wird.

Wenn man zwei beliebige Punkte x_1, y_1 und x_2, y_2 betrachtet, so sind

$$(5) \qquad \frac{Ax_1+By_1+C}{\sqrt{A^2+B^2}}, \quad \frac{Ax_2+By_2+C}{\sqrt{A^2+B^2}}$$

ihre Abstände von der Geraden (3), natürlich Abstände mit Vorzeichen. Wir sagen der Kürze halber schlechthin Abstände. Im Unterschied zu diesen mit Vorzeichen versehenen Abständen könnte man vielleicht ihre absoluten Beträge Entfernungen nennen. Bildet man den Quotienten der beiden Ausdrücke (5), so hebt sich die Wurzel fort, und es ergibt sich als Abstandsverhältnis der Punkte x_1, y_1 und x_2, y_2 in bezug auf die Gerade (3)

$$\frac{Ax_1+By_1+C_1}{Ax_2+By_2+C_2}.$$

Liegen die beiden Punkte in derselben Halbebene, also auf derselben Seite der hier betrachteten Geraden g, so ist der obige Quotient gleich dem Entfernungsverhältnis von g, andernfalls gleich dem negativen Entfernungsverhältnis. Wenn sich die Geraden g und P_1P_2 im Punkte S schneiden (vgl. Fig. 42), so sind im ersten Falle die Strecken SP_1 und SP_2 gleichgerichtet, im zweiten Falle entgegengesetzt gerichtet. Der Faktor, um den sie sich unterscheiden,

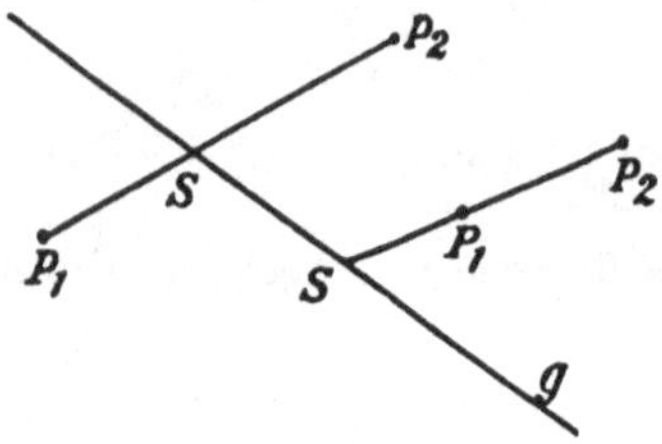

Fig. 42.

kann mit $\frac{SP_1}{SP_2}$ bezeichnet werden. Er ist die Zahl, mit der man SP_2 multiplizieren muß, um SP_1 zu erhalten. Diese Zahl ist positiv oder negativ, je nachdem SP_1 und SP_2 gleich oder entgegengesetzt gerichtet sind. Daher findet stets folgende Gleichung statt:

$$\frac{SP_1}{SP_2} = \frac{Ax_1 + By_1 + C_1}{Ax_2 + By_2 + C_2}. \tag{6}$$

Man nennt gewöhnlich $-\frac{SP_2}{SP_1}$ das Teilverhältnis, nach welchem S oder die Gerade g die Strecke P_1P_2 teilt. P_1P_2 wird nämlich durch S in die beiden Summanden P_1S und SP_2 zerlegt, $P_1P_2 = P_1S + SP_2$. Wenn man den zweiten durch den ersten Summanden dividiert, so entsteht $\frac{SP_2}{P_1S}$ oder $-\frac{SP_2}{SP_1}$, und diese Zahl heißt das durch S auf der Strecke P_1P_2 hervorgebrachte Teilverhältnis. Man braucht dafür vielfach das Symbol (P_1SP_2), so daß also

$$(P_1SP_2) = \frac{SP_2}{P_1S}$$

ist. Auf solche Teilverhältnisse bezieht sich das berühmte Theorem des alexandrinischen Geometers Menelaus. Ein Dreieck $P_1P_2P_3$ wird durch die Transversale g geschnitten. Die Schnittpunkte der Dreiecksseiten P_2P_3, P_3P_1, P_1P_2 oder ihrer Verlängerungen mit g mögen S_1, S_2, S_3 heißen. Dann ist nach (6)

$$(P_2S_1P_3) = -\frac{Ax_3 + By_3 + C}{Ax_2 + By_2 + C},$$

$$(P_3S_2P_1) = -\frac{Ax_1 + By_1 + C}{Ax_3 + By_3 + C},$$

$$(P_1S_3P_2) = -\frac{Ax_2 + By_2 + C}{Ax_1 + By_1 + C}.$$

Hieraus folgt

$$(P_2S_1P_3)(P_3S_2P_1)(P_1S_3P_2) = -1. \tag{7}$$

Das Produkt der Teilverhältnisse, welche durch g auf den Dreiecksseiten entstehen, ist also gleich -1. So lautet der Satz des Menelaus.

Auch ein Punkt K bringt auf den Dreiecksseiten P_2P_3, P_3P_1, P_1P_2 Teilverhältnisse hervor, wenn man ihn mit den Ecken verbindet und diese Verbindungsgeraden KP_1, KP_2, KP_3 mit den entsprechenden Dreiecksseiten in T_1, T_2, T_3 zum Schnitt bringt. Auf diese Teilverhältnisse bezieht sich das Theorem von Ceva. Um es zu beweisen, wollen wir die Gleichungen der Geraden P_2P_3, P_3P_1, P_1P_2 heranziehen, die

$$A_1x + B_1y + C_1 = 0, \quad A_2x + B_2y + C_2 = 0,$$
$$A_3x + B_3y + C_3 = 0$$

lauten mögen. Wir setzen zur Abkürzung

$$G_\nu = A_\nu x + B_\nu y + C_\nu$$

und

$$g_\nu = A_\nu x_0 + B_\nu y_0 + C_\nu,$$

wobei x_0, y_0 die Koordinaten des Punktes K sein sollen. Dann haben die Geraden KP_1, KP_2, KP_3 folgende Gleichungen:

$$\frac{G_2}{g_2} - \frac{G_3}{g_3} = 0, \quad \frac{G_3}{g_3} - \frac{G_1}{g_1} = 0, \quad \frac{G_1}{g_1} - \frac{G_2}{g_2} = 0.$$

Um zu erkennen, daß z. B. die erste Gleichung die Gerade KP_1 darstellt, muß man erstens bemerken, daß sie zunächst als Gleichung von der Form $Ax + By + C = 0$, d. h. als lineare Gleichung, überhaupt eine Gerade darstellt. Zweitens ist festzustellen, daß diese Gerade durch P_1 hindurchgeht. Dieser Punkt erfüllt nämlich mit seinen Koordinaten die Gleichungen $G_2 = 0$, $G_3 = 0$, folglich auch die Gleichung $\frac{G_2}{g_2} - \frac{G_3}{g_3} = 0$, die eine lineare Verbindung jener beiden ist. Drittens muß noch gezeigt werden, daß die genannte Gleichung auch durch x_0, y_0 befriedigt wird. Setzt man aber in G_2 und G_3 für x, y die Werte x_0, y_0 ein, so verwandeln sie sich in g_2 und g_3. Die beiden Glieder der Differenz $\frac{G_2}{g_2} - \frac{G_3}{g_3}$ werden also zu 1, die Differenz selbst zu 0.

Um nun das Theorem von Ceva zu beweisen, müssen wir noch sagen, daß die Ausdrücke G_1, G_2, G_3, wenn man in ihnen statt x, y die Koordinaten x_ν, y_ν der Dreiecksecke P_ν einsetzt, verschwinden mit Ausnahme des Ausdrucks G_ν, welcher einen von Null verschiedenen Wert

$$h_\nu = A_\nu x_\nu + B_\nu y_\nu + C_\nu$$

annimmt. Wir finden dann für die in Betracht kommenden Teilverhältnisse folgende Werte:

$$(P_2T_1P_3) = \frac{h_3}{g_3} : \frac{h_2}{g_2},$$
$$(P_3T_2P_1) = \frac{h_1}{g_1} : \frac{h_3}{g_3},$$
$$(P_1T_3P_2) = \frac{h_2}{g_2} : \frac{h_1}{g_1}.$$

Um z. B. $(P_2T_1P_3)$ zu erhalten, muß man in $\frac{G_2}{g_2} - \frac{G_3}{g_3}$ für x, y die Werte

x_3, y_3 und x_2, y_2 einsetzen. Dadurch erhält man $-\frac{h_3}{g_3}$ und $\frac{h_2}{g_2}$. Der Quotient beider Werte ist das negative Teilverhältnis $(P_2 T P_3)$. Multipliziert man nun die drei obigen Teilverhältnisse, so ergibt sich

$$(8) \qquad (P_2 T_1 P_3)(P_3 T_2 P_1)(P_1 T_3 P_2) = 1.$$

Das Produkt der Teilverhältnisse, welche die Geraden KP_1, KP_2, KP_3 auf den entsprechenden Dreiecksseiten P_2P_3, P_3P_1, P_1P_2 hervorbringen, ist also gleich 1. Damit haben wir das Theorem des Ceva gewonnen. Weiß man, daß die Gleichung (8) besteht, so kann man schließen, daß die drei Geraden P_1T_1, P_2T_2, P_3T_3 durch einen Punkt hindurchgehen. Um dies zu erkennen, bezeichne man den Schnittpunkt von P_1T_1, P_2T_2 mit K und denke sich die Gerade KP_3 gezogen. Sie möge P_1P_2 im Punkte T_3' schneiden. Dann ist nach dem Theorem des Ceva

$$(8') \qquad (P_2 T_1 P_3)(P_3 T_2 P_1)(P_1 T_3' P_2) = 1.$$

Aus (8) und (8′) folgt aber

$$(P_1 T_3 P_2) = (P_1 T_3' P_2),$$

d. h. die Punkte T_3 und T_3' teilen P_1P_2 nach demselben Teilverhältnis. Macht man die Umformung

$$(P_1 T_3 P_2) = \frac{T_3P_2}{P_1T_3} = \frac{T_3P_1 + P_1P_2}{P_1T_3} = -1 + \frac{P_1P_2}{P_1T_3},$$

so besagt die obige Gleichung, daß

$$P_1T_3 = P_1T_3'$$

ist, daß also die Punkte T_3 und T_3' zusammenfallen, womit unsere Behauptung bewiesen ist. Ganz ebenso beweist man, daß aus der Gleichung (7) auf die Kollinearität der drei Punkte S_1, S_2, S_3 geschlossen werden kann.

Ein wichtiges Ergebnis stellt sich ein, wenn man die Theoreme des Menelaus und Ceva in der Weise verbindet, daß man zwei von den Punkten S_1, S_2, S_3 mit den gleichnamigen Punkten des Tripels T_1, T_2, T_3 zusammenfallen läßt, wie es in Fig. 43 verwirklicht ist, wo wir zugleich der Einfachheit halber den Index 3 fortgelassen haben. Nach dem Satze des Menelaus gilt

$$(P_2 T_1 P_3)(P_3 T_2 P_1)(P_1 S P_2) = -1,$$

nach dem Satze des Ceva

$$(P_2 T_1 P_3)(P_3 T_2 P_1)(P_1 T P_2) = 1.$$

Hieraus folgt

$$(9) \qquad \frac{(P_1 S P_2)}{(P_1 T P_2)} = -1.$$

Die linke Seite lautet in ausführlicher Schreibung

$$(10) \qquad \frac{SP_2}{P_1S} : \frac{TP_2}{P_1T}.$$

Denkt man sich auf der Geraden P_1P_2 eine Abszissenbestimmung durchgeführt, so erhalten die vier Punkte P_1, P_2, S, T gewisse Abszissen x_1, x_2, s, t.

Ist $\mathfrak{i}$ der Einheitsvektor, der die positive Abszissenrichtung markiert, so hat man

$$SP_2 = (x_2 - s)\,\mathfrak{i},\quad P_1S = (s - x_1)\,\mathfrak{i},$$
$$TP_2 = (x_2 - t)\,\mathfrak{i},\quad P_1T = (t - x_1)\,\mathfrak{i},$$

mithin

$$\frac{SP_2}{P_1S} = \frac{x_2 - s}{s - x_1},\quad \frac{TP_2}{P_1T} = \frac{x_2 - t}{t - x_1}.$$

Der Ausdruck (10) nimmt hiernach die Form an

$$\frac{x_2 - s}{s - x_1} : \frac{x_2 - t}{t - x_1}.$$

Solche Ausdrücke haben wir in § 23 mit $(x_1 x_2 t s)$ bezeichnet und nannten sie Doppelverhältnisse. Wir werden daher auch den Ausdruck (10) das Doppel-

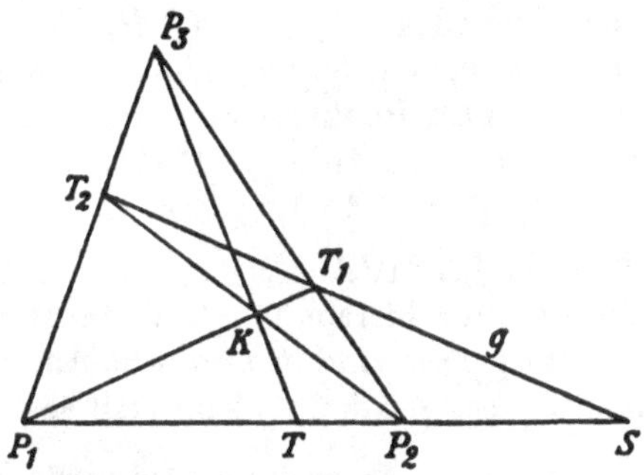

Fig. 43.

verhältnis der vier Punkte P_1, P_2, T, S in dieser Reihenfolge nennen und dafür das Symbol $(P_1 P_2 T S)$ brauchen. Man berechnet ein solches Doppelverhältnis, indem man das Teilverhältnis $(P_1 S P_2)$ durch das Teilverhältnis $(P_1 T P_2)$ dividiert.

Der Inhalt der Gleichung (9) kann nunmehr so formuliert werden, daß die vier Punkte P_1, P_2, T, S das Doppelverhältnis -1 liefern. Die Teilverhältnisse, nach welchen T und S die Strecke P_1P_2 teilen, sind also entgegengesetzt gleich. Man sagt in diesem Falle, daß T und S die Strecke P_1P_2 harmonisch teilen oder daß sie in bezug auf das Punktepaar P_1, P_2 harmonisch konjugiert sind. Die beiden Punkte T und S stehen offenbar in wechselseitiger Beziehung, weil sie die Strecke P_1P_2 nach entgegengesetzt gleichen Verhältnissen teilen. Aber auch P_1 und P_2 sind gleichberechtigt. Man hat nämlich

$$(P_2 S P_1) = \frac{SP_1}{P_2S} = \frac{P_1S}{SP_2} = \frac{1}{(P_1 S P_2)},$$

ebenso

$$(P_2 T P_1) = \frac{1}{(P_1 T P_2)},$$

mithin

$$(P_2P_1TS) = \frac{1}{(P_1P_2TS)}.$$

Gilt also die Gleichung $(P_1P_2TS) = -1$, so folgt $(P_2P_1TS) = -1$. Die Punkte S, T, die die Strecke P_1P_2 harmonisch teilen, tun dasselbe mit der Strecke P_2P_1. Daher nennen wir sie harmonisch konjugiert in bezug auf die beiden Punkte oder das Punktepaar P_1, P_2. Schließlich stellt sich sogar noch heraus, daß man die beiden Punktepaare P_1, P_2 und S, T vertauschen kann, ohne daß die harmonische Beziehung aufhört. D. h. wenn S, T zu P_1, P_2 harmonisch sind, so sind auch P_1, P_2 zu S, T harmonisch. Man hat nämlich

$$(TSP_1P_2) = (TP_2S) : (TP_1S) = \frac{P_2S}{TP_2} : \frac{P_1S}{TP_1} = \frac{SP_2}{P_1S} : \frac{TP_2}{P_1T}.$$

Das ist aber gerade der Ausdruck (10), also (P_1P_2TS).

So handelt es sich also bei der harmonischen Teilung um eine wechselseitige Beziehung zwischen zwei Punktepaaren, von denen man kurz sagen kann, sie seien zueinander harmonisch. Heißen die Punktepaare P_1, P_2 und Q_1, Q_2, so ist $(P_1P_2Q_1Q_2) = -1$. Es gelten aber auch die Gleichungen

$$(P_2P_1Q_1Q_2) = -1, \quad (P_1P_2Q_2Q_1) = -1, \quad (P_2P_1Q_2Q_1) = -1,$$

ferner die vier Gleichungen, die hieraus durch Vertauschen der Buchstaben P und Q hervorgehen. Im ganzen sind es also acht Anordnungen, bei denen das Doppelverhältnis den Wert -1 hat. Wenn man sämtliche Anordnungen in Betracht zieht, so kommen die Doppelverhältniswerte 2 und $\frac{1}{2}$ zum Vorschein, und zwar jeder achtmal. Doch wollen wir hierauf nicht näher eingehen.

Fig. 43 zeigt die berühmte Konstruktion des vierten harmonischen Punktes. Hat man von zwei zueinander harmonischen Punktepaaren P_1, P_2 und S, T einen Punkt, z. B. den Punkt S, verloren, so kann man ihn an Hand der Fig. 43 wiederfinden. Man nimmt einen Punkt P_3 außerhalb der Geraden P_1P_2, zieht P_3T, wählt auf P_3T einen Punkt K, gewinnt mit Hilfe der Geraden P_1K und P_2K die Punkte T_1, T_2 und als Schnitt der Geraden P_1P_2 und T_1T_2 schließlich den harmonischen Partner S des Punktes T.

In engstem Zusammenhang mit dem Theorem des Menelaus steht ein anderer wichtiger Satz, der sich auf eine grundlegende Eigenschaft der Doppelverhältnisse bezieht. Um diesen von dem Alexandriner Pappus herrührenden Satz zu gewinnen, bemerken wir zunächst, daß sich das Theorem des Menelaus auf n-Ecke übertragen läßt. Wenn die Ecken eines n-Ecks der Reihe nach mit $P_1, P_2, \ldots, P_n$ bezeichnet werden und eine Transversale g die Seiten $P_1P_2, P_2P_3, \ldots, P_nP_1$ in den Punkten $S_1, S_2, \ldots, S_n$ trifft, so ist

$$(11) \qquad (P_1S_1P_2)(P_2S_2P_3)\ldots(P_nS_nP_1) = (-1)^n.$$

Der Beweis wird ganz ebenso geführt, wie im Falle $n = 3$.

In Fig. 44 sehen wir ein Viereck $ABB'A'$, das durch die beiden Transversalen CC' und DD' geschnitten wird. Nach Formel (11), in der $n = 4$ zu setzen ist, gelten nun die Gleichungen

$$(ASA')(A'C'B')(B'SB)(BCA) = 1,$$
$$(ASA')(A'D'B')(B'SB)(BDA) = 1.$$

Aus ihnen folgt durch Division

$$\frac{(A'D'B')\,(BDA)}{(A'C'B')\,(BCA)} = 1$$

oder

$$\frac{(A'D'B')}{(A'C'B')} = \frac{(ADB)}{(ACB)},$$

d. h.

$$(A'B'C'D') = (ABCD).$$

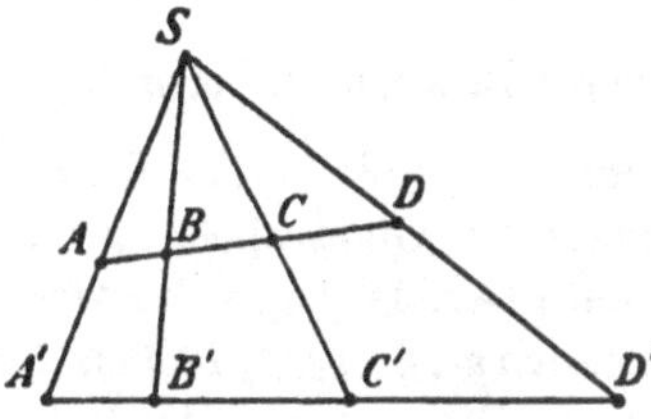

Fig. 44.

Das ist der Satz des Pappus. Er besagt, daß vier Punkte einer Geraden ihr Doppelverhältnis unverändert behalten, wenn man sie von einem Punkte S aus auf eine andere Gerade projiziert. Man nennt die Gesamtheit der durch S hindurchlaufenden Geraden ein Geradenbüschel. Gebraucht man diesen Ausdruck, so kann man den Satz des Pappus auch in folgender Weise aussprechen: Vier Geraden eines Büschels werden durch alle Transversalen nach demselben Doppelverhältnis geschnitten, d. h. das Doppelverhältnis der vier Schnittpunkte hat immer denselben Wert, wie man auch die Transversale, die sie hervorbringt, wählen mag. Dieses Doppelverhältnis kann man deshalb das Doppelverhältnis der vier Büschelgeraden nennen. Der Scheitel S des Geradenbüschels möge mit dem Anfangspunkt O zusammenfallen, und die Hesseschen Gleichungen der vier dem Büschel entnommenen Geraden seien

$$(12) \qquad x\cos\alpha_\nu + y\sin\alpha_\nu = 0. \qquad (\nu = 1, \ldots, 4).$$

Als Transversale werde die Gerade $y = -1$ gewählt, also eine Parallele zur x-Achse im Abstand 1, die negative y-Achse treffend. Die Schnittpunkte der Transversale mit den vier Büschelgeraden haben die Abszissen

$$x_\nu = \tan\alpha_\nu.$$

Ihr Doppelverhältnis ist also der Ausdruck

$$(\tan\alpha_1, \tan\alpha_2, \tan\alpha_3, \tan\alpha_4)$$

oder in ausführlicher Schreibung

$$\frac{\tan\alpha_2 - \tan\alpha_4}{\tan\alpha_4 - \tan\alpha_1} : \frac{\tan\alpha_2 - \tan\alpha_3}{\tan\alpha_3 - \tan\alpha_1}.$$

Multipliziert man den ersten Zähler mit $\cos\alpha_2\cos\alpha_4$, den zweiten mit $\cos\alpha_2\cos\alpha_3$, den ersten Nenner mit $\cos\alpha_1\cos\alpha_4$, den zweiten mit $\cos\alpha_1\cos\alpha_3$, so hat sich der Quotient beider Brüche nicht geändert. Er lautet aber nach dieser Umformung

$$(13) \qquad \frac{\sin(\alpha_2 - \alpha_4)}{\sin(\alpha_4 - \alpha_1)} : \frac{\sin(\alpha_2 - \alpha_3)}{\sin(\alpha_3 - \alpha_1)}.$$

Das ist also das Doppelverhältnis der vier Geraden (12). Wenn man die

Normalvektoren $\mathfrak{i}\cos\alpha_\nu + \mathfrak{j}\sin\alpha_\nu$ um $\frac{\pi}{2}$ dreht, so fallen sie auf die vier Geraden und diese erhalten dadurch bestimmte Orientierungen. Auf jeder ist dann nämlich ein Vektor vorhanden, der die positive Richtung anzeigt. Da die Differenzen der α bei Vermehrung aller α um $\frac{\pi}{2}$ dieselben bleiben, so kann man jede solche Differenz als Winkel zwischen zwei Geraden des betrachteten Quadrupels ansehen. Z. B. ist $\alpha_2 - \alpha_4$ der Winkel, um den die zweite Gerade gegen die vierte gedreht erscheint. Wir können ihn, wenn die Geraden g_1, g_2, g_3, g_4 heißen, kurz mit $\sphericalangle(g_4 g_2)$ bezeichnen. Machen wir es bei den andern Differenzen entsprechend, so geht der Ausdruck (13) in folgenden über:

$$(13')\qquad \frac{\sin(g_4 g_2)}{\sin(g_1 g_4)} \cdot \frac{\sin(g_3 g_2)}{\sin(g_1 g_3)}.$$

Wir benutzen für ein solches Doppelverhältnis auch das Symbol $(g_1 g_2 g_3 g_4)$. Um es zu bilden, muß man zuerst den Ausdruck so auffassen, als handelte es sich um ein Doppelverhältnis von vier Punkten, d. h. man muß

$$(g_1 g_4 g_2) : (g_1 g_3 g_2) = \frac{g_4 g_2}{g_1 g_4} : \frac{g_3 g_2}{g_1 g_3}$$

ansetzen. Dann ist noch vor die Zähler und Nenner beider Brüche die Silbe sin zu schreiben. Wenn man die Orientierung irgendeiner der vier Geraden umkehrt, so ändern sich in (13′) zwei Winkel um π. Der Wert des Ausdrucks bleibt derselbe.

Die Gesamtheit der Ebenen, die durch eine bestimmte Gerade im Raume hindurchgehen, nennt man ein Ebenenbüschel. Wenn vier Ebenen $\alpha, \beta, \gamma, \delta$ des Büschels herausgegriffen werden und eine Gerade g mit ihnen zum Schnitt gebracht wird, so haben die vier Schnittpunkte A, B, C, D stets dasselbe Doppelverhältnis, wie man auch die schneidende Gerade wählen mag. Ist g' die Gerade g in veränderter Lage und sind A', B', C', D' ihre Schnittpunkte mit $\alpha, \beta, \gamma, \delta$, so nehme man eine dritte Gerade h zu Hilfe, die g und g' trifft. Die Ebene der beiden Geraden g und h schneide die Achse des Ebenenbüschels in S, die Ebene der beiden Geraden g' und h treffe jene Achse in S'. Ferner seien A^*, B^*, C^*, D^* die Schnittpunkte der Hilfsgeraden h mit den Ebenen $\alpha, \beta, \gamma, \delta$. Da S, A, A^* in gerader Linie liegen, nämlich im Schnitt der Ebenen α und (g, h), ebenso S, B, B^* und S, C, C^* und S, D, D^*, so ist auf Grund des Satzes von Pappus

$$(ABCD) = (A^*B^*C^*D^*).$$

Nach demselben Satze ist

$$(A'B'C'D') = (A^*B^*C^*D^*).$$

Aus beiden Aussagen folgt aber

$$(ABCD) = (A'B'C'D').$$

Schneidet man die Ebenen $\alpha, \beta, \gamma, \delta$ mit irgendeiner Ebene, so entsteht ein Geradenquadrupel, dessen Doppelverhältnis sich nicht ändert, wenn man die schneidende Ebene anders wählt. Das ist durch die obige Betrachtung mit bewiesen. Als Doppelverhältnis der vier Ebenen wird der gemeinsame Wert aller Doppelverhältnisse dieser Schnittgebilde, seien es Punkt- oder Geradenquadrupel, bezeichnet. Er läßt sich in der Form

$$\frac{\sin(\delta\beta)}{\sin(\alpha\delta)} : \frac{\sin(\gamma\beta)}{\sin(\alpha\gamma)} \tag{14}$$

darstellen. Man erkennt dies sofort, wenn man das Ebenenquadrupel durch eine zur Achse senkrechte Ebene schneidet. Es entstehen dann nämlich vier Geraden, deren Winkel zugleich die Winkel zwischen den vier Ebenen sind. Wie man die vier Geraden orientiert und wie man den positiven Drehsinn festsetzt, ist auf den Wert des Ausdrucks (14) ohne Einfluß. Um den Ausdruck bilden zu können, müssen aber solche Festsetzungen erfolgen. Man kann es auch so machen, daß man in einem Punkte der Achse vier Einheitsvektoren $\mathfrak{A}, \mathfrak{B}, \mathfrak{C}, \mathfrak{D}$ anbringt, die auf den Ebenen senkrecht stehen. Die Winkel zwischen diesen Vektoren sind die Winkel zwischen den Ebenen. Um sie zahlenmäßig auszudrücken, muß nur noch der Drehsinn festgesetzt werden, damit man weiß, welche Drehungen positiv und welche negativ zu rechnen sind.

§ 26. Grundgebilde erster Stufe und projektive Beziehungen zwischen ihnen.

Jakob Steiner, der große Systematiker unter den Geometern, hat die Punktreihe (Gesamtheit der Punkte einer Geraden), das Geradenbüschel und das Ebenenbüschel als Grundgebilde erster Stufe bezeichnet. Von besonderer Wichtigkeit sind in der Theorie dieser Grundgebilde gewisse Beziehungen zwischen zwei solchen Gebilden. Betrachten wir z. B. in einer Ebene eine Punktreihe und ein Geradenbüschel, wobei wir aber annehmen, daß sich der Scheitel des Büschels außerhalb der Punktreihe befindet. Dann liegt jeder Punkt der Punktreihe auf einer bestimmten Geraden des Büschels. Ordnen wir immer zwei solche vereinigt liegenden Elemente aus Punktreihe und Geradenbüschel einander zu, so nennt man das die perspektive Beziehung zwischen den beiden Gebilden. Das Doppelverhältnis von vier Punkten der Punktreihe ist immer gleich dem Doppelverhältnis der vier entsprechenden Geraden des Büschels. Von einer projektiven Beziehung sprechen wir, wenn die Punkte der Punktreihe mit den Geraden des Geradenbüschels gepaart sind, aber so, daß die Doppelverhältnisse entsprechender Quadrupel übereinstimmen. Von einer Paarung reden wir nur dann, wenn jeder Punkt der Punktreihe unter den Geraden des Geradenbüschels seine bestimmte Partnerin hat und jede Gerade des Büschels zu einem und nur einem Punkte der Punktreihe als Partnerin gehört. Paarungen zwischen den Elementen zweier Mengen spielen in der ganzen Mathematik eine wichtige Rolle. Man nennt sie auch Abbildungen. Beispiele von Abbildungen sind uns auch in diesem Buche bereits begegnet. So lernten wir die stereographische Abbildung kennen, eine Paarung zwischen den Punkten einer Kugel und einer Ebene, wobei, wenn man nur die eigentlichen Punkte der Ebene in Betracht ziehen will, die Kugel punktiert werden muß. Punktierung bedeutet die Ausschließung eines Punktes, im vorliegenden Falle des Zentrums der stereographischen Projektion. Auch die Spiegelungen an Kreisen und Geraden sind Abbildungen, und zwar Abbildungen der Ebene auf sich selbst. Man muß sich die Ebene in zwei Exemplaren vorstellen, die aufeinander abgebildet werden. Handelt es sich um eine Spiegelung an einem Kreis, so muß man den Mittelpunkt des Kreises in beiden Exemplaren ausmerzen, um eine Paarung im strengen Sinne zu erhalten. Bei der Spiegelung an einer Geraden ist eine solche Ausmerzung unnötig.

Kehren wir nun zur projektiven Beziehung oder Abbildung zwischen einer Punktreihe und einem Geradenbüschel zurück und stellen wir uns zunächst den Sonderfall der Perspektivität vor. Jeder Punkt der Punktreihe liegt mit der zugeordneten Geraden des Büschels vereinigt, z. B. A mit a, B mit b, C mit c, D mit d usw. (vgl. Fig. 45). Ist hier eine Paarung im strengen Sinne verwirklicht? Wenn wir uns nur auf die eigentlichen Punkte der Punktreihe beschränken, fehlt der Geraden g, die zur Trägerin der Punktreihe parallel läuft, der Punktpartner. Wir haben aber schon früher von dem Fernpunkt einer Geraden gesprochen, und wenn wir der Geraden g den Fernpunkt der Punktreihe zuordnen, so ist eine vollkommene Paarung zwischen Geradenbüschel und Punktreihe hergestellt. Man wird also zur Einführung des Fernpunktes genötigt, wenn man den strengen Paarungsbegriff durchsetzen will. Wir wollen den Fernpunkt der Punktreihe $A, B, C, D, \ldots$ mit U bezeichnen. Was wird, so lautet dann eine wichtige Frage, aus dem Doppelverhältnis $(ABCD)$, wenn wir einen der vier beteiligten Punkte durch den Fernpunkt U ersetzen? $(ABCD)$ ist der Quotient aus dem Teilverhältnis (ADB) und dem Teilverhältnis (ACB),

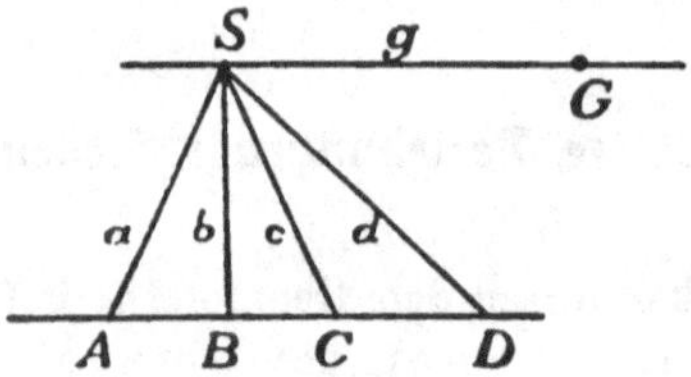

Fig. 45.

$$(ABCD) = \frac{(ADB)}{(ACB)}.$$

Wenn nun D durch U ersetzt wird, so muß man sich klar sein, was unter (AUB) zu verstehen ist. Man hat

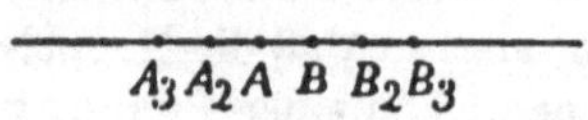

Fig. 46.

$$(ADB) = \frac{DB}{AD} = \frac{DA + AB}{AD} = -1 + \frac{AB}{AD}.$$

Wenn D ins Unendliche rückt, also in U übergeht, wird $\frac{AB}{AD}$ sich immer weniger von Null unterscheiden. Um das noch schärfer zu erfassen, denke man sich die Punkte $B_2, B_3, \ldots$ so gewählt, daß $AB_n = nAB$, ebenso die Punkte $A_2, A_3, \ldots$ so, daß $A_nB = nAB$ ist (vgl. Fig. 46). Der Punkt D

möge nun in irgendeinem Stadium seines Fortrückens ins Unendliche zwischen B_n und B_{n+1} liegen. Dann wird offenbar $\frac{AB}{AD}$ zwischen $\frac{AB}{AB_n}$ und $\frac{AB}{AB_{n+1}}$, d. h. zwischen $\frac{1}{n}$ und $\frac{1}{n+1}$ enthalten sein. Da n die Zahlen 2, 3, ... durchläuft, so kommt und bleibt $\frac{AB}{AD}$ schließlich der Null beliebig nahe. Ähnlich ist es, wenn D nach der andern Seite ins Unendliche rückt. Liegt D bei diesem Fortrücken gerade zwischen A_n und A_{n+1}, so wird $\frac{AB}{AD}$ offenbar zwischen $\frac{AB}{AA_n}$ und $\frac{AB}{AA_{n+1}}$ enthalten sein. Nun ist aber $AA_n = AB + BA_n = (1-n)AB$ und ebenso $AA_{n+1} = AB + BA_{n+1} = -nAB$. Also fällt $\frac{AB}{AD}$ zwischen $-\frac{1}{n-1}$ und $-\frac{1}{n}$, kommt und bleibt also schließlich der Null beliebig nahe, weil n beim Fortrücken des Punktes D die Werte 2, 3, ... durchläuft. Die obigen Feststellungen führen dazu, als Wert des Teilverhältnisses (AUB) die negative Einheit fortzusetzen. Der Fernpunkt einer Geraden teilt also jede auf ihr befindliche Strecke nach dem Teilverhältnis -1. Nachdem dies feststeht, ergibt sich sofort, daß

$$(ABCU) = (AUB):(ACB) = -\frac{1}{(ACB)}$$

ist oder in ausführlicher Schreibung

$$(1) \qquad (ABCU) = -\frac{AC}{CB}.$$

Man kann sich nun durch eine direkte geometrische Betrachtung überzeugen, daß das Doppelverhältnis $(ABCU)$ gleich dem Doppelverhältnis der vier Geraden a, b, c, g ist (vgl. Fig. 45), daß also das Theorem des Pappus auch für diesen Fall in Geltung bleibt. Diese Betrachtung läßt sich mit Hilfe der Vektorrechnung besonders einfach durchführen. Das Doppelverhältnis der vier Geraden a, b, c, g, die wir uns von S nach A, B, C, G orientiert denken (vgl. Fig. 45), ist nach (14) in § 25 gleich dem Doppelquotienten

$$\frac{\sin(gb)}{\sin(ag)} : \frac{\sin(cb)}{\sin(ac)}.$$

Denselben Wert hat aber der Ausdruck

$$\frac{SG \times SB}{SA \times SG} : \frac{SC \times SB}{SA \times SC}.$$

Denken wir uns nämlich einen Einheitsvektor SN senkrecht auf der Ebene SAB errichtet, so ist, wie wir aus unserer Beschäftigung mit den äußeren Produkten wissen,

$$SG \times SB = |SG|\,|SB| \sin(gb)\, SN,$$
$$SA \times SG = |SA|\,|SG| \sin(ag)\, SN,$$

mithin

$$\frac{SG \times SB}{SA \times SG} = \frac{|SB|}{|SA|} \frac{\sin(gb)}{\sin(ag)}$$

und ebenso

$$\frac{SC \times SB}{SA \times SC} = \frac{|SB|}{|SA|} \frac{\sin(cb)}{\sin(ac)}.$$

Hieraus folgt aber

$$\frac{SG \times SB}{SA \times SG} : \frac{SC \times SB}{SA \times SC} = \frac{\sin(gb)}{\sin(ag)} : \frac{\sin(cb)}{\sin(ac)}. \tag{2}$$

Nun hat man, wenn $SB = SA + AB$ gesetzt wird,

$$SG \times SB = (SG \times SA) + (SG \times AB)$$

oder, da $SG \times AB$ als äußeres Produkt paralleler Vektoren verschwindet,

$$SG \times SB = SG \times SA,$$

mithin

$$\frac{SG \times SB}{SA \times SG} = -1. \tag{3}$$

Ferner ist, wenn man die Zerlegungen $SB = SC + CB$, $SC = SA + AC$ benutzt,

$$SC \times SB = SC \times CB, \quad SA \times SC = SA \times AC,$$

also

$$\frac{SC \times SB}{SA \times SC} = \frac{SC \times CB}{SA \times AC} = \frac{SA \times CB}{SA \times AC},$$

weil $AC \times CB = 0$ ist. Setzt man $\frac{CB}{AC} = k$, so wird

$$SA \times CB = k(SA \times AC).$$

Man gelangt somit zu folgender Gleichung:

$$\frac{SC \times SB}{SA \times SC} = \frac{CB}{AC}. \tag{4}$$

Aus (3) und (4) folgt nun mit Rücksicht auf (1) und (2)

$$\frac{\sin(gb)}{\sin(ag)} : \frac{\sin(cb)}{\sin(ac)} = -\frac{AC}{CB} = (ABCU).$$

Das Doppelverhältnis der vier Geraden a, b, c, g ist also gleich dem Doppelverhältnis der vier Punkte A, B, C, U, d. h. das Theorem des Pappus bewahrt auch in dem hier betrachteten Sonderfall seine Gültigkeit.

Mit Hilfe der Formel (4) kann man das Theorem des Pappus neu beweisen. Ist D ein vierter Punkt der Punktreihe $A, B, C, \ldots$, so hat man

$$\frac{SD \times SB}{SA \times SD} = \frac{DB}{AD}. \tag{4'}$$

Aus (4) und (4′) ergibt sich dann mit Rücksicht auf (2)

$$\frac{\sin(db)}{\sin(ad)} : \frac{\sin(cb)}{\sin(ac)} = \frac{DB}{AD} : \frac{CB}{AC} = (ABCD).$$

Wir müssen der Vollständigkeit halber noch erörtern, was aus dem Doppelverhältnis $(ABCD)$ wird, wenn einer der Punkte A, B, C mit U zusammenfällt. Um diese Möglichkeiten bequem zu erledigen, fragen wir zunächst, wie sich das Doppelverhältnis $(ABCD)$ ändert, wenn wir in diesem Symbol zwei benachbarte Punkte vertauschen. Ist P irgendein Punkt der betrachteten Punktreihe, so hat man

$$(APB) = \frac{PB}{AP}, \quad (BPA) = \frac{PA}{BP} = \frac{AP}{PB},$$

d. h.

$$(APB) = \frac{1}{(BPA)}.$$

Wendet man diese für jeden Punkt P geltende Beziehung auf C und D an, so ergibt sich

$$(ABCD) = \frac{1}{(BACD)}.$$

Das Doppelverhältnis geht also bei Vertauschung der beiden ersten Punkte in seinen reziproken Wert, die multiplikative Ergänzung zu 1, über. Dasselbe geschieht bei Vertauschung der beiden letzten Punkte, weil bei Auswechselung von C und D Zähler und Nenner des Bruches $\frac{(ADB)}{(ACB)}$ ineinander übergehen.

Es bleibt nur noch zu ermitteln, was bei Vertauschung der beiden mittleren Punkte des Symbols $(ABCD)$ eintritt. Um dies auf bequeme Weise herauszubringen, schneiden wir das Geradenquadrupel SA, SB, SC, SD mit einer Parallelen zu SD (vgl. Fig. 47). Die Schnittpunkte sind dann A', B', C' und der Fernpunkt U' der schneidenden Geraden. Nach dem Satz des Pappus wird

$$(ABCD) = (A'B'C'U'),$$

ebenso auch

$$(ACBD) = (A'C'B'U')$$

sein. Es fragt sich jetzt also, wie die beiden Doppelverhältnisse

$$(A'B'C'U'), \ (A'C'B'U')$$

miteinander zusammenhängen. Nach Formel (1) ist

$$(A'B'C'U') = -\frac{A'C'}{C'B'} = \frac{C'A'}{C'B'},$$

$$(A'C'B'U') = -\frac{A'B'}{B'C'} = \frac{A'B'}{C'B'}.$$

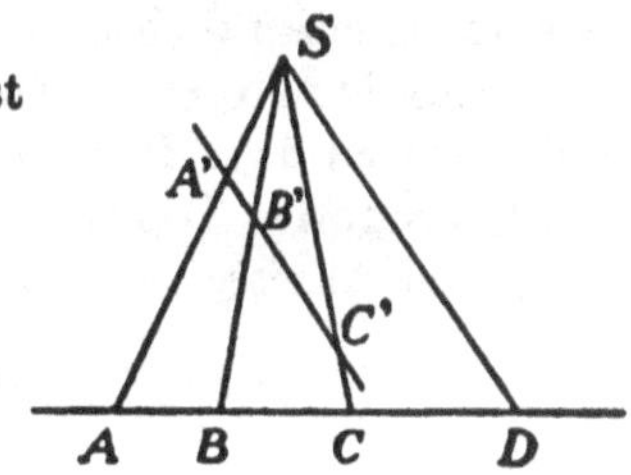

Fig. 47.

Hieraus folgt sofort

$$(A'B'C'U') + (A'C'B'U') = \frac{C'A' + A'B'}{C'B'} = 1,$$

weil $C'A' + A'B' = C'B'$ ist, und man kann weiter schließen, daß auch

$$(5) \qquad (ABCD) + (ACBD) = 1$$

sein wird oder

$$(ACBD) = 1 - (ABCD).$$

Bei Vertauschung der beiden mittleren Punkte geht also das Doppelverhältnis $(ABCD)$ in die additive Ergänzung zu 1 über.

Daß die Relation (5) besteht, kann man auch rein analytisch verifizieren. Sind x_1, x_2, x_3, x_4 die Abszissen von vier Punkten P_1, P_2, P_3, P_4 einer Punktreihe, so wird

$$(P_1P_2P_3P_4) = \frac{(P_1P_4P_2)}{(P_1P_3P_2)} = \frac{P_4P_2}{P_1P_4} \cdot \frac{P_1P_3}{P_3P_2}$$
$$= \frac{x_2 - x_4}{x_4 - x_1} \cdot \frac{x_3 - x_1}{x_2 - x_3}.$$

Die Doppelverhältnisrelation

$$(P_1P_2P_3P_4) + (P_1P_3P_2P_4) = 1$$

setzt sich also in folgende Gleichung um:

$$\frac{(x_3 - x_1)(x_4 - x_2)}{(x_3 - x_2)(x_4 - x_1)} + \frac{(x_2 - x_1)(x_4 - x_3)}{(x_2 - x_3)(x_4 - x_1)} = 1$$

oder, etwas anders geschrieben,

$$(6) \quad (x_2 - x_1)(x_4 - x_3) + (x_3 - x_1)(x_2 - x_4) + (x_4 - x_1)(x_3 - x_2) = 0.$$

Führt man die Abkürzungen

$$\mathfrak{x}_2 = x_2 - x_1, \quad \mathfrak{x}_3 = x_3 - x_1, \quad \mathfrak{x}_4 = x_4 - x_1$$

ein, so nimmt die obige Gleichung folgende Gestalt an:

$$\mathfrak{x}_2(\mathfrak{x}_4 - \mathfrak{x}_3) + \mathfrak{x}_3(\mathfrak{x}_2 - \mathfrak{x}_4) + \mathfrak{x}_4(\mathfrak{x}_3 - \mathfrak{x}_2) = 0,$$

und nun erweist sie sich unmittelbar als richtig. Man braucht nur die Klammern aufzulösen und zu bestätigen, daß alle Glieder sich fortheben.

Die Identität (6) bleibt bestehen, wenn man x_1, x_2, x_3, x_4 durch vier komplexe Zahlen z_1, z_2, z_3, z_4 ersetzt, weil für komplexe Zahlen dieselben Rechnungsregeln gelten wie für reelle. Es gilt also für vier beliebige komplexe Zahlen die Beziehung

$$(5^*) \qquad (z_1z_2z_3z_4) + (z_1z_3z_2z_4) = 1.$$

Wir wollen einen wichtigen Sonderfall dieser Relation betrachten. z_1, z_2, z_3, z_4 seien vier Punkte eines Kreises. Dann sind $(z_1z_2z_3z_4)$ und $(z_1z_3z_2z_4)$ beide reell. Liegen diese Punkte wie in Fig. 48, so ist $(z_1z_2z_3z_4)$ positiv, $(z_1z_3z_2z_4)$ dagegen negativ. Das wissen wir aus § 23. Ferner ist uns bekannt, daß diese Doppelverhältnisse sich folgendermaßen ausdrücken:

$$(z_1z_2z_3z_4) = \frac{r_{24}}{r_{14}} : \frac{r_{23}}{r_{13}},$$

$$(z_1z_3z_2z_4) = -\frac{r_{34}}{r_{14}} : \frac{r_{23}}{r_{12}}.$$

Dabei bezeichnet $r_{\alpha\beta}$ die Entfernung zwischen z_α und z_β. Setzt man diese Werte in die Identität (5*) ein, so ergibt sich

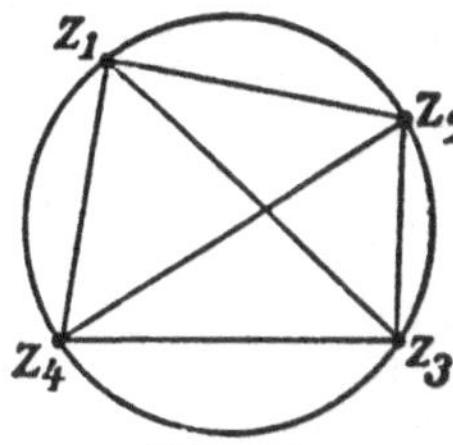

Fig. 48.

$$\frac{r_{24}r_{13}}{r_{14}r_{23}} - \frac{r_{34}r_{12}}{r_{14}r_{23}} = 1$$

oder

$$r_{13}r_{24} = r_{12}r_{34} + r_{14}r_{23}.$$

Das ist der berühmte Satz des Ptolemäus über das Sehnenviereck, den dieser Geometer bei der Berechnung seiner Sehnentafel benutzte. In Worten ausgedrückt, lautet der Satz, dem wir schon einmal begegneten, wie folgt:

In einem Sehnenviereck ist das Produkt der Diagonalen gleich der Summe der Gegenseitenprodukte.

Sind die Diagonalen des Sehnenvierecks Durchmesser des Kreises, so verwandelt sich der ptolemäische Lehrsatz in den des Pythagoras. Diese Sätze wurzeln also in der Identität (6) und diese wieder in der einfachen Relation, die zwischen drei Punkten P, Q, R einer Geraden besteht, d. h. in der Relation $PQ + QR = PR$.

Kehren wir nach dieser Abschweifung, die uns einen Einblick in die Zusammenhänge zwischen geometrischen und analytischen Wahrheiten gewährte, zu unserer Hauptbetrachtung zurück. Wir wollten wissen, welche Werte den Symbolen $(ABCU)$, $(ABUD)$, $(AUCD)$, $(UBCD)$ beizulegen sind, und hatten bereits gefunden, daß $(ABCU) = -\frac{1}{(ACB)}$ ist. Aus

$$(ABCD) = \frac{1}{(ABDC)}$$

folgt, wenn wir C in U übergehen lassen,

$$(ABUD) = \frac{1}{(ABDU)} = -(ADB).$$

Ebenso ergibt sich aus

$$(ABCD) = 1 - (ACBD),$$

wenn B nach U rückt,

$$(AUCD) = 1 - (ACUD) = 1 + (ADC)$$

und aus

$$(ABCD) = \frac{1}{(BACD)},$$

wenn A in U übergeht,

$$(UBCD) = \frac{1}{(BUCD)} = \frac{1}{1 + (BDC)}.$$

Da

$$(ACB) = \frac{1}{(BCA)},$$

$$1 + (ADC) = 1 + \frac{DC}{AD} = \frac{AC}{AD} = -(DAC),$$

$$\frac{1}{1 + (BDC)} = -\frac{1}{(DBC)} = -(CBD)$$

ist, so gelten folgende Aussagen:

$$(7) \qquad \begin{cases} (UBCD) = -(CBD), \\ (AUCD) = -(DAC), \\ (ABUD) = -(ADB), \\ (ABCU) = -(BCA). \end{cases}$$

Ein Doppelverhältnis, an welchem der Fernpunkt der betrachteten Punktreihe beteiligt ist, stellt hiernach immer ein negativ genommenes Teilverhältnis dar. Man kann diese Gleichungen leicht in der Weise herstellen, daß man U wie einen gewöhnlichen Punkt behandelt und nachher einen Quotienten wie $\frac{UP}{UQ}$ durch 1 ersetzt. Z. B. ist

$$(UBCD) = \frac{(UDB)}{(UCB)} = \frac{DB}{UD} : \frac{CB}{UC} = \frac{DB}{CB} = -\frac{BD}{CB} = -(CBD).$$

Ähnliches gilt für die anderen Fälle. Die Gleichungen (7) werden von einer leicht erkennbaren Gesetzmäßigkeit beherrscht. An erster Stelle steht rechts immer der Punkt, der auf der linken Seite nicht Nachbar von U ist. Dabei gelten in dem Symbol $(P_1P_2P_3P_4)$ auch P_1 und P_4 als Nachbarn. Auf diesen Nichtnachbarn von U folgen dann die beiden Nachbarn von U. Befindet sich U an erster oder dritter Stelle, so folgt auf den Nichtnachbar der rechte Nachbar von U. Steht U an zweiter oder vierter Stelle, so ist es der linke Nachbar. Wenn man hinter die drei Buchstaben, die rechts auftreten, noch U schreibt, so entsteht in allen Fällen eine gerade Permutation der links befindlichen Anordnung. Offenbar ist nämlich C, B, D, U eine gerade Permutation von U, B, C, D, ebenso D, A, C, U eine gerade Permutation von A, U, C, D, ferner A, D, B, U eine gerade Permutation von A, B, U, D und B, C, A, U eine gerade Permutation von A, B, C, U. Um von U, B, C, D zu C, B, D, U zu gelangen, muß man U dreimal mit seinem rechten Nachbar vertauschen und dann noch B und C auswechseln, also vier Transpositionen vornehmen. Von A, U, C, D gelangt man zu D, A, C, U, indem man U mit seinen beiden Nachbarn zur Rechten auswechselt und dann noch D mit seinen beiden Nachbarn zur Linken. Um von A, B, U, D zu A, D, B, U zu kommen, genügt die Auswechselung von U und D und die darauffolgende von B und D. Endlich entsteht B, C, A, U aus A, B, C, U dadurch, daß man A mit seinen beiden Nachbarn zur Linken vertauscht. Es ist somit wirklich jedesmal eine gerade Anzahl von Transpositionen erforderlich. Das Gesetz gilt also in der behaupteten Form. An erster Stelle steht rechts der Nichtnachbar von U, und wenn man als vierten Buchstaben U anfügt, so hat man eine gerade Permutation der linken Anordnung vor sich.

Wenn ein Geradenbüschel $a, b, c, d, \ldots$ und eine Punktreihe $A, B, C, D, \ldots$ projektiv aufeinander bezogen sind, so kann man beide Gebilde durch Verschiebung der Punktreihe stets in perspektive Lage bringen. S sei der Scheitel des Geradenbüschels und $\mathfrak{A}$, $\mathfrak{B}$, $\mathfrak{C}$ seien drei von S ausgehende Vektoren auf den Geraden a, b, c. Wir wählen auf diesen Geraden drei Punkte A', B', C', die in gerader Linie liegen, und es sei $SA' = \mathfrak{A}$, $SB' = \lambda\mathfrak{B}$, $SC' = \mu\mathfrak{C}$. Dann wird nach Formel (4)

$$(A'C'B') = \frac{SC' \times SB'}{SA' \times SC'} = \lambda \frac{\mathfrak{C} \times \mathfrak{B}}{\mathfrak{A} \times \mathfrak{C}}.$$

Durch passende Wahl des Faktors λ kann man diesem Teilverhältnis offenbar den Wert (ACB) verschaffen. Wenn man $\mathfrak{A}, \mathfrak{B}, \mathfrak{C}$ mit einem passenden Faktor k multipliziert, kann man erreichen, daß die Entfernungen $A' \ldots B'$ und $A \ldots B$ gleich werden. Dann läßt sich aber die Punktreihe $A, B, C, \ldots$ als Ganzes so verschieben, daß A mit A' und B mit B' zusammenfällt. Wegen der Gleichheit der Teilverhältnisse (ACB) und $(A'C'B')$ wird zugleich auch C mit C' zusammenfallen. Nun ist es leicht zu sagen, welche Lage D^* irgendein vierter Punkt D der Punktreihe bei dieser Verschiebung annimmt. Schneidet die ihm zugeordnete Gerade des Büschels auf der Geraden A', B', C' den Punkt D' aus, so ist wegen der Perspektivität

$$(A'B'C'D') = (abcd).$$

$(abcd)$ benutzen wir hier als kurzes Symbol für das Doppelverhältnis der Geraden a, b, c, d. Andererseits ist wegen der Projektivität, die zwischen der Punktreihe $A, B, C, D, \ldots$ und dem Geradenbüschel $a, b, c, d, \ldots$ besteht,

$$(ABCD) = (A'B'C'D^*) = (abcd),$$

mithin

$$(A'B'C'D') = (A'B'C'D^*),$$

also

$$(A'D'B') = (A'D^*B').$$

Daraus folgt aber, daß D^* derselbe Punkt sein muß wie D'. Wir haben also durch die Verschiebung erreicht, daß Punktreihe und Geradenbüschel in perspektiver Beziehung stehen.

Zwei Punktreihen, die zu demselben Geradenbüschel perspektiv sind, nennt man perspektiv zueinander. Bei zwei zueinander perspektiven Punktreihen besteht die Eigenschaft, daß die Verbindungslinien entsprechender Punkte ein Geradenbüschel bilden, d. h. in einem Punkte zusammenlaufen. Der gemeinsame Punkt beider Punktreihen entspricht sich selbst. Wenn zwei projektive Punktreihen $A, B, C, D, \ldots$ und $A', B', C', D', \ldots$ so auseinander liegen, daß zwei entsprechende Punkte, z. B. A und A', zusammenfallen, so sind sie zueinander perspektiv. Ist nämlich S der Schnittpunkt der Geraden BB' und CC', so gehen alle Verbindungslinien entsprechender

Punkte durch S hindurch. Um das zu erkennen, bringe man die Gerade SD mit der Geraden $A', B', C', \ldots$ zum Schnitt. Der Schnittpunkt heiße D^*. Dann ist wegen der Perspektivität

$$(ABCD) = (A'B'C'D^*),$$

andererseits aber auch

$$(ABCD) = (A'B'C'D').$$

Aus der Gleichheit der Doppelverhältnisse $(A'B'C'D^*)$ und $(A'B'C'D')$ folgt dann die Koinzidenz der Punkte D^* und D'. Es kann natürlich auch sein, daß die Geraden $BB', CC', \ldots$ ein uneigentliches Geradenbüschel, d. h. ein Parallelenbüschel bilden. Daß auch für Parallelenbüschel der Satz des Pappus gilt, ist elementargeometrisch sofort erkennbar. Es gilt sogar ein weitergehender Satz. Wenn man drei Geraden a, b, c eines solchen Büschels mit zwei Transversalen zum Schnitt bringt, so erfüllen die Schnittpunkte folgende Gleichung:

$$(ACB) = (A'C'B').$$

Das Parallelentripel wird also durch alle Transversalen nach demselben Teilverhältnis geschnitten. Man kann dies auch durch folgende Überlegung erkennen: Es sei $\mathfrak{g}$ ein beliebiger Vektor, der die Richtung jener Parallelen hat. Dann können wir schreiben

$$\frac{CB}{AC} = \frac{CB \times \mathfrak{p}}{AC \times \mathfrak{p}}.$$

Nun ist

$$CB = CC' + C'B' + B'B$$

und, da CC' und $B'B$ parallel zu $\mathfrak{p}$ laufen,

$$CB \times \mathfrak{p} = C'B' \times \mathfrak{p}.$$

Ebenso gilt

$$AC \times \mathfrak{p} = A'C' \times \mathfrak{p}.$$

Mithin folgt

$$\frac{C'B' \times \mathfrak{p}}{A'C' \times \mathfrak{p}} = \frac{CB \times \mathfrak{p}}{AC \times \mathfrak{p}},$$

d. h.

$$\frac{C'B'}{A'C'} = \frac{CB}{AC}.$$

Wenn zwei Geradenbüschel zu einer und derselben Punktreihe perspektiv sind, sagt man, sie seien zueinander perspektiv. Sind S und S' die beiden Scheitel der Büschel und $A, B, C, \ldots$ die Punkte der Punktreihe, so entsprechen sich die Geraden SA und $S'A$, SB und $S'B$, SC und $S'C, \ldots$. Entsprechende Geraden schneiden sich also immer auf einer festen Geraden: Die Gerade SS', die beiden Büscheln angehört, ist sich selbst zugeordnet. Wenn zwei projektive Geradenbüschel so zueinander liegen, daß zwei entsprechende Geraden zusammenfallen, so liegen die Schnittpunkte entsprechender Geraden der Büschel in gerader Linie. Der Beweis ist ganz ähnlich wie bei dem analogen Satze über Punktreihen.

Die obigen Perspektivitätssätze bilden in Verbindung mit dem Theorem des Pappus ein sehr nützliches und überaus wirksames Hilfsmittel der projektiven Geometrie, jener wichtigen und hochentwickelten Disziplin, in der das Doppelverhältnis der Fundamentalbegriff ist. Wir wollen behufs Anwendung der genannten Sätze ein Theorem behandeln, das man als Pascalsches Theorem, genauer als Pascalsches Theorem für ein Geradenpaar, bezeichnet.

Wir betrachten auf zwei Geraden g und g', die sich in S schneiden, die beiden Punkttripel A, B, C und A', B', C'. Das Punktquadrupel S, A', B', C' (vgl. Fig. 49) projizieren wir von A aus auf die Gerade BA' und von C aus auf die Gerade BC'. Dann ist nach dem Theorem des Pappus

$$(SA'B'C') = (BA'RU),$$
$$(SA'B'C') = (BVPC'),$$

mithin

$$(BA'RU) = (BVPC').$$

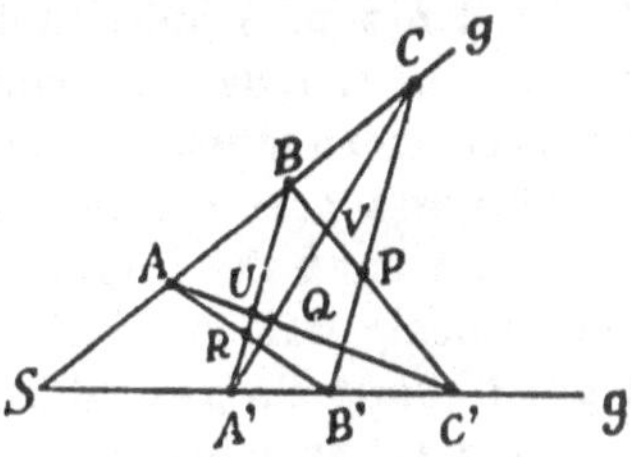

Fig. 49.

Da B sich selbst entspricht, so müssen nach dem Perspektivitätssatz die Geraden $A'V$ oder $A'C$, RP, UC' oder AC' durch einen Punkt hindurchgehen. Da sich $A'C$ und AC' in Q schneiden, so können wir auch sagen, daß die Gerade RP durch Q hindurchgeht, daß also die Punkte P, Q, R in gerader Linie liegen. Wir haben es hier mit einem Sechseck $AB'CA'BC'A$ zu tun, dessen Ecken von der einen zur andern Geraden hinüberwechseln. Man sagt, dieses Sechseck sei dem Geradenpaar g, g' einbeschrieben. AB' und $A'B$ sind gegenüberliegende Seiten oder kurz Gegenseiten des genannten Sechsecks, ebenso $B'C$ und BC', sowie CA' und $C'A$. Der gefundene Satz lehrt, daß die Schnittpunkte der Gegenseiten eines dem Geradenpaar g, g' einbeschriebenen Sechsecks auf einer Geraden liegen. Dies ist der Pascalsche Satz. Die Gerade PQR heißt die Pascalsche Gerade des betrachteten Sechsecks.

Wenn die beiden Geraden g und g' projektiv aufeinander bezogen sind und den Punkten A, B, C, D, E auf g die Punkte A', B', C', D', E' auf g' entsprechen, so gehört zu dem Sechseck $AB'CA'BC'A$ eine Pascalsche Gerade h. Aber auch das Sechseck $AD'EA'DE'A$ hat seine Pascalsche Gerade, und zwar fällt sie mit h zusammen. Dies erkennt man durch folgende Überlegung. Die Büschel $AA', AB', AC', AD', AE', \ldots$ und $A'A, A'B, A'C, A'D, A'E, \ldots$ sind projektiv zueinander, und es fallen zwei entsprechende Geraden AA' und $A'A$ zusammen. Also ist hier der Sonderfall der Perspektivität verwirklicht, so daß die Geraden $AB', A'B$ und $AC', A'C$ und $AD', A'D$ und $AE', A'E$ Schnittpunkte liefern, die in gerader Linie liegen. Die beiden ersten fallen auf die Gerade h, die beiden letzten auf die

Pascalsche Gerade des Sechsecks $AD'EA'DE'A$, welche also keine andere als h sein kann. Auch DE' und $D'E$ schneiden sich daher auf h. Da D, E irgendzwei Punkte von g und D', E' ihre projektiven Partner auf g' sind, so gilt der Satz, daß die kreuzweise gezogenen Verbindungen dieser Punktepaare alle auf h liegen.

Hiermit ist ein einfaches Hilfsmittel zur konstruktiven Durchführung einer Projektivität zwischen zwei Punktreihen gewonnen. Man braucht nur zu wissen, welche Partner drei Punkte der einen Punktreihe in der andern haben. Entsprechen z. B. den Punkten A, B, C auf g die Punkte A', B', C' auf g', so kann man die Pascalsche Gerade h des Sechsecks $AB'CA'BC'A$ zeichnen. Will man nun den Partner D' des Punktes D haben, so bringt man $A'D$ mit h zum Schnitt und verbindet den so gewonnenen Schnittpunkt T mit A. Die Gerade AT trifft dann g' gerade in D', weil sich AD' und $A'D$ auf h schneiden müssen. Man nennt h die Pascalsche Gerade der betrachteten Projektivität oder der beiden projektiven Punktreihen.

Man kann die Punkte A, B, C auf g und die Punkte A', B', C' auf g' ganz beliebig wählen. Stets ordnen sich die Paarungen A mit A', B mit B', C mit C' einer Projektivität ein, d. h. es gibt stets eine, aber auch nur eine Projektivität zwischen g und g', die gerade diese drei Paarungen herbeiführt.

Um eine projektive Abbildung zwischen den Punktreihen g und g' analytisch zu erfassen, kann man folgendermaßen vorgehen: Auf g sowohl wie auf g' denke man sich eine Abszissenbestimmung eingeführt. Wir wollen kurz daran erinnern, was dazu nötig ist. Man braucht, um auf einer Geraden g Abszissen einzuführen, nur zwei Punkte O und E herauszugreifen und ihnen die Zahlen 0 und 1 als Abszissen zuzuweisen. O ist der Anfangspunkt und E der Einheitspunkt. Keiner von ihnen darf mit dem Fernpunkt der Geraden zusammenfallen. Ist P irgendein Punkt der betrachteten Geraden, so unterscheidet sich der Vektor OP von dem Vektor $OE = \mathfrak{E}$ um einen Zahlenfaktor x, d. h. man kann $OP = x\mathfrak{E}$ setzen. Dieser Faktor x ist die Abszisse des Punktes P. Fällt P mit O oder E zusammen, so wird x gleich 0 oder 1. Allgemein ist x das Längenverhältnis der Vektoren OP, OE, positiv oder negativ genommen, je nachdem sie gleich oder entgegengesetzt gerichtet sind.

Nach der zweiten Formel (7) können wir

$$x = \frac{OP}{OE} = -(EOP)$$

als Doppelverhältnis schreiben, und zwar wird

$$x = (OUPE),$$

wobei U den Fernpunkt der betrachteten Geraden bezeichnet. Wenn nun zwischen g und g' eine Projektivität aufgestellt ist, so wird der Fernpunkt U' von g' mit einem ganz bestimmten Punkte von g gepaart sein. Wir wollen zunächst annehmen, daß dieser Punkt der Fernpunkt von g ist, daß also die Fernpunkte beider Geraden einander zugeordnet sind. Den Punkten O und E mögen auf g' die Punkte O' und E' entsprechen, dem Punkte P der Punkt P'.

Dann ist

$$(OUPE) = (O'U'P'E'). \tag{8}$$

Nichts hindert uns aber, auf g' die Punkte O' und E' als Anfangspunkt und Einheitspunkt zu benutzen. Dann wird

$$x' = (O'U'P'E')$$

die Abszisse des Punktes P' sein, und Gleichung (8) lautet $x' = x$. In dieser denkbar einfachsten Form ist also bei passender Abszissenbestimmung jede Projektivität ausdrückbar, die dem Fernpunkt der einen Punktreihe den Fernpunkt der andern zuordnet. Man bezeichnet diese besondere Art einer Projektivität als **Affinität**. Bei ihr sind also immer solche Punkte als Partner zusammengeordnet. die übereinstimmende Abszissen haben.

Wenn die zwischen g und g' bestehende Projektivität keine Affinität ist, so wird dem Punkte U' auf g' ein eigentlicher Punkt F von g entsprechen, und wir können ohne weiteres O und E derart wählen, daß sie von F verschieden sind. Ihre Partner O' und E' werden dann von U' verschieden sein und dürfen als Anfangspunkt und Einheitspunkt auf g' benutzt werden. Es gilt nun die Gleichung

$$(OFPE) = (O'U'P'E'). \tag{9}$$

Die rechte Seite ist gleich x', die linke hat den Wert

$$\frac{(OEF)}{(OPF)} = \frac{EF}{OE} : \frac{PF}{OP}.$$

Die Punkte O, E, P haben die Abszissen $0, 1, x$. Bezeichnet man die Abszisse von F mit c, so wird das obige Doppelverhältnis gleich $\frac{x(c-1)}{c-x}$, und Gleichung (9) lautet

$$x' = \frac{x(c-1)}{c-x}. \tag{9'}$$

Die Projektivität zwischen g und g' findet also in einer linear gebrochenen Transformation ihren Ausdruck. Sie hat hier eine besondere Form, weil wir die Abszissen so gewählt haben, daß dem Anfangspunkt ($x = 0$) der Anfangspunkt ($x' = 0$), dem Einheitspunkt ($x = 1$) der Einheitspunkt ($x' = 1$) entspricht. Die Konstante c bezeichnet die Abszisse des Punktes F, dem der Fernpunkt U' der andern Geraden zugeordnet ist. Man sieht tatsächlich, daß x' über alle Grenzen wächst, wenn x in c übergeht. F nennt man den **Fluchtpunkt** auf g. Ebenso gibt es auch einen Fluchtpunkt auf g', den Partner des Fernpunktes U der Geraden g. Man erhält seine Abszisse x', wenn man x über alle Grenzen wachsen läßt. Dabei geht offenbar

$$\frac{x(c-1)}{c-x} = \frac{c-1}{\frac{c}{x}-1}$$

in $1-c$ über. $1-c$ ist also die Abszisse des Fluchtpunktes F' auf g'.

Einen besonders einfachen analytischen Ausdruck gewinnt die Projektivität (9′), wenn man die Fluchtpunkte F und F' als Anfangspunkte wählt und als Einheitspunkte irgendzwei projektive Partner E und E'. Dann drücken sich diese neuen Abszissen $\mathfrak{x}$ und $\mathfrak{x}'$ folgendermaßen aus:

$$\mathfrak{x} = (FUPE), \quad \mathfrak{x}' = (F'U'P'E').$$

Nun entsprechen vermöge der vorliegenden Projektivität den Punkten F', U', P', E' die Punkte U, F, P, E. Mithin ist

$$(F'U'P'E') = (UFPE) = \frac{1}{(FUPE)},$$

d. h.

$$(9^*) \qquad \mathfrak{x}' = \frac{1}{\mathfrak{x}}.$$

Das Zuordnungsgesetz lautet nunmehr dahin, daß die Abszissen der beiden Partner das Produkt 1 haben. Die eine Abszisse ist der reziproke Wert der andern.

Wenn wir unter x und x' Abszissen auf zwei Geraden g und g' verstehen und irgendeine linear gebrochene Transformation

$$(10) \qquad x' = \frac{Ax + B}{Cx + D}, \qquad (AD - BC \neq 0)$$

aufstellen, so ist zunächst die Möglichkeit $C = 0$ in Betracht zu ziehen. In diesem Falle handelt es sich um eine Transformation von der Form

$$(10') \qquad x' = \alpha x + \beta$$

oder

$$x' = \alpha\left(x - \frac{\beta}{\alpha}\right).$$

Wenn wir $x - \frac{\beta}{\alpha}$ als neue Abszisse einführen, so bedeutet das eine Verschiebung des Anfangspunktes auf der Geraden g. Tritt noch der Faktor α hinzu, so kommt dies darauf hinaus, daß der Einheitspunkt abgeändert wird. Die Gleichung (10′) hat dann schließlich die Form $\mathfrak{x}' = \mathfrak{x}$, die wir bei jeder Affinität herbeiführen können.

Ist $C \neq 0$, so können wir (10) zunächst in folgender Weise schreiben:

$$(10'') \qquad x' = \frac{A}{C} + \frac{B - \frac{AD}{C}}{Cx + D}.$$

Führen wir $x' - \frac{A}{C}$ als neue Abszisse auf g' und $\frac{C(Cx + D)}{BC - AD}$ als neue Abszisse auf g ein, so kommt die Gleichung (9*) heraus. Es ist hierbei weiter nichts erfolgt als eine Verschiebung des Anfangspunktes auf g' und eine Abänderung des Anfangspunktes und des Einheitspunktes auf g.

Wir können aus diesen Betrachtungen ersehen, daß die linear gebrochene Transformation (10) eine projektive Beziehung zwischen den Geraden g und g' herstellt. Diese wird im Falle $C = 0$ eine Affinität. Man kann das auch ohne die Reduktion auf $\mathfrak{x}' = \mathfrak{x}$ oder $\mathfrak{x}' = \frac{1}{\mathfrak{x}}$ erkennen. Zunächst ist klar, daß durch die Transformation (10) eine vollkommene Paarung zwischen den Punktreihen g und g' hergestellt wird, wobei die Fernpunkte einzubeziehen sind. Ferner gilt für entsprechende Quadrupel x_1, x_2, x_3, x_4 und x_1', x_2', x_3', x_4' die Relation

$$(x_1 x_2 x_3 x_4) = (x_1' x_2' x_3' x_4'),$$

wie wir aus § 23 wissen. Entsprechende Punktquadrupel haben also übereinstimmende Doppelverhältnisse. Damit ist die Paarung als Projektivität gekennzeichnet.

Wir wollen noch den Fall besonders erörtern, daß eine Punktreihe auf sich selbst projektiv bezogen ist. Um diesen Fall herbeizuführen, muß man sich vorstellen, daß die mit g und g' bezeichneten Geraden zusammenfallen. Die in der Formel (10) mit x und x' bezeichneten Abszissen gehören also zu zwei Punkten P und P' einer und derselben Geraden g. Man spricht auch von einer projektiven Transformation dieser Geraden in sich oder man sagt, es vollziehe sich auf g eine projektive Transformation. Dabei stellt man sich die Transformation als eine Operation vor, die jeden Punkt P von g in den ihm zugeordneten Punkt P' überführt, wobei das Zuordnungsgesetz durch die Gleichung (10) ausgedrückt wird. Wenn dem Fernpunkt der Fernpunkt zugeordnet wird, d. h. der Fernpunkt von g in sich übergeht, invariant oder in Ruhe bleibt, ein Fixpunkt ist, so liegt eine Affinität vor und Gleichung (10) hat die Form (10'). Um zu erkennen, ob es außer dem Fernpunkt noch einen andern Fixpunkt gibt, muß man in (10') die Einsetzung $x' = x$ machen. Man erhält dann

$$x(1 - \alpha) = \beta. \tag{11}$$

Im Falle $\alpha = 1$, $\beta \neq 0$ reduziert sich (10') auf $x' = x + \beta$, d. h. es liegt eine Translation vor, die zur Identität $x' = x$ wird, wenn β verschwindet. Ist α von 1 verschieden, so läßt sich die Gleichung (11) nach x auflösen. Es gibt also in diesem Falle außer dem Fernpunkt noch einen zweiten Fixpunkt, dessen Abszisse $x = \frac{\beta}{1 - \alpha}$ lautet. Wenn man diesen Fixpunkt zum Anfangspunkt macht, also

$$x = \frac{\beta}{1 - \alpha} + \mathfrak{x}, \quad x' = \frac{\beta}{1 - \alpha} + \mathfrak{x}'$$

setzt, so nimmt (10') die einfachere Gestalt

$$\mathfrak{x}' = \alpha \mathfrak{x} \qquad (\alpha \neq 1) \tag{12}$$

an. Das Zuordnungsgesetz, das diese Gleichung ausspricht, kann als Doppelverhältnisrelation formuliert werden. In der Tat hat man

$$\frac{\mathfrak{x}'}{\mathfrak{x}} = \frac{OP'}{OP} = \frac{OP'}{OP} : \frac{UP'}{UP} = (OUP'P),$$

wie sich auch direkt aus der zweiten Formel (7) entnehmen läßt. Daher lautet das Zuordnungsgesetz

$$(12') \qquad (OUP'P) = \alpha,$$

d. h. P und P' bilden mit den Fixpunkten O und U ein festes Doppelverhältnis.

Man kann jede Transformation iterieren, d. h. mehrfach anwenden. Durch die Transformation (12) wird P und P' übergeführt. Läßt man nun dieselbe Transformation nochmals einwirken, so geht P' in P'' über. Die Abszisse $\mathfrak{x}''$ des Punktes P'' hängt mit $\mathfrak{x}'$ durch die Gleichung $\mathfrak{x}'' = \alpha\mathfrak{x}'$ zusammen, also mit $\mathfrak{x}$ durch die Gleichung $\mathfrak{x}'' = \alpha^2\mathfrak{x}$. Diese Transformation zwischen $\mathfrak{x}$ und $\mathfrak{x}''$ ist die Iteration oder Wiederholung von (12). Sie kann sich auf die Identität, d. h. auf $\mathfrak{x}'' = \mathfrak{x}$, reduzieren. Dann sagt man, die Transformation (12) sei involutorisch. Man nennt eine involutorische Projektivität auch kurz eine Involution. Kennzeichnend für eine Involution ist das Zusammenfallen der Punkte P und P''. Sie hat die Eigenschaft, nicht nur P in P' überzuführen, sondern auch P' in P, hebt also bei nochmaliger Anwendung sich selbst auf. Beispiele involutorischer Transformationen sind uns bereits begegnet. Die Spiegelungen an Geraden und Kreisen gehören zu dieser Klasse von Transformationen. Sie spielen in der Ebene, während (12) auf einer Geraden wirkt. Wir müssen noch genauer sagen, wie die Affinität (12) aussieht, wenn sie eine Involution ist. Da $\alpha \neq 1$ vorausgesetzt wird, so kann die Gleichung $\alpha^2 = 1$ nur bestehen, wenn α den Wert -1 hat. Gleichung (12) lautet dann $\mathfrak{x}' = -\mathfrak{x}$. Die beiden Punkte P und P' liegen also symmetrisch zum Punkte O. Wir können auch sagen, daß die Punktepaare O, U und P, P' zueinander harmonisch sind, da doch $(OUP'P) = -1$ ist.

Jetzt wollen wir auf der Geraden g eine Projektivität betrachten, die keine Affinität ist. Wir fragen zunächst nach den Fixpunkten und setzen, um sie zu finden, $x' = x$. Dadurch verwandelt sich die Gleichung (10) in

$$(13) \qquad Cx^2 + (D - A)x - B = 0.$$

Da wir A, B, C, D als reelle Zahlen voraussetzen und C von Null verschieden ist, so liegt hier eine quadratische Gleichung mit reellen Koeffizienten vor. Sie wird in der bekannten Weise aufgelöst. Es gibt drei Möglichkeiten. Entweder sind zwei konjugiert komplexe Wurzeln $x_0 + iy_0$, $x_0 - iy_0$ vorhanden oder zwei reelle voneinander verschiedene Wurzeln x_1, x_2 oder zwei zusammenfallende reelle Wurzeln, deren gemeinsamen Wert wir x_0 nennen wollen.

Setzen wir, um die erste Möglichkeit zu erörtern, $z_1 = x_0 + iy_0$, $z_2 = x_0 - iy_0$, so ergibt sich aus (10) und aus den beiden Gleichungen

$$z_1 = \frac{Az_1 + B}{Cz_1 + D}, \quad z_2 = \frac{Az_2 + B}{Cz_2 + D}$$

folgende Fassung der projektiven Transformation:

$$(10^*)\qquad \frac{x' - z_1}{x' - z_2} = \frac{x - z_1}{x - z_2} \cdot \frac{Cz_2 + D}{Cz_1 + D}.$$

Man beachte nun, daß $(x - z_1) : (x - z_2)$ eine komplexe Zahl vom absoluten Betrage 1 ist. Die konjugierte Zahl lautet nämlich, da x reell und z_1, z_2 konjugiert komplex sind, $(x - z_2) : (x - z_1)$. Sie gibt mit der ersten multipliziert 1, so daß jene die Norm 1 hat. Der absolute Betrag einer komplexen Zahl $u + iv$ ist aber die positive Wurzel der Norm $u^2 + v^2 = (u + iv)(u - iv)$. Wenn man nun x und $\mathfrak{z}$ durch die Gleichung

$$(14)\qquad \mathfrak{z} - x_0 = \frac{x - z_1}{x - z_2}(z_1 - x_0)$$

verknüpft und $\mathfrak{z} = \mathfrak{x} + i\mathfrak{y}$ in bekannter Weise durch den Punkt mit den Koordinaten $\mathfrak{x}$, $\mathfrak{y}$ versinnlicht, so beschreibt dieser Punkt $\mathfrak{z}$ bei variierendem x einen Kreis. Aus Gleichung (14) folgt nämlich $|\mathfrak{z} - x_0| = |z_1 - x_0|$, d. h. die Punkte $\mathfrak{z}$ und z_1 haben stets dieselbe Entfernung vom Punkte x_0. $\mathfrak{z}$ beschreibt also den in Fig. 50 dargestellten Kreis mit dem Durchmesser z_1, z_2. Aus (14), d. h. aus

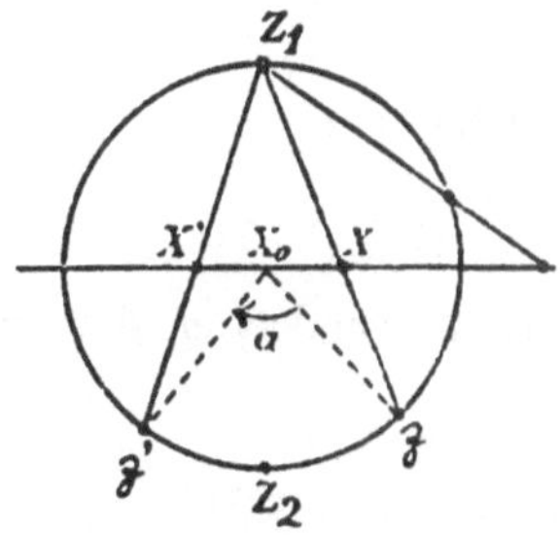

Fig. 50

$$\mathfrak{z} = x_0 + \frac{x - z_1}{x - z_2}(z_1 - x_0)$$

folgt aber außerdem

$$\mathfrak{z} - z_1 = x_0 - z_1 + \frac{x - z_1}{x - z_2}(z_1 - x_0)$$

oder

$$\mathfrak{z} - z_1 = (x_0 - z_1)\left(1 - \frac{x - z_1}{x - z_2}\right) = (x_0 - z_1)\frac{z_1 - z_2}{x - z_2}$$

$$= \frac{(x_0 - z_1)(z_1 - z_2)}{(x - z_2)(x - z_1)} \cdot (x - z_1).$$

Da $z_1 - z_2 = 2iy_0, x_0 - z_1 = -iy_0$, so hat man

$$(x_0 - z_1)(z_1 - z_2) = 2y_0^2.$$

Ferner ist

$$(x - z_1)(x - z_2) = (x - x_0)^2 + y_0^2.$$

Daher besteht die Beziehung

$$\mathfrak{z} - z_1 = \frac{2y_0^2}{(x - x_0)^2 + y_0^2} \cdot (x - z_1),$$

d. h. $\mathfrak{z} - z_1$ und $x - z_1$ unterscheiden sich um einen positiven Faktor, so daß die Punkte $\mathfrak{z}$ und x so liegen, wie Fig. 50 es andeutet. $\mathfrak{z}$ gibt, von z_1 aus auf die Abszissenachse projiziert, gerade den Punkt x. Hängt $\mathfrak{z}'$ in derselben Weise mit x' zusammen, ist also

$$\mathfrak{z}' - x_0 = \frac{x' - z_1}{x' - z_2}(z_1 - x_0).$$

so kann man die Gleichung (10*) in folgender Form schreiben, wobei sie vorher mit $z_1 - x_0$ multipliziert werden muß,

$$(10^{**}) \qquad \mathfrak{z}' - x_0 = (\mathfrak{z} - x_0)\frac{Cz_2 + D}{Cz_1 + D}.$$

Da $Cz_1 + D$ und $Cz_2 + D$ konjugiert komplexe Zahlen sind, so ist ihr Quotient eine komplexe Zahl vom Absolutbetrage 1. Man kann also

$$(15) \qquad \frac{Cz_2 + D}{Cz_1 + D} = \cos\alpha + i\sin\alpha$$

setzen. Dann stellt aber (10**) die Drehung α um den Punkt x_0 dar. Wenn man also die Projektivität (10) von z_1 aus auf den Kreis in Fig. 50 hinaufprojiziert, so entsteht auf diesem Kreise eine Transformation, die nichts weiter ist als eine Drehung. In ausführlicher Schreibung lautet der Quotient (15)

$$\frac{(Cx_0 + D) - Ciy_0}{(Cx_0 + D) + Ciy_0}.$$

Setzt man

$$-\frac{Cy_0}{Cx_0 + D} = \tan\frac{\alpha}{2},$$

so verwandelt er sich in

$$\frac{1 + i\tan\frac{\alpha}{2}}{1 - i\tan\frac{\alpha}{2}} = \cos\alpha + i\sin\alpha.$$

Kennt man die beiden Fixpunkte z_1 und z_2 und weiß man, daß einem gewissen Punkte P_1 der Punkt P_1' zugeordnet ist, so kann man die projektive Transformation konstruieren. Man projiziert von z_1 aus P_1 und P_1' auf den Kreis in Fig. 50, wodurch sich Q_1 und Q_1' ergeben. Dann ist klar, welche Drehung dieses Kreises in Frage kommt, nämlich diejenige, welche Q_1 in Q_1' überführt. Diese Drehung muß von z_1 auf die x-Achse projiziert werden. Will man z. B. wissen, welcher Punkt P' dem Punkte P entspricht, so muß man P von z_1 aus auf den vorerwähnten Kreis projizieren, den so erhaltenen Punkt Q der Drehung unterwerfen, die Q_1 nach Q_1' bringt, und die gewonnene Lage Q' auf die x-Achse zurückprojizieren. Dann findet man gerade den Punkt P'.

Man kann die Projektivität mit imaginären Fixpunkten auch noch auf andere Weise konstruktiv erfassen. Aus

$$x' = \frac{Ax + B}{Cx + D}, \quad z_1 = \frac{Az_1 + B}{Cz_1 + D}$$

folgt

$$x' - z_1 = \frac{(AD - BC)(x - z_1)}{(Cx + D)(Cz_1 + D)}.$$

Die komplexe Zahl $x - z_1$ ist hier zunächst mit dem festen komplexen Faktor $\frac{1}{Cz_1 + D}$ multipliziert. Wenn man diesen Faktor in Polarkoordinaten, also in der Form $ke^{i\varkappa}$ darstellt, so bedeutet die Multiplikation mit $e^{i\varkappa}$ eine Drehung der Strecke $z_1 \ldots x$ um den festen Winkel $\varkappa$. Aus dieser gedrehten Strecke entsteht die Strecke $z_1 \ldots x'$ durch Multiplikation mit der reellen Zahl $\frac{k(AD - BC)}{Cx + D}$. Jedenfalls ist also der Punkt x' der Schnittpunkt der x-Achse mit der um $\varkappa$ gedrehten Geraden $z_1 \ldots x$, wobei z_1 als Drehpunkt gilt. Wenn also die projektive Transformation (10) den Punkten $P_1, P_2, P_3, \ldots$ die Punkte $P'_1, P'_2, P'_3, \ldots$ zuordnet, so entsteht das Geradenbüschel $z_1P'_1, z_1P'_2, z_1P'_3, \ldots$ aus $z_1P_1, z_1P_2, z_1P_3, \ldots$ durch die Drehung $\varkappa$. Hiermit ist eine ebenso einfache, vielleicht noch einfachere Konstruktion gewonnen als die frühere, die mit der stereographischen Projektion der Geraden auf den Kreis operierte.

Wenn man ein Geradenbüschel um seinen Scheitel dreht und beide Büschel mit einer Geraden zum Schnitt bringt, so entsteht auf dieser eine Projektivität mit imaginären Fixpunkten. Dies läßt sich auch auf folgende Weise bestätigen: Eine Gerade durch den Anfangspunkt O, die gegen die x-Achse um ϑ geneigt ist, wird durch die Gleichung $y = x \tan \vartheta$ dargestellt. Führt man die Drehung $\varkappa$ um O aus, so lautet die Gleichung der gedrehten Geraden $y' = x' \tan(\vartheta + \varkappa)$. Bringt man beide Geraden mit einer Parallelen g zur y-Achse zum Schnitt, so muß $x = x' = a$ gesetzt werden. Die beiden Schnittpunkte haben also die Ordinaten

$$y = a \tan \vartheta, \; y' = a \tan(\vartheta + \varkappa).$$

Es ist somit

$$y' = \frac{y + a \tan \varkappa}{1 - a^{-1} y \tan \varkappa}.$$

Die Fixpunkte dieser Projektivität erhält man durch die Einsetzung $y' = y$, die zu der Gleichung $y^2 = -a^2$ führt.

Wir wollen noch die Frage erörtern, wann eine Projektivität mit imaginären Fixpunkten eine Involution ist. Am einfachsten ist es, sich an Fig. 50 zu halten. Die Drehung α um x_0, die der betrachteten Projektivität entspricht, wird dann und nur dann involutorisch sein, wenn α den Wert π hat, d. h. wenn die Punkte $\mathfrak{z}$ und $\mathfrak{z}'$ an den Enden eines Durchmessers liegen. Dann stehen die Geraden $z_1\mathfrak{z}$ und $z_1\mathfrak{z}'$ aufeinander senkrecht. In dem Geradenbüschel um z_1 wird also jeder Geraden die zu ihr senkrechte Gerade zugeordnet. Man nennt diese besondere Involution im Geradenbüschel die **orthogonale** oder **zirkulare** Involution. Die von uns betrachtete Involution auf der Punktreihe ergibt sich aus der orthogonalen Involution im Geradenbüschel dadurch, daß man das Büschel mit einer Geraden schneidet. Man kann auch sagen, daß die Punkte x und x' auf einem Kreise liegen, der durch z_1 und z_2 hindurchgeht. Wenn man den Anfangspunkt nach x_0 verlegt, wird $x' = -\frac{a^2}{x}$.

Wenn die Gleichung (13), also die Gleichung der Fixpunkte, zwei verschiedene reelle Wurzeln x_1 und x_2 hat, so folgt aus

$$x_1 = \frac{Ax_1 + B}{Cx_1 + D}, \quad x_2 = \frac{Ax_2 + B}{Cx_2 + D}$$

in Verbindung mit (10)

$$(16) \qquad \frac{x' - x_2}{x' - x_1} = \frac{x - x_2}{x - x_1} \; \frac{Cx_1 + D}{Cx_2 + D}.$$

Nun lautet das Doppelverhältnis der vier Punkte x_1, x_2, x', x in dieser Reihenfolge

$$\frac{x_2 - x}{x - x_1} : \frac{x_2 - x'}{x' - x_1}.$$

Also besagt die Gleichung (16), daß das Doppelverhältnis $(x_1 x_2 x' x)$ den konstanten Wert $(Cx_2 + D) : (Cx_1 + D)$ hat. Nennen wir die beiden reellen Fixpunkte F_1, F_2, so lautet das Zuordnungsgesetz der betrachteten Projektivität

$$(17) \qquad (F_1 F_2 P' P) = k,$$

wobei k einen festen Wert hat, eben den Wert $(Cx_2 + D) : (Cx_1 + D)$, wo Zähler und Nenner von Null und voneinander verschieden sind. Man beachte die volle Übereinstimmung zwischen (17) und (12'). Bei (12') haben O und U die Rolle von F_1 und F_2 übernommen. Involutorisch ist die Projektivität (17), wenn neben der Gleichung (17) noch die andere $(F_1 F_2 P P') = k$ stattfindet. Dann muß aber $\frac{1}{k} = k$ sein oder, da $k = 1$ ausgeschlossen ist, $k = -1$. Eine Involution mit reellen Fixpunkten ordnet also immer zwei solche Punkte P, P' einander zu, welche die beiden Fixpunkte F_1, F_2 harmonisch trennen. Rückt einer der beiden Fixpunkte ins Unendliche, so werden P, P' symmetrisch zu dem andern. Liegen beide Fixpunkte im Endlichen, so kann man einen besonders einfachen analytischen Ausdruck erhoffen, wenn der Mittelpunkt der Strecke $F_1 F_2$ als Anfangspunkt gewählt wird. Gleichung (13) wird dann zwei entgegengesetzt gleiche Wurzeln a und $-a$ haben, d. h. es wird $A - D = 0$ sein. Andererseits müssen, weil es sich um eine Involution handelt, in (10), d. h. in $Cxx' + Dx' - Ax - B = 0$, die Größen x und x' symmetrisch auftreten. Das trifft aber nur zu, wenn die Koeffizienten D und $-A$ übereinstimmen, wenn also $A + D = 0$ ist. Somit folgt $A = D = 0$. Da ferner $Ca^2 - B = 0$ ist, so nimmt (10) die Gestalt $x' = \frac{a^2}{x}$ an, was sich natürlich auch aus $(F_1 F_2 P' P) = -1$ errechnen läßt.

Es muß noch die dritte Möglichkeit erörtert werden, daß die Wurzeln der Gleichung (13) zusammenfallen, daß also

$$Cx^2 + (D - A)x - B = C(x - x_1)^2$$

ist, oder

$$(18) \qquad D - A = -2Cx_1, \; B = -Cx_1^2.$$

Aus (10) und aus

$$x_1 = \frac{Ax_1 + B}{Cx_1 + D}$$

folgt nun

$$x' - x_1 = \frac{(AD - BC)(x - x_1)}{(Cx + D)(Cx_1 + D)}$$

oder, da auf Grund der Gleichungen (18)

$$AD - BC = (A - Cx_1)^2, \quad Cx_1 + D = A - Cx_1,$$
$$Cx + D = C(x - x_1) + A - Cx_1$$

wird,

$$x' - x_1 = \frac{(A - Cx_1)(x - x_1)}{C(x - x_1) + A - Cx_1}.$$

Setzt man zur Abkürzung

$$\frac{C}{A - Cx_1} = k,$$

so kann man auch schreiben

$$x' - x_1 = \frac{x - x_1}{k(x - x_1) + 1}$$

oder

$$(19) \qquad \frac{1}{x' - x_1} = k + \frac{1}{x - x_1}.$$

Man sieht, daß $\mathfrak{x} = \frac{1}{x - x_1}$ und $\mathfrak{x}' = \frac{1}{x - x_1}$ durch die Translation $\mathfrak{x}' = \mathfrak{x} + k$ zusammenhängen. Eine konstruktive Verwirklichung der Transformation (19) läßt sich auf folgende Weise gewinnen: Man zeichne an der Stelle x_1 einen Berührungskreis vom Durchmesser 1, wie er in Fig. 51 zu sehen ist. Der höchste Punkt dieses Kreises möge als Anfangspunkt auf der zugehörigen Tangente dienen. Wenn man dann den Punkt $\mathfrak{x}$ auf dieser Tangente so wählt, daß sich die Geraden $0 \ldots x$ und $\mathfrak{x} \ldots x_1$ auf dem Kreise schneiden, so ist $\mathfrak{x} = 1 : (x - x_1)$, wie sich aus der Ähnlichkeit der Dreiecke Ox_1x und $\mathfrak{x}Ox_1$ sofort ergibt. Wenn nun auf der Geraden $O\mathfrak{x}$ eine Translation vorliegt, so entspricht ihr auf der gegenüberliegenden Tangente eine Projektivität mit zwei in x_1 zusammenfallenden Fixpunkten. Man erkennt aus dieser Beziehung, daß eine solche Projektivität niemals involutorisch sein kann.

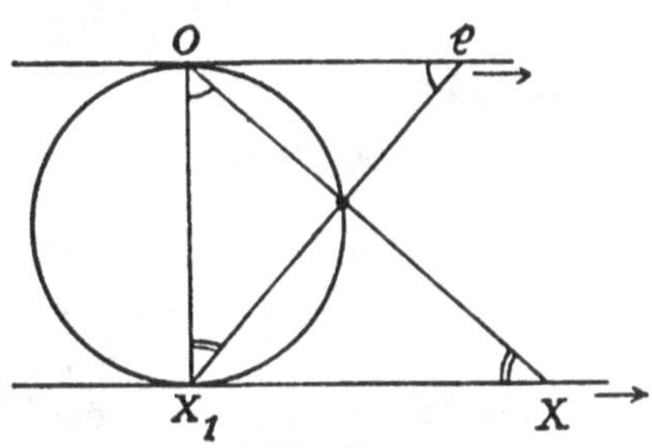

Fig. 51.

§ 27. Involutionen in Grundgebilden erster Stufe.

Wir wollen uns jetzt mit einigen wichtigen Eigenschaften der Involutionen in einer Punktreihe beschäftigen. Zunächst sei der Satz hervorgehoben, daß eine Involution durch zwei Paare zusammengehöriger Punkte bestimmt ist, die man beliebig vorschreiben kann. Nur dürfen die Paare keinen Punkt gemein haben. Will man die Punktepaare A, A' und B, B' in eine Involution einordnen, wobei die Involution als der Inbegriff der von ihr hergestellten Punktepaare P, P' betrachtet wird, so muß man sich überlegen, daß die Involution eine Projektivität ist, von der hier verlangt wird, daß sie den vier Punkten A, A', B, B', die nach Voraussetzung verschieden sind, die Punkte A', A, B', B der Reihe nach zuordnen soll. Drei solche Zuordnungen genügen aber bereits zur vollkommenen Bestimmung einer Projektivität, und es gibt immer eine Projektivität, die sie verwirklicht. Z. B. wird die Projektivität, die A in A', A' in A und B in B' überführt, durch die Doppelverhältnisrelation

$$(1) \qquad (AA'BP) = (A'AB'P')$$

gekennzeichnet. Nur diese Projektivität kommt also in Frage, wenn man verlangt, daß A, A', B, B' in A', A, B', B übergehen sollen. Sie hat aber auch wirklich die Eigenschaft, B' in B zu verwandeln, also die noch fehlende Zuordnung herbeizuführen. Es ist nämlich

$$(AA'BB') = (A'AB'B),$$

weil das Doppelverhältnis sowohl bei Vertauschung der beiden ersten als auch der beiden letzten Punkte in seinen reziproken Wert übergeht. Nun bleibt noch zu zeigen, daß die durch (1) bestimmte Projektivität involutorisch ist, daß also gleichzeitig mit (1) auch die Gleichung

$$(1') \qquad (AA'BP') = (A'AB'P)$$

besteht. Ausführlicher geschrieben lautet die Gleichung (1)

$$(1^*) \qquad \frac{(APA')}{(ABA')} = \frac{(A'P'A)}{(A'B'A)}.$$

Nun hat man

$$(A'P'A) = \frac{1}{(AP'A')}, \quad (APA') = \frac{1}{(A'PA)}.$$

Man kann also statt (1*) auch schreiben

$$\frac{(AP'A')}{(ABA')} = \frac{(A'PA)}{(A'B'A)}.$$

Das ist aber nichts anderes als die Gleichung (1').

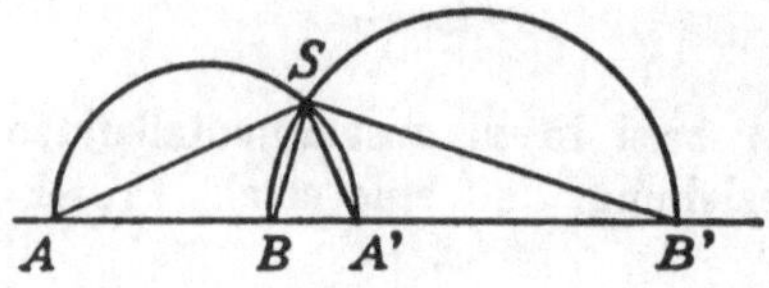

Fig. 52.

Besonders bequem ist es, die soeben behandelte Frage konstruktiv zu lösen. Wenn die Punktepaare A, A' und B, B', die in eine Involution einzubauen sind, sich trennen, so beschreibe man zwei Kreise über den Durchmessern AA', BB'

(vgl. Fig. 52). Diese schneiden sich in zwei reellen Punkten. Ist S einer der beiden Schnittpunkte, so stehen SA und SA' aufeinander senkrecht, ebenso SB und SB'. Damit sind aber die Geradenpaare SA, SA' und SB, SB' in die orthogonale Involution um S eingeordnet, und man weiß nun, daß zwei Punkte P, P' der Punktreihe zusammengehören, wenn SP und SP' aufeinander senkrecht stehen. Wenn die Punktepaare A, A' und B, B' sich nicht trennen, so zeichne man wie vorher Kreise über den Durchmessern AA', BB' (vgl. Fig. 53 und Fig. 54). Auf einem von ihnen, z. B.

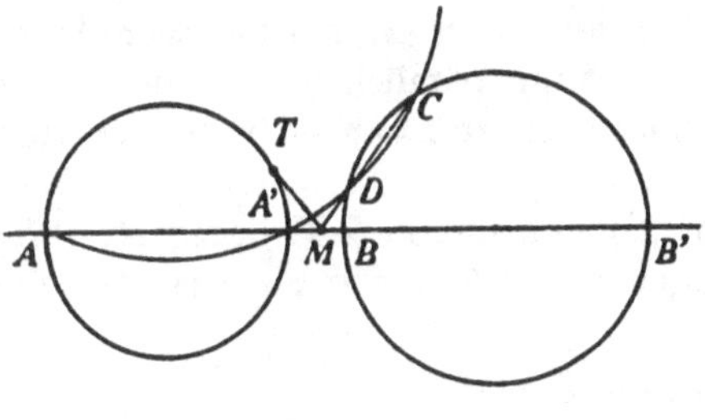

Fig. 53.

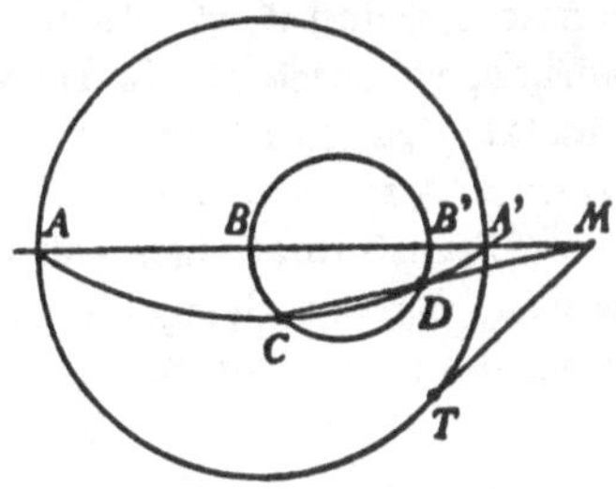

Fig. 54.

auf dem zweiten, wähle man einen Punkt C, der nicht auf der Geraden $AA'BB'$ liegt, und ziehe den Kreis durch A, A', C. Dieser trifft den Kreis BCB' noch in einem zweiten Punkte D. Man verbinde C mit D und suche den Schnittpunkt M der Geraden CD mit $AA'BB'$. M hat dann die Eigenschaft

$$MA \cdot MA' = MB \cdot MB',$$

weil beide Produkte gleich $MC \cdot MD$ sind. Wenn man von M aus die Tangente MT an den Kreis über AA' zieht, so ergeben sich die Doppelpunkte F_1, F_2 der gesuchten Involution dadurch, daß man um M einen Kreis mit dem Radius MT beschreibt. Es ist nämlich

$$MA \cdot MA' = MB \cdot MB' = MT^2 = MF_1^2.$$

Die Strecke F_1F_2 wird sowohl durch das Punktepaar A, A' als auch durch B, B' harmonisch geteilt.

Es existieren noch andere Konstruktionen der Fixpunkte oder Doppelpunkte einer Involution aus zwei Paaren A, A' und B, B'. Wir wissen, daß die Gleichung (10) in § 26 eine Involution darstellt, wenn x und x' vertauscht werden können, ohne daß die Gleichung sich ändert. Schreibt man die Gleichung in der Form

$$Cxx' + Dx' - Ax - B = 0,$$

so sieht man unmittelbar, daß x und x' nur vertauschbar sind, wenn $A + D = 0$ ist. Eine Involution wird also durch eine Gleichung von der Form

$$x' = \frac{Ax + B}{Cx - A} \tag{2}$$

dargestellt, wobei noch die Bedingung $A^2 + BC \neq 0$ erfüllt sein muß. Alle in (2) auftretenden Größen betrachten wir als reell. Offenbar läßt sich nun diese Involution in folgende allgemeinere Transformation einbauen, die sich auf komplexe Werte z, z' bezieht:

$$z' = \frac{A\bar{z} + B}{C\bar{z} - A}. \tag{2'}$$

Geometrisch ist $z = x + iy$ ein Punkt einer Ebene, der sogenannten Zahlenebene, ebenso $z' = x' + iy'$. Die rechtwinkligen Koordinaten dieser Punkte lauten x, y und x', y'. Läßt man die Transformation (2′) nur auf die x-Achse wirken, so entsteht die Involution (2). Wenn nämlich $y = 0$, also $z = x$ gesetzt wird, so ist auch $\bar{z} = x$, da $\bar{z}$ immer den zu $z = x + iy$ konjugierten Wert $x - iy$ bedeutet.

Transformationen von der Form (2′) sind uns in § 24 begegnet. Wir wissen, daß sie Spiegelungen an Kreisen darstellen, und zwar ist (2′) die Spiegelung an dem Kreise

$$Cz\bar{z} - A(z + \bar{z}) - B = 0.$$

Diese Gleichung entsteht aus (2′), wenn man $z' = z$ fordert, wird also von den Fixpunkten der Transformation (2′) erfüllt. Sie reduziert sich durch Einsetzen der Werte $z = x + iy$, $\bar{z} = x - iy$ auf

$$C(x^2 + y^2) - 2Ax - B = 0. \tag{3}$$

Hat die Involution (2) reelle Fixpunkte, so stellt obige Gleichung einen reellen Kreis dar, dessen Mittelpunkt auf der x-Achse liegt. Die Schnittpunkte des Kreises mit der x-Achse sind gerade die Fixpunkte der Involution.

Wir wollen an der Voraussetzung festhalten, daß die Fixpunkte der Involution reell sind und die Betrachtung noch weiter fortsetzen. Um den Nullpunkt der Zahlenebene denken wir uns eine Kugel vom Radius 1 beschrieben, auf die wir die Ebene stereographisch abbilden. Als Zentrum der stereographischen Projektion dient einer der Punkte, in denen die Kugel die dritte Achse trifft. Wir kennen die beiden Grundeigenschaften der stereographischen Projektion, Kreise als Kreise abzubilden und die Winkel ungeändert zu lassen. Ferner wissen wir, daß zwei Punkte z und z' der Zahlenebene, die durch die Spiegelung (2′) zusammenhängen, ein Kreisbüschel bestimmen, das aus lauter Orthogonalkreisen des Kreises (3) besteht. Bei der stereographischen Übertragung auf die Kugel entspricht diesem Kreise ein Kreis $\mathfrak{K}$ und die Bildpunkte $\mathfrak{z}, \mathfrak{z}'$ der Punkte z, z' bestimmen auf der Kugel ein zu $\mathfrak{K}$ orthogonales Kreisbüschel. Man überlege sich, was das bedeutet. Jeder Kreis $\mathfrak{k}$ dieses Büschels wird auf der Kugel durch eine Ebene ausgeschnitten, die durch die Punkte $\mathfrak{z}$ und $\mathfrak{z}'$ hindurchgeht. In dieser Ebene liegen auch die beiden Tangenten, die $\mathfrak{k}$ in den Schnittpunkten mit $\mathfrak{K}$ hat. Diese Tangenten sind zugleich Kugeltangenten und treffen wegen der Orthogonalität von $\mathfrak{k}$ und $\mathfrak{K}$ den Kreis $\mathfrak{K}$ unter rechtem Winkel. Daher gehören sie zu den Erzeugenden des Kegels, der die Kugel längs $\mathfrak{K}$ berührt, und gehen durch die Spitze S dieses Kegels hindurch, die also in die Ebene des Kreises $\mathfrak{k}$ fällt. Wir erkennen auf diese

Weise, daß alle Ebenen durch $\mathfrak{z}$ und $\mathfrak{z}'$ auch den Punkt S enthalten, daß mithin die Gerade, die $\mathfrak{z}$ und $\mathfrak{z}'$ verbindet, durch S hindurchgeht. Das stereographische Bild der Spiegelung (2') ist also eine äußerst einfache Operation. Es werden bei ihr immer zwei solche Kugelpunkte zusammengeordnet, die mit einem festen Punkte S außerhalb der Kugel in gerader Linie liegen.

Sind $\mathfrak{x}, \mathfrak{x}'$ die stereographischen Bilder der in (2) auftretenden Punkte x, x', so muß auch die Gerade $\mathfrak{x}, \mathfrak{x}'$ durch den Punkt S hindurchgehen. Diese Punkte $\mathfrak{x}, \mathfrak{x}'$ erhält man aber, wenn man die in Fig. 55 dargestellte Konstruktion vornimmt. Der dort auftretende Kreis ist der Schnitt der Abbildungskugel mit einer Ebene, die durch die x-Achse senkrecht zur Zahlenebene gelegt ist. Weil der Kreis (3) seinen Mittelpunkt auf der x-Achse hat, fällt der Punkt S in jene Ebene.

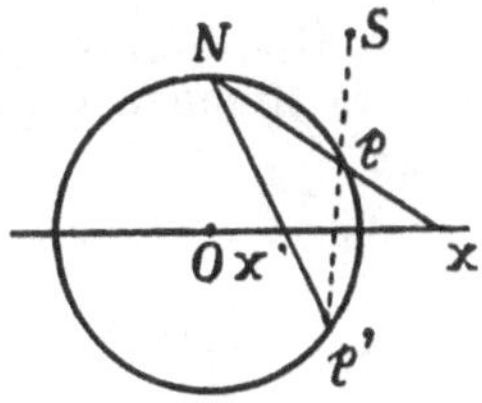

Fig. 55.

Man kann das gewonnene Ergebnis auch so aussprechen. Denkt man sich durch S alle möglichen Sekanten $S\mathfrak{x}\mathfrak{x}'$ gezogen, so entstehen auf dem Kreise in Fig. 55 lauter Punktepaare $\mathfrak{x}, \mathfrak{x}'$. Projiziert man den Kreis von einem Peripheriepunkte N aus auf den zu ON senkrechten Durchmesser, den man sich beiderseits unendlich verlängert denken muß, so entsprechen den Punktepaaren $\mathfrak{x}, \mathfrak{x}'$ Punktepaare x, x' auf dem Durchmesser. Diese Punktepaare x, x' bilden eine Involution mit reellen Fixpunkten. Auf dem Kreise sind offenbar die Berührungspunkte der von S aus an den Kreis gelegten Tangenten dadurch ausgezeichnet, daß sie mit ihrem $\mathfrak{x}'$-Partner zusammenfallen. Ihnen entsprechen bei der von N aus bewirkten Projektion zwei Punkte F_1, F_2, welche die Fixpunkte der Involution x, x' sind.

Was entsteht nun, wenn wir eine Involution x, x' mit imaginären Fixpunkten nach dem in Fig. 55 angegebenen Verfahren auf den Kreis projizieren? Um diese Frage zu erledigen, müssen wir eine Betrachtung über das Doppelverhältnis von vier Punkten eines Kreises vorausschicken. Sind z_1, z_2, z_3, z_4 die komplexen Zahlen, die zu vier Punkten eines Kreises gehören, so können wir zunächst den Ausdruck

$$(z_1 z_2 z_3 z_4) = \frac{z_2 - z_4}{z_4 - z_1} : \frac{z_2 - z_3}{z_3 - z_1}$$

als das Doppelverhältnis der vier Punkte erklären. Wir wissen, daß es einen reellen Wert hat, eben weil die vier Punkte auf einem Kreise liegen. Dieses Doppelverhältnis bleibt bei allen linear gebrochenen Transformationen invariant, aber auch bei Transformationen von der Form

$$(4) \qquad z' = \frac{\alpha \bar{z} + \beta}{\gamma \bar{z} + \delta},$$

wo $\alpha, \beta, \gamma, \delta$ feste komplexe Zahlen sind, die der Bedingung $\alpha\delta - \beta\gamma \neq 0$ genügen. Man kann nämlich die Transformation (4) aus $\mathfrak{z} = \bar{z}$ und $z' = \dfrac{\alpha\mathfrak{z} + \beta}{\gamma\mathfrak{z} + \delta}$

zusammensetzen, also aus einer Spiegelung an der x-Achse und einer linear gebrochenen Transformation. Bei der ersten Operation gehen z_1, z_2, z_3, z_4 in vier Punkte $\mathfrak{z}_1, \mathfrak{z}_2, \mathfrak{z}_3, \mathfrak{z}_4$ über, die wieder auf einem Kreise liegen und dasselbe Doppelverhältnis haben, wie die alten Punkte. Dies beruht darauf, daß

$$(\mathfrak{z}_1\mathfrak{z}_2\mathfrak{z}_3\mathfrak{z}_4) = (\bar{z}_1\bar{z}_2\bar{z}_3\bar{z}_4)$$

die zu $(z_1z_2z_3z_4)$ konjugierte Zahl ist. Da aber $(z_1z_2z_3z_4)$ einen reellen Wert hat, so stimmen die beiden zueinander konjugierten Zahlen überein, d. h. es ist

$$(\mathfrak{z}_1\mathfrak{z}_2\mathfrak{z}_3\mathfrak{z}_4) = (z_1z_2z_3z_4).$$

Bei der zweiten Operation $z' = \dfrac{\alpha\mathfrak{z} + \beta}{\gamma\mathfrak{z} + \delta}$ verwandeln sich die Punkte $\mathfrak{z}_1, \mathfrak{z}_2, \mathfrak{z}_3, \mathfrak{z}_4$ wiederum in vier Punkte z_1', z_2', z_3', z_4' eines Kreises und behalten ihr Doppelverhältnis. Es ist also

$$(z_1'z_2'z_3'z_4') = (\mathfrak{z}_1\mathfrak{z}_2\mathfrak{z}_3\mathfrak{z}_4),$$

mithin

$$(z_1'z_2'z_3'z_4') = (z_1z_2z_3z_4).$$

Zu den Transformationen von der Form (4) gehören die Spiegelungen an Kreisen oder die Inversionen. Handelt es sich um den Kreis

$$(x - x_0)^2 + (y - y_0)^2 = a^2$$

oder

$$(z - z_0)(\bar{z} - \bar{z}_0) = a^2,$$

so wird die zugehörige Spiegelung oder Inversion durch die Gleichung

$$z' - z_0 = \frac{a^2}{\bar{z} - \bar{z}_0} \tag{5}$$

ausgedrückt, also durch eine Gleichung von der Form (4). Läßt man nun auf eine solche Inversion noch eine Umwendung um den Mittelpunkt des Kreises folgen, setzt man also weiter

$$Z - z_0 = -(z' - z_0),$$

so erhält man als Endergebnis

$$Z - z_0 = -\frac{a^2}{\bar{z} - \bar{z}_0}, \tag{6}$$

also wieder eine Transformation von der Form (4). Daß Z an die Stelle von z' getreten ist, macht nichts aus. Man nennt (6) eine **uneigentliche Inversion**. Um den Unterschied zwischen einer uneigentlichen und einer eigentlichen Inversion zu erkennen, genügt es, nach den Fixpunkten zu fragen. Bei (5) sind alle Punkte des Spiegelungskreises Fixpunkte und nur sie. Bei (6) erhält man, wenn $Z = z$ gefordert wird,

$$(z - z_0)(\bar{z} - \bar{z}_0) = -a^2. \tag{7}$$

Kein reeller Punkt erfüllt diese Gleichung, deren linke Seite als Norm der komplexen Zahl $z - z_0$ unmöglich negativ sein kann. Es gibt also keine reellen Fixpunkte. Erst wenn man in der Ebene auch Punkte mit komplexen Koordinaten x, y zuläßt, also imaginäre Punkte, kann von Fixpunkten die Rede sein. Man nennt (7) die Gleichung eines imaginären Kreises und spricht von einer Spiegelung an einem solchen Kreise. Doch wollen wir vorläufig auf solche Redewendungen keinen großen Wert legen. Man kann nämlich bei der uneigentlichen Inversion (6) auch mit dem reellen Kreis

$$(8) \qquad (z - z_0)(\bar{z} - \bar{z}_0) = a^2$$

etwas anfangen. Bilden P und Q ein Paar zusammengehöriger Punkte bei der eigentlichen Inversion (5) und bestimmt man P' nach der Vorschrift $MP' = -MQ$, so entsprechen sich die Punkte P, P' bei der uneigentlichen Inversion (6), weil $MP \cdot MQ = a^2$ und daher $MP \cdot MP' = -a^2$ ist. Von den beiden Punkten P, P' liegt der eine innerhalb der andere außerhalb des Kreises (8). Jeder durch P und P' hindurchgeführte Kreis hat also reelle Schnittpunkte mit dem Kreise (8), der in Fig. 56 zu sehen ist. Wenn wir einen dieser Schnittpunkte K_1 nennen und mit K_2 den Gegenpunkt in bezug auf M bezeichnen, so ist $MK_1 \cdot MK_2 = -a^2$, also $MK_1 \cdot MK_2 = MP \cdot MP'$. Auf Grund des Sehnensatzes können wir also schließen, daß die vier Punkte P, P', K_1 und K_2 auf einem Kreise liegen, daß mithin K_2 der zweite Schnittpunkt der beiden betrachteten Kreise ist. Jeder durch P und P' gelegte Kreis schneidet demnach den Kreis (8) in den Endpunkten eines Durchmessers. Man nennt solche Kreise auch Diametralkreise. Eine uneigentliche Inversion hat also die Eigenschaft, immer solche Punkte einander zuzuordnen, die ein Büschel von Diametralkreisen des Grundkreises oder Fundamentalkreises bestimmen. Dieser Grundkreis (8) wird vielfach als der reelle Begleiter des imaginären Kreises (7) bezeichnet. Ein berühmter Geometer pflegte hier die Beziehung zwischen sichtbarem Leib und Astralleib als Gleichnis heranzuziehen.

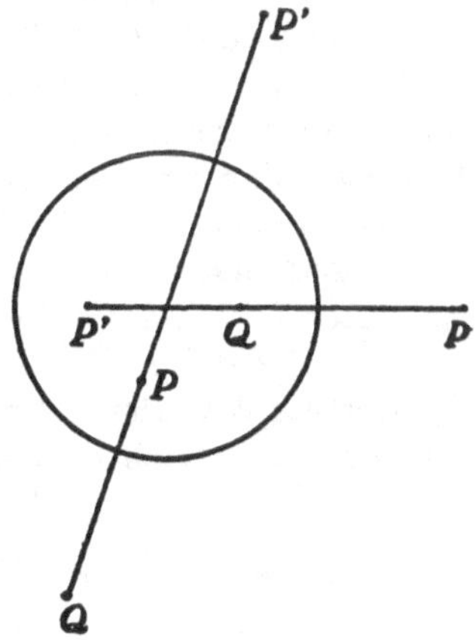

Fig. 56.

Wenn S ein Punkt ist, der außerhalb eines Kreises $\mathfrak{k}$ liegt, und immer zwei solche Punkte P und P' der Peripherie zusammengeordnet werden, die mit S in gerader Linie liegen, so ist nach dem Sekantensatz $SP \cdot SP' = a^2$. Dabei bedeutet a die Länge der von S an den Kreis gelegten Tangenten. Denkt man sich um S mit dem Radius a einen Kreis $\mathfrak{K}$ beschrieben, so vertauscht die Spiegelung an diesem Kreise $\mathfrak{K}$ die Punkte P und P'. Der Kreis $\mathfrak{k}$ geht bei ihr in sich über. Nun betrachte man auf $\mathfrak{k}$ vier solche Punktepaare wie P, P' und kennzeichne sie durch die komplexen Zahlen z_1, z_1'; z_2, z_2'; z_3, z_3'; z_4, z_4'. Dann wird $(z_1 z_2 z_3 z_4) = (z_1' z_2' z_3' z_4')$ sein, da Spiegelungen an Kreisen solche Doppelverhältnisse nicht ändern. Liegt der Punkt S innerhalb des Kreises $\mathfrak{k}$ und ordnet man immer zwei Peripheriepunkte P, P' zusammen, die mit S in gerader Linie liegen, so hat $SP \cdot SP'$ nach dem Sehnensatz einen konstanten Wert, den man in der Form $-b^2$ ansetzen muß, da SP und SP' entgegengesetzt gerichtet sind. Denkt man sich um S einen Kreis mit dem Radius b beschrieben und macht ihn zum Grundkreise einer uneigentlichen Inversion, so vertauscht diese Inversion die Punkte P, P' und läßt also den Kreis $\mathfrak{k}$ invariant. Sind durch z_1, z_2, z_3, z_4 vier Lagen von P und durch z_1', z_2', z_3', z_4' die entsprechenden Lagen von P' gekennzeichnet, so wird wieder $(z_1 z_2 z_3 z_4) = (z_1' z_2' z_3' z_4')$ sein, weil eine uneigentliche Inversion ebenso wie eine eigentliche das Doppelverhältnis nicht ändert.

Wir können zusammenfassend folgendes sagen: Ein Geradenbüschel, dessen Scheitel S nicht auf dem Kreise $\mathfrak{k}$ liegt, ordnet die Punkte dieses Kreises zu Paaren P, P' zusammen, wobei immer P und P' auf einer und derselben Geraden des Büschels liegen. Diese Paare lassen sich in eine eigentliche oder uneigentliche Inversion einbauen, die auf alle Punkte der Ebene wirkt und den Kreis $\mathfrak{k}$ in sich überführt, so zwar, daß immer zwei mit S kollineare Punkte des Kreises ausgewechselt werden. Daraus folgt dann sofort, daß vier Punkte des Kreises $\mathfrak{k}$ stets dasselbe Doppelverhältnis haben wie ihre Partner.

Es ist nun von größter Wichtigkeit, daß das Doppelverhältnis von vier Punkten eines Kreises noch auf eine zweite Weise erklärt werden kann, und diese zweite Erklärung kommt gerade in der projektiven Geometrie zur Geltung. Wir gelangen dazu durch folgende Überlegung: A sei irgendein Punkt auf dem Kreise $\mathfrak{k}$. Machen wir A zum Zentrum einer Inversion, deren Grundkreis durch den Gegenpunkt A' von A hindurchgeht, so wird sich $\mathfrak{k}$ bei dieser Inversion in die Tangente $\mathfrak{t}$ in Punkte A' verwandeln. Das zeigt der Anblick der Fig. 57. In dem rechtwinkligen Dreieck $AA'Q$ ist das Quadrat der Kathete AA' gleich der Hypotenuse AQ mal der Subkathete AP, so daß also $AP \cdot AQ$ gleich dem quadrierten Radius des Grundkreises ist, wie die Inversion es verlangt. Sind nun P_1, P_2, P_3, P_4 und Q_1, Q_2, Q_3, Q_4 zwei sich entsprechende Punktquadrupel auf $\mathfrak{k}$ und $\mathfrak{t}$ und z_1, z_2, z_3, z_4 und z_1', z_2', z_3', z_4' die zugehörigen komplexen Zahlen, so hat man zunächst

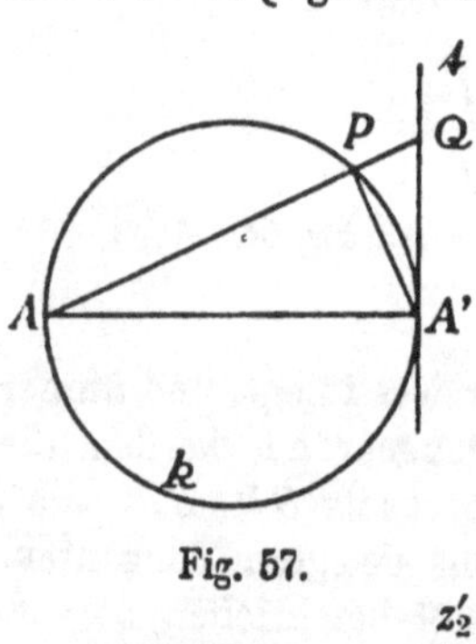

Fig. 57.

$$(z_1 z_2 z_3 z_4) = (z_1' z_2' z_3' z_4').$$

Andererseits ist aber $(z_1' z_2' z_3' z_4')$ nichts anderes als der Ausdruck $(Q_1 Q_2 Q_3 Q_4)$ oder $\frac{Q_4 Q_2}{Q_1 Q_4} : \frac{Q_3 Q_2}{Q_1 Q_3}$, weil die Gleichungen

$$\frac{z_2' - z_4'}{z_4' - z_1'} = \frac{Q_4 Q_2}{Q_1 Q_4}, \quad \frac{z_2' - z_3'}{z_3' - z_1'} = \frac{Q_3 Q_2}{Q_1 Q_3}$$

bestehen. Nun haben die vier Geraden AP_1, AP_2, AP_3, AP_4, die $\mathfrak{t}$ in Q_1, Q_2, Q_3, Q_4 schneiden, das Doppelverhältnis $(Q_1 Q_2 Q_3 Q_4)$. So ist also das Doppelverhältnis der vier Geraden, die einen beliebigen Punkt A des Kreises $\mathfrak{k}$ mit den Punkten P_1, P_2, P_3, P_4 dieses Kreises verbinden, stets gleich $(z_1 z_2 z_3 z_4)$, wie man auch A auf $\mathfrak{k}$ wählen mag. Dieses Doppelverhältnis kann man als das Doppelverhältnis der vier Punkte P_1, P_2, P_3, P_4 auf $\mathfrak{k}$ definieren und braucht dann nicht mehr mit den komplexen Zahlen z_1, z_2, z_3, z_4 zu operieren.

Sind A und A' irgend zwei Punkte auf $\mathfrak{k}$, so kann man auch mittels des Satzes vom Peripheriewinkel direkt erkennen, daß die vier Geraden AP_1, AP_2, AP_3, AP_4 und $A'P_1, A'P_2, A'P_3, A'P_4$ übereinstimmende Doppelverhältnisse bilden. Ob nun A und A' durch P_μ und P_ν getrennt werden oder nicht, immer kann man sagen (vgl. Fig. 58), daß die Gerade AP_μ in AP_ν und die Gerade $A'P_\mu$ in $A'P_\nu$ durch Drehungen mit demselben Winkel übergehen. Die beiden Geradenquadrupel sind also kongruent. Deshalb stimmen auch ihre Doppelverhältnisse überein.

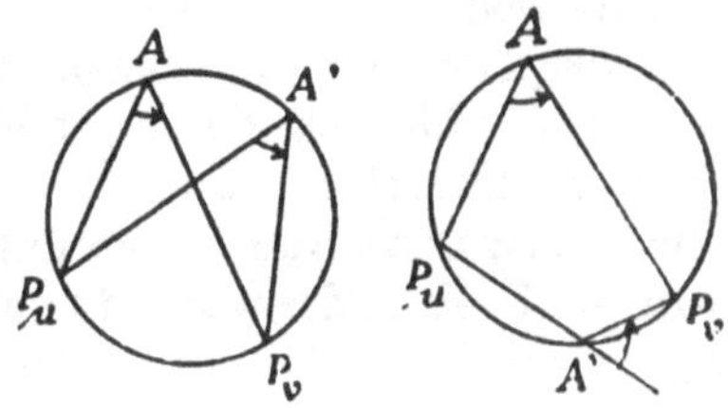

Fig. 58.

Jetzt können wir die am Anfang dieser Betrachtungen aufgeworfene Frage mit Leichtigkeit erledigen. Man denke sich einen Kreis $\mathfrak{k}$ und einen Punkt S, der nicht auf dem Kreise liegt. P_1, P_2, P_3, P_4 seien vier beliebige Punkte auf $\mathfrak{k}$. Verbindet man sie mit S, so erhält man auf $\mathfrak{k}$ vier weitere Punkte P_1', P_2', P_3', P_4' als Schnittpunkte der Verbindungslinien und des Kreises. Beide Punktquadrupel haben dasselbe Doppelverhältnis. Wenn irgendein Punkt N des Kreises $\mathfrak{k}$ mit P_1, P_2, P_3, P_4 und P_1', P_2', P_3', P_4' verbunden wird, so entstehen zwei Geradenquadrupel, die gleiches Doppelverhältnis besitzen. Zieht man nun eine beliebige Gerade g, die nicht durch N hindurchgeht, so wird diese von den beiden Geradenquadrupeln in zwei Punktquadrupeln Q_1, Q_2, Q_3, Q_4 und Q_1', Q_2', Q_3', Q_4' getroffen. Auch diese Punktquadrupel haben beide dasselbe Doppelverhältnis. Da die Beziehung zwischen P und P' eine wechselseitige ist, so gilt dies auch für Q und Q'. Wir haben es also mit einer Involution auf g zu tun. Die Betrachtung läßt sich auch umkehren. Wenn auf g eine Involution vorliegt, in der die Punktepaare Q_1, Q_1' und Q_2, Q_2' enthalten sind, so wähle man auf dem Kreise $\mathfrak{k}$ einen Punkt N, der nicht auf g liegt und projiziere Q_1, Q_1', Q_2, Q_2' von N aus auf den Kreis $\mathfrak{k}$. Dadurch erhält man auf $\mathfrak{k}$ die Punkte P_1, P_1', P_2, P_2'. Nun schneiden sich die Geraden P_1P_1' und P_2P_2' in einem Punkt S. Ordnet man immer zwei solche Punkte P und P' des Kreises $\mathfrak{k}$ zusammen, die mit S in gerader Linie liegen, so braucht man diese Punktepaare P, P' nur von N aus auf die Gerade g zu projizieren, um dort die Punktepaare Q, Q' einer Involution zu erhalten. Diese Involution ist dieselbe, von der wir ausgingen, weil sie die Paare Q_1, Q_1' und Q_2, Q_2' enthält.

Es gilt also der folgende allgemeine Satz: Wenn man eine Involution von einer Geraden auf einen Kreis projiziert, wobei das Projektionszentrum auf dem Kreise, aber nicht auf der Geraden liegt, so werden die Punkte des Kreises in Paare P, P' geordnet, und zwar derart, daß die Geraden PP' durch einen festen Punkt S hindurchgehen. Liegt S außerhalb des Kreises, so handelt es sich um eine Involution mit reellen Doppelpunkten. Liegt S im Innern des Kreises, so sind die Doppelpunkte imaginär. P und P' sowie ihre Projektionen Q und Q' fallen nämlich dann und nur dann zusammen, wenn PS die Tangente des Kreises im Punkte P ist. Von einem Punkte S, der im Innern des Kreises liegt, lassen sich aber keine reellen Tangenten an den Kreis ziehen.

Die durch ein Geradenbüschel auf einem Kreise $\mathfrak{k}$ bewirkte Paarung der Punkte wollen wir eine Involution auf diesem Kreise nennen. Wenn wir nun eine Inversion vornehmen, deren Zentrum C nicht mit dem Scheitel S des Geradenbüschels zusammenfällt, so verwandelt sich das Geradenbüschel in ein Kreisbüschel, nämlich in die Gesamtheit aller Kreise, die durch S', den Inversionspartner von S, und durch das Inversionszentrum C laufen. Aus $\mathfrak{k}$ wird ein Kreis $\mathfrak{k}'$, der weder durch C noch durch S' hindurchgeht. Sind z_1, z_2, z_3, z_4 vier beliebige Punkte auf $\mathfrak{k}$ und z_1', z_2', z_3', z_4' ihre Involutionspartner, ferner $\mathfrak{z}_1, \mathfrak{z}_2, \mathfrak{z}_3, \mathfrak{z}_4$ und $\mathfrak{z}_1', \mathfrak{z}_2', \mathfrak{z}_3', \mathfrak{z}_4'$ die entsprechenden Punkte auf $\mathfrak{k}'$, so wird sich die Gleichung

$$(z_1 z_2 z_3 z_4) = (z_1' z_2' z_3' z_4')$$

in

$$(\mathfrak{z}_1 \mathfrak{z}_2 \mathfrak{z}_3 \mathfrak{z}_4) = (\mathfrak{z}_1' \mathfrak{z}_2' \mathfrak{z}_3' \mathfrak{z}_4')$$

umsetzen. Es ist nämlich $(z_1 z_2 z_3 z_4) = (\mathfrak{z}_1 \mathfrak{z}_2 \mathfrak{z}_3 \mathfrak{z}_4)$ und $(z_1' z_2' z_3' z_4') = (\mathfrak{z}_1' \mathfrak{z}_2' \mathfrak{z}_3' \mathfrak{z}_4')$, weil eine Inversion Doppelverhältnisse auf Kreisen invariant läßt. Die Involution auf $\mathfrak{k}$ überträgt sich also in eine Involution auf $\mathfrak{k}'$. Daher müssen die Geraden $\mathfrak{z}, \mathfrak{z}'$ alle durch einen Punkt hindurchgehen. Da $\mathfrak{z}, \mathfrak{z}'$ die Schnittpunkte des Kreises $\mathfrak{k}'$ mit einem Kreis $\mathfrak{K}$ des Kreisbüschels sind, das wir mit Hilfe einer Inversion aus dem Geradenbüschel um S gewonnen haben, so hat sich hier folgender Satz ergeben: Sind $\mathfrak{K}_1, \mathfrak{K}_2, \ldots$ Kreise eines Büschels und $\mathfrak{k}'$ ein anderer Kreis, so gehen die Chordalen der Kreispaare $\mathfrak{k}', \mathfrak{K}_1$; $\mathfrak{k}', \mathfrak{K}_2$; .. durch einen Punkt hindurch. Die Chordale zweier Kreise ist die Verbindungslinie ihrer beiden Schnittpunkte. Es ist nun ein sehr bekannter und leicht beweisbarer Satz, daß die Chordalen, die man bei drei Kreisen bilden kann, durch einen Punkt hindurchgehen. Wendet man diesen Satz auf $\mathfrak{k}', \mathfrak{K}_1, \mathfrak{K}_2$ an, so ergibt sich, daß die Chordalen der Kreispaare $\mathfrak{k}', \mathfrak{K}_1$ und $\mathfrak{k}', \mathfrak{K}_2$ die Chordale des Kreispaares $\mathfrak{K}_1, \mathfrak{K}_2$, also die Verbindungslinie der Grundpunkte des Kreisbüschels, in demselben Punkte schneiden. Damit ist unser Ergebnis als richtig bestätigt.

Der Satz, daß ein Kreisbüschel auf einem andern Kreise, der nicht durch die Grundpunkte des Büschels hindurchgeht, eine Involution bestimmt, führt, wenn man diesen andern Kreis durch Inversion in eine Gerade verwandelt, zu einem wichtigen Spezialfall, der so lautet: Ein Kreisbüschel schneidet auf einer Geraden eine Involution aus. Die Gerade darf durch keinen der Grundpunkte des Büschels hindurchgehen.

Mit Hilfe eines Kreisbüschels kann man Involutionen mit reellen Doppelpunkten und auch solche mit imaginären Doppelpunkten verwirklichen. Z. B. entsteht auf der Geraden g in Fig. 59 eine Involution mit imaginären Doppelpunkten, weil die Punktepaare, die zwei Kreise des Büschels auf g ausschneiden, sich trennen. Auf der Geraden h trennen sie sich nicht, und es handelt sich dort also um eine Involution mit reellen Doppelpunkten. Der Unterschied zwischen beiden Fällen ist offenbar der, daß bei g die Grundpunkte des Kreisbüschels auf verschiedenen Seiten liegen, bei h aber auf derselben Seite. Ein Doppelpunkt der Involution kommt dann heraus, wenn man durch F_1 und F_2 einen Kreis hindurchlegt, der die Transversale berührt. Der Berührungspunkt T ist ein solcher Doppelpunkt. Nennt man S den Schnittpunkt der Transversalen mit der Geraden F_1F_2, so ist $ST^2 = SF_1 \cdot SF_2$. Daraus ersieht man, daß T nur dann ein reeller Punkt sein kann, wenn F_1 und F_2 auf derselben Seite von S, mithin auf derselben Seite der Transversalen liegen.

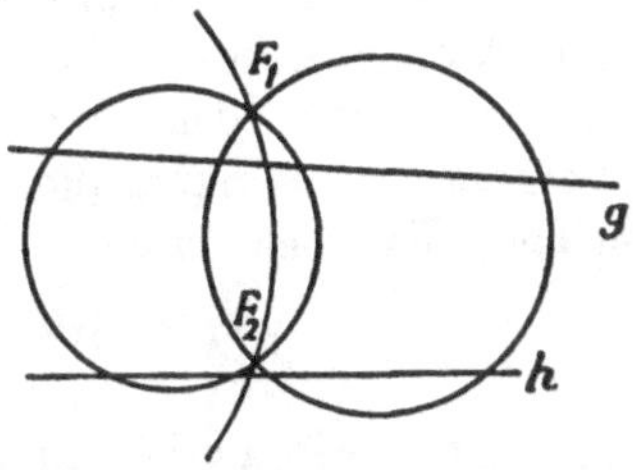

Fig. 59.

Wenn auf einer Geraden g eine Involution vorliegt, die durch zwei ihrer Punktepaare P_1, P_1' und P_2, P_2' gegeben ist, so kann man sofort ein Kreisbüschel konstruieren, das die betrachtete Involution auf g ausschneidet. Zu diesem Zweck wählt man außerhalb der Geraden g einen Punkt F_1 und legt einen Kreis durch P_1, P_1', F_1 sowie durch P_2, P_2', F_1. Beide Kreise schneiden sich noch in einem zweiten Punkt F_2. Damit sind die Grundpunkte des gesuchten Kreisbüschels gewonnen. Das Kreisbüschel gibt uns aber alle Punktepaare der Involution.

§ 28. Die Punktepaare einer Involution in analytischer Darstellung.

Wir knüpfen an das letzte Ergebnis an und denken uns ein Kreisbüschel, das durch eine Transversale geschnitten wird, wodurch auf dieser eine Involution entsteht. Es liegt uns jetzt daran, die Punktepaare der Involution analytisch darzustellen. Die Transversale machen wir zur x-Achse eines rechtwinkligen Achsensystems. Unsere erste Aufgabe wird die analytische Erfassung des Kreisbüschels sein. Hierbei kommt ein Gedanke zur Geltung, der so recht die Überlegenheit der analytischen Methode in der Geometrie zeigt und die Bewunderung des reinen Geometers Jakob Steiner in höchstem Maße erregte. Der Analytiker wird mit dem Kreisbüschel sehr leicht fertig. Die Gleichung eines einzelnen Kreises hat die Form

$$(1) \qquad A(x^2 + y^2) + Bx + Dy + C = 0.$$

Wenn $A = 0$ ist, liegt eine Gerade vor, die man als Kreis mit unendlichem Radius ansehen kann. Im Falle $A \neq 0$ läßt sich die obige Gleichung in folgender Form schreiben:

$$(1') \qquad \left(x + \frac{B}{2A}\right)^2 + \left(y + \frac{D}{2A}\right)^2 = \frac{B^2 + D^2}{4A^2} - C.$$

Ist die rechte Seite positiv, so verlangt diese Gleichung, daß der Punkt x, y von dem Punkte $-\frac{B}{2A}, -\frac{D}{2A}$ eine feste Entfernung haben soll. Sie bannt ihn also auf einen Kreis. Ist die rechte Seite von (1′) negativ, so gibt es keinen reellen Punkt, der die Gleichung (1) erfüllt. Wir sprechen dann aber, wie schon einmal erwähnt wurde, von einem imaginären Kreis. Dieser Fall kommt bei unserer nun folgenden Betrachtung nicht in Frage, da wir uns mit Kreisen beschäftigen wollen, die durch zwei reelle Punkte hindurchgehen. Diese beiden Punkte, die Grundpunkte des Kreisbüschels, mögen F_1, F_2 heißen. Es seien ferner

$$K_1 = A_1(x^2 + y^2) + B_1 x + D_1 y + C_1 = 0,$$
$$K_2 = A_2(x^2 + y^2) + B_2 x + D_2 y + C_2 = 0$$

die Gleichungen zweier Einzelkreise des Büschels. Sie schneiden sich in den Punkten F_1, F_2, bestimmen also das ganze Büschel. Daher ist zu erwarten, daß man aus den Gleichungen $K_1 = 0$, $K_2 = 0$ dieser Einzelkreise die Gleichungen aller andern Kreise des Büschels wird herleiten können. Die Punkte F_1, F_2 erfüllen mit ihren Koordinanten die Gleichungen $K_1 = 0$, $K_2 = 0$, folglich auch jede Gleichung von der Form $\lambda_1 K_1 + \lambda_2 K_2 = 0$, wobei λ_1, λ_2 irgend zwei feste Zahlen sind, natürlich nicht gerade zwei Nullen. Nun ist aber $\lambda_1 K_1 + \lambda_2 K_2 = 0$ wieder die Gleichung eines Kreises; denn sie lautet in ausführlicher Schreibung

$$(\lambda_1 A_1 + \lambda_2 A_2)(x^2 + y^2) + (\lambda_1 B_1 + \lambda_2 B_2)x + (\lambda_1 D_1 + \lambda_2 D_2)y$$
$$+ (\lambda_1 C_1 + \lambda_2 C_2) = 0,$$

hat also die Form (1). Durch $\lambda_1 K_1 + \lambda_2 K_2 = 0$ wird also ein Kreis dargestellt, der dem betrachteten Kreisbüschel angehört. Es fragt sich nur noch, ob wir auf diese Weise alle Kreise des Büschels erfassen. Darüber können wir uns leicht Klarheit verschaffen. Greifen wir irgendeinen Kreis aus dem Büschel heraus und ist P_0 ein Punkt auf diesem Kreise, der weder mit F_1 noch mit F_2 zusammenfällt, so läßt sich der gewählte Kreis vollkommen kennzeichnen als der Kreis durch die drei Punkte F_1, F_2, P_0. Wir wissen nun, daß der Kreis $\lambda_1 K_1 + \lambda_2 K_2 = 0$ stets die Punkte F_1, F_2 enthält, was auch die Faktoren λ_1, λ_2 sein mögen. Bestimmen wir diese Faktoren so, daß auch P_0 die Gleichung $\lambda_1 K_1 + \lambda_2 K_2 = 0$ erfüllt, so haben wir gerade den gewünschten Kreis eingefangen. Wenn man die Koordinaten x_0, y_0 des Punktes P_0 in K_1 und K_2 einsetzt, so ergeben sich zwei Werte, die K_1^0, K_2^0 heißen mögen. Es braucht dann nur für Erfüllung der Gleichung $\lambda_1 K_1^0 + \lambda_2 K_2^0 = 0$ gesorgt zu werden, und man kann zu diesem Zweck $\lambda_1 = K_2^0$, $\lambda_2 = -K_1^0$ setzen. Keinesfalls können dieses Werte beide gleich Null sein, weil die Gleichungen $K_1^0 = 0$, $K_2^0 = 0$ zusammen besagen würden, daß P_0 auf jedem der Kreise $K_1 = 0$, $K_2 = 0$ liegt, also F_1 oder F_2 ist, was wir gerade ausgeschlossen haben. Jeder Kreis des Büschels läßt sich also durch eine Gleichung von der Form $\lambda_1 K_1 + \lambda_2 K_2 = 0$ darstellen. Die Gleichungen der Kreise eines Büschels sind, wie man sieht, die linearen Verbindungen der Gleichungen $K_1 = 0$, $K_2 = 0$, die zwei Einzelkreise des Büschels darstellen. Man bezeichnet diese Einzelkreise, die das ganze Büschel bestimmen, auch als die Grundkreise des Büschels. Als Grundkreise kann man zwei beliebige Kreise des Büschels wählen.

Nun sind wir in der Lage, eine einfache analytische Darstellung der Punktepaare einer Involution zu geben. Wir brauchen nur die Kreise $\lambda_1 K_1 + \lambda_2 K = 0$ mit der x-Achse, also mit $y = 0$ zum Schnitt zu bringen. Jeder solche Kreis schneidet auf der x-Achse ein Punktepaar der betrachteten Involution aus. Macht man in K_1 und K_2 die Einsetzung $y = 0$, so verwandeln sich K_1 und K_2 in die Ausdrücke

$$k_1 = A_1 x^2 + B_1 x + C_1, \; k_2 = A_2 x^2 + B_2 x + C_2,$$

und wir erhalten für das Punktepaar, das durch den Kreis $\lambda_1 K_1 + \lambda_2 K_2 = 0$ auf der x Achse bestimmt wird, die Gleichung $\lambda_1 k_1 + \lambda_2 k_2 = 0$ oder in ausführlicher Schreibung

$$(2) \qquad \lambda_1(A_1 x^2 + B_1 x + C_1) + \lambda_2(A_2 x^2 + B_2 x + C_2) = 0.$$

Die Abszissen der beiden Punkte, aus denen das Punktepaar besteht, sind die Wurzeln der quadratischen Gleichung (2). Man erhält alle Punktepaare der Involution, wenn man den Faktoren λ_1, λ_2 alle möglichen Werte beilegt. Es kommt aber offenbar nur auf das Verhältnis $\lambda_1 : \lambda_2$ an. Wenn man λ_1, λ_2 beide mit derselben Zahl multipliziert, so bleibt die Gleichung (2) im wesentlichen dieselbe.

Setzt man $\lambda_2 = 0$, so geht die Gleichung (2) in

$$(3) \qquad k_1 = A_1 x^2 + B_1 x + C_1 = 0$$

über, und man erhält das durch den Kreis $K_1 = 0$ ausgeschnittene Punktepaar P_1, P_1'. Setzt man $\lambda_1 = 0$, so verwandelt sich (2) in

$$(4) \qquad k_2 = A_2 x^2 + B_2 x + C_2 = 0,$$

die Gleichung des durch den Kreis $K_2 = 0$ ausgeschnittenen Punktepaars P_2, P_2'. Die Involution ist, wie wir wissen, durch diese beiden Punktepaare vollkommen bestimmt. Dies bestätigt sich hier in analytischer Form, und zwar sehen wir, daß die Gleichung jedes Punktepaares der Involution eine lineare Verbindung aus den Gleichungen (3) und (4) der Punktepaare P_1, P_1' und P_2, P_2' ist. Wir brauchen uns jetzt gar nicht mehr an das Kreisbüschel zu erinnern, können uns vielmehr direkt an die quadratischen Gleichungen der Punktepaare halten, aus denen die Involution auf der x-Achse besteht. Diese Gleichungen sind, um das Ergebnis nochmals in anderer Form auszusprechen, nichts anderes als die sämtlichen linearen Verbindungen aus zweien von ihnen. Sie bilden, wie man es zu nennen pflegt, eine **lineare Mannigfaltigkeit zweiter Stufe.**

Daß sich die Punktepaare einer Involution durch Gleichungen von der Form (2) darstellen lassen, kann auch ohne Zuhilfenahme der Kreisbüschel bewiesen werden. Eine Involution ist, wie wir wissen, ein ausgezeichneter Fall einer Projektivität, daran erkennbar, daß die Punkte sich wechselseitig entsprechen. Nun wird eine Projektivität auf der x-Achse durch $x' = \dfrac{\alpha x + \beta}{\gamma x + \delta}$ oder

$$\gamma x x' + \delta x' - \alpha x - \beta = 0 \qquad (\alpha\delta - \beta\gamma \neq 0)$$

dargestellt. x und x' entsprechen sich dann und nur dann wechselseitig, wenn $\delta = -\alpha$ ist, wenn also obige Gleichung die Form hat

$$\gamma x x' + \delta(x + x') - \beta = 0 \qquad (\beta\gamma + \delta^2 \neq 0).$$

Sind nun $x_1, x_1'; x_2, x_2'; x_3, x_3'$ drei Abszissenpaare dieser Involution, so ziehen die drei Gleichungen

$$\gamma x_1 x_1' + \delta(x_1 + x_1') - \beta = 0,$$
$$\gamma x_2 x_2' + \delta(x_2 + x_2') - \beta = 0,$$
$$\gamma x_3 x_3' + \delta(x_3 + x_3') - \beta = 0,$$

weil γ, δ, β nicht alle drei verschwinden dürfen, folgende Determinantengleichung nach sich:

$$\begin{vmatrix} x_1 x_1', & x_1 + x_1', & 1 \\ x_2 x_2', & x_2 + x_2', & 1 \\ x_3 x_3', & x_3 + x_3', & 1 \end{vmatrix} = 0.$$

Wir müssen uns hier an die in § 13 behandelten Dinge erinnern. Jedes der Wertepaare x_ν, x_ν' läßt sich durch eine quadratische Gleichung

$$A_\nu x^2 + B_\nu x + C_\nu = 0$$

festlegen, deren Koeffizienten A_ν, B_ν, C_ν proportional zu $1, -(x_\nu + x_\nu'), x_\nu x_\nu'$ sind, weil die linke Seite der quadratischen Gleichung die Form $A_\nu(x - x_\nu)(x - x_\nu')$ haben muß, damit ihre Wurzeln x_ν, x_ν' lauten. Es wird daher auch

$$\begin{vmatrix} A_1 & B_1 & C_1 \\ A_2 & B_2 & C_2 \\ A_3 & B_3 & C_3 \end{vmatrix} = 0$$

sein. Dann kann man aber schließen, daß die Gleichungen

$$(5) \qquad \begin{cases} \lambda_1 A_1 + \lambda_2 A_2 + \lambda_3 A_3 = 0, \\ \lambda_1 B_1 + \lambda_2 B_2 + \lambda_3 B_3 = 0, \\ \lambda_1 C_1 + \lambda_2 C_2 + \lambda_3 C_3 = 0 \end{cases}$$

eine Lösung $\lambda_1, \lambda_2, \lambda_3$ besitzen, die nicht aus lauter Nullen besteht. Es kann hier überhaupt keiner der drei Faktoren λ gleich Null sein. Wäre z. B. $\lambda_3 = 0$, so würde folgen, daß die quadratischen Gleichungen $A_1 x^2 + B_1 x + C_1 = 0$ und $A_2 x^2 + B_2 x + C_2 = 0$ sich nur um einen Faktor unterscheiden, so daß die Punktpaare $x_1 x_1'$ und $x_2 x_2'$ zusammenfallen müßten, was doch gerade nicht der Fall ist. Aus den Gleichungen (5) folgt nun sofort, daß die Gleichung $A_3 x^2 + B_3 x + C_3 = 0$ in der Form

$$\lambda_1(A_1 x^2 + B_1 x + C_1) + \lambda_2(A_2 x^2 + B_2 x + C_2) = 0$$

geschrieben werden kann, also in der Form (2).

Wir wollen in diesem Zusammenhang die von Desargues herrührende Konstruktion einer Involution aus zwei Punktepaaren behandeln. Sie zeichnet sich dadurch aus, daß zu ihrer Durchführung nur das Lineal gebraucht wird. Wir betrachten vier Punkte Q_1, Q_2, Q_3, Q_4, von denen keine drei in gerader Linie liegen, also ein allgemeines Viereck. Die sechs Geraden Q_1Q_2, Q_3Q_4, Q_1Q_3, Q_2Q_4, Q_1Q_4, Q_2Q_3, die je zwei der vier Punkte verbinden, nennt man die **Seiten** des Vierecks. Solche Seiten, die keinen Punkt Q_ν gemein haben, werden als **Gegenseiten** bezeichnet. So sind Q_1Q_2 und Q_3Q_4, ferner Q_1Q_3 und Q_2Q_4, ebenso Q_1Q_4 und Q_2Q_3 Gegenseiten. Es seien nun $g = 0$ und $h = 0$ die Gleichungen der Seiten Q_1Q_2 und Q_1Q_3, ferner $g' = 0$ und $h' = 0$ die Gleichungen ihrer Gegenseiten Q_3Q_4 und Q_2Q_4. Die Gleichung der Seite Q_1Q_4, die durch Q_1 und Q_4 hindurchgeht, muß sowohl eine lineare Verbindung von $g = 0$ und $h = 0$ als auch von $g' = 0$ und $h' = 0$ sein. Lautet also jene Gleichung $l = 0$, so ist der Ausdruck l sowohl in der Form $\alpha g + \beta h$ als auch in der Form $\alpha' g + \beta' h$ darstellbar. Nichts hindert uns, die Faktoren α, β, α', β' in g, h, g', h' hineinzuziehen und αg, βh, $\alpha' g'$, $\beta' h'$ als neue g, h, g', h' zu benutzen. Dann besteht zwischen den neuen Ausdrücken g, h, g', h' die Relation

$$(6) \qquad g + h \equiv g' + h'.$$

Das Zeichen $\equiv$ bedeutet, daß diese Gleichung für alle Werte von x, y stattfindet, also eine Identität ist. Man erinnere sich, daß g, h, g', h' Ausdrücke von der Form $Lx + My + N$ bedeuten. Es ist nun leicht, die Gleichung der sechsten Seite Q_2Q_3 anzugeben. Aus der Identität (6) folgt

$$g - h' \equiv g' - h.$$

Die Gleichungen $g - h' = 0$ und $g' - h = 0$ stellen also eine und dieselbe Gerade dar. Aus der ersten Gleichungsform ersieht man, daß diese Gerade durch den Schnittpunkt von $g = 0$, $h' = 0$, also durch Q_2, hindurchgeht (vgl. Fig. 60). Aus der zweiten Gleichungsform erkennt man, daß es sich um eine Gerade handelt, die den Schnittpunkt Q_3 von $g' = 0$, $h = 0$ enthält. Es kommt also nur die Gerade Q_2Q_3 in Frage.

Will man die Gegenseitenpaare des Vierecks $Q_1Q_2Q_3Q_4$ durch einheitliche Gleichungen darstellen, so muß man schreiben

$$gg' = 0, \quad hh' = 0, \quad (g + h)(g - h') = 0.$$

Die dritte Gleichung kann man noch anders fassen. Ihre linke Seite läßt sich zunächst in $(g + h)g - (g + h)h'$ auflösen. Da aber $g + h$ mit $g' + h'$ identisch ist, so kann man ihr auch die Form $(g' + h')g - (g + h)h'$ oder $gg' - hh'$ geben, so daß die Gleichungen der Gegenseitenpaare schließlich so lauten:

$$(7) \qquad gg' = 0, \quad hh' = 0, \quad gg' - hh' = 0.$$

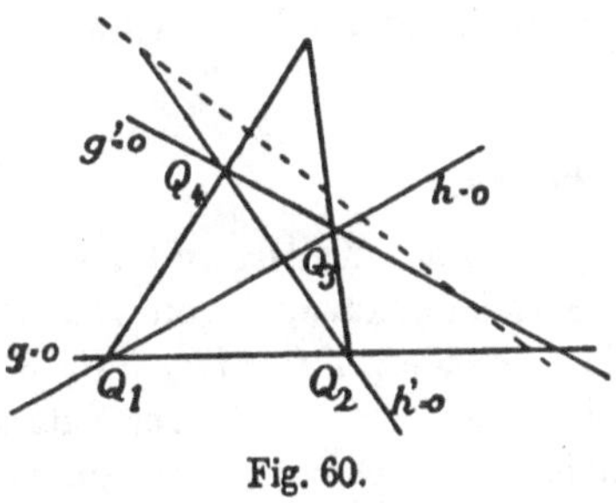

Fig. 60.

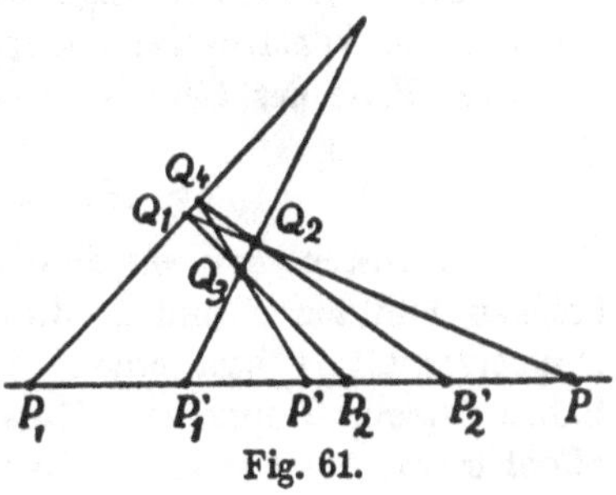

Fig. 61.

Hieraus läßt sich nun der Satz von Desargues ohne Schwierigkeit herleiten. Wir wollen die Gegenseitenpaare des Vierecks mit der x-Achse zum Schnitt bringen. Dann entstehen dort drei Punktepaare, deren quadratische Gleichungen sich aus (7) durch die Einsetzung $y = 0$ ergeben. Diese Einsetzung verwandelt g, g', h, h' in Ausdrücke von der Form $Lx + N$, die wir mit G, G', H, H' bezeichnen wollen. Dann lassen sich die Gleichungen der erwähnten Punktepaare in folgender Form schreiben:

$$(7') \qquad GG' = 0, \quad HH' = 0, \quad GG' - HH' = 0.$$

Da die dritte Gleichung eine lineare Verbindung der beiden ersten ist, so folgt, daß das dritte Punktepaar in der Involution enthalten ist, welche die beiden ersten bestimmen. Es gilt also der Satz, daß die Gegenseitenpaare eines Vierecks auf einer Transversale drei Punktepaare einer Involution ausschneiden. Das ist der Satz von Desargues. Er bietet das einfachste Mittel zum konstruktiven Ausbau einer Involution. Dabei werden zwei Punktepaare P_1, P_1' und P_2, P_2' der Involution als gegeben betrachtet, und die Aufgabe besteht darin, den Partner P' irgendeines gegebenen Punktes P zu bestimmen. Man muß, um die Aufgabe zu lösen, ein Viereck herstellen, das ein Gegenseitenpaar durch P_1, P_1', ein zweites durch P_2, P_2' und eine fünfte Seite durch P hindurchschickt. Die sechste Seite geht dann durch P' hindurch. Die beiden durch P_1 und P_1' hindurchgehenden Seiten kann man beliebig wählen. Dann muß man durch P eine beliebige Gerade legen, die jene Seiten in Q_1, Q_2 trifft, wodurch schon zwei Punkte des Vierecks gewonnen sind (vgl. Fig. 61). Nun zieht man Q_1P_2 und bringt diese Gerade mit $P_1'Q_2$ in Q_3 zum Schnitt. Ebenso verbindet man Q_2 mit P_2' und sucht den Schnittpunkt Q_4 dieser Verbindungsgeraden mit P_1Q_1 auf. Dadurch hat man ein Viereck von der gewünschten Beschaffenheit gewonnen. Die sechste Seite Q_3Q_4 trifft den Träger der Involution in P', dem Partner von P. Die Konstruktion kann, wie man sieht, unter alleiniger Benutzung des Lineals durchgeführt werden.

Wenn man je zwei Gegenseiten des Vierecks zum Schnitt bringt, erhält man drei Punkte, die das sogenannte Diagonaldreieck bilden. Läßt man die Transversale des Desarguesschen Satzes durch zwei Punkte des Diagonaldreiecks hindurchgehen, so sind sie Doppelpunkte der Desarguesschen Involution. Das dritte Gegenseitenpaar wird daher diese beiden Doppelpunkte harmonisch trennen, eine Eigenschaft, der wir schon einmal begegnet sind, als wir von der konstruktiven Durchführung einer harmonischen Teilung mit alleiniger Hilfe des Lineals sprachen.

§ 29. Der Pascalsche Satz.

Wir wissen, daß wir Punkte P_1, P_2, P_3, P_4 eines Kreises mit zwei beliebigen Punkten S und S' dieses Kreises Geradenquadrupel von gleichem Doppelverhältnis bestimmen, d. h. die vier Geraden SP_1, SP_2, SP_3, SP_4 haben dasselbe Doppelverhältnis wie $S'P_1, S'P_2, S'P_3, S'P_4$. Dieser Satz ist offenbar eine Aussage über sechs Punkte eines Kreises oder kurz gesagt über ein

Kreissechseck. Chasles hat ihn in seinem berühmten Buch über Kegelschnitte zur Grundlage der ganzen Theorie dieser Kurven gemacht, deren Zusammenhang mit dem Kreise wir noch besprechen werden.

Es gibt einen andern berühmten Satz über das Kreissechseck, der mit dem oben erwähnten in engster Verbindung steht, so daß jeder aus dem andern gewonnen werden kann. Wir meinen den Pascalschen Satz. Es seien A, B, C und A', B', C' zwei Punkttripel auf dem Kreise $\mathfrak{k}$ (vgl. Fig. 62). Wenn wir die vier Punkte B, A', B', C' von A aus auf die Gerade BA' projizieren, so entstehen die vier Punkte B, A', U, V. Projizieren wir dieselben Punkte B, A', B', C' von C aus auf die Gerade BC', so lauten die Projektionen B, R, S, C'. Da die projizierenden Geradenquadrupel (in Fig. 62 z. T. punktiert gezeichnet) dasselbe Doppelverhältnis haben, so sind nach dem Satz des Pappus auch die Doppelverhältnisse $(BA'UV)$ und $(BRSC')$ einander gleich. Nun tritt aber in beiden derselbe Punkt B an erster Stelle auf. Daher müssen die Punktquadrupel B, A', U, V und B, R, S, C' perspektiv sein, d. h. die Geraden $A'R$, US, VC', die Verbindungslinien entsprechender Punkte, müssen durch einen Punkt hindurchgehen. Der Schnittpunkt von $A'R$ und VC', d. h. von $A'C$ und AC', liegt also mit den Punkten U und S in gerader Linie. Nun ist aber U der Schnittpunkt von $A'B$, AB' und S der Schnittpunkt von $B'C$ und BC'. Die Gegenseiten des Kreissechsecks $AB'CA'BC'A$ schneiden sich somit in drei Punkten einer Geraden, die man die Pascalsche Gerade dieses Sechsecks nennt. So lautet das Pascalsche Theorem. In Fig. 62 ist die Pascalsche Gerade stark gezeichnet. Die nicht zum Pascalschen Sechseck $AB'CA'BC'A$ gehörigen Geraden haben wir punktiert angedeutet.

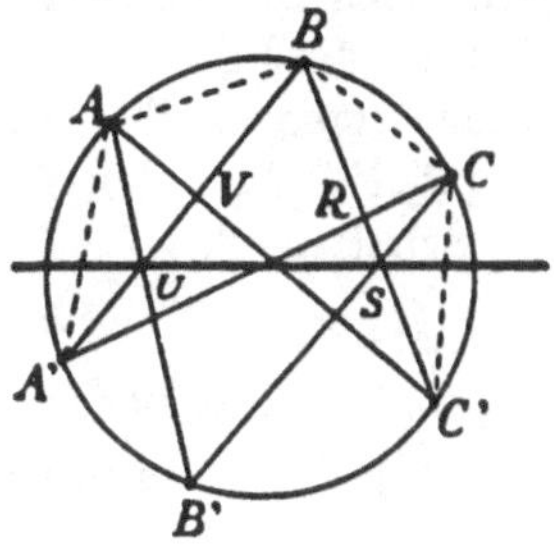

Fig. 62.

Setzt man den Pascalschen Satz als bekannt voraus, weiß man also, daß die Geraden $A'R$, US, VC' in Fig. 62 durch einen Punkt hindurchgehen, so haben die perspektiven Punktquadrupel B, A', U, V und B, R, S, C' gleiches Doppelverhältnis, folglich auch die Geradenquadrupel AB, AA', AB', AC' und CB, CA', CB', CC', d. h. die vier Punkte B, A', B', C' erscheinen von A und C aus gesehen unter gleichem Doppelverhältnis. Damit soll gesagt sein, daß die projizierenden Geradenquadrupel übereinstimmende Doppelverhältnisse haben. Dieser Satz ist, wie man sieht, eine Folge des Pascalschen Satzes. Da, wie wir zeigten, auch das Umgekehrte gilt, so enthalten beide Sätze im Grunde dieselbe geometrische Wahrheit, nur in verschiedener Fassung.

Man kann den Pascalschen Satz auch anders auffassen, nämlich als eine Aussage über eine Projektivität auf einem Kreise. Wenn wir zwei beliebige Punkte M und N auf dem Kreise wählen und den Geraden MA, MB, MC die Geraden NA', NB', NC' zuordnen, so ist dadurch zunächst zwischen dem Geradenbüschel um M und dem Geradenbüschel um N eine Projektivität festgelegt. Jeder Geraden g des ersten Büschels, die mit MA, MB, MC als vierte Gerade das Doppelverhältnis δ bildet, entspricht diejenige Gerade g' des zweiten Büschels, welche dasselbe Doppelverhältnis mit NA', NB', NC' zusammen hervorbringt. Nun schneide die Gerade g den Kreis in M und P, die Gerade g' aber schneide ihn in N und P'. Ordnen wir dann immer dem Punkte P den Punkt P' zu, so ist eine Projektivität auf dem Kreise hergestellt. Irgend vier Punkte P_1, P_2, P_3, P_4 des Kreises haben stets dasselbe Doppelverhältnis wie die entsprechenden Punkte P_1', P_2', P_3', P_4', weil die Geradenquadrupel MP_1, MP_2, MP_3, MP_4 und $NP_1', NP_2', NP_3', NP_4'$ übereinstimmende Doppelverhältnisse besitzen.

Wenn man nun immer zwei Punkte, sagen wir P_1 und P_2, mit ihren entsprechenden Punkten P_1' und P_2' kreuzweise verbindet, so liegen die Schnittpunkte dieser Verbindungslinien P_1P_2' und P_2P_1' auf einer Geraden, die man die Pascalsche Gerade der betrachteten Projektivität nennen kann. Wendet man nämlich sowohl auf das Sechseck $AB'CA'BC'A$ als auch auf $AP_1'P_2A'P_1P_2'A$ den Pascalschen Satz an, so erkennt man, daß nicht nur die Schnittpunkte

$$(1) \qquad AB' \mid A'B, \quad AC' \mid A'C, \quad BC' \mid B'C$$

in gerader Linie liegen, sondern auch die Schnittpunkte

$$(2) \qquad AP_1' \mid A'P_1, \quad AP_2' \mid A'P_2, \quad P_1P_2' \mid P_1'P_2.$$

Diese beiden Pascalschen Geraden fallen, wie sich zeigen wird, zusammen. Da nämlich die betrachtete Projektivität den Punkten A, B, C, P die Punkte A', B', C', P' zuordnet, so entstehen doppelverhältnisgleiche Geradenquadrupel, wenn man diese Punkte mit beliebigen Punkten des Kreises verbindet. Insbesondere werden die vier Geraden AA', AB', AC', AP' dasselbe Doppelverhältnis besitzen wie $A'A, A'B, A'C, A'P$. Da hier aber zwei entsprechende Geraden, nämlich AA' und $A'A$, zusammenfallen, so liegt der Fall der Perspektivität vor, und es schneiden sich AB' mit $A'B$, AC' mit $A'C$ und AP' mit $A'P$ auf einer Geraden, d. h. der Schnittpunkt von AP' und $A'P$ fällt auf die Gerade (1). Die beiden ersten Punkte der Geraden (2) gehören also der Geraden (1) an. Daraus folgt, daß beide Geraden zusammenfallen. Es liegt mithin auch der Schnittpunkt von P_1P_2' und $P_1'P_2$ auf der Geraden (1), wie man P_1 und P_2 auf dem Kreise wählen mag, d. h. die Kreuzverbindungen je zweier Punkte mit ihren projektiven Partnern schneiden sich alle auf derselben Geraden. Kennt man von der betrachteten Projektivität die drei Zuordnungen $A \to A', B \to B', C \to C'$, so hat man die Gerade (1). Mit ihrer Hilfe kann man zu jedem Punkt P des Kreises den projektiven Partner finden, weil man weiß, daß sich die Verbindungen AP' und $A'P$ auf der Geraden (1) schneiden.

Wenn auf einem Kreise nicht eine allgemeine Projektivität vorliegt, sondern eine Involution, so seien A, A' und B, B' zwei Paare dieser Involution. Dann entsprechen den Punkten A, A', B, B' die Punkte A', A, B', B.

Wenn man zwei Punkte des ersten Quadrupels kreuzweise mit ihren Partnern verbindet, so entstehen z. B. die Geradenpaare AB', BA' und AB, $A'B'$. Sie bestimmen bereits die Pascalsche Gerade RT der Involution, auf der sich AB' mit BA' und AB mit $A'B'$ schneiden muß (vgl. Fig. 63). Wir wissen, daß bei einer Involution auf dem Kreise die Verbindungen entsprechender Punkte durch einen und denselben Punkt hindurchgehen, den wir kurz das Zentrum der Involution nennen wollen. Für die Involution, welche die Paare A, A' und B, B' enthält, ist S das Zentrum und, wie eben festgestellt wurde, RT die Pascalsche Gerade. In Fig. 63 sind drei verschiedene Involutionen zu sehen. Außer der schon betrachteten Involution noch eine zweite, die A mit B' und A' mit B auswechselt und das Zentrum T und die Pascalsche Gerade RS hat, ferner eine dritte, die A mit B und A' mit B' vertauscht und das Zentrum R und die Pascalsche Gerade ST besitzt. Das sind aber auch die einzigen Involutionen, die man aus den vier Punkten A, A', B, B' des Kreises herleiten kann, weil diese Punkte sich nur auf drei Arten in zwei Paare gruppieren lassen. R, S, T sind die Diagonalpunkte des Kreivierecks A, A', B, B'. Wir wissen, daß die Diagonalpunkte, in denen sich je zwei Gegenseiten des Vierecks schneiden, durch das dritte Gegenseitenpaar harmonisch getrennt werden, also z. B. S und T durch AB und $A'B'$. Daher sind auch die Geraden RA, RA' harmonisch zu RS und RT. Hieraus folgt weiter, daß die Punkte A und A', ebenso B und B' durch S und die Gerade RT harmonisch getrennt werden. Alle auf S hinlaufenden Sehnen des Kreises werden also harmonisch geteilt durch S und durch die Gerade RT, die Pascalsche Gerade der Involution S. Als Involution S bezeichnen wir die Involution, deren Zentrum S ist. Man nennt die Gerade RT, welche zusammen mit S alle auf S gerichteten Kreissehnen harmonisch teilt, die Polare des Punktes S. Sie ist mit der Pascalschen Geraden der Involution S identisch. In Fig. 63 hat R die Polare ST und T die Polare RS, so daß in dem Diagonaldreieck R, S, T jede Seite die Polare der gegenüberliegenden Ecke ist. Ein solches Dreieck wird als Poldreieck bezeichnet.

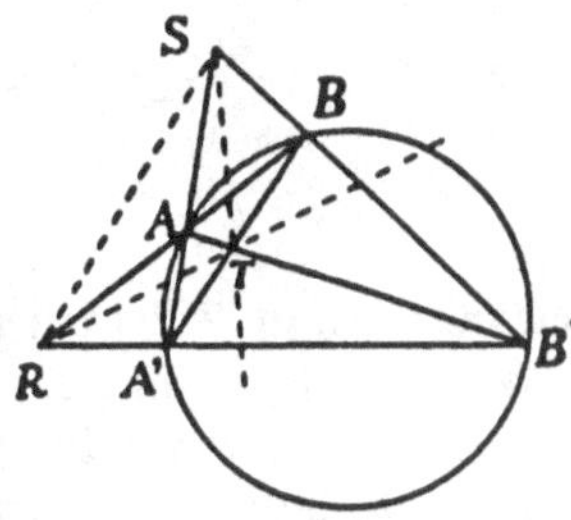

Fig. 63.

Wenn man auf einem Kreise zwei Involutionen hat, so kann man sie auf zwei verschiedene Weisen nacheinander in Wirkung setzen. Wir wollen die Involutionen wieder durch Angabe ihrer Zentren kennzeichnen (vgl. Fig. 64). Es handle sich also um die Involutionen I_1 und I_2. Ist P irgendein Punkt des Kreises, so wird er durch I_1 in P' übergeführt, und P' ist der zweite Schnittpunkt der Geraden I_1P mit dem Kreise. I_2 bringt P' nach P'', wobei P'' der zweite Schnittpunkt der Geraden I_2P' mit dem Kreise ist. Läßt man zuerst I_2 wirken, so gelangt man von P zu P^*, dem zweiten Schnittpunkt des Kreises mit der Geraden I_2P. Unter der Einwirkung von I_1 wird dann P^* in P^{**} übergehen, den zweiten Schnittpunkt des Kreises mit der Geraden I_1P^*.

Im allgemeinen wird P^{**} nicht mit P'' zusammenfallen, d. h. die Involutionen I_1 und I_2 werden verschiedene Endwirkungen hervorrufen, je nach der Reihenfolge, in der man sie einwirken läßt. Es kann aber auch der Fall

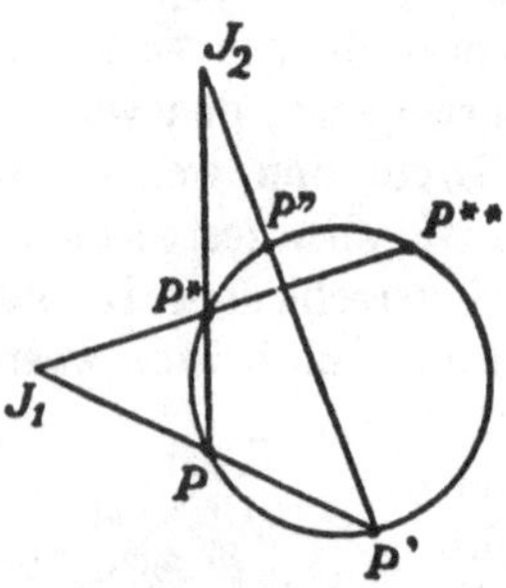

Fig. 64.

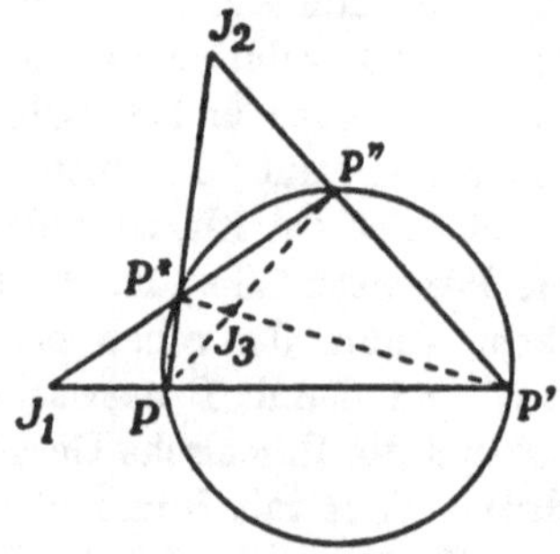

Fig. 65.

eintreten, daß P^{**} immer derselbe Punkt ist wie P''. Dann nennt man die Involutionen I_1 und I_2 vertauschbar. Fig. 65 veranschaulicht diesen Fall. Man sieht, daß die Punkte I_1, I_2 Diagonalpunkte des Vierecks $PP'P''P^*$ sind, d. h. jeder von ihnen liegt auf der Polare des andern. Wenn dieser Fall vorliegt, ist die Aufeinanderfolge der beiden Involutionen wieder eine Involution. Man kann diese Aufeinanderfolge nämlich sowohl in der Form $I_1 I_2$ als auch in der Form $I_2 I_1$ durchführen. Läßt man aber $I_1 I_2$ und $I_2 I_1$ nacheinander wirken, so bedeutet dies nichts anderes, als daß zuerst I_1, dann zweimal nacheinander I_2 und dann wieder I_1 wirkt. I_2 zweimal angewandt übt gar keine Wirkung, weil eine Involution sich selbst aufhebt. Daher bleibt von jenen vier Operationen nur I_1 und nochmals I_1 übrig, also die Identität. Wir sehen somit, daß $I_1 I_2$ eine involutorische Operation ist. Als Projektivität muß sie dann eine Involution sein. Man kann dieses Ergebnis auch an Fig. 65 ablesen. Die Involution I_1 bringt P nach P'. Durch I_2 wird P' in P'' übergeführt. Also gelangt bei $I_1 I_2$ der Punkt P nach P''. Wendet man auf P'' die Involution I_1 an, so ergibt sich P^*, und P^* wird durch I_2 nach P gebracht. Bei $I_1 I_2$ vertauschen sich also P und P''. Ebenso erkennt man, daß auch P' und P^* durch $I_1 I_2$ ausgewechselt werden. Also kann $I_1 I_2$ nichts anderes sein als die Involution I_3, wobei I_3 der Punkt ist, in welchem sich die Polaren der Punkte I_1 und I_2 schneiden. I_1, I_2, I_3 bilden ein Poldreieck.

Die in diesem Paragraphen behandelten Sätze über den Kreis lassen sich verallgemeinern und gelten mit demselben Wortlaut für alle Kegelschnitte. Wenn man eine Gerade um eine sie schneidende Achse rotieren läßt, entsteht ein Rotationskegel. Man muß sich die Gerade in ihrer ganzen Ausdehnung vorstellen. Dann sieht man, daß der Kegel aus zwei Mänteln besteht, die in einem Punkte, der Spitze des Kegels, zusammenstoßen. Wenn man einen solchen Kegel mit einer Ebene schneidet, die nicht durch die Spitze hindurchgeht, so kann es sein, daß die Ebene nur einen der beiden Kegelmäntel trifft. In diesem Falle ist die Schnittlinie eine Ellipse. Steht die schneidende Ebene auf der Achse des Kegels senkrecht, so wird die Ellipse ein Kreis. Trifft die schneidende Ebene beide Kegelmäntel, so ergibt sich als Schnittlinie eine Hyperbel, die aus zwei Teilen besteht, entsprechend den beiden Mänteln des Kegels. Ein Sonderfall ist noch hervorzuheben, nämlich der, daß die schneidende Ebene zu einer Tangentialebene des Kegels parallel läuft. Dann entsteht als Schnittlinie eine Parabel. Man denke sich nun vier Ebenen $\mathfrak{E}_1, \mathfrak{E}_2, \mathfrak{E}_3$ und $\mathfrak{E}$, die den Kegel in einer Ellipse, einer Parabel, einer Hyperbel und einem Kreise schneiden. Dann sind offenbar die Ellipse, die Parabel und die Hyperbel nichts anderes als die Projektionen des Kreises auf die Ebenen $\mathfrak{E}_1, \mathfrak{E}_2, \mathfrak{E}_3$. Das Projektionszentrum ist die Spitze des Kegels. Sie steht durch die Seitenlinien des Kegels mit allen Punkten des Kreises in Verbindung. Diese Seitenlinien vermitteln die Projektion auf die Ebenen $\mathfrak{E}_1, \mathfrak{E}_2, \mathfrak{E}_3$. Die in diesem Paragraphen ausgesprochenen Sätze, man denke etwa an den Pascalschen Satz, beziehen sich auf Eigenschaften, die bei Projektionen erhalten bleiben. Z. B. handelt es sich beim Pascalschen Satz um die Tatsache, daß die Gegenseiten eines Sechsecks sich auf einer Geraden schneiden. Das ist eine Eigenschaft, die bei Projektionen ihren Sinn behält, eine sogenannte projektive Eigenschaft. Daher gilt der Pascalsche Satz mit demselben Wortlaut für alle Kegelschnitte. Auch haben alle Kegelschnitte die Eigenschaft, daß vier Punkte des Kegelschnitts von irgend zweien seiner Punkte unter gleichem Doppelverhältnis erscheinen. Nennt man diese Punkte M und N und ordnet in den beiden Büscheln um M und um N immer solche Geraden zusammen, die nach demselben Punkte P des Kegelschnitts hinführen, so ist eine Projektivität zwischen den Büscheln hergestellt. Der Kegelschnitt erscheint hier als der Ort der Schnittpunkte entsprechender Geraden in zwei projektiv verknüpften Büscheln. Das ist Steiners projektive Erzeugung der Kegelschnitte, auf die wir noch zurückkommen.

Wir wollen jetzt noch die uralte Herleitung der Kegelschnitte, die in ihrer Benennung verewigt ist, ins Analytische übersetzen. Dabei operieren wir mit einem rechtwinkligen Achsensystem Ox, Oy, Oz und lassen die schneidende Ebene mit der (x, y)-Ebene zusammenfallen. Die Kegelspitze P_0 habe die Koordinaten x_0, y_0, z_0. Ferner seien a, b, c die Koordinaten eines auf der Kegelachse befindlichen Vektors P_0Q_0. Ist P irgendein Punkt des Kegels mit den Koordinaten x, y, z, so unterscheiden sich

$$(x-x_0)^2+(y-y_0)^2+(z-z_0)^2$$

und

$$\{a(x-x_0)+b(y-y_0)+c(z-z_0)\}^2$$

um einen konstanten Faktor. Bezeichnet man nämlich die Längen der Vektoren P_0P und P_0Q_0 mit r und k, so ist der erste Ausdruck gleich r^2, der zweite gleich $r^2k^2\cos^2\alpha$. Dabei ist α der Winkel zwischen P_0P und P_0Q_0. Dieser Winkel hat auf dem einen Kegelmantel den konstanten Wert α_1, auf dem andern den konstanten Wert $\pi-\alpha_1$. Es ist zwar $\cos(\pi-\alpha_1) = -\cos\alpha_1$, aber

$\cos^2(\pi - \alpha_1) = \cos^2\alpha_1$, so daß $\cos^2\alpha$ tatsächlich festliegt. Da wir über die Länge des Vektors P_0Q_0 noch verfügen können, dürfen wir $k^2\cos^2\alpha = 1$ setzen, müssen dann aber festhalten, daß $k^2 = a^2 + b^2 + c^2 = \frac{1}{\cos^2\alpha}$ größer als 1 ist. Alle Punkte des Kegels und nur sie erfüllen jetzt die Gleichung.

$$(3)\quad (x-x_0)^2+(y-y_0)^2+(z-z_0)^2=\{a(x-x_0)+b(y-y_0)+c(z-z_0)\}^2.$$

Der Schnitt des Kegels mit der (x, y)-Ebene ergibt sich nun, wenn man in der Gleichung des Kegels, also in (3), die Einsetzung $z = 0$ macht. Dadurch erhält man

$$(4)\quad (x - x_0)^2 + (y - y_0)^2 + z_0^2 = \{a(x - x_0) + b(y - y_0) - cz_0\}^2.$$

Wenn wir die z-Achse durch die Kegelspitze hindurchlegen, so werden x_0 und y_0 gleich Null, und die Gleichung des Kegelschnitts nimmt die einfachere Gestalt an

$$(4^*)\qquad x^2 + y^2 + z_0^2 = (ax + by - cz_0)^2.$$

Ordnet man nach Dimensionen, so lautet sie schließlich

$$(1 - a^2)\,x^2 - 2abxy + (1 - b^2)\,y^2 + 2acz_0x + 2bcz_0y + (1 - c^2)\,z_0^2 = 0.$$

Durch Drehung des Achsensystems um die z-Achse läßt sich stets erreichen, daß die Kegelachse in die (y, z)-Ebene hineinfällt, also $a = 0$ wird. Die Gleichung des Kegelschnitts vereinfacht sich dann zu

$$(4_*)\qquad x^2 + (1 - b^2)\,y^2 + 2bcz_0y + (1 - c^2)\,z_0^2 = 0.$$

Wäre $b = 0$, so hieße dies, daß der Vektor P_0Q_0 auf der z-Achse liegt. Dann muß der Schnitt mit der (x, y)-Ebene ein Kreis sein. In der Tat verwandelt sich die Gleichung, wenn $b = 0$ wird, in

$$x^2 + y^2 = (c^2 - 1)\,z_0^2.$$

Da $a^2 + b^2 + c^2 > 1$ war und a und b jetzt verschwinden, ist $c^2 > 1$, so daß die rechte Seite einen positiven Wert hat.

Im Falle $b \neq 0$ muß man zwischen den Möglichkeiten $b^2 \neq 1$ und $b^2 = 1$ unterscheiden. Ist $b^2 = 1$, so kann mit Rücksicht auf $a = 0$ und $a^2 + b^2 + c^2 > 1$ keinesfalls $c = 0$ sein. Die Gleichung (4_*) läßt sich daher in folgender Form schreiben, wobei wir $b = 1$ gesetzt haben,

$$x^2 + 2cz_0\left(y + \frac{(1 - c^2)\,z_0}{2c}\right) = 0.$$

Eine Verschiebung der Achsen in der y-Richtung stellt schließlich die Form

$$(5)\qquad x^2 - 2py = 0 \qquad (p = -cz_0)$$

her. Ist $b^2 \neq 1$, so kann man (4_*) zunächst folgende Fassung geben:

$$x^2 + (1 - b^2)\left(y + \frac{bcz_0}{1 - b^2}\right)^2 = \frac{(b^2 + c^2 - 1)\,z_0^2}{1 - b^2}.$$

Durch eine Verschiebung der Achsen in der y-Richtung kommt man sofort zu

$$(6)\qquad \frac{x^2}{1 - b^2} + y^2 = m^2,$$

wobei wir

$$m^2 = \frac{(b^2 + c^2 - 1)\, z_0^2}{(1 - b^2)^2}$$

gesetzt haben. Da $b^2 + c^2 > 1$ ist, hat die rechte Seite einen positiven Wert. Statt (6) können wir schließlich auch schreiben

$$(6') \qquad \frac{x^2}{m^2(1 - b^2)} + \frac{y^2}{m^2} = 1.$$

Je nachdem b^2 größer oder kleiner als 1 ist, hat der erste Nenner einen negativen oder positiven Wert.

Im Falle $b^2 = 1$ kann man leicht feststellen, daß eine Tangentialebene des Kegels (3) parallel zur (x, y)-Ebene läuft. Setzt man nämlich $a = 0$ und $b = 1$, ferner $z = z_0$, so reduziert sich die Gleichung auf $(x - x_0)^2 = 0$. Die durch $x = x_0$ gekennzeichnete Gerade genügt also mit allen ihren Punkten der Gleichung (3) und ist die einzige Seitenlinie des Kegels, die in der Ebene $z = z_0$ liegt. Wir können hieraus schließen, daß die genannte Ebene eine Tangentialebene des Kegels ist und die Gleichung (5) also eine Parabel darstellt. Durch Gleichung (6′) wird im Falle $b^2 < 1$ eine Ellipse dargestellt. Man erkennt es sofort daran, daß x^2 kleiner als $m^2(1 - b^2)$ und y^2 kleiner als m^2 sein muß. Die Schnittlinie bleibt also ganz im Endlichen, was einzig und allein dann eintritt, wenn die schneidende Ebene nur einen Mantel des Kegels trifft. Trifft sie beide Mäntel, so erstreckt sich die Schnittlinie offenbar ins Unendliche.

Wir sind hier mit geringer Mühe zu den kanonischen Gleichungsformen der Kegelschnitte gelangt, die folgendermaßen lauten:

$$x^2 - 2py = 0 \quad \text{(Parabel)},$$

$$\frac{x^2}{a^2} + \frac{y^2}{b^2} = 1 \quad \text{(Ellipse)},$$

$$\frac{x^2}{a^2} - \frac{y^2}{b^2} = 1 \quad \text{(Hyperbel)}.$$

Im letzten Falle haben wir nur x und y vertauscht. Auch sind die Nenner der Gleichung (6′) anders benannt.

Die Kegelschnitte werden, wie schon die allgemeine Gleichung (4) zeigt, durch Gleichungen zweiten Grades in x, y dargestellt, d. h. durch Gleichungen von der Form

$$(7) \qquad Ax^2 + 2Bxy + Cy^2 + 2Dx + 2Ey + F = 0.$$

Sie sind, wie man zu sagen pflegt, Kurven zweiter Ordnung.

Daß mit den Ellipsen, Hyperbeln und Parabeln die Kurven zweiter Ordnung nicht erschöpft sind, ist ohne weiteres klar. Z. B. kann man jedes Geradenpaar, bestehend aus den Geraden

$$a_1x + b_1y + c_1 = 0, \; a_2x + b_2y + c_2 = 0,$$

durch eine Gleichung von der Form (7) darstellen, nämlich durch

$$(a_1x + b_1y + c_1)\,(a_2x + b_2y + c_2) = 0.$$

Rechnet man die linke Seite aus, so entsteht eine ebensolche Gleichung wie (7). Auch rein imaginäre Gebilde werden durch Gleichungen von der Form (7) dargestellt. Nehmen wir z. B. die Gleichung

$$\frac{x^2}{a^2} + \frac{y^2}{b^2} + 1 = 0,$$

so gibt es keinen reellen Punkt, der ihr genügt. Trotzdem spricht man auch in solchen Fällen noch von einer Kurve zweiter Ordnung, die durch die Gleichung dargestellt wird. Wir kommen auf diese Frage noch zurück.

§ 30. Projektivität zwischen Ebenen.

Wir haben schon einmal mit Hilfe eines außerhalb der Ebene liegenden Vektorentripels allgemeine homogene Koordinaten für die Punkte der Ebene definiert. Man kann diese Koordinaten auch auf andere Weise einführen, wobei man die Ebene nicht zu verlassen braucht. Ganz analog läßt sich diese Betrachtung dann im Raume erledigen.

Hat ein Punkt die cartesischen Koordinaten x, y, so wollen wir als homogene cartesische Koordinaten dieses Punktes drei Zahlen x_1, x_2, x_3 bezeichnen, die zu $x, y, 1$ proportional sind, so daß x_3 von Null verschieden und $x = \frac{x_1}{x_3}$, $y = \frac{x_2}{x_3}$ ist. Diese Erklärung haben wir bereits an früherer Stelle gegeben. Wenn ein Punkt x_0, y_0 in einer bestimmten Richtung um die Länge l fortschreitet, so lauten seine Koordinaten nachher $x = x_0 + l \cos\alpha$, $y = y_0 + l \sin\alpha$. Die drei Zahlen $\frac{x_0}{l} + \cos\alpha$, $\frac{y_0}{l} + \sin\alpha$, $\frac{1}{l}$ sind offenbar proportional zu $x, y, 1$, können also als homogene cartesische Koordinaten des Punktes x, y benutzt werden. Wächst l über alle Grenzen, so nähern sie sich den Werten $\cos\alpha$, $\sin\alpha$, 0. Diese drei Größen oder irgend drei dazu proportionale betrachtet man deshalb als die homogenen Koordinaten eines Fernpunktes. Zieht man parallel zu der betrachteten Fortschreitung eine Gerade, so bildet ihre Normale mit der positiven x-Achse den Winkel $\alpha + \frac{\pi}{2}$. Die Gleichung der Geraden lautet also

$$x \cos\left(\alpha + \frac{\pi}{2}\right) + y \sin\left(\alpha + \frac{\pi}{2}\right) + p = 0$$

oder

$$-x \sin\alpha + y \cos\alpha + p = 0.$$

Führt man homogene Koordinaten ein, setzt man also $x = \frac{x_1}{x_3}$, $y = \frac{x_2}{x_3}$, so nimmt sie folgende Gestalt an:

$$(1) \qquad -x_1 \sin\alpha + x_2 \cos\alpha + x_3 p = 0.$$

Will man wissen, welche Fernpunkte diese Gleichung erfüllen, so muß man statt x_1, x_2, x_3 die Werte $\cos\beta, \sin\beta, 0$ einsetzen. Dadurch erhält man $\sin(\beta - \alpha) = 0$, also $\beta = \alpha$ oder $\beta = \alpha + \pi$, d. h. $\cos\beta$, $\sin\beta$, 0 sind entweder mit $\cos\alpha, \sin\alpha, 0$ oder mit $-\cos\alpha, -\sin\alpha, 0$ identisch. Da der Proportionalitätsfaktor -1 nichts ausmacht, so ergibt sich, daß die betrachtete Gerade nur einen einzigen Fernpunkt enthält. Wir wissen es bereits aus früheren Überlegungen, wollten es aber nochmals auf eine andere Weise klarmachen.

Alle Fernpunkte genügen der Gleichung $x_3 = 0$. Da sie dieselbe Gestalt hat, wie die homogen geschriebene Gleichung einer eigentlichen Geraden, so ist es naheliegend und auch zweckmäßig, den Fernpunkten ebenfalls eine Gerade als Wohnsitz zuzuweisen. Diese Gerade wird als die Ferngerade der Ebene bezeichnet. Die Ferngerade ist also der geometrische Ort der Fernpunkte.

Der Schnittpunkt einer eigentlichen Geraden mit der Ferngeraden ist nichts anderes als der Fernpunkt jener Geraden. Verlangt man nämlich, daß die Gleichung (1) mit $x_3 = 0$ zusammenbesteht, so ergibt sich $-x_1 \sin\alpha + x_2 \cos\alpha$, d. h. x_1, x_2, x_3 sind proportional zu $\cos\alpha, \sin\alpha, 0$.

Hat man unter den unendlich vielen zueinander proportionalen Tripeln, die als homogene Koordinaten zu einem Punkte gehören, ein bestimmtes herausgegriffen, so wollen wir sagen, der Punkt sei normiert. Wir brauchen nun für unseren Zweck drei normierte Punkte

$$(x_1^1, x_2^1, x_3^1),\ (x_1^2, x_2^2, x_3^2),\ (x_1^3, x_2^3, x_3^3), \tag{2}$$

die nicht in gerader Linie liegen, wobei als gerade Linie auch die Ferngerade gilt. Die oberen Indizes 1, 2, 3 dürfen nicht mit Exponenten verwechselt werden. Wie erkennt man, ob die Punkte (2) wirklich nicht in gerader Linie liegen? Lägen sie auf der Geraden $a_1x_1 + a_2x_2 + a_3x_3 = 0$, wobei natürlich die Koeffizienten a_1, a_2, a_3 nicht alle drei verschwinden, so hätte man die Gleichungen

$$\begin{cases} a_1x_1^1 + a_2x_2^1 + a_3x_3^1 = 0, \\ a_1x_1^2 + a_2x_2^2 + a_3x_3^2 = 0, \\ a_1x_1^3 + a_2x_2^3 + a_3x_3^3 = 0, \end{cases} \tag{3}$$

und es müßte die Determinante

$$\begin{vmatrix} x_1^1 & x_2^1 & x_3^1 \\ x_1^2 & x_2^2 & x_3^2 \\ x_1^3 & x_2^3 & x_3^3 \end{vmatrix},$$

die wir mit $[x^1x^2x^3]$ bezeichnen, wie wir auch die Punkte (2) kurz x^1, x^2, x^3 nennen, gleich Null sein. Ist umgekehrt $[x^1x^2x^3] = 0$, so gibt es eine nicht aus lauter Nullen bestehende Lösung a_1, a_2, a_3 der Gleichungen (3), und die Punkte x^1, x^2, x^3 liegen dann auf der Geraden $a_1x_1 + a_2x_2 + a_3x_3 = 0$. Wollen wir also drei Punkte haben, die nicht in gerader Linie liegen, so muß die Bedingung

$$[x^1x^2x^3] \neq 0 \tag{4}$$

erfüllt sein.

Wenn nun die Punkte x^1, x^2, x^3 der Bedingung (4) genügen, so können wir sie als Grundpunkte oder Fundamentalpunkte der Ebene benutzen und alle Punkte der Ebene durch den Prozeß der linearen Kombination aus ihnen gewinnen. Ist in der Tat x_1, x_2, x_3 ein normierter Punkt, so kann man drei Zahlen $\mathfrak{x}_1, \mathfrak{x}_2, \mathfrak{x}_3$ so wählen, daß die Gleichungen

$$(5)\qquad \begin{cases} x_1 = \mathfrak{x}_1 x_1^1 + \mathfrak{x}_2 x_1^2 + \mathfrak{x}_3 x_1^3, \\ x_2 = \mathfrak{x}_1 x_2^1 + \mathfrak{x}_2 x_2^2 + \mathfrak{x}_3 x_2^3, \\ x_3 = \mathfrak{x}_1 x_3^1 + \mathfrak{x}_2 x_3^2 + \mathfrak{x}_3 x_3^3 \end{cases}$$

bestehen, und zwar sind $\mathfrak{x}_1, \mathfrak{x}_2, \mathfrak{x}_3$ eindeutig bestimmt, weil die Bedingung (4) erfüllt ist. Wir ziehen die drei Gleichungen (5) in

$$(5')\qquad x = \mathfrak{x}_1 x^1 + \mathfrak{x}_2 x^2 + \mathfrak{x}_3 x^3$$

zusammen und erinnern daran, daß $\mathfrak{x}_1, \mathfrak{x}_2, \mathfrak{x}_3$ folgende Werte haben:

$$(6)\qquad \mathfrak{x}_1 = \frac{[x x^2 x^3]}{[x^1 x^2 x^3]},\quad \mathfrak{x}_2 = \frac{[x^1 x x^3]}{[x^1 x^2 x^3]},\quad \mathfrak{x}_3 = \frac{[x^1 x^2 x]}{[x^1 x^2 x^3]},$$

wie aus der Cramerschen Regel zu entnehmen ist. Wird der Punkt x anders normiert, tritt also zu x_1, x_2, x_3 ein Faktor λ hinzu, so heftet sich derselbe Faktor an $\mathfrak{x}_1, \mathfrak{x}_2, \mathfrak{x}_3$. Diese $\mathfrak{x}_1, \mathfrak{x}_2, \mathfrak{x}_3$ sind homogene Dreieckskoordinaten, und zwar die Koordinaten des Punktes x in bezug auf die normierten Grundpunkte x^1, x^2, x^3. Man sieht, daß die homogenen cartesischen Koordinaten x_1, x_2, x_3 mit den homogenen Dreieckskoordinaten $\mathfrak{x}_1, \mathfrak{x}_2, \mathfrak{x}_3$ durch eine lineare Transformation mit nichtverschwindender Determinante zusammenhängen. Jede solche Transformation kann als Übergang von homogenen cartesischen zu Dreieckskoordinaten betrachtet werden. Die homogenen cartesischen Koordinaten sind ein Spezialfall der Dreieckskoordinaten und ergeben sich, wenn man statt der Punkte (2) die Punkte

$$(2^*)\qquad (1, 0, 0),\ (0, 1, 0),\ (0, 0, 1)$$

als Grundpunkte wählt. Die beiden ersten sind die Fernpunkte der x-Achse und der y-Achse, der dritte ist der Anfangspunkt. Sie sind so normiert, daß das einzige nicht verschwindende x den Wert 1 hat.

Wenn man noch eine zweite Ebene betrachtet, die homogenen cartesischen Koordinaten in ihr mit y_1, y_2, y_3 bezeichnet und drei normierte nicht kollineare Punkte y^1, y^2, y^3 als Grundpunkte benutzt, so hat jeder normierte Punkt (y_1, y_2, y_3) in bezug auf die Grundpunkte seine Koordinaten $\mathfrak{y}_1, \mathfrak{y}_2, \mathfrak{y}_3$, die mit y_1, y_2, y_3 durch die Gleichungen

$$(7)\qquad \begin{cases} y_1 = \mathfrak{y}_1 y_1^1 + \mathfrak{y}_2 y_1^2 + \mathfrak{y}_3 y_1^3, \\ y_2 = \mathfrak{y}_1 y_2^1 + \mathfrak{y}_2 y_2^2 + \mathfrak{y}_3 y_2^3, \\ y_3 = \mathfrak{y}_1 y_3^1 + \mathfrak{y}_2 y_3^2 + \mathfrak{y}_3 y_3^3 \end{cases}$$

verknüpft sind.

Man kann nun in sehr einfacher Weise eine Abbildung zwischen den beiden Ebenen, d. h. ein Entsprechen zwischen ihren Punkten herstellen, und zwar nach dem Prinzip der Gleichnamigkeit. Es sollen sich, so lautet dieses Prinzip, die beiden Punkte x und y entsprechen, wenn sie bis auf einen Proportionalitätsfaktor übereinstimmende Dreieckskoordinaten haben, d. h.

wenn $\mathfrak{y}_1 = \lambda\mathfrak{x}_1, \mathfrak{y}_2 = \lambda\mathfrak{x}_2, \mathfrak{y}_3 = \lambda\mathfrak{x}_3$ ist. Man nennt eine solche Abbildung **projektiv**.

Fallen beide Ebenen zusammen, so liegt eine projektive Abbildung einer Ebene auf sich selbst vor oder eine **projektive Transformation dieser Ebene in sich**. Wir können in den Gleichungen (7) direkt $\mathfrak{y}_1 = \mathfrak{x}_1, \mathfrak{y}_2 = \mathfrak{x}_2, \mathfrak{y}_3 = \mathfrak{x}_3$ setzen und den Proportionalitätsfaktor zu y_1, y_2, y_3 schlagen. Dann entspricht jedem normierten Punkt x ein normierter Punkt y. Betrachten wir außer x noch drei andere normierte Punkte x^{I}, x^{II}, x^{III}, denen die normierten Punkte y^{I}, y^{II}, y^{III} entsprechen, so folgt aus dem Multiplikationssatz der Determinanten

$$\begin{aligned}
[x x^{II} x^{III}] &= [\mathfrak{x}\mathfrak{x}^{II}\mathfrak{x}^{III}]\,[x^1 x^2 x^3],\\
[x^{I} x x^{III}] &= [\mathfrak{x}^{I}\mathfrak{x}\mathfrak{x}^{III}]\,[x^1 x^2 x^3],\\
[x^{I} x^{II} x] &= [\mathfrak{x}^{I}\mathfrak{x}^{II}\mathfrak{x}]\,[x^1 x^2 x^3],\\
[x^{I} x^{II} x^{III}] &= [\mathfrak{x}^{I}\mathfrak{x}^{II}\mathfrak{x}^{III}]\,[x^1 x^2 x^3].
\end{aligned}$$

Diese Gleichungen bleiben bestehen, wenn man überall x durch y ersetzt. Wir können also schließen, daß die Größen

$$(8)\qquad \frac{[x x^{II} x^{III}]}{[x^{I} x^{II} x^{III}]},\quad \frac{[x^{I} x x^{III}]}{[x^{I} x^{II} x^{III}]},\quad \frac{[x^{I} x^{II} x]}{[x^{I} x^{II} x^{III}]}$$

mit den entsprechenden Größen

$$(9)\qquad \frac{[y y^{II} y^{III}]}{[y^{I} y^{II} y^{III}]},\quad \frac{[y^{I} y y^{III}]}{[y^{I} y^{II} y^{III}]},\quad \frac{[y^{I} y^{II} y]}{[y^{I} y^{II} y^{III}]}$$

übereinstimmen. Nach (6) sind die Brüche (8) die Koordinaten des Punktes x in bezug auf die normierten Grundpunkte x^{I}, x^{II}, x^{III}, ebenso die Brüche (9) die Koordinaten des Punktes y in bezug auf die normierten Grundpunkte y^{I}, y^{II}, y^{III}. Man sieht, daß auch bei Zugrundelegung dieser neuen Grundpunkte nach wie vor das Prinzip der Gleichnamigkeit die Abbildung beherrscht. Es hindert uns nun nichts, die Punkte x^{I}, x^{II}, x^{III} mit den Punkten (2*) zu identifizieren. Dann reduzieren sich die Größen (8) auf x_1, x_2, x_3 und wir erhalten

$$x_1 = \frac{[y y^{II} y^{III}]}{[y^{I} y^{II} y^{III}]},\quad x_2 = \frac{[y^{I} y y^{III}]}{[y^{I} y^{II} y^{III}]},\quad x_3 = \frac{[y^{I} y^{II} y]}{[y^{I} y^{II} y^{III}]}$$

oder

$$(10)\qquad \begin{cases} y_1 = x_1 y_1^{I} + x_2 y_1^{II} + x_3 y_1^{III},\\ y_2 = x_1 y_2^{I} + x_2 y_2^{II} + x_3 y_2^{III},\\ y_3 = x_1 y_3^{I} + x_2 y_3^{II} + x_3 y_3^{III}. \end{cases}$$

In dieser Form drückt sich eine projektive Abbildung einer Ebene auf sich selbst aus. Sie erscheint analytisch als lineare Transformation mit nicht verschwindender Determinante. Jede solche Transformation kann als der analytische Ausdruck einer projektiven Abbildung der Ebene auf sich selbst betrachtet werden. Früher lernten wir eine andere Auffassung einer linearen Transformation kennen, wobei sie den Übergang zu neuen Koordinaten vermittelte. Beide Auffassungen sind von gleicher Wichtigkeit. Übrigens gelten die obigen Betrachtungen auch für die projektive Abbildung einer Ebene auf eine andere.

Die Gleichung einer Geraden lautet in homogenen cartesischen Koordinaten $a_1x_1 + a_2x_2 + a_3x_3 = 0$. Da der Übergang zu Dreieckskoordinaten durch die lineare Transformation (5) bewirkt wird, lautet die Gleichung der betrachteten Geraden in Dreieckskoordinaten $\mathfrak{a}_1\mathfrak{x}_1 + \mathfrak{a}_2\mathfrak{x}_2 + \mathfrak{a}_3\mathfrak{x}_3 = 0$, wobei wir

$$(\bar{5}) \qquad \begin{cases} \mathfrak{a}_1 = a_1x_1^1 + a_2x_2^1 + a_3x_3^1, \\ \mathfrak{a}_2 = a_1x_1^2 + a_2x_2^2 + a_3x_3^2, \\ \mathfrak{a}_3 = a_1x_1^3 + a_2x_2^3 + a_3x_3^3 \end{cases}$$

gesetzt haben. Wenn wir nun zwei Ebenen nach dem Prinzip der Gleichnamigkeit aufeinander abbilden, d. h. in der Weise, daß die Dreieckskoordinaten entsprechender Punkte bis auf einen Proportionalitätsfaktor dieselben sind, so ist ganz selbstverständlich, daß bei der Abbildung jeder Geraden der einen stets eine Gerade der andern Ebene zugeordnet wird. Eine Gerade ist nämlich analytisch nichts anderes als der Inbegriff aller Wertsysteme $\mathfrak{x}_1, \mathfrak{x}_2, \mathfrak{x}_3$, die einer Gleichung von der Form $\mathfrak{a}_1\mathfrak{x}_1 + \mathfrak{a}_2\mathfrak{x}_2 + \mathfrak{a}_3\mathfrak{x}_3 = 0$ genügen. Da jedes solche Wertsystem bis auf einen Faktor erhalten bleibt, so bleibt auch diese Gleichung bestehen. Die projektive Abbildung bewirkt also auch eine Verknüpfung der Geraden der einen Ebene mit denen der andern, und zwar wieder nach dem Prinzip der Gleichnamigkeit, weil entsprechende Geraden dieselbe Gleichung in deutschen Koordinaten haben. Auf Grund dieser Eigenschaft bezeichnet man projektive Abbildungen auch als Kollineationen.

Man kann nun weiter fragen, in welcher Weise die Punkte zweier sich entsprechender Geraden durch die projektive Abbildung verknüpft werden. Da das Prinzip der Gleichnamigkeit gewahrt bleibt, wenn man neue Grundpunkte $x^{\mathrm{I}}, x^{\mathrm{II}}, x^{\mathrm{III}}$ und die entsprechenden $y^{\mathrm{I}}, y^{\mathrm{II}}, y^{\mathrm{III}}$ einführt, so genügt es, die durch $\mathfrak{x}_3 = 0$ gekennzeichneten Geraden zu betrachten. Dem Punkte

$$(11) \quad x_1 = \mathfrak{x}_1x_1^1 + \mathfrak{x}_2x_1^2,\ x_2 = \mathfrak{x}_1x_2^1 + \mathfrak{x}_2x_2^2,\ x_3 = \mathfrak{x}_1x_3^1 + \mathfrak{x}_2x_3^2$$

entspricht der Punkt

$$(11') \quad y_1 = \mathfrak{x}_1y_1^1 + \mathfrak{x}_2y_1^2,\ y_2 = \mathfrak{x}_1y_2^1 + \mathfrak{x}_2y_2^2,\ y_3 = \mathfrak{x}_1y_3^1 + \mathfrak{x}_2y_3^2.$$

Wir verbinden den Punkt (11) mit dem Grundpunkt x^3 und fragen nach dem Schnittpunkt dieser Verbindungslinie mit einer eigentlichen Geraden g, die wir durch einen ihrer eigentlichen Punkte $x_0, y_0, 1$ und den Fernpunkt $\cos\alpha$, $\sin\alpha, 0$ festlegen. Ein beliebiger Punkt von g hat dann die Koordinaten $x_0 + t\cos\alpha, y_0 + t\sin\alpha, 1$, wobei t seine Abszisse auf g in bezug auf den Anfangspunkt $x_0, y_0, 1$ ist. Statt $x_0, y_0, 1$ werden wir die Bezeichnung x^0 benutzen, statt $\cos\alpha, \sin\alpha, 0$ die Bezeichnung x^∞. Dann können wir $x_0 + t\cos\alpha, y_0 + t\sin\alpha, 1$ durch $x^0 + tx^\infty$ darstellen. Soll nun dieser Punkt von g mit x^3 und mit dem Punkte (11) in gerader Linie liegen, so muß

$$[x^0 + tx^\infty,\ \mathfrak{x}_1x^1 + \mathfrak{x}_2x^2,\ x^3] = 0$$

sein. Hieraus entnehmen wir

$$(12) \qquad t = -\frac{\mathfrak{x}_1[x^0 x^1 x^3] + \mathfrak{x}_2[x^0 x^2 x^3]}{\mathfrak{x}_1[x^\infty x^1 x^3] + \mathfrak{x}_2[x^\infty x^2 x^3]}.$$

Wir wollen einen Augenblick stehen bleiben, um die Determinante

$$(13) \qquad \begin{vmatrix} [x^0\, x^1 x^3] & [x^0\, x^2 x^3] \\ [x^\infty x^1 x^3] & [x^\infty x^2 x^3] \end{vmatrix}$$

zu berechnen, weil sich hier eine Gelegenheit zur Anwendung der Vektorrechnung bietet. Wenn ein normierter Punkt x_1, x_2, x_3 vorliegt, so können wir x_1, x_2, x_3 als Koordinaten eines Vektors im Raume betrachten und diesen Vektor ebenso wie den Punkt mit x benennen. Die eckig geklammerten Ausdrücke sind dann Volumprodukte von drei solchen Vektoren. Auf Grund der Tatsache, daß ein Volumprodukt das innere Produkt aus einem Vektor und einem äußeren Produkt ist, können wir die Determinante (13) auch in folgender Form schreiben:

$$\begin{vmatrix} x^0 \cdot (x^1 \times x^3), & x^0 \cdot (x^2 \times x^3) \\ x^\infty \cdot (x^1 \times x^3), & x^\infty \cdot (x^2 \times x^3) \end{vmatrix}.$$

Nach einem uns bekannten Satze läßt sich diese Determinante auch darstellen als inneres Produkt aus zwei äußeren Produkten, und zwar ist sie gleich dem inneren Produkt

$$(13') \qquad (x^0 \times x^\infty) \cdot ((x^1 \times x^3) \times (x^2 \times x^3)).$$

Der zweite Faktor kann nach dem Entwickelungssatz behandelt werden. Nach diesem Satze ist

$$(x^1 \times x^3) \times (x^2 \times x^3) = ((x^1 \cdot (x^2 \times x^3))\, x^3 - (x^3 \cdot (x^2 \times x^3))\, x^1 = [x^1 x^2 x^3]\, x^3,$$

weil $x^3 \cdot (x^2 \times x^3)$ verschwindet. Somit reduziert sich (13′) auf

$$((x^0 \times x^\infty) \cdot x^3)\, [x^1 x^2 x^3],$$

d. h. auf

$$[x^0 x^\infty x^3]\, [x^1 x^2 x^3].$$

Beide Faktoren sind von Null verschieden. Der zweite ist es deshalb, weil die Grundpunkte x^1, x^2, x^3 nicht kollinear sein dürfen. Das Verschwinden des ersten Faktors würde bedeuten, daß die Gerade g, auf der x^0 und x^∞ liegen, durch x^3 hindurchginge. Das müssen wir aber ausschließen, weil wir die von x^3 nach den Punkten (11) gezogenen Verbindungen mit g schneiden wollen.

Nun kehren wir zur Gleichung (12) zurück und wenden sie auf vier Punkte P, P', P'', P''' der Geraden $\mathfrak{x}_3 = 0$ an, die durch folgende $(\mathfrak{x}_1, \mathfrak{x}_2)$-Werte gekennzeichnet sind:

$$\mathfrak{x}_1, \mathfrak{x}_2; \quad \mathfrak{x}_1', \mathfrak{x}_2'; \quad \mathfrak{x}_1'', \mathfrak{x}_2''; \quad \mathfrak{x}_1''', \mathfrak{x}_2'''.$$

Die zugehörigen t-Werte nennen wir

$$t, t', t'', t'''.$$

Sie sind die Abszissen der vier Punkte Q, Q', Q'', Q''' auf g, die den Punkten P, P', P'', P''' entsprechen, d. h. der von x^3 aus gewonnenen Projektionen dieser Punkte auf die Gerade g. Beide Punktquadrupel haben das gleiche Doppelverhältnis, das durch den Ausdruck

$$(14) \qquad \frac{t' - t'''}{t''' - t} : \frac{t' - t''}{t'' - t}$$

dargestellt wird. Da nach (12) die Werte t und $\frac{\mathfrak{x}_1}{\mathfrak{x}_2}$ durch eine linear gebrochene Transformation zusammenhängen, ist der Ausdruck (14) dem folgenden gleich:

$$(14') \qquad \frac{\frac{\mathfrak{x}_1'}{\mathfrak{x}_2'} - \frac{\mathfrak{x}_1'''}{\mathfrak{x}_2'''}}{\frac{\mathfrak{x}_1'''}{\mathfrak{x}_2'''} - \frac{\mathfrak{x}_1}{\mathfrak{x}_2}} : \frac{\frac{\mathfrak{x}_1'}{\mathfrak{x}_2'} - \frac{\mathfrak{x}_1''}{\mathfrak{x}_2''}}{\frac{\mathfrak{x}_1''}{\mathfrak{x}_2''} - \frac{\mathfrak{x}_1}{\mathfrak{x}_2}}.$$

Man kann ihn sofort in einen Doppelquotienten aus zweireihigen Determinanten umwandeln, indem man alle Nenner beseitigt. Er erhält dadurch folgende Gestalt:

$$\frac{\begin{vmatrix} \mathfrak{x}_1' & \mathfrak{x}_2' \\ \mathfrak{x}_1''' & \mathfrak{x}_2''' \end{vmatrix}}{\begin{vmatrix} \mathfrak{x}_1''' & \mathfrak{x}_2''' \\ \mathfrak{x}_1 & \mathfrak{x}_2 \end{vmatrix}} : \frac{\begin{vmatrix} \mathfrak{x}_1' & \mathfrak{x}_2' \\ \mathfrak{x}_1'' & \mathfrak{x}_2'' \end{vmatrix}}{\begin{vmatrix} \mathfrak{x}_1'' & \mathfrak{x}_2'' \\ \mathfrak{x}_1 & \mathfrak{x}_2 \end{vmatrix}}.$$

Wenn man sich einer naheliegenden Abkürzung bedient, kann man das Ergebnis so ausdrücken:

$$(15) \qquad (PP'P''P''') = \frac{(\mathfrak{x}\mathfrak{x}'')(\mathfrak{x}'\mathfrak{x}''')}{(\mathfrak{x}\mathfrak{x}''')(\mathfrak{x}'\mathfrak{x}'')}.$$

$(\mathfrak{x}\mathfrak{x}'')$ ist z. B. die Determinante, deren erste Zeile $\mathfrak{x}_1, \mathfrak{x}_2$ und deren zweite Zeile $\mathfrak{x}_1'', \mathfrak{x}_2''$ lautet. Wir wollen uns daran erinnern, daß P, P', P'', P''' folgende Punkte der Geraden x^1x^2 sind:

$$\mathfrak{x}_1 x^1 + \mathfrak{x}_2 x^2, \; \mathfrak{x}_1' x^1 + \mathfrak{x}_2' x^2, \; \mathfrak{x}_1'' x^1 + \mathfrak{x}_2'' x^2, \; \mathfrak{x}_1''' x^1 + \mathfrak{x}_2''' x^2.$$

Die vier Punkte erscheinen hier durch Zweieckskoordinaten mit den normierten Grundpunkten x^1 und x^2 festgelegt. Wir benutzen diese nicht übliche Benennung, um die Analogie mit den Dreieckskoordinaten stark hervorzuheben.

Jetzt können wir die Frage, wie eine projektive Abbildung die Punkte entsprechender Geraden verknüpft, sofort beantworten. Nach Formel (15) drückt sich das Doppelverhältnis von vier Punkten der Geraden $\mathfrak{x}_3 = 0$ nur durch die zugehörigen deutschen $\mathfrak{x}$ aus. Dieselben deutschen $\mathfrak{x}$ gehören aber zu den vier entsprechenden Punkten der andern Ebene. Daher bleibt das Doppelverhältnis bei der Abbildung erhalten. Die Verknüpfung zwischen den Punkten entsprechender Punktreihen ist also projektiv. Dasselbe gilt nach dem Satz des Pappus für die Geraden entsprechender Büschel. Hätten wir nur diese Ergebnisse im Auge gehabt, so wären wir rascher zum Ziele gekommen. Wir wollten aber bei dieser Gelegenheit auch noch andere Dinge zur Sprache bringen.

Mit Hilfe der Formel (15) können wir jetzt zeigen, daß die Verhältnisse der Dreieckskoordinaten $\mathfrak{x}_1, \mathfrak{x}_2, \mathfrak{x}_3$ Doppelverhältnisse sind. Wenn man beachtet, wie sich in Gleichung (5′) der Punkt x aus den Grundpunkten aufbaut, so kann man sagen, daß zunächst aus x^1 und x^2 die Verbindung $\mathfrak{x}_1 x^1 + \mathfrak{x}_2 x^2$ gebildet wird, wodurch ein Punkt auf der Geraden $x^1 x^2$ entsteht. Dann wird dieser Punkt mit x^3 zu $(\mathfrak{x}_1 x^1 + \mathfrak{x}_2 x^2) + \mathfrak{x}_3 x^3$ vereinigt, wodurch man auf der Verbindungslinie beider den Punkt x gewinnt. Hieraus folgt, daß $\mathfrak{x}_1 x^1 + \mathfrak{x}_2 x^2$ die von x^3 aus bewirkte Projektion des Punktes x auf die Gerade $x^1 x^2$ ist. Wir brauchen für unsere Betrachtung noch den sogenannten Einheitspunkt. Dieser Punkt ist dadurch gekennzeichnet, daß seine Dreieckskoordinaten einander gleich und bei geeigneter Normierung des Punktes alle gleich 1 sind. Wir bezeichnen den Einheitspunkt mit e. Für ihn lautet die Formel (5′)

$$e = x^1 + x^2 + x^3, \tag{16}$$

und die Gleichungen (6) nehmen folgende Gestalt an:

$$1 = \frac{[e x^2 x^3]}{[x^1 x^2 x^3]}, \quad 1 = \frac{[x^1 e x^3]}{[x^1 x^2 x^3]}, \quad 1 = \frac{[x^1 x^2 e]}{[x^1 x^2 x^3]}. \tag{17}$$

$[x^1 x^2 x^3]$ bleibt also ungeändert, wenn man einen der beteiligten Punkte durch e ersetzt. Die Projektion des Punktes e auf die Gerade $x^1 x^2$, und zwar von x^3 aus, lautet $x^1 + x^2$.

Jetzt betrachten wir das von x^3 ausgehende Geradenquadrupel $x^3 x^1$, $x^3 x^2$, $x^3 e$, $x^3 x$. Sein Doppelverhältnis stimmt überein mit dem Doppelverhältnis der Punkte $x^1, x^2, x^1 + x^2, \mathfrak{x}_1 x^1 + \mathfrak{x}_2 x^2$. Dieses läßt sich nach Formel (15) berechnen. Man muß beachten, daß die Faktoren von x^1 und x^2 bei den vier Punkten folgende Werte haben, die wir in vier Kolonnen aufschreiben:

$$\begin{matrix} 1 & 0 & 1 & \mathfrak{x}_1 \\ 0 & 1 & 1 & \mathfrak{x}_2. \end{matrix}$$

Im Zähler des Ausdrucks (15) steht die Determinante der ersten und dritten multipliziert mit der Determinante der zweiten und vierten Spalte, also $-\mathfrak{x}_1$. Im Nenner steht das Produkt der Determinanten aus der ersten, vierten und der zweiten, dritten Spalte, also $-\mathfrak{x}_2$. Der Quotient $\frac{\mathfrak{x}_1}{\mathfrak{x}_2}$ ist demnach das Doppelverhältnis der vier Geraden $x^3 x^1, x^3 x^2, x^3 e, x^3 x$. Ebenso ist $\frac{\mathfrak{x}_2}{\mathfrak{x}_3}$ das Doppelverhältnis der vier Geraden $x^1 x^2, x^1 x^3, x^1 e, x^1 x$ und $\frac{\mathfrak{x}_3}{\mathfrak{x}_1}$ das der vier Geraden $x^2 x^3, x^2 x^1, x^2 e, x^2 x$.

Wenn man drei nicht kollineare Punkte P^1, P^2, P^3 beliebig wählt und einen vierten Punkt E hinzunimmt, der auf keine der Geraden $P^2 P^3, P^3 P^1$, $P^1 P^2$ fällt, so gibt es ein System projektiver Koordinaten, das P^1, P^2, P^3 als Fundamentalpunkte und E als Einheitspunkt benutzt. Sind X^1, X^2, X^3 irgendwelche Normierungen der Punkte P^1, P^2, P^3, so läßt sich der Punkt E

in der Form $\lambda_1 X^1 + \lambda_2 X^2 + \lambda_3 X^3$ darstellen. Keiner der Faktoren λ kann gleich Null sein, weil sonst E mit zwei Fundamentalpunkten kollinear wäre. Daher können wir diese Faktoren zu den homogenen Koordinaten der Fundamentalpunkte schlagen und

$$\lambda_1 X^1 = x^1, \lambda_2 X^2 = x^2, \lambda_3 X^3 = x^3$$

setzen. E wird dann der Punkt $x^1 + x^2 + x^3$ sein. Die Angabe des Einheitspunktes bietet somit vollen Ersatz für die Normierung.

Wir heben noch eine wichtige Eigenschaft hervor. Es gibt immer eine und nur eine projektive Abbildung einer Ebene auf eine andere, die vier Punkten A, B, C, D der einen vier vorgeschriebene Punkte A', B', C', D' der andern Ebene zuordnet. Dabei wird vorausgesetzt, daß weder bei dem ersten noch bei dem zweiten Quadrupel drei Punkte vorkommen, die in gerader Linie liegen. Um die Abbildung herzustellen, führe man in der ersten Ebene A, B, C als Grundpunkte und D als Einheitspunkt ein, ebenso in der zweiten Ebene A', B', C' als Grundpunkte und D' als Einheitspunkt, und ordne die Punkte beider Ebenen nach dem Gleichnamigkeitsprinzip, d. h. nach übereinstimmenden Dreieckskoordinaten, einander zu. Man sieht aus den Formeln (6), daß die Dreieckskoordinaten der Fundamentalpunkte die Werte 1, 0, 0; 0, 1, 0; 0, 0, 1 haben. Die des Einheitspunktes lauten 1, 1, 1, wie die Formeln (17) zeigen. Daher entsprechen sich A und A', B und B', C und C', D und D'. Durch diese Zuordnungen ist die Projektivität vollkommen festgelegt. Sind nämlich P und P' zwei zusammengehörige Punkte, so müssen die vier Geraden AB, AC, AD, AP dasselbe Doppelverhältnis haben wie $A'B', A'C', A'D', A'P'$. Ebenso müssen die Doppelverhältnisse der Quadrupel BC, BA, BD, BP und $B'C', B'A', B'D', B'P'$ übereinstimmen, schließlich auch die der Quadrupel CA, CB, CD, CP und $C'A', C'B', C'D', C'P'$. Dadurch ist bei gegebenem P der Punkt P' eindeutig bestimmt.

Von diesem Ergebnis kann man Gebrauch machen, um geometrische Sätze zu beweisen, die projektive Eigenschaften betreffen. Betrachten wir z. B. ein allgemeines Viereck, so können wir es durch eine passende projektive Abbildung stets in ein spezielles Viereck verwandeln, an welchem sich die fragliche Eigenschaft direkt ablesen läßt. Um ein ganz einfaches Beispiel hierfür zu geben, greifen wir den Satz heraus, daß zwei Diagonalpunkte des Vierecks durch ein Gegenseitenpaar harmonisch getrennt werden. Wenn das Viereck ein Rechteck ist, läßt sich dies unmittelbar an der Figur erkennen. Man kann aber auch folgende Überlegung anwenden: Sind A, B, C, D die vier Punkte des Vierecks, so gibt es eine projektive Abbildung der Ebene auf sich selbst, bei der A, B, C, D in B, A, D, C übergehen, also A und B, ebenso C und D ausgewechselt werden. Die Seiten AB, CD bleiben bei der Abbildung unverändert, während sich AC mit BD und AD mit BC vertauscht. Die Diagonalpunkte als Schnittpunkte je zweier Gegenseiten gehen bei der Abbildung in sich über. Ist nun F der Schnittpunkt von AB, CD und G der Schnittpunkt von AC, BD und wird die Gerade FG von AD und

BC in den Punkten H und K getroffen, so werden offenbar H und K durch die Abbildung miteinander vertauscht. Die Abbildung verwandelt also die Punkte F, G, H, K in F, G, K, H. Da nun

$$(FGHK) = (FGKH)$$

sein muß und andererseits

$$(FGHK)(FGKH) = 1$$

ist, bleibt nur die Möglichkeit $(FGHK) = -1$.

Wenn man eine Ebene auf eine andere projektiv abbildet, so gibt die Abbildung nicht nur alle in der Urebene denkbaren Figuren in veränderter Gestalt wieder, sondern auch Beziehungen zwischen den Figuren, also Transformationen. Liegt z. B. in der Urebene eine projektive Transformation vor, so wird die Abbildung diese Transformation auf die andere Ebene, die Bildebene, als ebensolche übertragen. Nach allem, was wir über projektive Abbildungen wissen, ist dies fast selbstverständlich. Wir können es uns auf verschiedene Weisen klarmachen, z. B. durch folgende Überlegung: Die projektive Transformation in der Urebene führe die vier Punkte A, B, C, D in A', B', C', D' über, wobei wir annehmen, daß A, B, C, D ein allgemeines Quadrupel bilden, also keine drei dieser Punkte geradlinig verbindbar sind. Durch vier solche Zuordnungen

$$A \to A', \quad B \to B', \quad C \to C', \quad D \to D'$$

ist die projektive Transformation vollkommen bestimmt, und es gibt auch stets eine projektive Transformation, die gerade diese vier Überführungen leistet. Wenn P irgendein Punkt der Urebene ist, so bestimmt sich der transformierte Punkt P' dadurch, daß die Geradenquadrupel AB, AC, AD, AP und $A'B', A'C', A'D', A'P'$ doppelverhältnisgleich sein müssen, ebenso die Quadrupel BC, BA, BD, BP und $B'C', B'A', B'D', B'P'$, sowie CA, CB, CD, CP und $C'A', C'B', C'D', C'P'$. Auf diese Weise sind bei gegebenem P immer die drei Geraden bestimmt, die von A', B', C' nach dem zugeordneten Punkte führen. Bildet man nun alles projektiv auf eine andere Ebene ab und sind A_1, B_1, C_1, D_1, A_1', B_1', C_1', D_1', P_1, P_1' die Bildpunkte von A, B, C, D, A', B', C', D', so wird P_1 in P_1' durch diejenige projektive Transformation der Bildebene übergeführt, die A_1, B_1, C_1, D_1 in A_1', B_1', C_1', D_1' verwandelt. Dies beruht einfach darauf, daß eine projektive Abbildung alle Doppelverhältnisse unverändert läßt. Es werden daher die Doppelverhältnisse der Quadrupel $A_1B_1, A_1C_1, A_1D_1, A_1P_1$ und $A_1'B_1', A_1'C_1', A_1'D_1', A_1'P_1'$ einander gleich sein, weil die entsprechenden Doppelverhältnisse in der Urebene übereinstimmten. Ebenso werden die Quadrupel $B_1C_1, B_1A_1, B_1D_1, B_1P_1$ und $B_1'C_1', B_1'A_1', B_1'D_1', B_1'P_1'$ doppelverhältnisgleich sein, sowie $C_1A_1, C_1B_1, C_1D_1, C_1P_1$ und $C_1'A_1', C_1'B_1', C_1'D_1', C_1'P_1'$.

Dieser rein geometrischen Beweisführung kann man eine rein analytische an die Seite stellen. Die projektive Transformation in der Urebene läßt sich durch Gleichungen von der Form

$$(18)\quad \begin{cases} \dfrac{[x\,x^2 x^3]}{[x^1 x^2 x^3]} = \dfrac{[y\,y^2 y^3]}{[y^1 y^2 y^3]}, \\[2mm] \dfrac{[x^1 x\,x^3]}{[x^1 x^2 x^3]} = \dfrac{[y^1 y\,y^3]}{[y^1 y^2 y^3]}, \\[2mm] \dfrac{[x^1 x^2 x]}{[x^1 x^2 x^3]} = \dfrac{[y^1 y^2 y]}{[y^1 y^2 y^3]} \end{cases}$$

darstellen. Sie führt den Punkt x in den Punkt y über und insbesondere x^1, x^2, x^3 in y^1, y^2, y^3, sowie $x^1 + x^2 + x^3$ in $y^1 + y^2 + y^3$. Bedenkt man nun, daß eine projektive Abbildung auf eine andere Ebene durch eine lineare Transformation ausgedrückt wird, die den normierten Punkten

$$x, x^1, x^2, x^3, y, y^1, y^2, y^3$$

die normierten Punkte

$$X, X^1, X^2, X^3, Y, Y^1, Y^2, Y^3$$

zuordnet, so erkennt man mit Hilfe des Multiplikationssatzes der Determinanten, daß die Gleichungen (18) in großen Buchstaben geschrieben genau ebenso gelten.

Es liege nun z. B. in der Urebene ein allgemeines Punktquadrupel A, B, C, D vor. Dann gibt es in dieser Ebene eine projektive Transformation, die A mit B und C mit D auswechselt. Will man sich rasch über das Wesen dieser Transformation Klarheit verschaffen, so kann man durch eine projektive Abbildung auf eine andere Ebene aus A, B, C, D die aufeinanderfolgenden Ecken eines Quadrats machen (vgl. Fig. 66), die wir mit A_1, B_1, C_1, D_1 bezeichnen. Die Mittellinien des Quadrats seien die rechtwinkligen Achsen der Bildebene. Dann ist klar, daß die Projektivität, die in der Urebene A mit B und C mit D vertauschte, in der Bildebene als eine Spiegelung an der y-Achse erscheint, analytisch ausgedrückt durch $x' = -x, y' = y$. Es handelt sich hier, wie man sieht, um eine Projektivität, die sich bei nochmaliger Anwendung selbst aufhebt, also um eine involutorische Projektivität oder, wie man kurz sagt, eine Involution. Auch in der Urebene ist daher die Projektivität, welche A mit B und C mit D vertauscht, eine Involution. Wir können aber durch einen Blick auf Fig. 66 sofort ein Mittel gewinnen, um

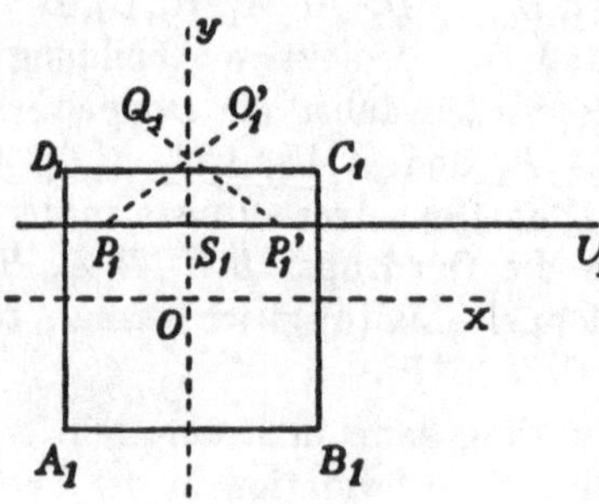

Fig. 66.

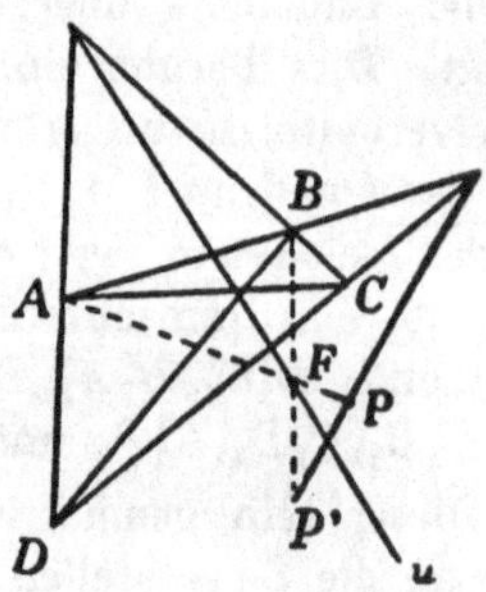

Fig. 67.

die Involution aus den Punktepaaren zu konstruieren. Verbinden wir in Fig. 66 zwei zusammengehörige Punkte P_1, P_1', so schneidet diese Verbindungslinie die y-Achse in einem Punkte S_1, der die Strecke P_1, P_1' halbiert. Ist U_1 der Fernpunkt der Geraden P_1P_1', also der Schnittpunkt von A_1B_1 und C_1D_1, so gilt die Relation $(P_1P_1'S_1U_1) = -1$. Was entspricht ihr in der Urebene? U sei der Schnittpunkt von AB mit CD und u die Verbindungslinie der beiden andern Diagonalpunkte des Vierecks A, B, C, D. Dann ist offenbar U_1 der Bildpunkt von U und die y-Achse die Bildgerade von u. Wenn man also in der Urebene zwei zusammengehörige Punkte P und P' verbindet, so geht die Verbindungslinie durch den festen Punkt U hindurch, und die Strecke PP' wird durch U und u harmonisch geteilt. Ist Q, Q' ein zweites Punktepaar der Involution, so schneiden sich PQ' und QP' auf u, weil die analoge Eigenschaft in Fig. 66 besteht. Hieraus ergibt sich eine einfache Konstruktion des Punktes P'. Man ziehe die Geraden PU und PA. Letztere treffe u im Punkte F. Dann ist P' der Schnittpunkt von PU und FB (vgl. Fig. 67).

Wir nennen diese involutorische Projektivität nicht nur im Falle der Fig. 66, sondern auch bei beliebiger Lage des Punktes U und der Geraden u eine Spiegelung, und zwar eine Spiegelung an dem Gerüst U, u. Ist U ein Fernpunkt, so liegt eine gewöhnliche Spiegelung an der Geraden des Gerüsts vor. Ist u die Ferngerade, so handelt es sich um eine Spiegelung am Punkte des Gerüsts. Dabei wird PU über U hinaus um sich selbst verlängert und dadurch P' gewonnen. Wesentlich ist es, daß U und u getrennt liegen, also der Punkt nicht auf die Gerade fällt.

Bei früherer Gelegenheit sprachen wir von einer Involution auf einem Kreise und zeigten, daß diese Transformation als Teilerscheinung einer umfassenderen Transformation betrachtet werden kann, die in der ganzen Ebene des Kreises wirkt. Diese Transformation war eine eigentliche oder uneigentliche Inversion. Wir sahen damals, daß eine Involution auf dem Kreise ein Zentrum U hat, durch welches die Verbindungen zusammengehöriger Punkte P, P' oder Q, Q' des Kreises hindurchgehen. Andererseits gab es bei jener Involution eine Gerade u, die wir die Pascalsche Gerade nannten. Auf ihr schneiden sich die Geraden PQ', QP'. Aus diesen beiden Angaben ist ersichtlich, daß man die Involution auf dem Kreise auch als Teilerscheinung einer die ganze Ebene ergreifenden Projektivität ansehen kann, nämlich der Spiegelung an dem Gerüst U, u. Es zeigt sich hier die bemerkenswerte Erscheinung, daß eine Transformation, die nur auf einer Kurve wirkt, z. B. hier auf dem Kreis, auf verschiedene Arten in eine die ganze Ebene erfassende Transformation eingebaut werden kann.

Noch eine Bemerkung sei hier angefügt, die sich aus den Figuren 66 und 67 unmittelbar ergibt. Diese Figuren hängen, wie wir wissen, durch eine projektive Abbildung zusammen. Es gibt nun bei einem Viereck A, B, C, D drei Involutionen, die zwei Punkte und zugleich die beiden andern auswechseln. Außer der oben betrachteten Involution, die A mit B und C mit D vertauscht, gibt es noch eine zweite, die A mit C und B mit D, und eine dritte, die A mit D und B mit C auswechselt. Diese letzte Involution erscheint in der projektiven Abbildung ebenso wie die erste als gewöhnliche Spiegelung, und zwar als Spiegelung an der x-Achse. Zwei Involutionen sind also durch die Abbildung in gewöhnliche Spiegelungen verwandelt, und zwar an orthogonalen Geraden. Die noch fehlende Involution ist die Spiegelung am Schnittpunkt dieser Geraden.

§ 31. Projektive Umformung einer Kurve zweiter Ordnung.

Als Kurve zweiter Ordnung wird der Inbegriff aller Punkte bezeichnet, die einer Gleichung zweiten Grades in cartesischen Koordinaten genügen. Wendet man homogene cartesische Koordinaten x_1, x_2, x_3 an, so lautet die Gleichung einer solchen Kurve

$$(1)\quad a_{11}x_1^2 + a_{22}x_2^2 + a_{33}x_3^2 + 2a_{23}x_2x_3 + 2a_{31}x_3x_1 + 2a_{12}x_1x_2 = 0.$$

Die Koeffizienten sind mit Doppelindizes versehen, die den Indizes der beiden x-Faktoren des betreffenden Gliedes entsprechen. Wenn man noch drei weitere Koeffizienten a_{32}, a_{13}, a_{21} einführt und festsetzt, daß sie der Reihe nach gleich a_{23}, a_{31}, a_{12} sein sollen, so kann man statt $2a_{23}x_2x_3$ die Summe $a_{23}x_2x_3 + a_{32}x_3x_2$ einsetzen, ebenso statt $2a_{31}x_3x_1$ und $2a_{12}x_1x_2$ die Summen $a_{31}x_3x_1 + a_{13}x_1x_3$ und $a_{12}x_1x_2 + a_{21}x_2x_1$. Dann stehen auf der linken Seite der Gleichung (1) neun Glieder von der Form $a_{rs}x_rx_s$, und man erhält sie dadurch, daß man sowohl r als auch s die Werte 1, 2, 3 durchlaufen läßt. Daher kann man die Gleichung mit Hilfe eines Summenzeichens in folgender Weise schreiben:

$$(1')\quad \Sigma a_{rs}x_rx_s = 0. \qquad (r, s = 1, 2, 3)$$

Wenn man nun eine projektive Abbildung anwendet, so vollzieht sich in den x eine lineare Transformation, d. h. man muß setzen

$$(2)\quad \begin{cases} x_1 = c_{11}X_1 + c_{12}X_2 + c_{13}X_3, \\ x_2 = c_{21}X_1 + c_{22}X_2 + c_{23}X_3, \\ x_3 = c_{31}X_1 + c_{32}X_2 + c_{33}X_3. \end{cases}$$

Dadurch verwandelt sich (1') in

$$\Sigma a_{rs}c_{r\varrho}c_{s\sigma}X_\varrho X_\sigma = 0. \qquad (r, s, \varrho, \sigma = 1, 2, 3)$$

Links steht eine Summe von 81 Gliedern, weil r, s, ϱ, σ unabhängig voneinander die Werte 1, 2, 3 durchlaufen. Führt man die Benennungen

$$(3)\quad \sum_{r,s} a_{rs}c_{r\varrho}c_{s\sigma} = \alpha_{\varrho\sigma}$$

ein, wobei links nur r und s variierende Indizes sind, so kann man die transformierte Gleichung in derselben Form schreiben wie die alte. Sie lautet dann nämlich

$$(1^*)\quad \Sigma\alpha_{\varrho\sigma}X_\varrho X_\sigma = 0.$$

Die durch (3) erklärten Symbole $\alpha_{\varrho\sigma}$ haben die Eigenschaft $\alpha_{\varrho\sigma} = \alpha_{\sigma\varrho}$. Es hat sich also die Eigenschaft $a_{rs} = a_{sr}$ der alten Koeffizienten erhalten. Daß dies tatsächlich so ist, erkennt man auf folgende Weise: Mit Rückischt auf $a_{rs} = a_{sr}$ kann man schreiben

$$\alpha_{\varrho\sigma} = \sum_{r,s} a_{sr} c_{s\sigma} c_{r\varrho}.$$

Nun sind aber r, s zwei vollkommen gleichberechtigte Indizes, weil sie unabhängig voneinander die Werte 1, 2, 3 durchlaufen. Daher darf man sie in obiger Gleichung vertauschen und erhält dann

$$\alpha_{\varrho\sigma} = \sum_{r,s} a_{rs} c_{r\sigma} c_{s\varrho} = \alpha_{\sigma\varrho}.$$

Durch die projektive Abbildung, die wir hier vorgenommen haben, hat sich also die Kurve zweiter Ordnung (1') in die Kurve zweiter Ordnung (1*) verwandelt.

Wir wollen nun annehmen, daß sich auf der Kurve (1') vier reelle Punkte A, B, C, D wählen lassen, die ein allgemeines Viereck bilden, so daß also keine drei in gerader Linie liegen. Dann können wir die projektive Abbildung (2) so einrichten, daß diesen Punkten die aufeinanderfolgenden Ecken A_1, B_1, C_1, D_1 eines Quadrats entsprechen, dessen Mittellinien die rechtwinkligen Achsen sind (vgl. Fig. 66). Schreibt man die Gleichung (1*) mit inhomogenen Koordinaten, also in der Form

$$(1^{**}) \qquad \alpha_{11} X^2 + 2\alpha_{12} XY + \alpha_{22} Y^2 + 2\alpha_{13} X + 2\alpha_{23} Y + \alpha_{33} = 0,$$

und sind $1, 1$; $1, -1$; $-1, 1$; $-1, -1$ die Quadratecken, so muß die Gleichung (1**) erfüllt sein, wenn man $X = \varepsilon$, $Y = \varepsilon'$ einsetzt und unter ε und ε' die positive oder negative Einheit versteht. Daraus folgt

$$\alpha_{12}\varepsilon\varepsilon' + \alpha_{13}\varepsilon + \alpha_{23}\varepsilon' = \alpha_{12} + \alpha_{13} + \alpha_{23}.$$

Setzt man $\varepsilon = \varepsilon' = -1$, so ergibt sich $\alpha_{13} + \alpha_{23} = 0$. Setzt man $\varepsilon = 1$, $\varepsilon' = -1$ oder $\varepsilon = -1$, $\varepsilon' = 1$, so findet man $\alpha_{13} - \alpha_{23} = 2\alpha_{12}$, $-\alpha_{13} + \alpha_{23} = 2\alpha_{12}$. Daher müssen α_{12} und $\alpha_{13} - \alpha_{23}$ verschwinden. Da aber auch $\alpha_{13} + \alpha_{23}$ gleich Null ist, so bleibt nur die Möglichkeit $\alpha_{12} = \alpha_{13} = \alpha_{23} = 0$. Gleichung (1**) lautet also

$$(1^{**}) \qquad \alpha_{11} X^2 + \alpha_{22} Y^2 + \alpha_{33} = 0,$$

wobei noch $\alpha_{11} + \alpha_{22} + \alpha_{33} = 0$ sein muß, damit die Punkte A_1, B_1, C_1, D_1 ihr genügen. Die durch (1**) dargestellte Kurve bleibt offenbar bei den Spiegelungen an den Koordinatenachsen und bei der Spiegelung am Anfangspunkt invariant. Dieser Eigenschaft entspricht vermöge der Abbildung eine ähnliche bei der Urkurve (1'). Ist U ein Diagonalpunkt des Vierecks A, B, C, D und u die Verbindungslinie der beiden andern, so führt die Spiegelung am Gerüst U, u die Kurve (1) in sich über. u ist das, was wir früher die Polare von U nannten. Alle nach U hinlaufenden Sehnen werden durch U und u harmonisch geteilt. Wüßten wir es nicht schon, so ließe sich diese Eigenschaft sofort an der Gleichung (1**) ablesen, weil dem Punkt U bei der Abbildung ein Achsenfernpunkt oder der Anfangspunkt entspricht.

Gehen wir nun in der Betrachtung der Gleichung (1**) weiter, so sind verschiedene Möglichkeiten zu erwägen. Wegen der Relation $\alpha_{11} + \alpha_{22} + \alpha_{33} = 0$ können niemals zwei Koeffizienten in (1**) gleich Null sein. Ist einer gleich Null, so sind die beiden andern entgegengesetzt gleich. Die Gleichung stellt dann eins der Gegenseitenpaare des Quadrats $A_1B_1C_1D_1$ dar. Sie lautet nämlich entweder $X^2 - 1 = 0$ oder $Y^2 - 1 = 0$ oder $X^2 - Y^2 = 0$, d. h. $(X-1)(X+1) = 0$ oder $(Y-1)(Y+1) = 0$ oder $(X-Y)(X+Y) = 0$. Ist keiner der Koeffizienten $\alpha_{11}, \alpha_{22}, \alpha_{33}$ gleich Null, so haben entweder α_{11}, α_{22} beide dasselbe Zeichen oder entgegengesetzte Zeichen. Die Gleichung (1**) lautet also entweder

$$\frac{X^2}{a^2} + \frac{Y^2}{b^2} = 1$$

oder

$$\frac{X^2}{a^2} - \frac{Y^2}{b^2} = \pm 1.$$

Im ersten Falle liegt eine Ellipse, im zweiten eine Hyperbel vor, wobei man noch durch eventuelle Vertauschung der Achsen rechts das Pluszeichen herstellen kann. Schließlich dürfen wir noch die Faktoren $\frac{1}{a}$ und $\frac{1}{b}$ zu X und Y schlagen, was eine projektive Transformation ist, welche die Ferngerade und die Koordinatenachsen in sich überführt. Eine projektive Transformation, bei der die Ferngerade in Ruhe bleibt, wird, wie wir wissen, als **Affinität** bezeichnet.

Wir haben durch unsere Betrachtung festgestellt, daß man eine Kurve zweiter Ordnung, auf der es ein allgemeines Quadrupel reeller Punkte A, B, C, D gibt, durch projektive Abbildung in den Kreis $X^2 + Y^2 = 1$ oder in die Hyperbel $X^2 - Y^2 = 1$ verwandeln kann, wofern die Kurve nicht mit einem der Gegenseitenpaare des Vierecks $ABCD$ zusammenfällt. Die Hyperbel $X^2 - Y^2 = 1$ läßt sich projektiv in den Kreis $X^2 + Y^2 = 1$ überführen. Schreibt man beide Gleichungen homogen, so lauten sie $X_1^2 - X_2^2 - X_3^2 = 0$ und $X_1^2 + X_2^2 - X_3^2 = 0$. Es genügt X_1, X_2, X_3 durch X_3, X_1, X_2 zu ersetzen, um von der ersten zur zweiten zu gelangen. Eine solche Vertauschung ist aber nichts anderes als eine projektive Transformation. So ist also jede Kurve zweiter Ordnung, auf der sich ein allgemeines Quadrupel reeller Punkte wählen läßt, projektiv verwandt mit dem Kreis $X^2 + Y^2 = 1$, falls sie sich nicht als Geradenpaar erweist.

Was bleibt nun an Kurven zweiter Ordnung noch übrig, wenn man auf reelle allgemeine Punktquadrupel verzichtet, also direkt ausschließt, daß ein solches Quadrupel auf der Kurve existiert? Diese Frage läßt sich durch folgende Überlegung erledigen: Angenommen, es gäbe drei reelle Punkte auf der Kurve, die nicht in gerader Linie liegen. Dann können wir sie zu Fundamentalpunkten machen, sie irgendwie normieren und Dreieckskoordinaten einführen. Dies bedeutet soviel wie die Anwendung einer linearen Transformation. Die neue Gleichung wird also dieselbe Gestalt haben wie (1′).

Wir können sie in der Form

$$\Sigma a_{rs} x_r x_s = 0$$

schreiben. Nun liegen die Fundamentalpunkte (1, 0, 0), (0, 1, 0), (0, 0, 1) auf der Kurve. Daher müssen die Koeffizienten a_{11}, a_{22}, a_{33} verschwinden, und die Gleichung lautet dann

$$a_{23} x_2 x_3 + a_{31} x_3 x_1 + a_{12} x_1 x_2 = 0.$$

Es darf keinen Punkt x_1, x_2, x_3 geben, der diese Gleichung erfüllt und lauter von Null verschiedene Koordinaten hat. Wären a_{23}, a_{31}, a_{12} alle drei von Null verschieden, so würde z. B. das Wertsystem

$$x_1 = \frac{1}{2} a_{23}, \quad x_2 = -a_{31}, \quad x_3 = -a_{12}$$

die Gleichung, die man zu diesem Zweck in der Form

$$\frac{a_{23}}{x_1} + \frac{a_{31}}{x_2} + \frac{a_{12}}{x_3} = 0$$

schreiben möge, erfüllen. Es muß also wenigstens einer der drei Koeffizienten, z. B. a_{12}, gleich Null sein. Dann besteht die Kurve aus zwei verschiedenen Geraden $x_3 = 0$ und $a_{23} x_2 + a_{13} x_1 = 0$. Wählt man auf jeder zwei Punkte, die nicht mit dem Schnittpunkt zusammenfallen, so hätte man vier reelle Kurvenpunkte, die ein allgemeines Quadrupel bilden. Wenn wir solche Quadrupel nicht zulassen, dürfen auch keine allgemeinen Tripel reeller Punkte auf der Kurve existieren. Nehmen wir an, daß es wenigstens zwei verschiedene reelle Punkte auf ihr gibt, so können wir sie mit einem dritten reellen Punkt zu Fundamentalpunkten machen. Zwei von ihnen, sagen wir (1, 0, 0) und (0, 1, 0), werden der Kurve angehören, der dritte (0, 0, 1) aber nicht. Die Kurvengleichung lautet dann

$$a_{33} x_3^2 + 2 a_{23} x_2 x_3 + 2 a_{31} x_3 x_1 + 2 a_{12} x_1 x_2 = 0. \qquad (a_{33} \neq 0)$$

Wäre $a_{23} \neq 0$, so würde diese Gleichung erfüllt durch

$$x_1 = 0, \quad x_2 = 1, \quad x_3 = -\frac{2 a_{23}}{a_{33}}.$$

Das wäre ein Punkt, der nicht auf der Geraden $x_3 = 0$ liegt. Wir hätten also ein allgemeines Tripel reeller Kurvenpunkte, was ausgeschlossen ist. Dasselbe ergäbe sich im Falle $a_{31} \neq 0$. Also müssen a_{23} und a_{31} beide verschwinden. Wäre aber $a_{12} \neq 0$, so hätte man in

$$x_1 = -2 a_{12}, \quad x_2 = a_{33}, \quad x_3 = 2 a_{12}$$

einen reellen Kurvenpunkt, der mit (1, 0, 0) und (0, 1, 0) nicht in gerader Linie liegt. Es muß daher auch $a_{12} = 0$ sein, so daß sich die Kurvengleichung auf $x_3^2 = 0$, d. h. auf eine Doppelgerade reduziert.

Wenn wir schließlich nur einen einzigen reellen Punkt zulassen, so können wir ihn neben zwei andern als Fundamentalpunkt einführen und etwa mit (1, 0, 0) zusammenlegen. Dann darf außer ihm kein zweiter reeller Punkt auf der Kurve existieren. Die Kurvengleichung lautet

$$\mathfrak{a}_{22}\mathfrak{x}_2^2 + \mathfrak{a}_{33}\mathfrak{x}_3^2 + 2\mathfrak{a}_{23}\mathfrak{x}_2\mathfrak{x}_3 + 2\mathfrak{a}_{31}\mathfrak{x}_3\mathfrak{x}_1 + 2\mathfrak{a}_{12}\mathfrak{x}_1\mathfrak{x}_2 = 0. \quad (\mathfrak{a}_{22} \neq 0,\ \mathfrak{a}_{33} \neq 0).$$

Wenn wir nun durch den Punkt (1, 0, 0) eine Gerade hindurchlegen, die ihn etwa mit dem Punkte $(0, \mathfrak{y}_2, \mathfrak{y}_3)$ verbindet, so müssen wir, um einen Punkt dieser Geraden zu erhalten, folgenden Ansatz machen:

$$\mathfrak{x} = \lambda(1, 0, 0) + \mu(0, \mathfrak{y}_2, \mathfrak{y}_3)$$

oder in ausführlicher Schreibung

$$\mathfrak{x}_1 = \lambda, \quad \mathfrak{x}_2 = \mathfrak{y}_2\mu, \quad \mathfrak{x}_3 = \mathfrak{y}_3\mu.$$

Setzen wir diese Werte in die Kurvengleichung ein, so ergibt sich

$$\mu^2(\mathfrak{a}_{22}\mathfrak{y}_2^2 + \mathfrak{a}_{33}\mathfrak{y}_3^2 + 2\mathfrak{a}_{23}\mathfrak{y}_2\mathfrak{y}_3) + 2\lambda\mu(\mathfrak{a}_{31}\mathfrak{y}_3 + \mathfrak{a}_{12}\mathfrak{y}_2) = 0.$$

Da der Punkt $(0, \mathfrak{y}_2, \mathfrak{y}_3)$ nicht auf der Kurve liegt, weil (1, 0, 0) ihr einziger reeller Punkt sein soll, so ist der Faktor von μ^2 nicht gleich Null. Es muß aber, damit sich neben (1, 0, 0) kein zweiter reeller Kurvenpunkt einstellt,

$$\mathfrak{a}_{31}\mathfrak{y}_3 + \mathfrak{a}_{12}\mathfrak{y}_2 = 0$$

sein. Da aber $\mathfrak{y}_2$ und $\mathfrak{y}_3$ nur an die Bedingung gebunden sind, nicht gleichzeitig zu verschwinden, so folgt $\mathfrak{a}_{31} = \mathfrak{a}_{12} = 0$. Die Kurvengleichung reduziert sich also auf

$$\mathfrak{a}_{22}\mathfrak{x}_2^2 + \mathfrak{a}_{33}\mathfrak{x}_3^2 + 2\mathfrak{a}_{23}\mathfrak{x}_2\mathfrak{x}_3 = 0.$$

Ließe sie sich durch zwei reelle Werte $\mathfrak{x}_2, \mathfrak{x}_3$ befriedigen, die nicht gleichzeitig verschwinden, so hätte man in $(0, \mathfrak{x}_2, \mathfrak{x}_3)$ einen von (1, 0, 0) verschiedenen reellen Kurvenpunkt. Der Ausdruck

$$\mathfrak{a}_{22}\mathfrak{x}_2^2 + \mathfrak{a}_{33}\mathfrak{x}_3^2 + 2\mathfrak{a}_{23}\mathfrak{x}_2\mathfrak{x}_3$$

muß also von solcher Beschaffenheit sein, daß er für reelle Werte von $\mathfrak{x}_2, \mathfrak{x}_3$ nur im Falle $\mathfrak{x}_2 = \mathfrak{x}_3 = 0$ verschwindet. Dazu ist vor allem erforderlich, daß $\mathfrak{a}_{22}$ und $\mathfrak{a}_{33}$ nicht gleich Null sind. Im Falle $\mathfrak{a}_{22} = 0$ z. B. würde es schon genügen, $\mathfrak{x}_3 = 0$ zu setzen, um den Ausdruck zum Verschwinden zu bringen und $\mathfrak{x}_2$ könnte irgendeinen von Null verschiedenen Wert haben. Multiplizieren wir nun den Ausdruck mit $\mathfrak{a}_{22}$, so läßt er sich in folgender Weise gestalten:

$$(\mathfrak{a}_{22}\mathfrak{x}_2 + \mathfrak{a}_{23}\mathfrak{x}_3)^2 + (\mathfrak{a}_{22}\mathfrak{a}_{33} - \mathfrak{a}_{23}^2)\mathfrak{x}_3^2.$$

Wäre nun $\mathfrak{a}_{22}\mathfrak{a}_{33} - \mathfrak{a}_{23}^2 \leqq 0$, etwa gleich $-k^2$, so könnte man die Zerlegung

$$\{\mathfrak{a}_{22}\mathfrak{x}_2 + (\mathfrak{a}_{23} + k)\mathfrak{x}_3\}\{\mathfrak{a}_{22}\mathfrak{x}_2 + (\mathfrak{a}_{23} - k)\mathfrak{x}_3\}$$

vornehmen und das Verschwinden durch $\mathfrak{x}_3 = 1$ und $\mathfrak{x}_2 = -\dfrac{\mathfrak{a}_{23} + k}{\mathfrak{a}_{22}}$ oder $\mathfrak{x}_2 = -\dfrac{\mathfrak{a}_{23} - k}{\mathfrak{a}_{22}}$ herbeiführen. Es muß also

$$\mathfrak{a}_{22}\mathfrak{a}_{33} - \mathfrak{a}_{23}^2 > 0$$

sein. In dieser Aussage ist das Nichtverschwinden von $\mathfrak{a}_{22}$ und $\mathfrak{a}_{33}$ mit eingeschlossen. Führt man $\mathfrak{a}_{22}\mathfrak{x}_2 + \mathfrak{a}_{23}\mathfrak{x}_3$ und $\mathfrak{x}_3\sqrt{\mathfrak{a}_{22}\mathfrak{a}_{33} - \mathfrak{a}_{23}^2}$ als neue $\mathfrak{x}_2, \mathfrak{x}_3$

ein unter Beibehaltung von $\mathfrak{x}_1$, so hat man eine neue projektive Koordinatenänderung vorgenommen, wodurch die Kurvengleichung die Form

$$\mathfrak{x}_2^2 + \mathfrak{x}_3^2 = 0$$

angenommen hat. Da sich $\mathfrak{x}_2^2 + \mathfrak{x}_3^2$ in die imaginären Faktoren $\mathfrak{x}_2 + i\mathfrak{x}_3$ und $\mathfrak{x}_2 - i\mathfrak{x}_3$ zerlegen läßt, spricht man in diesem Falle von einem Paar konjugiert imaginärer Geraden. Ihr Schnittpunkt ist der einzige reelle Punkt, der die Gleichung des Geradenpaares erfüllt.

Die Doppelgerade und das Paar konjugiert imaginärer Geraden sind also die einzigen Gebilde, die zu unserer Aufzählung der Kurven zweiter Ordnung noch hinzukommen, wenn wir wenigstens einen reellen Punkt auf der Kurve fordern. Es bleiben dann nur noch diejenigen Kurven zweiter Ordnung übrig, die überhaupt keinen reellen Punkt enthalten. In der Gleichung einer solchen rein imaginären Kurve zweiter Ordnung müssen die Koeffizienten von x_1^2, x_2^2, x_3^2 alle von Null verschieden sein. Wäre z. B. $a_{11} = 0$, so ließe sich die Gleichung (1') durch den reellen Punkt $x_1 = 1, x_2 = 0, x_3 = 0$ erfüllen. Nun kann man eine naheliegende Umformung vornehmen. Man ergänzt alle mit x_1 behafteten Glieder zu einem Quadrat. Dadurch erhält die linke Seite der Gleichung (1') folgende Gestalt:

$$a_{11}\left(x_1 + \frac{a_{12}}{a_{11}} x_2 + \frac{a_{13}}{a_{11}} x_3\right)^2 + \sum_{2,3} a'_{rs} x_r x_s. \tag{4}$$

Dabei ist gesetzt worden

$$a'_{22} = \frac{1}{a_{11}} \begin{vmatrix} a_{11} & a_{12} \\ a_{21} & a_{22} \end{vmatrix}, \quad a'_{23} = \frac{1}{a_{11}} \begin{vmatrix} a_{11} & a_{13} \\ a_{21} & a_{23} \end{vmatrix}.$$

$$a'_{32} = \frac{1}{a_{11}} \begin{vmatrix} a_{11} & a_{12} \\ a_{31} & a_{32} \end{vmatrix}, \quad a'_{33} = \frac{1}{a_{11}} \begin{vmatrix} a_{11} & a_{13} \\ a_{31} & a_{33} \end{vmatrix}.$$

Diese Größen sind bis auf den Faktor $\frac{1}{a_{11}}$ die zweireihigen Superdeterminanten von a_{11} in der Determinante

$$A = \begin{vmatrix} a_{11} & a_{12} & a_{13} \\ a_{21} & a_{22} & a_{23} \\ a_{31} & a_{32} & a_{33} \end{vmatrix}.$$

Offenbar ist $a'_{23} = a'_{32}$.

Wäre einer der Koeffizienten a'_{22}, a'_{33} gleich Null, z. B. a'_{22}, so läge der reelle Punkt, der durch die Gleichungen

$$x_1 + \frac{a_{12}}{a_{11}} x_2 + \frac{a_{13}}{a_{11}} x_3 = 0, \; x_2 = 1, \; x_3 = 0$$

bestimmt wird, also der Punkt $x_1 = -\frac{a_{12}}{a_{11}}, \; x_2 = 1, \; x_3 = 0$ auf der Kurve.

Es müssen also a'_{22}, a'_{33} beide von Null verschieden sein. Daher kann man den zweiten Bestandteil des Ausdrucks (4) in folgender Weise schreiben:

$$a'_{22}\left(x_2 + \frac{a'_{23}}{a'_{22}}x_3\right)^2 + \frac{a'_{22}a'_{33} - a'_{23}a'_{32}}{a'_{22}}x_3^2.$$

Nach einem uns bekannten Determinantensatz ist aber

$$\begin{vmatrix} \begin{vmatrix} a_{11} & a_{12} \\ a_{21} & a_{22} \end{vmatrix} & \begin{vmatrix} a_{11} & a_{13} \\ a_{21} & a_{23} \end{vmatrix} \\ \begin{vmatrix} a_{11} & a_{12} \\ a_{31} & a_{32} \end{vmatrix} & \begin{vmatrix} a_{11} & a_{13} \\ a_{31} & a_{33} \end{vmatrix} \end{vmatrix} = A a_{11},$$

mithin

$$\begin{vmatrix} a'_{22} & a'_{23} \\ a'_{32} & a'_{33} \end{vmatrix} = \frac{A}{a_{11}}.$$

So ergibt sich schließlich für den Ausdruck oder die quadratische Form $\Sigma a_{rs}x_r x_s$ folgende Darstellung:

$$(4^*) \qquad a_{11}\left(x_1 + \frac{a_{12}}{a_{11}}x_2 + \frac{a_{13}}{a_{11}}x_3\right)^2 + a_{11}^{-1}\begin{vmatrix} a_{11} & a_{12} \\ a_{21} & a_{22} \end{vmatrix}\left(x_2 + \frac{a'_{23}}{a'_{22}}x_3\right)^2$$
$$+ \begin{vmatrix} a_{11} & a_{12} \\ a_{21} & a_{22} \end{vmatrix}^{-1} \begin{vmatrix} a_{11} & a_{12} & a_{13} \\ a_{21} & a_{22} & a_{23} \\ a_{31} & a_{32} & a_{33} \end{vmatrix} x_3^2.$$

Sie gilt immer, wenn die in den Nennern auftretenden Größen

$$(5) \qquad a_{11}, \begin{vmatrix} a_{11} & a_{12} \\ a_{21} & a_{22} \end{vmatrix}$$

von Null verschieden sind. In unserm Falle, wo die Gleichung (1') eine rein imaginäre Kurve darstellen soll, ist diese Bedingung, wie wir sahen, von selbst erfüllt.

Setzen wir nun in (4*)

$$X_1 = x_1 + \frac{a_{12}}{a_{11}}x_2 + \frac{a_{13}}{a_{11}}x_3, \; X_2 = x_2 + \frac{a'_{23}}{a'_{22}}x_3, \; X_3 = x_3,$$

so wird damit eine projektive Transformation ausgeführt. Die Kurvengleichung lautet dann

$$a_{11}X_1^2 + a_{11}^{-1}\begin{vmatrix} a_{11} & a_{12} \\ a_{21} & a_{22} \end{vmatrix} X_2^2 + \begin{vmatrix} a_{11} & a_{12} \\ a_{21} & a_{22} \end{vmatrix}^{-1} \begin{vmatrix} a_{11} & a_{12} & a_{13} \\ a_{21} & a_{22} & a_{23} \\ a_{31} & a_{32} & a_{33} \end{vmatrix} X_3^2 = 0.$$

Soll die Kurve rein imaginär sein, so müssen die drei Koeffizienten dieser vereinfachten Gleichung dasselbe Zeichen haben. Wäre z. B. der Koeffizient von X_ϱ^2 positiv und der von X_σ^2 negativ und setzte man, wenn X_τ das dritte X ist, $X_\sigma = 1$, $X_\tau = 0$, so ergäben sich für X_ϱ zwei reelle Werte, was dem imaginären Charakter der Kurve widerspricht. Richtet man es so ein, daß $a_{11} > 0$ ist, so haben alle Koeffizienten positive Werte. Man kann ihre Quadratwurzeln zu X_1, X_2, X_3 schlagen und durch diese projektive Transformation folgende Gleichungsform herstellen:

$$\mathfrak{x}_1^2 + \mathfrak{x}_2^2 + \mathfrak{x}_3^2 = 0.$$

Jetzt liegt es auf der Hand, daß die Kurve keinen reellen Punkt enthält.

Zusammenfassend können wir nunmehr sagen, daß eine Kurve zweiter Ordnung $\Sigma a_{rs} x_r x_s = 0$ durch projektive Transformation stets in eine der folgenden typischen Kurven übergeführt werden kann:

$$\mathfrak{x}_1^2 + \mathfrak{x}_2^2 + \mathfrak{x}_3^2 = 0,\quad \mathfrak{x}_1^2 + \mathfrak{x}_2^2 = 0,\quad \mathfrak{x}_1^2 = 0,$$
$$\mathfrak{x}_1^2 + \mathfrak{x}_2^2 - \mathfrak{x}_3^2 = 0,\quad \mathfrak{x}_1^2 - \mathfrak{x}_2^2 = 0.$$

Wir wollen noch eine Bemerkung über den Ausdruck (4*) machen. Man kann ihm, wenn die Abkürzungen

$$D_0 = 1,\quad D_1 = a_{11},\quad D_2 = \begin{vmatrix} a_{11} & a_{12} \\ a_{21} & a_{22} \end{vmatrix},\quad D_3 = \begin{vmatrix} a_{11} & a_{12} & a_{13} \\ a_{21} & a_{22} & a_{23} \\ a_{31} & a_{32} & a_{33} \end{vmatrix}$$

benutzt werden, eine noch übersichtlichere Fassung geben. Ferner empfiehlt es sich, die Linearformen

$$(6)\qquad \begin{cases} u_1 = a_{11}x_1 + a_{12}x_2 + a_{13}x_3, \\ u_2 = a_{21}x_1 + a_{22}x_2 + a_{23}x_3, \\ u_3 = a_{31}x_1 + a_{32}x_2 + a_{33}x_3 \end{cases}$$

einzuführen. Das erste Glied in (4*) lautet dann $\frac{1}{D_0 D_1} u_1^2$. Beim zweiten Gliede bemerke man, daß

$$x_2 + \frac{a'_{23}}{a'_{22}} x_3 = x_2 + \frac{\begin{vmatrix} a_{11} & a_{13} \\ a_{21} & a_{23} \end{vmatrix}}{\begin{vmatrix} a_{11} & a_{12} \\ a_{21} & a_{22} \end{vmatrix}} x_3 = \frac{1}{D_2} \begin{vmatrix} a_{11} & u_1 \\ a_{21} & u_2 \end{vmatrix}$$

wird. Man kann nämlich die beiden Determinanten

$$\begin{vmatrix} a_{11} & a_{12} \\ a_{21} & a_{22} \end{vmatrix} x_2,\quad \begin{vmatrix} a_{11} & a_{13} \\ a_{21} & a_{23} \end{vmatrix} x_3$$

zunächst zu

$$\begin{vmatrix} a_{11}, & a_{12}x_2 + a_{13}x_3 \\ a_{21}, & a_{22}x_2 + a_{23}x_3 \end{vmatrix}$$

zusammenfassen und zur zweiten Spalte dieser Determinante die mit x_1 multiplizierte erste Spalte addieren. Das zweite Glied des Ausdrucks (4*) lautet nach dieser Umformung $\frac{1}{D_1 D_2} \begin{vmatrix} a_{11} & u_1 \\ a_{21} & u_2 \end{vmatrix}^2$. Um auch das dritte Glied in ähnlicher Weise darzustellen, bilde man die Determinante

$$\begin{vmatrix} a_{11} & a_{12} & u_1 \\ a_{21} & a_{22} & u_2 \\ a_{31} & a_{32} & u_3 \end{vmatrix}.$$

Subtrahiert man von der letzten Spalte die mit x_1 multiplizierte erste und die mit x_2 multiplizierte zweite, so bleiben in dieser Spalte nur die Glieder $a_{13}x_3$, $a_{23}x_3$, $a_{33}x_3$ stehen. Die Determinante ist also gleich $A x_3$ oder $D_3 x_3$. Das dritte Glied des Ausdrucks (4*) läßt sich also als Produkt aus $\frac{1}{D_2 D_3}$

und dem Quadrat der obigen Determinante schreiben. Für die quadratische Form $\Sigma a_{rs} x_r x_s$ ist hiermit folgende Darstellung gewonnen:

$$(4^{**})\qquad \Sigma a_{rs} x_r x_s = \frac{1}{D_0 D_1} u_1^2 + \frac{1}{D_1 D_2} \begin{vmatrix} a_{11} & u_1 \\ a_{21} & u_2 \end{vmatrix}^2 + \frac{1}{D_2 D_3} \begin{vmatrix} a_{11} & a_{12} & u_1 \\ a_{21} & a_{22} & u_2 \\ a_{31} & a_{32} & u_3 \end{vmatrix}^2 .$$

Sie leidet noch unter dem Übelstand, daß sie nicht verschwindende D_1, D_2, D_3 voraussetzt. Daher ist eine allgemeinere Fassung erwünscht. Um zu dieser zu gelangen, wollen wir eine Bemerkung über die Größen u_1, u_2, u_3 vorausschicken. Jedem normierten Punkte x werden durch die Gleichungen (6) drei bestimmte Werte u_1, u_2, u_3 zugeordnet. Wir werden später sehen, welche geometrische Bedeutung diese Größen haben. Vorläufig heben wir, um ihre Wichtigkeit zu zeigen, hervor, daß

$$\Sigma a_{rs} x_r x_s = u_1 x_1 + u_2 x_2 + u_3 x_3$$

ist. Die rechte Seite können wir, wenn die normierten Werttripel x_1, x_2, x_3 und u_1, u_2, u_3 als Vektoren betrachtet werden, durch $u \cdot x$ ausdrücken.

Wendet man die Gleichungen (6) auf einen zweiten normierten Punkt y_1, y_2, y_3 an, setzt man also

$$(6')\qquad \begin{cases} v_1 = a_{11} y_1 + a_{12} y_2 + a_{13} y_3, \\ v_2 = a_{21} y_1 + a_{22} y_2 + a_{23} y_3, \\ v_3 = a_{31} y_1 + a_{32} y_2 + a_{33} y_3, \end{cases}$$

so zeigt sich, daß die inneren Produkte $u \cdot y$ und $v \cdot x$ übereinstimmen. Es ist nämlich nach (6)

$$u \cdot y = \Sigma a_{rs} x_s y_r$$

und nach (6′)

$$v \cdot x = \Sigma a_{rs} y_s x_r$$

Bei diesen Summationen durchlaufen r und s unabhängig voneinander die Werte 1, 2, 3. Vertauscht man in der ersten Summe die gleichberechtigten Indizes r, s, so ergibt sich $\Sigma a_{sr} x_r y_s$ oder, da $a_{sr} = a_{rs}$ ist, $\Sigma a_{rs} y_s x_r$, d. h. es kommt die zweite Summe heraus, womit die Gleichheit von $u \cdot y$ und $v \cdot x$ nachgewiesen ist. Den gemeinsamen Wert dieser inneren Produkte, d. h. also den Ausdruck $\Sigma a_{rs} x_r y_s$ oder den ihm gleichen $\Sigma a_{rs} y_r x_s$ wollen wir mit $(x \mid y) = (y \mid x)$ bezeichnen.

Da für eine quadratische Form mit n Veränderlichen

$$(7)\qquad f = \Sigma a_{rs} x_r x_s \qquad (a_{rs} = a_{sr})$$

genau dieselben Betrachtungen durchführbar sind, wollen wir sogleich diesen allgemeinen Fall ins Auge fassen. Unser Verfahren ist folgendes: Wir bilden mit Hilfe der Wertsysteme $x^1, x^2, x^3, \ldots$ die Determinantenreihe

$$D_0 = 1, \quad D_1 = (x^1 \mid x^1), \quad D_2 = \begin{vmatrix} (x^1 \mid x^1) & (x^1 \mid x^2) \\ (x^2 \mid x^1) & (x^2 \mid x^2) \end{vmatrix}, \ldots$$

wobei also allgemein

$$D_p = \begin{vmatrix} (x^1 \mid x^1) & (x^1 \mid x^2) \cdots (x^1 \mid x^p) \\ (x^2 \mid x^1) & (x^2 \mid x^2) \cdots (x^2 \mid x^p) \\ \dots & \dots \\ (x^p \mid x^1) & (x^p \mid x^2) \cdots (x^p \mid x^p) \end{vmatrix}$$

ist. Sobald zwischen den Wertsystemen $x^1, x^2, \ldots, x^p$ eine lineare Abhängigkeit besteht, so daß x^p eine lineare Kombination von $x^1, \ldots, x^{p-1}$ ist, muß D_p verschwinden. Wenn wir nämlich jedem Wertsystem x ein Wertsystem u zuordnen, indem wir die Gleichungen (6) nachbilden und

$$\begin{aligned} u_1 &= a_{11}x_1 + a_{12}x_2 + \cdots + a_{1n}x_n, \\ u_2 &= a_{21}x_1 + a_{22}x_2 + \cdots + a_{2n}x_n, \\ &\dots\dots\dots \\ u_n &= a_{n1}x_1 + a_{n2}x_2 + \cdots + a_{nn}x_n \end{aligned}$$

setzen, so läßt sich D_p in der Form

$$D_p = \begin{vmatrix} x^1 \cdot u^1, & x^1 \cdot u^2, \ldots, x^1 \cdot u^p \\ x^2 \cdot u^1, & x^2 \cdot u^2, \ldots, x^2 \cdot u^p \\ \dots & \dots \\ x^p \cdot u^1, & x^p \cdot u^2, \ldots, x^p \cdot u^p \end{vmatrix}$$

schreiben. Ist nun

$$\lambda_1 x^1 + \lambda_2 x^2 + \cdots + \lambda_p x^p = 0,$$

so multipliziere man D_p mit λ_ν, indem man diesen Faktor der ν-ten Zeile beigibt. Alsdann addiere man zur ν-ten Zeile alle andern, jede mit dem entsprechenden λ multipliziert. Dadurch kommen in die ν-te Zeile lauter Nullen hinein, und es folgt $\lambda_\nu D_p = 0$. Da nun $\lambda_1, \lambda_2, \ldots, \lambda_p$ nicht alle verschwinden, so muß $D_p = 0$ sein. Nachdem dies festgestellt ist, können wir sicher sein, daß $D_{n+1}, D_{n+2}, \ldots$ alle gleich Null sind, weil zwischen n-gliedrigen Wertsystemen $x^1, x^2, \ldots$ sicher eine lineare Relation besteht, sobald ihre Anzahl n übersteigt. Die Reihe $D_0, D_1, D_2, \ldots$ besteht also von D_{n+1} ab aus lauter Nullen.

Wir denken uns jetzt zunächst x^1 so gewählt, daß $D_1 \neq 0$, d. h. $\Sigma\, a_{rs} x_r^1 x_s^1 \neq 0$ wird. Das ist sicher möglich, wenn nicht alle Koeffizienten der quadratischen Form (7) verschwinden. Ist z. B. $a_{rr} \neq 0$, so genügt es, $x_1^r = 1$ und alle andern Glieder von $x_1^1, x_2^1, \ldots, x_n^1$ gleich Null zu setzen. Sind alle a_{rr} gleich Null und etwa $a_{rs} \neq 0$, so setze man $x_r^1 = x_s^1 = 1$ und die übrigen gleich Null. Nachdem auf diese Weise die Ungleichung $D_1 \neq 0$ hergestellt ist, versuche man durch passende Wahl von x^2 auch $D_2 \neq 0$ zu machen usw. Dies möge bis zu D_q gelingen. Dann wird also noch $D_q \neq 0$ sein, aber immer $D_{q+1} = 0$, wie man auch x^{q+1} wählen mag Wir wissen, daß q höchstens gleich n sein kann und daß $x^1, x^2, \ldots, x^q$ linear unabhängig sind.

In der Determinante

$$W_p = \begin{vmatrix} (x^1 \mid x^1) \ldots (x^1 \mid x^{p-1}) & (x^1 \mid x^p) & (x^1 \mid x) \\ \dots & \dots & \dots \\ (x^{p-1} \mid x^1) \ldots (x^{p-1} \mid x^{p-1}) & (x^{p-1} \mid x^p) & (x^{p-1} \mid x) \\ (x^p \mid x^1) \ldots (x^p \mid x^{p-1}) & (x^p \mid x^p) & (x^p \mid x) \\ (x \mid x^1) \ldots (x \mid x^{p-1}) & (x \mid x^p) & (x \mid x) \end{vmatrix}$$

sind nun

$$\begin{vmatrix} (x^1 \mid x^1) \ldots (x^1 \mid x^{p-1}) & (x^1 \mid x^p) \\ \cdots & \cdots \\ (x^{p-1} \mid x^1) \ldots (x^{p-1} \mid x^{p-1}) & (x^{p-1} \mid x^p) \\ (x^p \mid x^1) \ldots (x^p \mid x^{p-1}) & (x^p \mid x^p) \end{vmatrix}, \quad \begin{vmatrix} (x^1 \mid x^1) \ldots (x^1 \mid x^{p-1}) & (x^1 \mid x) \\ \cdots & \cdots \\ (x^{p-1} \mid x^1) \ldots (x^{p-1} \mid x^{p-1}) & (x^{p-1} \mid x) \\ (x^p \mid x^1) \ldots (x^p \mid x^{p-1}) & (x^p \mid x) \end{vmatrix}$$

und

$$\begin{vmatrix} (x^1 \mid x^1) \ldots (x^1 \mid x^{p-1}) & (x^1 \mid x^p) \\ \cdots & \cdots \\ (x^{p-1} \mid x^1) \ldots (x^{p-1} \mid x^{p-1}) & (x^{p-1} \mid x^p) \\ (x \mid x^1) \ldots (x \mid x^{p-1}) & (x \mid x^p) \end{vmatrix}, \quad \begin{vmatrix} (x^1 \mid x^1) \ldots (x^1 \mid x^{p-1}) & (x^1 \mid x) \\ \cdots & \cdots \\ (x^{p-1} \mid x^1) \ldots (x^{p-1} \mid x^{p-1}) & (x^{p-1} \mid x) \\ (x \mid x^1) \ldots (x \mid x^{p-1}) & (x \mid x) \end{vmatrix}$$

offenbar die vier Superdeterminanten von

$$D_{p-1} = \begin{vmatrix} (x^1 \mid x^1) \ldots (x^1 \mid x^{p-1}) \\ \cdots \\ (x^{p-1} \mid x^1) \ldots (x^{p-1} \mid x^{p-1}) \end{vmatrix}.$$

Wir bezeichnen diese Superdeterminanten mit

$$\begin{matrix} D_p, & U_p, \\ U_p, & W_{p-1} \end{matrix}$$

und wenden den Superdeterminantensatz an. Danach ist

$$W_p D_{p-1} = W_{p-1} D_p - U_p^2. \tag{8}$$

Wenn $p \leqq q$ angenommen wird, so können wir durch $D_{p-1} D_p$ dividieren und erhalten statt (8)

$$\frac{W_p}{D_p} = \frac{W_{p-1}}{D_{p-1}} - \frac{U_p^2}{D_{p-1} D_p}. \tag{8'}$$

Diese Gleichung wenden wir nun auf $p = 1, 2, \ldots, q$ an und erhalten dadurch

$$\left\{ \begin{array}{l} \dfrac{W_q}{D_q} = \dfrac{W_{q-1}}{D_{q-1}} - \dfrac{U_q^2}{D_{q-1} D_q} \\ \dfrac{W_{q-1}}{D_{q-1}} = \dfrac{W_{q-2}}{D_{q-2}} - \dfrac{U_{q-1}^2}{D_{q-2} D_{q-1}} \\ \cdots\cdots\cdots\cdots \\ \dfrac{W_1}{D_1} = \dfrac{W_0}{D_0} - \dfrac{U_1^2}{D_0 D_1}. \end{array} \right. \tag{9}$$

Die letzte Gleichung ergibt sich übrigens direkt durch Ausrechnen der Determinante

$$W_1 = \begin{vmatrix} (x^1 \mid x^1) & (x^1 \mid x) \\ (x \mid x^1) & (x \mid x) \end{vmatrix},$$

wenn man

$$W_0 = (x \mid x), \; U_1 = (x^1 \mid x)$$

setzt. Addiert man die Gleichungen (9) und beachtet, daß W_q verschwindet, weil W_q nichts anderes ist als die mit $x^{q+1} = x$ gebildete Determinante D_{q+1}, die nach Voraussetzung stets gleich Null sein soll, so ergibt sich für $(x \mid x) = \Sigma a_{rs} x_r x_s = f$ die folgende Darstellung:

$$(10) \qquad f = \frac{U_1^2}{D_0 D_1} + \frac{U_2^2}{D_1 D_2} + \cdots + \frac{U_q^2}{D_{q-1} D_q}.$$

Hier sind nun

$$U_1 = (x^1 \mid x), \quad U_2 = \begin{vmatrix} (x^1 \mid x^1) & (x^1 \mid x) \\ (x^2 \mid x^1) & (x^2 \mid x) \end{vmatrix}, \ldots$$

Linearformen in $x_1, x_2, \ldots, x_n$, und zwar unabhängige Linearformen. Man erkennt dies sofort, wenn man bedenkt, daß zwischen $(x^1 \mid x), (x^2 \mid x), \ldots, (x^q \mid x)$ keine lineare Relation besteht, und außerdem beachtet, daß in U_ν nur $(x^1 \mid x), \ldots, (x^\nu \mid x)$ auftreten, und zwar $(x^\nu \mid x)$ mit dem von Null verschiedenen Faktor $D_{\nu-1}$. Die Form f wird durch Formel (10) auf die Quadrate von q unabhängigen Linearformen zurückgeführt.

Bevor wir weitergehen, machen wir einige Bemerkungen über die hier eingeführten Symbole mit dem Vertikalstrich. Es ist allgemein für zwei Wertsysteme $x_1, \ldots, x_n$ und $y_1, \ldots, y_n$

$$(x \mid y) = \Sigma a_{rs} x_r y_s.$$

Werden alle a_{rs} mit demselben Faktor multipliziert, so tritt dieser zu $(x \mid y)$. Zerfällt die quadratische Form $f = \Sigma a_{rs} x_r x_s$ in zwei Summanden

$$g = \Sigma b_{rs} x_r x_s, \; h = \Sigma c_{rs} x_r x_s,$$

so wird

$$\Sigma a_{rs} x_r y_s = \Sigma b_{rs} x_r y_s + \Sigma c_{rs} x_r y_s,$$

also unter Benutzung einer unmittelbar verständlichen Symbolik

$$(x \mid y)_f = (x \mid y)_g + (x \mid y)_h.$$

Wenn endlich eine Form D vorliegt, die eine quadrierte Linearform ist, d. h.

$$\varphi = \Sigma \alpha_{rs} x_r x_s = (\Sigma \beta_i x_i)^2,$$

so hat man $\alpha_{rs} = \beta_r \beta_s$ und daher

$$(x \mid y)_\varphi = \Sigma \alpha_{rs} x_r y_s = \Sigma \beta_r \beta_s x_r y_s = (\Sigma \beta_r x_r)(\Sigma \beta_s y_s).$$

Wendet man diese Bemerkungen auf die Form (10) an und setzt

$$V_1 = (x^1 \mid y), \; V_2 = \begin{vmatrix} (x^1 \mid x^1) & (x^1 \mid y) \\ (x^2 \mid x^1) & (x^2 \mid y) \end{vmatrix}, \ldots,$$

so ergibt sich

$$(x \mid y)_f = \frac{U_1 V_1}{D_0 D_1} + \frac{U_2 V_2}{D_1 D_2} + \cdots + \frac{U_q V_q}{D_{q-1} D_q}.$$

Wenn man nun die y so wählt, daß die Gleichungen

$$V_1 = 0, V_2 = 0, \ldots, V_q = 0$$

bestehen, so verschwindet $(x \mid y)$ für alle Werte von $x_1, \ldots, x_n$. Andererseits ist aber

$$(x \mid y) = x_1 v_1 + x_2 v_2 + \cdots + x_n v_n,$$

wenn wir

$$\begin{aligned} v_1 &= a_{11} y_1 + a_{12} y_2 + \cdots + a_{1n} y_n, \\ v_2 &= a_{21} y_1 + a_{22} y_2 + \cdots + a_{2n} y_n, \\ &\cdots\cdots\cdots\cdots \\ v_n &= a_{n1} y_1 + a_{n2} y_2 + \cdots + a_{nn} y_n \end{aligned}$$

setzen. Soll $(x \mid y)$ für alle Werte von $x_1, \ldots, x_n$ verschwinden, so müssen die Gleichungen

$$v_1 = 0,\ v_2 = 0, \ldots, v_n = 0$$

gelten. Das Verschwinden der großen V hat also das Verschwinden der kleinen v zur Folge und umgekehrt. Daher sind die linearen Gleichungssysteme $V_1 = 0, V_2 = 0, \ldots, V_q = 0$ und $v_1 = 0, v_2 = 0, \ldots, v_n = 0$ gleichbedeutend, d. h. sie haben dieselben Lösungen. Da nun die Linearformen $V_1, V_2, \ldots, V_q$ unabhängig sind, hat das System $V_1 = 0, V_2 = 0, \ldots, V_q = 0$ den Rang q. Denselben Rang muß demnach auch das System $v_1 = 0, v_2 = 0, \ldots, v_n = 0$ besitzen und q muß also der Rang der Matrix

$$\begin{matrix} a_{11} & a_{12} & \cdots & a_{1n} \\ a_{21} & a_{22} & \cdots & a_{nn} \\ \cdots & \cdots & \cdots & \cdots \\ a_{n1} & a_{n2} & \cdots & a_{nn} \end{matrix}$$

sein. Wir sagen dann auch, daß die quadratische Form $\Sigma\, a_{rs} x_r x_s$ vom Range q ist. Eine solche Form läßt sich als durch die Quadrate von q unabhängigen Linearformen darstellen. Führt man diese Linearformen mittels einer linearen Transformation als neue Veränderliche ein, so erscheint die quadratische Form auf q Veränderliche reduziert. Man kann sie, wie aus unserem Ergebnis hervorgeht, keinesfalls auf weniger Veränderliche bringen, wie man auch die umformende lineare Transformation wählen mag.

Wir sind jetzt in der Lage, bei einer Kurve zweiter Ordnung $\Sigma\, a_{rs} x_r x_s = 0$ sofort festzustellen, ob sie sich projektiv in einen Kreis oder in ein Geradenpaar oder in eine Doppelgerade überführen läßt. Im ersten Fall muß die Matrix

$$\begin{matrix} a_{11} & a_{12} & a_{13} \\ a_{21} & a_{22} & a_{23} \\ a_{31} & a_{32} & a_{33} \end{matrix}$$

den Rang 3 haben, im zweiten den Rang 2, im dritten den Rang 1.

§ 32. Die Bewegungen als projektive Transformationen.

Bei einer projektiven Transformation der Ebene spielen die Fixpunkte eine besondere Rolle. Ist die Transformation involutorisch, so wissen wir, daß alle Punkte einer gewissen Geraden u und außer ihnen nur noch ein Punkt U Fixpunkte sind. Eine solche Transformation nannten wir eine Spiegelung an dem Gerüst U, u.

Wir wollen die Frage der Fixpunkte nicht erschöpfend behandeln, obwohl dies keinerlei Schwierigkeiten bietet, sondern uns nur auf einen besonders wichtigen Einzelfall beschränken. Dieser bezieht sich auf die Bewegungen.

Eine Bewegung in der Ebene haben wir seinerzeit mit Hilfe komplexer Zahlen in der Form

$$z' = z(\cos\alpha + i\sin\alpha) + (A + iB)$$

dargestellt. Setzen wir $z = x + iy$, $z' = x' + iy'$, so zerfällt die Gleichung in

$$x' = x\cos\alpha - y\sin\alpha + A,$$
$$y' = x\sin\alpha + y\cos\alpha + B.$$

Um diese Transformation in homogenen cartesischen Koordinaten auszudrücken, muß man statt x, y die Quotienten $\frac{x_1}{x_3}, \frac{x_2}{x_3}$ setzen, statt x', y' die Quotienten $\frac{x_1'}{x_3'}, \frac{x_2'}{x_3'}$. Dann ergeben sich zunächst zwei Proportionen. Da es aber bei homogenen Koordinaten auf einen Faktor nicht ankommt, können wir auch schreiben

$$(1)\qquad \begin{cases} x_1' = x_1\cos\alpha - x_2\sin\alpha + x_3 A, \\ x_2' = x_1\sin\alpha + x_2\cos\alpha + x_3 B, \\ x_3' = \quad * \quad + \quad * \quad + x_3. \end{cases}$$

Will man nun die Fixpunkte dieser projektiven Transformation ermitteln, so muß man fordern, daß

$$x_1' = \varrho x_1, \quad x_2' = \varrho x_2, \quad x_3' = \varrho x_3$$

ist, wobei ϱ ein Proportionalitätsfaktor sein soll. Dann ergibt sich folgendes Gleichungssystem:

$$(2)\qquad \begin{cases} x_1(-\varrho + \cos\alpha) - x_2\sin\alpha + x_3 A = 0, \\ x_1\sin\alpha + x_2(-\varrho + \cos\alpha) + x_3 B = 0, \\ \quad * \quad + \quad * \quad + x_3(-\varrho + 1) = 0. \end{cases}$$

Da x_1, x_2, x_3 niemals alle drei verschwinden, folgt aus diesen Gleichungen

$$\begin{vmatrix} -\varrho + \cos\alpha, & -\sin\alpha \;, & A \\ \sin\alpha \;, & -\varrho + \cos\alpha, & B \\ 0 \;, & 0 \;, & -\varrho + 1 \end{vmatrix} = 0$$

oder

$$(3)\qquad (-\varrho + 1)(\varrho^2 - 2\varrho\cos\alpha + 1) = 0.$$

Diese Gleichung dritten Grades hat die drei Wurzeln

$$(4)\qquad \varrho_1 = 1, \quad \varrho_2 = \cos\alpha + i\sin\alpha, \quad \varrho_3 = \cos\alpha - i\sin\alpha.$$

Es ist nun znächst von Wichtigkeit festzustellen, wann diese Wurzeln verschieden sind. Solange $\sin\alpha \neq 0$ ist, sind alle drei Wurzeln verschieden. Ist $\sin\alpha = 0$ und $\cos\alpha = -1$, so fallen ϱ_2 und ϱ_3 zusammen und werden beide gleich -1. Ist endlich $\sin\alpha = 0$, $\cos\alpha = 1$, so werden alle drei Wurzeln gleich 1. Es gibt also drei Arten von Bewegungen, die wir nun noch genauer besprechen wollen.

Im Falle $\varrho_1 = \varrho_2 = \varrho_3 = 1$ ist, wie wir sahen, $\cos\alpha = 1$, $\sin\alpha = 0$. Die Bewegung wird also in inhomogenen Koordinaten durch

$$x' = x + A, \quad y' = y + B$$

dargestellt. Es handelt sich also um eine Translation. Macht man im System (2) die Einsetzungen $\cos\alpha = 1$, $\sin\alpha = 0$, $\varrho = 1$, so nimmt es folgende Form an:

$$x_3 A = 0, \quad x_3 B = 0, \quad 0 = 0.$$

Sind A und B nicht beide gleich Null, was wir annehmen, so ergibt sich nur die Aussage $x_3 = 0$. Eine Translation läßt also die Punkte der Ferngeraden einzeln invariant. Dies wird durch die Feststellung bestätigt, daß jedes Parallelenbüschel in sich übergeht.

Im Falle $\varrho_1 = 1$, $\varrho_2 = \varrho_3 = -1$ ist nach den obigen Angaben $\sin\alpha = 0$ und $\cos\alpha = -1$. Setzen wir im System (2) zunächst $\sin\alpha = 0$, $\cos\alpha = -1$, $\varrho = 1$, so lautet es

$$-2x_1 + x_3 A = 0, \quad -2x_2 + x_3 B = 0, \quad 0 = 0.$$

Wir finden also als einzigen zur Wurzel $\varrho = 1$ gehörigen Fixpunkt den eigentlichen Punkt $x = \frac{A}{2}$, $y = \frac{B}{2}$, der in der Tat bei der Transformation

$$x' = -x + A, \quad y' = -y + B$$

in sich übergeht. Die Transformation erscheint, wenn man sie in der Form

$$x' - \frac{A}{2} = -\left(x - \frac{A}{2}\right), \quad y' - \frac{B}{2} = -\left(y - \frac{B}{2}\right)$$

schreibt, als eine Spiegelung an dem Fixpunkt oder eine Umwendung um ihn. Machen wir im System (2) die Einsetzungen $\sin\alpha = 0$, $\cos\alpha = -1$, $\varrho = -1$, so finden wir

$$x_3 A = 0, \quad x_3 B = 0, \quad 2x_3 = 0,$$

also nur die Aussage $x_3 = 0$. Es bleiben also, das bringt die Wurzel -1 an den Tag, auch alle Fernpunkte einzeln invariant. Es handelt sich hier um eine Spiegelung, deren Gerüst aus der Ferngeraden und dem Punkte $x = \frac{A}{2}$, $y = \frac{B}{2}$ besteht.

Nun kommen wir zu dem allgemeinen Falle, wo die Wurzeln (4) alle verschieden sind. Setzen wir im System (2) zunächst $\varrho = 1$, so finden wir

$$x_1(-1 + \cos\alpha) - x_2 \sin\alpha + x_3 A = 0,$$
$$x_1 \sin\alpha + x_2(-1 + \cos\alpha) + x_3 B = 0.$$

Da die Determinante

$$\begin{vmatrix} -1+\cos\alpha, & -\sin\alpha \\ \sin\alpha, & -1+\cos\alpha \end{vmatrix} = 2(1-\cos\alpha)$$

von Null verschieden ist, haben die beiden hier vorliegenden Geraden einen eigentlichen Punkt x_0, y_0 zum Schnittpunkt. Machen wir ihn zum Anfangspunkt, so erscheint die Transformation in der Form

$$x' - x_0 = (x - x_0)\cos\alpha - (y - y_0)\sin\alpha,$$
$$y' - y_0 = (x - x_0)\sin\alpha + (y - y_0)\cos\alpha$$

oder

$$z' - z_0 = (z - z_0)(\cos\alpha + i\sin\alpha).$$

Sie ist also eine Drehung um $z_0 = x_0 + iy_0$. Setzen wir im System (2) für ϱ den Wert $\cos\alpha + i\sin\alpha$ ein, so liefert die dritte Gleichung, da $\cos\alpha + i\sin\alpha$ von 1 verschieden ist, die Aussage $x_3 = 0$. Die beiden andern Gleichungen geben übereinstimmend das Verhältnis von x_1 zu x_2 an, und zwar wird, da $\sin\alpha \neq 0$ ist, $x_1 + ix_2 = 0$. Wir finden also den Fixpunkt

$$(5) \qquad x_1 = 1, \quad x_2 = i, x_3 = 0$$

und, wenn wir die Wurzel $\cos\alpha - i\sin\alpha$ zu Worte kommen lassen,

$$(5') \qquad x_1 = 1, \quad x_2 = -i, \quad x_3 = 0.$$

Es gibt also außer dem Drehpunkt noch zwei Fernfixpunkte, die jedoch imaginär sind. Trotz ihres imaginären Charakters müssen wir ernstlich von ihnen Notiz nehmen. Diese beiden imaginären Fernpunkte haben für die Geometrie eine außerordentliche Bedeutung. Man schreibt ihre Einführung dem berühmten Geometer Poncelet zu.

Alle Bewegungen haben diese beiden Fernfixpunkte (5) und (5') gemein. Sie sind die einzigen Punkte, die bei allen Bewegungen in Ruhe bleiben.

Die Fernfixpunkte der Bewegungen werden gewöhnlich als Fernkreispunkte bezeichnet. Dies hat folgenden Grund: Wenn man die Gleichung eines Kreises

$$(x-a)^2 + (y-b)^2 = k^2$$

homogen schreibt, so lautet sie

$$(x_1 - ax_3)^2 + (x_2 - bx_3)^2 = k^2x_3^2.$$

Will man die Schnittpunkte des Kreises mit der Ferngeraden $x_3 = 0$ bestimmen, so muß man $x_3 = 0$ setzen. Dadurch erhält man

$$x_1^2 + x_2^2 = 0, \quad x_3 = 0.$$

Die erste Gleichung zerfällt in $x_1 + ix_2 = 0$ und $x_1 - ix_2 = 0$. Man hat also die Fernfixpunkte der Bewegungen vor sich. Sie sind die gemeinsamen Fernpunkte aller Kreise. Wenn eine Kurve zweiter Ordnung $\Sigma a_{rs}x_rx_s = 0$ diese Punkte enthält, so sind folgende Gleichungen erfüllt:

$$a_{11} + 2a_{12}i - a_{22} = 0, \quad a_{11} - 2a_{12}i - a_{22} = 0,$$

d. h. es ist

$$a_{11} = a_{22}, \quad a_{12} = 0.$$

Inhomogen geschrieben hat also die Gleichung folgende Form:

$$a_{11}(x^2 + y^2) + 2a_{13}x + 2a_{23}y + a_{33} = 0.$$

Im Falle $a_{11} \neq 0$ handelt es sich um einen reellen oder imaginären Kreis, weil die Gleichung dasselbe bedeutet wie

$$\left(x + \frac{a_{13}}{a_{11}}\right)^2 + \left(y + \frac{a_{23}}{a_{11}}\right)^2 = \frac{a_{13}^2 + a_{23}^2 - a_{11}a_{33}}{a_{11}^2}.$$

Ist $a_{11} = 0$, ohne daß a_{13} und a_{23} beide verschwinden, so liegt eine eigentliche Gerade vor, bei homogener Schreibung verknüpft mit der Ferngeraden $x_3 = 0$. Sind auch a_{13} und a_{23} gleich Null, so haben wir es mit einer Doppelgeraden zu tun, der doppelt zählenden Ferngeraden. Jedenfalls ist eine Kurve zweiter Ordnung, die nicht in ein Geradenpaar oder eine Doppelgerade zerfällt und die Punkte (5) und (5′) enthält, ein Kreis.

Wir bezeichneten bei früherer Gelegenheit als zirkulare Involution diejenige Involution in einem Geradenbüschel, bei welcher jede Gerade des Büschels die zu ihr orthogonale zur Partnerin hat. Ist x_0, y_0 der Scheitel des Büschels, so entspricht also der Geraden

$$y - y_0 = (x - x_0) \tan \alpha$$

die Gerade

$$y - y_0 = (x - x_0) \tan\left(\alpha + \frac{\pi}{2}\right) = -(x - x_0) \cot \alpha,$$

d. h. die Geraden $y - y_0 = (x - x_0)\,\lambda$ und $(y - y_0) = (x - x_0)\,\lambda'$ gehören zusammen, wenn $\lambda' = -\frac{1}{\lambda}$ oder $\lambda\lambda' + 1 = 0$ ist. Fragt man nun nach den Doppelgeraden der Involution, so muß man $\lambda' = \lambda$ fordern. Dann wird $\lambda^2 + 1 = 0$. Man findet also $\lambda = i$ und $\lambda = -i$, d. h. die Geraden

$$y - y_0 = i(x - x_0), \quad y - y_0 = -i(x - x_0)$$

sind die Doppelgeraden der zirkularen Involution. Ihre Fernpunkte ergeben sich, wenn man die Gleichungen homogen schreibt und $x_3 = 0$ setzt. Man findet $x_2 = ix_1$ bzw. $x_2 = -ix_1$ neben $x_3 = 0$, also die Punkte (5) und (5′). Die Doppelgeraden der zirkularen Involution gehen somit durch die Fernkreispunkte hindurch.

Nimmt man zwei beliebige Geraden eines Büschels

$$y - y_0 = (x - x_0) \tan \alpha, \quad y - y_0 = (x - x_0) \tan \beta$$

und berechnet das Doppelverhältnis, das sie mit

$$y - y_0 = -i(x - x_0), \quad y - y_0 = i(x - x_0)$$

bilden, so kann man sagen, daß die Transversale $x - x_0 = 1$ die vier Geraden in Punkten schneidet, deren vom Scheitel beginnende Ordinaten folgende sind:

$$\tan \alpha, \tan \beta, -i, i.$$

Das gesuchte Doppelverhältnis ist daher der Ausdruck

$$\frac{\tan\beta - i}{i - \tan\alpha} : \frac{\tan\beta + i}{-i - \tan\alpha}$$

oder

$$\frac{(i - \tan\beta)\,(i + \tan\alpha)}{(i + \tan\beta)\,(i - \tan\alpha)},$$

d. h.

$$\frac{1 + \tan\alpha\tan\beta + i(\tan\beta - \tan\alpha)}{1 + \tan\alpha\tan\beta - i(\tan\beta - \tan\alpha)}.$$

Dafür kann man auch schreiben

$$\frac{1 + i\tan(\beta - \alpha)}{1 - i\tan(\beta - \alpha)}$$

oder schließlich

$$\cos 2(\beta - \alpha) + i\sin 2(\beta - \alpha).$$

Dieses höchst bemerkenswerte, zuerst von Laguerre gefundene Resultat, zeigt, wie man mittels der Fernkreispunkte einen metrischen Begriff, wie es der Winkel ist, auf projektive Form bringen kann. Das Doppelverhältnis der beiden Büschelgeraden mit den Doppelgeraden der zirkularen Involution gibt uns Kosinus und Sinus des doppelten Winkels. Dadurch ist der Winkel selbst bis auf Vielfache von π bestimmt. Mehr kann man nicht verlangen, da bei einem Doppelverhältnis jede der beteiligten Geraden so oder so orientiert werden kann.

Über die Kühnheit der obigen Herleitung wäre noch ein Wort zu sagen. Sie besteht darin, daß wir den für reelle Doppelverhältnisse geltenden Ausdruck auch dann anwenden, wenn einige der beteiligten Elemente imaginär sind. Das Doppelverhältnis wird eben für solche Elemente in der Weise definiert, daß der gewöhnliche Ausdruck in Kraft bleibt.

§ 33. Kurven zweiter Ordnung mit Mittelpunkt.

Wir wollen zunächst die Polarentheorie entwickeln, von der wir schon wiederholt sprachen, ohne sie auf eine einfache analytische Form zu bringen.

Es sei $\Sigma a_{rs} x_r x_s = 0$ die Gleichung einer Kurve zweiter Ordnung, die weder ein Geradenpaar noch eine Doppelgerade ist. Man spricht in solchem Falle von einer nichtausgearteten Kurve zweiter Ordnung. y und z seien zwei beliebige Punkte. Sie bestimmen eine Punktreihe, bestehend aus den Punkten $\lambda y + \mu z$. In dieser Punktreihe gibt es nun zwei Punkte, die der Kurve zweiter Ordnung angehören. Man findet sie dadurch, daß man in $\Sigma a_{rs} x_r x_s = 0$ die Einsetzung $x = \lambda y + \mu z$ macht. Es ergibt sich auf diese Weise

$$\Sigma a_{rs}(\lambda y_r + \mu z_r)(\lambda y_s + \mu z_s) = 0$$

oder, wenn wir die Symbole mit Vertikalstrich verwenden,

$$(1) \qquad \lambda^2(y \mid y) + 2\lambda\mu(y \mid z) + \mu^2(z \mid z) = 0.$$

Unmöglich können hier alle drei Koeffizienten $(y \mid y)$, $(y \mid z)$, $(z \mid z)$ verschwinden, weil sonst alle Punkte der durch y und z bestimmten Geraden zur Kurve gehören würden, die wir als nichtausgeartet voraussetzen. Man könnte auch folgende Überlegung anwenden: Macht man y und z nebst einem dritten Punkte t zu Fundamentalpunkten, setzt man also

$$x = \mathfrak{y} y + \mathfrak{z} z + \mathfrak{t} t,$$

so verwandelt sich die Gleichung der Kurve, der man auch die Fassung $(x \mid x) = 0$ geben kann, in

$$\begin{aligned}&(\mathfrak{y} y + \mathfrak{z} z + \mathfrak{t} t \mid \mathfrak{y} y + \mathfrak{z} z + \mathfrak{t} t)\\ &= \mathfrak{y}^2 (y \mid y) + \mathfrak{z}^2 (z \mid z) + \mathfrak{t}^2 (t \mid t)\\ &+ 2\mathfrak{z}\mathfrak{t}(z \mid t) + 2\mathfrak{t}\mathfrak{y}(t \mid y) + 2\mathfrak{y}\mathfrak{z}(y \mid z) = 0.\end{aligned}$$

Daß man so rechnen darf, liegt in dem bilinearen Charakter der Vertikalstrichsymbole begründet. Wären nun $(y \mid y)$, $(y \mid z)$, $(z \mid z)$ alle gleich Null, so würde obige Gleichung lauten

$$\mathfrak{t}\{\mathfrak{t}(t \mid t) + 2\mathfrak{z}(z \mid t) + 2\mathfrak{y}(t \mid y)\} = 0.$$

Die Kurve zerfiele also in die beiden Geraden $\mathfrak{t} = 0$ und

$$\mathfrak{t}(t \mid t) + 2\mathfrak{z}(z \mid t) + 2\mathfrak{y}(t \mid y) = 0.$$

Wir können weiter feststellen, daß die quadratische Gleichung (1) im allgemeinen zwei verschiedene Wurzeln $\lambda : \mu$ liefert. Die Wurzeln fallen nämlich dann und nur dann zusammen, wenn

$$\begin{vmatrix} (y \mid y) & (y \mid z) \\ (z \mid y) & (z \mid z) \end{vmatrix} = 0$$

ist. Dies wird aber nicht immer zutreffen, weil die linke Seite eine Determinante wie jenes D_2 ist, das im vorigen Paragraphen vorkam. Bei einer nichtausgearteten Kurve, deren Determinante, wie wir wissen, den Rang 3 hat, gibt es eine Reihe D_0, D_1, D_2, D_3, deren Glieder alle von Null verschieden sind.

Es gibt also im allgemeinen bei der Gleichung (1) zwei Wurzeln $\lambda_1 : \mu_1$ und $\lambda_2 : \mu_2$, also zwei Schnittpunkte der Kurve mit der Geraden yz. Nun wollen wir das Doppelverhältnis der Punkte y, z und der Schnittpunkte $\lambda_1 y + \mu_1 z$, $\lambda_2 y + \mu_2 z$ berechnen. Die Wertsysteme λ, μ, die hier beteiligt sind, lauten in Kolonnen geordnet

$$\begin{matrix} 1 & 0 & \lambda_1 & \lambda_2 \\ 0 & 1 & \mu_1 & \mu_2. \end{matrix}$$

Wir müssen, wenn (ϱ, σ) die Determinante der ϱ-ten und σ-ten Spalte ist, folgenden Ausdruck bilden:

$$\frac{(13)\,(24)}{(14)\,(23)}.$$

Es ergibt sich offenbar $\mu_1 \lambda_2 : \mu_2 \lambda_1$. Die vier Punkte y, z, $\lambda_1 y + \mu_1 z_1$ $\lambda_2 y + \mu_2 z$ werden insbesondere ein harmonisches Quadrupel bilden, wenn

$$\frac{\mu_1 \lambda_2}{\lambda_1 \mu_2} = -1$$

oder

$$\frac{\lambda_1}{\mu_1} + \frac{\lambda_2}{\mu_2} = 0$$

ist. Dann muß aber in (1) der mittlere Koeffizient verschwinden, d. h. es muß

$$(y \mid z) = 0 \tag{2}$$

sein. Dies ist also die Bedingung dafür, daß die Punkte y und z durch die Kurve zweiter Ordnung harmonisch getrennt werden. Man nennt solche Punkte **konjugiert**. Hält man y fest, so wird der Ort der zu y konjugierten Punkte durch die Gleichung

$$(y \mid x) = 0 \tag{3}$$

dargestellt. Die zu y konjugierten Punkte liegen also auf einer Geraden. Man nennt sie die **Polare** des Punktes y in bezug auf die betrachtete Kurve zweiter Ordnung. Schreibt man Gleichung (3) in der Form

$$v_1 x_1 + v_2 x_2 + v_3 x_3 = 0,$$

so hat man gesetzt

$$\left\{\begin{aligned} v_1 &= a_{11} y_1 + a_{12} y_2 + a_{13} y_3, \\ v_2 &= a_{21} y_1 + a_{22} y_2 + a_{23} y_3, \\ v_3 &= a_{31} y_1 + a_{32} y_2 + a_{33} y_3. \end{aligned}\right. \tag{4}$$

Man pflegt die Koeffizienten von x_1, x_2, x_3 in der Gleichung einer Geraden die **Koordinaten** dieser Geraden zu nennen. Die Gleichungen (4) sagen uns, welche Gerade v dem Punkte y als Polare zugeordnet wird. Da bei einer nichtausgearteten Kurve zweiter Ordnung die Determinante

$$\begin{vmatrix} a_{11} & a_{12} & a_{13} \\ a_{21} & a_{22} & a_{23} \\ a_{31} & a_{32} & a_{33} \end{vmatrix}$$

nicht verschwindet, lassen sich die Gleichungen (4) bei gegebenen v_1, v_2, v_3 stets nach y_1, y_2, y_3 auflösen. Es hat also nicht nur jeder Punkt y seine Polare v, sondern es gehört auch umgekehrt jede Gerade v als Polare zu einem Punkte y, der ihr **Pol** heißt. Die Punkte und Geraden der Ebene erscheinen hier in besonderer Weise gepaart. Man nennt solche Paarungen, wenn sie durch eine lineare Transformation zwischen Punktkoordinaten und Linienkoordinaten dargestellt werden, **Korrelationen**. Liegt der Sonderfall (4) vor, der durch $a_{rs} = a_{sr}$ gekennzeichnet ist, so spricht man von einem **Polarsystem**.

Da die Polare v zusammen mit dem Pol y alle durch y laufenden Sehnen der Kurve harmonisch teilt, so ist sie mit der Geraden identisch, die wir früher mit diesem Namen belegt haben. Die Spiegelung an dem Gerüst y, v führt die Kurve zweiter Ordnung in sich über und vertauscht immer die beiden Kurvenpunkte, die mit y in gerader Linie liegen.

Von Poldreiecken haben wir auch schon bei früherer Gelegenheit gesprochen. Wir können solche Dreiecke analytisch sehr einfach gewinnen. Zunächst bemerken wir, daß der Punkt y dann und nur dann auf seine Polare fällt, wenn die Gleichung (3) durch $x = y$ befriedigt wird, also $(y \mid y) = 0$ ist. Man sieht, daß nur diejenigen Punkte auf ihrer Polare liegen, die gleichzeitig Punkte der Kurve sind. Ist nun z ein anderer Punkt auf der Polare des Kurvenpunktes y, so reduziert sich die Gleichung (1), da $(y \mid y)$ und $(y \mid z)$ verschwinden, auf $\mu^2(z \mid z) = 0$, d. h. auf $\mu^2 = 0$. Wir finden also, daß die Polare eines Kurvenpunktes y die Kurve in keinem andern Punkte trifft. Sie wird im Hinblick auf die Verhältnisse beim Kreise als **Tangente** der Kurve im Punkte y bezeichnet und y heißt der **Berührungspunkt**. Um nun ein Poldreieck zu bilden, muß man von einem Punkte x^1 ausgehen, der nicht auf der Kurve liegt, so daß also $(x^1 \mid x^1) \neq 0$ ist. Dann weiß man, daß die Polare $(x^1 \mid x) = 0$ dieses Punktes nicht durch ihn hindurchgeht. Da sie nur zwei Punkte mit der Kurve gemein hat, kann man auf der Polare einen Punkt x^2 wählen, der nicht auf die Kurve fällt. Seine Polare $(x^2 \mid x) = 0$ geht dann, weil $(x^2 \mid x^1) = (x^1 \mid x^2) = 0$ ist, durch x^1 hindurch, aber nicht durch x^2, weil $(x^2 \mid x^2) \neq 0$ ist. Sie schneidet also auf $(x^1 \mid x) = 0$ einen dritten Punkt x^3 aus, der zu den Punkten x^1 und x^2 konjugiert ist, weil er der Schnittpunkt ihrer Polaren ist. x^1, x^2, x^3 bilden somit ein Tripel paarweise konjugierter Punkte und liegen nicht in gerader Linie. Macht man sie zu Fundamentalpunkten, setzt man also

$$x = \mathfrak{x}_1 x^1 + \mathfrak{x}_2 x^2 + \mathfrak{x}_3 x^3,$$

so wird

$$(x \mid x) = \mathfrak{x}_1^2 (x^1 \mid x^1) + \mathfrak{x}_2^2 (x^2 \mid x^2) + \mathfrak{x}_3^2 (x^3 \mid x^3).$$

Die quadratische Form $(x \mid x)$ erscheint also ausgedrückt durch die Quadrate dreier unabhängiger Linearformen. Die Gleichung $(x \mid x) = 0$ enthält nicht mehr die Glieder mit $\mathfrak{x}_2\mathfrak{x}_3$, $\mathfrak{x}_3\mathfrak{x}_1$, $\mathfrak{x}_1\mathfrak{x}_2$, sondern nur die Quadrate.

Da jede Gerade in bezug auf die nichtausgeartete Kurve $\Sigma a_{rs} x_r x_s = 0$ ihren Pol hat, muß auch zur Ferngeraden $x_3 = 0$ ein solcher gehören. Man nennt ihn, wenn er ein eigentlicher Punkt ist, den **Mittelpunkt** der Kurve. Die Koordinaten v_1, v_2, v_3 der Ferngeraden $x_3 = 0$ lauten 0, 0, 1. Nach (4) werden also für den Mittelpunkt der Kurve folgende Gleichungen gelten:

$$(5) \qquad \begin{cases} a_{11} y_1 + a_{12} y_2 + a_{13} y_3 = 0, \\ a_{21} y_1 + a_{22} y_2 + a_{23} y_3 = 0. \end{cases}$$

Ein eigentlicher Punkt ergibt sich nur im Falle

$$(6) \qquad \begin{vmatrix} a_{11} & a_{12} \\ a_{21} & a_{22} \end{vmatrix} \neq 0.$$

Diese Ungleichung kennzeichnet also die **Mittelpunktskurven**. Ist sie nicht erfüllt, so ist der Pol der Ferngeraden ein Fernpunkt. Man muß daher die Ferngerade als Tangente der Kurve betrachten.

Wenn die Bedingung (6) erfüllt, also ein eigentlicher Mittelpunkt vorhanden ist, wird er jede durch ihn hindurchgehende Sehne halbieren, da er sie zusammen mit der Ferngraden harmonisch teilt. Daher kommt der Name Mittelpunkt. Die Spiegelung an dem aus Mittelpunkt und Ferngerader bestehenden Gerüst ist eine gewöhnliche Spiegelung am Mittelpunkt und führt die Kurve in sich über.

Man kann den Mittelpunkt zur Ecke eines Poldreiecks machen. Die beiden andern Ecken liegen auf der Ferngeraden und sind harmonisch zu den **Fernpunkten** der Kurve, d. h. zu ihren Schnittpunkten mit der Ferngeraden. Durch die vom Mittelpunkt aus gebildeten Poldreiecke wird also auf der Ferngeraden eine Involution bestimmt, die sich auf das Geradenbüschel um den Mittelpunkt überträgt. Man nennt sie die **Durchmesserinvolution**. Jede durch den Mittelpunkt laufende Gerade wird als **Durchmesser** bezeichnet. Zwei durch die genannte Involution gepaarte Durchmesser heißen konjugiert. Konjugierte Durchmesser sind also dadurch gekennzeichnet, daß sie zusammen mit der Ferngeraden ein Poldreieck bestimmen. Um die Durchmesserinvolution näher zu untersuchen, wollen wir den Anfangspunkt der cartesischen Achsen in den Mittelpunkt legen. Dann werden die Gleichungen (5) durch $y_1 = 0, y_2 = 0$ erfüllt, so daß $a_{13} = a_{23} = 0$ ist. Die Gleichung der Kurve lautet also

$$a_{11}x_1^2 + 2a_{12}x_1x_2 + a_{22}x_2^2 + a_{33}x_3^2 = 0.$$

Sind nun $\xi_1, \xi_2, 0$ und $\eta_1, \eta_2, 0$ die Fernpunkte zweier konjugierter Durchmesser, so hat man, da $(\xi \mid \eta) = 0$ sein muß,

$$(7) \qquad a_{11}\xi_1\eta_1 + a_{12}(\xi_1\eta_2 + \xi_2\eta_1) + a_{22}\xi_2\eta_2 = 0.$$

Diese Gleichung stellt die Durchmesserinvolution dar. Unter den Durchmesserpaaren, die durch sie bestimmt werden, gibt es eins, das der zirkularen Involution angehört, d. h. aus zwei zueinander senkrechten Durchmessern besteht. Diese orthogonalen konjugierten Durchmesser müssen außer (7) noch die Orthogonalitätsbedingung

$$(8) \qquad \xi_1\eta_1 + \xi_2\eta_2 = 0$$

erfüllen. Sie müssen nämlich auch in der zum Kreise $x_1^2 + x_2^2 - x_3^2 = 0$ gehörigen Durchmesserinvolution auftreten. Aus (7) und (8) folgt aber

$$(9) \qquad \begin{vmatrix} a_{11}\xi_1 + a_{12}\xi_2, & a_{21}\xi_1 + a_{22}\xi_2 \\ \xi_1 \quad , & \xi_2 \end{vmatrix} = 0$$

und dieselbe Gleichung für η_1, η_2. Diese Gleichung besagt, daß $a_{11}\xi_1 + a_{12}\xi_2$, $a_{21}\xi_1 + a_{22}\xi_2$ zu ξ_1, ξ_2 proportional sind, daß also

$$(10) \qquad \begin{cases} a_{11}\xi_1 + a_{12}\xi_2 = \lambda\xi_1, \\ a_{21}\xi_1 + a_{22}\xi_2 = \lambda\xi_2 \end{cases}$$

ist. Da ξ_1, ξ_2 nicht beide verschwinden, muß

$$(11) \qquad \begin{vmatrix} a_{11} - \lambda, & a_{12} \\ a_{21} \quad , & a_{22} - \lambda \end{vmatrix} = 0$$

sein oder

$$\lambda^2 - \lambda(a_{11} + a_{22}) + a_{11}a_{22} - a_{12}^2 = 0.$$

Da

$$\left(\frac{a_{11} + a_{22}}{2}\right)^2 - (a_{11}a_{22} - a_{12}^2) = \left(\frac{a_{11} - a_{22}}{2}\right)^2 + a_{12}^2$$

ist, so gibt es, falls nicht $a_{11} = a_{22}$ und $a_{12} = 0$, zwei verschiedene reelle Wurzeln für die quadratische Gleichung (11) und somit ein einziges Paar orthogonaler konjugierter Durchmesser, die man als Hauptachsen bezeichnet. Der Ausnahmefall $a_{11} = a_{22}$, $a_{12} = 0$ ist der des Kreises. Bei ihm sind je zwei orthogonale Durchmesser stets auch konjugiert.

Da die Hauptachsen zusammen mit der Ferngeraden ein Poldreieck bilden, bleibt die Kurve bei der Spiegelung an jeder solchen Achse invariant. Benutzt man die Hauptachsen als Koordinatenachsen, so lautet die Gleichung der Kurve

$$c_1x^2 + c_2y^2 + c_3 = 0.$$

Die Brennpunktstheorie läßt sich auf folgende Weise begründen: Wenn man von einem Punkte y aus alle möglichen Poldreiecke herstellt, so bilden die durch y hindurchgehenden Seitenpaare eine Involution. Ihre Doppelgeraden laufen von y nach den Schnittpunkten seiner Polare mit der Kurve, sind also die von y an die Kurve gelegten Tangenten. Es kann sein, daß eine dieser Tangenten durch den Punkt (5), die andere durch (5′) hindurchgeht. Dann ist die erwähnte Involution die zirkulare. Man nennt y in solchem Falle einen Brennpunkt Man erhält die Brennpunkte dadurch, daß man die von den Fernkreispunkten ausgehenden Tangentenpaare betrachtet und jedem Paar eine Gerade entnimmt. Zwei solche Geraden schneiden sich dann in einem Brennpunkt. Von hier aus lassen sich die bekannten Brennpunktseigenschaften der Kegelschnitte leicht gewinnen.

Sachregister.

Jahrbuch über die Fortschritte der Mathematik vereinigt mit Revue semestrielle des publications mathématiques herausgegeben von der Preußischen Akademie der Wissenschaften unter besonderer Mitwirkung der Wiskundig Genootschap te Amsterdam. Schriftleiter Georg Feigl, Hendrik de Vries. Jahrbuch über die Fortschritte der Mathematik.

Die »Revue semestrielle« hat die Aufgabe, schnellstens einen Überblick über die in Betracht kommenden Veröffentlichungen zu geben, und erscheint dementsprechend, statt wie bisher halbjährlich, in Zweimonatsheften. Sie enthält ein nach Zeitschriften geordnetes Verzeichnis der in den einschlägigen Zeitschriften erschienenen Arbeiten, falls nötig mit verdeutlichenden Untertiteln, sowie ein Titelverzeichnis der erschienenen Bücher und ein Titelverzeichnis der erschienenen Buchbesprechungen; bei jedem Titel wird die Gebietsmarke des »Jahrbuchs« und der »Revue semestrielle« angegeben. Der Preis dieses Teils ist so niedrig bemessen, daß auch Privatpersonen sich die Anschaffung nicht zu versagen brauchen. Er beträgt jährlich RM 12.—. Das »Jahrbuch« enthält in der bisher üblichen Form die Referate.

C. W. Borchardts gesammelte Werke. Auf Veranlassung der Königl. Preuß. Akademie der Wissenschaften herausg. von G. HETTNER. Mit dem Bildnis Borchardts. Quart. IX, 511 Seiten. 1888. RM 17.—.

G. Lejeune Dirichlets Werke. Herausg. auf Veranlassung der Königl. Preuß. Akademie der Wissenschaften von L. KRONECKER. 2 Bände. Quart. 1. Band. Mit Dirichlets Bildnis. X, 644 Seiten. 1889. RM 21.—. 2. Band. Fortgesetzt von L. Fuchs. X, 422 Seiten. 1897. RM 18.—

Carl Gustav Jakob Jacobi, Gesammelte Werke. Auf Veranlassung der Königl. Preuß. Akademie der Wissenschaften. Quart. 1. Band. Herausg. von C. W. BORCHARDT. Mit dem Bildnis Jacobis. X, 546 Seiten. 1881. 2.—7. Band. Herausg. von K. WEIERSTRASS. 1882—1891. Preise auf Anfrage.

J. L. Lagrange, Mathematische Werke. Deutsch herausg. von A. L. CRELLE. 3 Bände. Oktav. 1. Band. Die Theorie der analytischen Funktionen. CXXVIII, 694 S. 1823. 2. Band. Vorlesungen über die Functionen-Rechnung. XXII, 1023 S. 1823. 3. Band. Theorie der Gleichungen. XVI, 552 Seiten. 1824. Preise auf Anfrage. Band 3 ist vergriffen.

Jacob Steiner, Gesammelte Werke. Auf Veranlassung der Königl. Preuß. Akademie der Wissenschaften herausg. von K. WEIERSTRASS. 2 Bände. Oktav. 1. Band. Mit 44 Figurentafeln und Steiners Bildnis. VIII, 527 S. 1881. RM 16.—, 2. Band. Mit 23 Figurentafeln. X, 743 Seiten. 1882. RM 18.—.

Festschrift zur Feier des 20jährigen Bestehens der Calcutta Mathematical Society. Groß-Oktav. VIII, 310 Seiten. 1930. Geb. RM 20.—.

Dieser stattliche Festband enthält 27 wertvolle Beiträge hervorragender Mathematiker aus Amerika, Deutschland, Frankreich, Großbritannien, Japan, Indien, Italien, Österreich, Polen, Rußland, der Schweiz und Ungarn.

Geschichte, Tafelwerke, Allgemeines

Geschichte der Mathematik. Von Oberstud.-Dir. Dr. H. WIELEITNER. 2 Bde. I: Von den ältesten Zeiten bis zur Wende des 17. Jahrhunderts. 136 Seiten. 1922. II: Von 1700 bis zur Mitte des 19. Jahrhunderts. 154 Seiten. 1923. (Samml. Göschen Bd. 226, 875.) Geb. je RM 1.62.

Geschichte der Mathematik. I. Teil: Von den ältesten Zeiten bis Cartesius. Von Professor Dr. S. GÜNTHER in München. Mit 56 Figuren. VIII, 428 Seiten. Neudruck 1927. (Sammlung Schubert Bd. XVIII.) Geb. RM 17.40.

II. Teil: Von Cartesius bis zur Wende des 18. Jahrhunderts. Von Oberstudiendirektor Dr. H. WIELEITNER in München. 1. Hälfte: Arithmetik, Algebra, Analysis. Mit 6 Figuren. VIII, 251 Seiten. 1911. (Sammlung Schubert Bd. LXIII.) Geb. RM. 8.40 2. Hälfte: Geometrie und Trigonometrie. Mit 13 Fig. VI, 222 Seiten. 1921. (Sammlung Schubert Bd. LXIV.) Geb. RM 3.50.

„Es zeigt sich auch in diesem Buche wieder die große Meisterschaft des Verfassers in der zielbewußten Auswahl und klaren, anregenden Darstellung eines großen Stoffes, die auch seine anderen größeren Kompendien auszeichnet." *Monatshefte für Mathematik und Physik.*

Geschichte der Elementar-Mathematik in systematischer Darstellung. Von Professor Dr. JOHANNES TROPFKE, ehem. Direktor der Kirschner-Oberrealschule zu Berlin. Lex.-Oktav. Band 1: Rechnen. VII, 222 Seiten. 3. Aufl. 1930. RM 12.—, geb. RM 13.20. Band 2: Allgemeine Arithmetik. IV, 266 Seiten. 3. Aufl. 1933. RM 12.—, geb. RM 13.20. Band 3: Proportionen, Gleichungen. IV, 151 Seiten, 2. Aufl. 1922. RM 6.—, geb. RM 7.—. Band 4: Ebene Geometrie. IV, 240 Seiten. 2. Aufl. 1922. RM 9.—, geb. RM 10.—. Band 5: I. Ebene Trigonometrie. II. Sphärik und sphärische Trigonometrie. IV, 185 Seiten. 2. Aufl. 1923. RM 7,50, geb. RM 8,50. Band 6: Analysis, Analytische Geometrie. IV, 169 S. 2. Aufl. 1924. RM 7.—, geb. RM 8.—. Band 7: Stereometrie. Verzeichnisse. V, 128 Seiten, 2. Aufl. 1924. RM 6.50, geb. RM 7.50.

„Dem Verfasser gebührt unser Dank für sein die neuesten Ergebnisse historischer Forschungen berücksichtigendes, durch Vollständigkeit und Klarheit sich auszeichnendes Werk. Es verdient seinen Platz im Bücherschrank eines jeden Mathematikers." *Naturwissenschaften.*

Mathematische Forschung in den letzten Jahren. Rede, gehalten am 31. Januar 1921 vor der Mathematischen Gesellschaft Benares von deren Vorsitzendem GANESH PRASAD. Aus dem Englischen übersetzt von Dr. FRIEDRICH LANGE. Groß-Oktav. 37 Seiten. 1923. RM 0.80.

In leichtverständlicher Darstellung berichtet der Verfasser über den Aufbau der Theorie der Integralgleichungen und ihre Anwendungen, die Erforschung der Grundlagen der mathematischen Physik, die Verallgemeinerung des Begriffs der konvergenten Reihen und die Entwicklung der modernen Relativitätstheorie.

Dasselbe in englischer Sprache. 1923. RM 0.80.

Neue Rechentafeln. Für Multiplikation und Division mit allen ein- bis vierstelligen Zahlen. Herausgegeben von Professor Dr. J. PETERS, Observator am Astronomischen Recheninstitut. Folio-Format. VI, 378 Seiten. 1909. Geb. RM 20.—. Diese Rechentafeln von Peters sind auch in französischer und englischer Ausgabe zu haben. Je geb. RM 20.—.

Dr. A. L. Crelles Rechentafeln, welche alles Multiplizieren und Dividieren mit Zahlen unter Tausend ganz ersparen, bei größeren Zahlen aber die Rechnung erleichtern und sicherer machen. Neue Ausgabe. Besorgt von O. SEELIGER. Mit Tafeln der Quadrat- u. Kubikzahlen von 1—1000. VII, 501 Seiten. Folio. Geb. RM 26.—. Diese Rechentafeln von Crelle liegen auch in englischer und französischer Ausgabe vor. Je geb. RM 26.—.

Fünfstellige Logarithmen. Mit mehreren graphischen Rechentafeln und häufig vorkommenden Zahlwerten. Von Regierungsrat Professor A. ADLER. Zweite Aufl. 117 Seiten u. 1 Tafel. 1929. (Samml. Göschen Bd. 423.) Geb. RM 1.62.

Der Band enthält die gemeinen Logarithmen der ganzen Zahlen bis 1000, die der goniometrischen Funktionen, die wirklichen Werte dieser Funktionen und die Reihe der mathematischen, physikalischen und astronomischen Hilfstafeln, wie sie fünfstelligen Logarithmentafeln gewöhnlich beigegeben sind.

Fünfstellige Logarithmentafeln der trigonometrischen Funktionen für jede Zeitsekunde des Quadranten. Herausgegeben von Prof. Dr. J. PETERS, Observator am Astronomischen Recheninstitut. Lex.-Oktav. IV, 82 Seiten. 1912. RM 6.—, geb. RM 7.—.

In den vorliegenden Tafeln bietet der Herausgeber, unter Benutzung des wertvollen Materials, das ihm als Resultat der mit J. Bauschinger ausgeführten Bearbeitung der achtstelligen Tafeln der trigonometrischen Funktionen zur Verfügung stand, der rechnenden Astronomie ein Hilfsmittel von großem Nutzen.

Vollständige logarithmische und trigonometrische Tafeln. Von Professor Dr. E. F. AUGUST, weiland Direktor des Köllnischen Realgymnaisums, Berlin. Neunundvierzigste Auflage in der Bearbeitung von Dr. F. AUGUST, weiland Prof. a. d. Artillerie- u. Ingenieur-Schule, Berlin. Oktav. VII, 204 S. 1931. Geb. RM 2.—.

„Die Anordnungen des Zahlenmaterials in den Tafeln, der klare Druck, handliches Format und gediegene Ausstattung empfehlen das Buch allein." *Allgemeine Vermessungs-Nachrichten.*

Vierstellige Tafeln und Gegentafeln für logarithmisches und trigonometrisches Rechnen in zwei Farben zusammengestellt. Von Professor Dr. HERMANN SCHUBERT. Neue Ausgabe von Dr. ROBERT HAUSSNER, o. ö. Professor a. d. Universität Jena. 175 S. Neudruck 1926. (Samml. Göschen Bd. 81.) Geb. RM. 1.62.

„Die vierstelligen Logarithmen sind in der Form recht handlich und gefällig. Besonders zu empfehlen sind die Tafeln für Schulen, wo es von Vorteil ist, die Lernenden nicht mit umfangreichen Büchern zu belasten." *Zeitschrift d. Österr. Ingenieur- und Architekten-Vereins.*

Vierstellige Logarithmentafeln. Von Dr. MAX ZACHARIAS, Studienrat am Vereinigten Friedrichs- und Humboldt-Gymnasium in Berlin, und Dr. PAUL METH, Studienrat a. d. Herderschule in Charlottenburg. Groß-Oktav. 44 Seiten. 1927. Geb. RM. 1.50.

„Diese Logarithmentafel zeichnet sich durch übersichtliche Anordnung und Reichtum des Gebotenen aus." *Deutsche Schulzeitung in Polen.*

Logarithmische Rechentafeln für Chemiker, Pharmazeuten, Mediziner und Physiker. Gegründet von Professor Dr. F. W. KÜSTER †. Für den Gebrauch im Unterrichtslaboratorium und in der Praxis berechnet sowie mit Erläuterungen versehen. Nach dem gegenwärtigen Stande der Forschung bearbeitet von Dr. A. THIEL, o. ö. Professor der physikalischen Chemie, Direktor des Physik.-Chem. Instituts der Universität Marburg. Fünfunddreißigste bis vierzigste, verbesserte und vermehrte Auflage. Oktav. 188 Seiten und eine Tafel. 1929. Geb. RM 6.75.

„Die wohl allseitig bekannten Küsterschen Rechentafeln sind dem Chemiker, der sich ihrer einmal bedient hat, zum ungern entbehrten Werkzeug geworden, das sich in seiner bewährten Anordnung des Stoffes zu einem wirklich nützlichen und fast notwendigen Hilfsbuch entwickelt hat. Die Neuauflage erscheint wie üblich nach dem neuesten Stande der Forschung." *Zeitschrift für angewandte Chemie.*

Fünfstellige Tafeln der Kreis- und Hyperbelfunktionen sowie der Funktionen e^x und e^{-x} mit den natürlichen Zahlen als Argument. Von Dr.-Ing. KEIICHI HAYASHI, Professor an der Kaiserlichen Kyushu-Universität Fukuoka-Hakosaki, Japan. Oktav. IV, 182 Seiten. Neudruck 1931. RM 9.—.

„Der bekannte japanische Verfasser hat aus der Notwendigkeit, die Werte beider Funktionsarten gleichzeitig zur Verfügung zu haben, Tafeln berechnet, in denen nicht nur die Hyperbelfunktionen, sondern auch die Kreisfunktionen mit verschieden großen Abstufungen, auf fünf Dezimalstellen angewendet sind. Die Anordnung dieser Tafeln ist äußerst praktisch, Druck und Papier sind ausgezeichnet, so daß die Benutzung sich bequem und einfach gestaltet. Für alle, die zahlenmäßige Rechnungen mit den genannten Funktionen häufiger auszuführen haben, ist der Gebrauch der Tafeln als praktisch und zeitsparend zu empfehlen." *Zeitschrift des Vereins Deutscher Ingenieure.*

Mathematische Formelsammlung. Von Professor O. TH. BÜRKLEN †. Vollständig umgearbeitete Neuausgabe von Dr. F. RINGLEB. Mit 38 Figuren. Zweite, verbesserte Aufl. 256 Seiten. 1931. (Sammlung Göschen Bd. 51.) Geb. RM. 1.62.

Die neue Auflage ist um die Abschnitte über Zahlentheorie und Differentialgleichungen wesentlich erweitert.

Mathematische Mußestunden. Eine Sammlung von Geduldspielen, Kunststücken und Unterhaltungsaufgaben mathematischer Natur. Von Professor Dr. HERMANN SCHUBERT. Vierte Auflage, neubearbeitet von Professor Dr. F. FITTING, München-Gladbach. Oktav. 245 Seiten. 1924. Geb. RM 6.—.

„Das kleine, auch äußerlich hübsch ausgestattete Buch wird allen Lesern Freude machen, und insbesondere der Lehrer wird in ihm eine Fülle von Anregungen für den Unterricht vorfinden. Wir empfehlen die ‚Mußestunden' allgemeiner Beachtung." *Zeitschrift für das Realschulwesen.*

Lehrbuch der Mathematik für Studierende der Naturwissenschaften und der Technik. Eine Einführung in die Differential- und Integralrechnung und in die analytische Geometrie. Von Dr. GEORG SCHEFFERS, Geh. Regierungsrat, Prof. a. d. Techn. Hochschule Charlottenburg. Mit 438 Figuren. Sechste, verbesserte Auflage. Neue Ausgabe. Lexikon-Oktav. VIII, 743 Seiten. 1932. Geb. RM 15.—.

Dieses vor allem für Studierende der Naturwissenschaften und der Technik geschriebene Lehrbuch ist in erster Linie für den Selbstunterricht bestimmt und geht daher von dem denkbar geringsten Maß von Vorkenntnissen aus: der Leser braucht nur im Buchstabenrechnen, in der Auflösung von Gleichungen ersten Grades mit einer Unbekannten und in der niederen Geometrie bewandert zu sein.

Arithmetik und Algebra

Arithmetik nebst Gleichungen 1. und 2. Grades. Von Professor Dr. HERMANN SCHUBERT. Dritte Auflage, neubearbeitet von Professor P. B. FISCHER, Studienrat am Gymnasium zu Berlin-Steglitz. Mit 5 Figuren. 132 Seiten. 1923. (Sammlung Göschen Bd. 47.) Geb. RM 1.62.

Die neue Bearbeitung des vorliegenden Bandes ist durch einen Abschnitt über Kombinatorik bereichert.

Elementare Algebra. Von Professor P. B. FISCHER, Studienrat am Gymnasium zu Berlin-Steglitz. Mit 20 Figuren. 149 Seiten. 1926. (Samml. Göschen Bd. 930.) Geb. RM 1.62.

„Der erste Teil des Bandes behandelt die allgemeine Theorie der algebraischen Gleichungen, der zweite besondere Gleichungen und Lösungsverfahren. Dem Text sind gut gewählte Zahlensbeispiele beigegeben." *Allgem. Vermessungs-Nachrichten.*

Einführung in die Axiomatik der Algebra. Von Dr. H. BECK, o. Professor an der Universität Bonn. 1926. X, 198 Seiten. (Göschens Lehrbücherei Bd. 6.) RM 9.—, geb. RM 10.50.

Das vorliegende Buch enthält im wesentlichen den Stoff einer an der Bonner Universität gehaltenen Anfängervorlesung; es erschöpft sich nicht in axiomatischen Dingen, sondern bringt darüber hinaus eine Reihe anderer Gebiete, die der Studierende braucht.

Lehrbuch der Algebra. Von Dr. ALFRED LOEWY, o. Professor an der Universität in Freiburg i. Br. I. Teil: Grundlagen der Arithmetik. Groß-Oktav. VI, 398 Seiten. 1915. RM 12.—, geb. RM 13.20.

Algebra I: Die Grundlagen. Von Dr. OSKAR PERRON, o. ö. Professor an der Universität München. Zweite, verbesserte Auflage. Mit 4 Figuren. 1932. VIII, 301 Seiten. (Göschens Lehrbücherei Bd. 8.) Geb. RM 11.50.

Algebra II: Theorie der algebraischen Gleichungen. Von Dr. OSKAR PERRON, o. ö. Professor an der Universität München. Zweite, verbesserte Auflage. Mit 5 Figuren. 1933. VIII, 261 Seiten. (Göschens Lehrbücherei Bd. 9.) Geb. RM 9.50.

Band I enthält die Grundbegriffe, es folgt ein Kapitel über den polynomischen und den Taylorschen Satz und der für den Ingenieur wichtige Abschnitt über Determinanten. Anschließend folgen Kapitel über symmetrische Funktionen, Teilbarkeit und über die Existenz von Wurzeln. Band II ist der Gleichungstheorie gewidmet.

Höhere Algebra. Von Dr. HELMUT HASSE, o. ö. Professor der Mathematik an der Universität Marburg. I: Lineare Gleichungen. Zweite, verbesserte Auflage. 160 Seiten. 1933. (Samml. Göschen Bd. 931.) Geb. RM 1.62. II: Gleichungen höheren Grades. 160 Seiten. 1927. (Samml. Göschen Bd. 932.) Geb. RM 1.62.

„Es ist dem Verfasser gelungen, in engstem Rahmen das Gebäude der allgemeinen Algebra vor den Augen des Lesers aufzurichten, einer Algebra, die auf dem Fundament der Definitionen der Ringe, Körper und Integritätsbereiche aufgebaut ist." *Zeitschrift für mathem. und naturw. Unterr.*

Algebraische Theorie der Körper. Von Professor Dr. ERNST STEINITZ. Neu herausgegeben, mit Erläuterungen und einem Anhang: Abriß der Galoisschen Theorie versehen von Dr. REINHOLD BAER u. Professor Dr. HELMUT HASSE. Oktav. 134 Seiten und 27 Seiten Erläuterungsheft. 1930. RM 9.—, geb. RM 10.20.

Praxis der Gleichungen. Von Dr. C. RUNGE, Professor an der Universität Göttingen. Zweite, verbesserte Auflage. Mit 8 Figuren. 1921. V, 172 Seiten. (Göschens Lehrbücherei Bd. 2.) RM 6.—, geb. RM 7.—

Eine erschöpfende Darstellung der Verfahren zur numerischen Auswertung der linearen und nichtlinearen Gleichungen mit einer und mehreren Unbekannten. Dient das Werk auch in erster Linie dem Bedürfnis des praktischen Rechnens, so findet doch auch der Lehrer viele wertvolle Anregungen darin.

Beispielsammlung zur Arithmetik und Algebra. Von Professor Dr. HERMANN SCHUBERT. Vierte, neubearbeitete und erweiterte Auflage von Professor P. B. FISCHER, Studienrat am Gymnasium zu Berlin-Steglitz. Mit 8 Figuren. 139 Seiten. Neudruck. 1931. (Samml. Göschen Bd. 48.) Geb. RM 1.62.

Die bekannte Beispielsammlung zur Arithmetik und Algebra von H. Schubert erscheint hiermit in einer neuen Bearbeitung. Änderungen gegen die alten Auflagen sind neben unerheblichen Kürzungen und mehrfachen Verbesserungen insofern eingetreten, als die Aufgaben zur Algebra ganz erheblich erweitert wurden.

Gruppentheorie. Von Dr. LUDWIG BAUMGARTNER in München. Mit 8 Figuren. 120 Seiten. 1921. (Samml. Göschen Bd. 837.) Geb. RM 1.62.

Einführung in die Determinantentheorie einschließlich der Fredholmschen Determinanten. Von Dr. GERHARD KOWALEWSKI, o. Prof. an der Techn. Hochsch. in Dresden. Zweite, verk. Aufl. Gr.-Okt. IV, 304 S. 1925. RM 14.—, geb. RM 15.50.

„Die Kowalewskische Darstellung des umfangreichen Gebietes zeichnet sich durch die anschauliche Kraft und Klarheit der Sprache vor anderen aus. Die Beschäftigung mit diesem Buche gewährt neben dem wissenschaftlichen Gewinn einen reichen ästhetischen Genuß." *Schulwart.*

Determinanten. Von Studienrat Professor PAUL B. FISCHER. Dritte Auflage. 136 Seiten. 1932. (Samml. Göschen Bd. 402.) Geb. RM. 1.62.

Der in einer wesentlich umgearbeiteten Auflage vorliegende Band soll die Studierenden der Mathematik, Physik und technischen Wissenschaften in die Grundzüge der Determinanten einführen.

Zahlentheorie. Von Dr. KURT HENSEL, o. ö. Professor an der Universität Marburg. Groß-Oktav. XII, 356 Seiten. 1913. RM 10.—, geb. RM 12.—.

Grundlehren der neueren Zahlentheorie. Von Professor Dr. PAUL BACHMANN. Dritte, neu durchgesehene Auflage. Mit einem Geleitwort herausgegeben von Dr. ROBERT HAUSSNER, ord. Professor an der Universität Jena. Mit 10 Figuren. 1931. XVI, 252 Seiten. (Göschens Lehrbücherei Bd. 3.) RM 9.50, geb. RM 10.50

Der erste Abschnitt umfaßt die klassische Theorie der rationalen Zahlen, der zweite eine Einführung in die Theorie der algebraischen Zahlen, deren verschiedene Methoden am Beispiel des quadratischen Körpers zu einem harmonischen, in sich geschlossenen Bau zusammengefügt werden.

Synthetische Zahlentheorie. Von Dr. RUDOLF FUETER, o. Professor an der Universität Zürich. Zweite, verbesserte Auflage. 1925. VIII, 277 Seiten. (Göschens Lehrbücherei Bd. 4.) RM 10.—, geb. RM 12.—.

Die vorliegende zweite Auflage des bewährten Lehrbuches weist gegen die erste zahlreiche Änderungen und Ergänzungen auf.

Das Fermatproblem in seiner bisherigen Entwicklung. Von Professor Dr. PAUL BACHMANN. Oktav. VIII, 160 Seiten. 1919. RM 2.50.

In der vorliegenden Abhandlung gibt der Verfasser eine Übersicht von den Beweisverfahren und den Theorien, welche Euler, Legendre, Gauß, Dirichlet, Kummer und andere Forscher in ihren Studien über das allgemeine Fermatproblem angewandt und entwickelt haben.

Irrationalzahlen. Von Dr. OSKAR PERRON, o. ö. Professor an der Universität München. 1921. VIII, 186 Seiten. (Göschens Lehrbücherei Bd. 1.) RM 6.—, geb. RM 7.—.

Inhalt: Die Grundlagen — Der Begriff der Grenze — Potenzen und Logarithmen — Verschiedene Darstellungsformen irrationaler Zahlen — Approximation irrationaler Zahlen durch rationale — Algebraische und transzendente Zahlen.

Mengenlehre

Mengenlehre. Von Professor Dr. E. KAMKE. Mit 6 Figuren. 160 Seiten. 1928. (Samml. Göschen Bd. 999.) Geb. RM 1.62.

Der Band behandelt die grundlegenden Tatsachen der Mengenlehre, die für alle Zweige der Mathematik so große Bedeutung gewonnen hat. Die Definition der Menge erfolgt im Anschluß an Cantor. Besondere Vorkenntnisse werden nicht vorausgesetzt.

Mengenlehre. Von Dr. F. HAUSDORFF, o. Professor an der Universität Bonn. Zweite, neubearbeitete Auflage. Mit 12 Figuren. 1927. 285 Seiten. (Göschens Lehrbücherei Bd. 7.) Geb. RM 12.—, geb. RM 13.50.

Das Lehrbuch setzt beim Lesen keine höheren mathematischen Kenntnisse als die Anfangsgründe der Differential- und Integralrechnung, allerdings aber eine gewisse Schärfe des abstrakten Denkens voraus und wird von Studierenden in mittleren Semestern mit Erfolg gelesen werden können.

Analysis

Das Kontinuum. Kritische Untersuchungen über die Grundlagen der Analysis. Von Dr. HERMANN WEYL, o. Prof. d. Mathematik an der Universität Göttingen. Unveränderter Neudruck. 1932. V, 84 Seiten. RM 3.—.

Elementare Reihenlehre. Von Dr. HANS FALCKENBERG, Professor an der Universität Gießen. Mit 4 Figuren im Text. 136 Seiten. 1926. (Samml. Göschen Bd. 943.) Geb. RM. 1.62.

Das Bändchen will mehr bieten als das, was in jedem Lehrbuch der Infinitesimalrechnung über unendliche Reihen enthalten ist, und fügt deshalb z. B. der Erörterung über das Cauchysche Divergenz- und Konvergenzkriterium auch solche über das Raabesche, das logarithmische und das Gaußsche an.

Komplexe Reihen nebst Aufgaben über reelle und komplexe Reihen. Von Dr. HANS FALCKENBERG, Professor an der Universität Gießen. Mit 3 Figuren im Text. 140 Seiten. 1931. (Samml. Göschen Bd. 1027.) Geb. RM 1.62.

Fouriersche Reihen. Von Dr. W. ROGOSINSKI, a. o. Professor an der Universität Königsberg i. Pr. Mit 4 Figuren. 135 Seiten. 1930. (Samml. Göschen Bd. 1022.) Geb. RM 1.62.

Lebesguesche Integrale und Fouriersche Reihen. Von Dr. L. SCHLESINGER, o. Professor an der Universität Gießen, und Dr. A. PLESSNER. Groß-Oktav. VIII, 229 Seiten. 1926. RM 14.—, geb. RM 16.—.

„Das System ist so durchgeführt, daß fast keine Vorkenntnisse gefordert und trotzdem das volle Beherrschen des Materials erzielt werden kann." *Allgemeine Österr. Chemiker- u. Techniker-Zeitung.*

Niedere Analysis. Von Professor Dr. BENEDIKT SPORER. Mit 5 Figuren. Zweite, verbesserte Auflage. Sechster Abdruck. 179 Seiten. 1919. (Samml. Göschen Bd. 53.) Geb. RM 1.62.

Ohne den wissenschaftlichen Boden zu verlassen, war es das Bestreben des Verfassers, alle Ableitungen in den verschiedenen Kapiteln dieses umfangreichen Gebietes so einfach und verständlich wie möglich darzustellen und durch Beispiele klarer zu machen.

Differentialrechnung. Von Professor Dr. A. WITTING in Dresden. Mit 94 Figuren und 185 Beispielen. 191 Seiten. 1931. (Samml. Göschen Bd. 87.) Geb. RM 1.62.

Integralrechnung. Von Rektor Dr. FR. JUNKER. Mit 50 Figuren. Vierte Auflage. Neudruck. 132 Seiten. 1929. (Samml. Göschen Bd. 88.) Geb. RM 1.62.

„Die Bändchen sind eine wahre Hochschule des abstrakten Denkens, und sie genießen in Fachkreisen mit Recht das höchste Ansehen." *Magazin für Pädagogik.*

Repetitorium und Aufgabensammlung zur Differentialrechnung. Von Rektor Dr. FR. JUNKER. Vierte, verbesserte Auflage von Oberstudienrat Professor Dr. A. WITTING. Mit 47 Figuren im Text. 130 Seiten. 1928. (Samml. Göschen Bd. 146.) Geb. RM 1.62.

Der Band, der sich als vorzügliches Mittel zur Einübung der elementaren Sätze und Formeln der Differentialrechnung bewährt hat, erfuhr bei seiner Neuauflage eine bedeutende Verbesserung und Erweiterung.

Repetitorium und Aufgabensammlung zur Integralrechnung. Von Rektor Dr. FR. JUNKER. Mit 52 Figuren im Text. Dritte, verbesserte Auflage. Neudruck. 135 Seiten. 1929. (Samml. Göschen Bd. 147.) Geb. RM 1.62.

„Die reichhaltige Aufgabensammlung ist für den Selbstunterricht sehr geeignet. Das nützliche Büchlein wird weiterhin die verdiente große Verwendung finden." *Schweizer Pädagogische Zeitschrift.*

Lehrbuch der Differentialgleichungen. Von Dr. HEINRICH LIEBMANN, o. Prof. an der Universität Heidelberg. Groß-Oktav. VI, 226 Seiten. Mit 31 Figuren. 1901. RM 6.—, geb. RM 7.20.

Einführung in die Theorie der gewöhnlichen Differentialgleichungen auf funktionentheoretischer Grundlage. Von Dr. LUDW. SCHLESINGER, o. Professor an der Universität Gießen. Dritte, neubearbeitete Auflage. Groß-Oktav. VIII, 326 Seiten. 1922. RM 10.—, geb. RM 11.—.

Es war das Bestreben des Verfassers, durch die hier gegebene Darstellung die Theorie der Differentialgleichungen auch denjenigen leichter zugänglich zu machen, die es mit den Anwendungen der Analysis zu tun haben.

Gewöhnliche Differentialgleichungen. Von Professor Dr. G. HOHEISEL. Zweite, verbesserte Auflage. 159 Seiten. 1930. (Samml. Göschen Bd. 920.) Geb. RM 1.62.

Der Band beginnt mit einer elementar gehaltenen Einführung in die Theorie der gewöhnlichen Differentialgleichungen, geht aber in den späteren Teilen über die Anfangsgründe hinaus. Bei der Auswahl des Stoffes wurden Gegenstände, welche Anwendungen zulassen, bevorzugt.

Gewöhnliche Differentialgleichungen. Von Dr. J. HORN, o. Professor an der Technischen Hochschule Darmstadt. Zweite, völlig umgearb. Auflage. Mit 4 Fig. 1927. VIII, 197 Seiten. (Göschens Lehrbücherei Bd. 10.) RM 9.—, geb. RM 10.50.

Inhalt: Elementare Integrationsmethoden, Existenzbeweise, Methode der schrittweisen Annäherung, numerische und graphische Näherungsmethoden, lineare Differentialgleichungen, elementare Integrationsmethoden und weitere Untersuchungen im reellen Gebiet, Existenzbeweise im komplexen Gebiet, Abhängigkeit der Lösungen von Parametern und Anfangswerten, Singularitäten nichtlinearer Differentialgleichungen.

Partielle Differentialgleichungen. Von Professor Dr. G. HOHEISEL. 159 Seiten. 1928. (Samml. Göschen Bd. 1003.) Geb. RM 1.62.

Das Buch enthält alle wichtigen Lehrsätze und Methoden für die Integration der partiellen Differentialgleichungen. Trotz der Kürze sind alle wesentlichen Ideen und Wege aufgezeigt.

Partielle Differentialgleichungen. Von Dr. J. HORN, o. Professor an der Technischen Hochschule Darmstadt. Zweite, umgearbeitete Auflage. Mit 8 Figuren. VIII, 228 Seiten. 1929. (Göschens Lehrbücherei Bd. 14.) RM 11.—, geb. RM 12.—.

In diesem einführenden Lehrbuch, das seine Eigenart ganz aus dem bewährten Programm von „Göschens Lehrbücherei" herleitet, werden sowohl lineare partielle Differentialgleichungen zweiter Ordnung, wie sie in der mathematischen Physik vorkommen, als auch nichtlineare partielle Differentialgleichungen erster und zweiter Ordnung behandelt, sowohl Randwert- als auch Anfangswertprobleme, durchweg unter Beschränkung auf zwei unabhängige Veränderliche; es wird auch eine Einführung in die häufig benutzte Theorie der Integralgleichungen gegeben.

Aufgabensammlung zu den gewöhnlichen und partiellen Differentialgleichungen. Von Professor Dr. G. HOHEISEL. 148 Seiten. 1932. (Samml. Göschen Bd. 1059.) Geb. RM 1.62.

Integralgleichungen. Von Dr. GERHARD KOWALEWSKI, o. Professor an der Technischen Hochschule Dresden. Mit 11 Figuren. Groß-Oktav. 302 Seiten. 1930. (Göschens Lehrbücherei Bd. 18.) RM 15.—, geb. RM 16.50.

Funktionentheoretische Vorlesungen. Von HEINRICH BURKHARDT. Neu herausgegeb. von Dr. GEORG FABER, o. Prof. a. d. Techn. Hochsch. in München. I. Band 1. Heft. Dritte, umgearbeitete Auflage. Groß-Oktav. X, 182 Seiten. 1920. RM 6.—, geb. RM 7.20. I. Band 2. Heft. Fünfte, umgearbeitete Auflage. Groß-Oktav. X, 286 Seiten. 1921. RM 9.—, geb. RM 10.50. II. Band. Dritte, vollständig umgearbeitete Auflage. Groß-Oktav. VI, 444 Seiten. 1920. RM 14.—, geb. RM 15.50.

Das Buch will in einer für Studierende geeigneten Form den Zugang zu den Funktionentheorien von Weierstraß und von Riemann zugleich erschließen.

Funktionentheorie. Von Dr. KONRAD KNOPP, o. Professor an der Universität Tübingen. Erster Teil: Grundlagen der allgemeinen Theorie der analytischen Funktionen. Mit 8 Figuren. Vierte, verbesserte Auflage. 140 Seiten. 1930. (Sammlung Göschen Bd. 668.) Geb. RM 1.62. Zweiter Teil: Anwendungen und Weiterführung der allgemeinen Theorie. Mit 7 Figuren. Vierte, verbesserte Auflage. 138 Seiten. 1931. (Samml. Göschen Bd. 703.) Geb. RM 1.62.

„Die beiden vollständig neubearbeiteten Bände seien allen Studierenden der Mathematik als Muster klarer und strenger Darstellung aufs wärmste empfohlen." *Monatsschrift für Mathematik und Physik.*

Aufgabensammlung zur Funktionentheorie. Von Dr. KONRAD KNOPP, o. Professor an der Universität Tübingen. Erster Teil: Aufgaben zur elementaren Funktionentheorie. 136 Seiten. Zweite, verbesserte Auflage. 1931. (Samml. Göschen Bd. 877.) Geb. RM 1.62. Zweiter Teil: Aufgaben zur höheren Funktionentheorie. 143 Seiten. 1928. (Samml. Göschen Bd. 878.) Geb. RM 1.62.

Die Mehrzahl der in den beiden Bänden enthaltenen Aufgaben beziehen sich auf Knopps »Funktionentheorie« (Samml. Göschen Bd. 668 und 703). Sämtlichen Aufgaben sind die Lösungen beigegeben.

Einführung in die konforme Abbildung. Von Dr. LUDWIG BIEBERBACH, o. ö. Professor an der Universität Berlin. Zweite, neubearbeitete Auflage. Mit 38 Figuren. 131 Seiten. 1927. (Samml. Göschen Bd. 768.) Geb. RM 1.62.

„Der Autor faßt seine Aufgabe, eine Einführung in die konforme Abbildung zu geben, in doppeltem Sinne auf. Er vermittelt dem Leser die eigentlich elementaren Teile der Theorie der konformen Abbildung; andererseits eröffnet er durch Eingehen auf einzelne neue Entwicklungen den Zugang zu den modernsten und tiefsten Untersuchungen der gesamten Funktionentheorie." *Jahrbuch über die Fortschritte der Mathematik.*

Automorphe Funktionen. Von Dr. L. SCHLESINGER, o. Professor an der Universität Gießen. X, 205 Seiten. 1924. (Göschens Lehrbücherei Bd. 5.) RM 8.—, geb. 9.20.

Im ersten Abschnitt wird die Kernfrage an einfachen Beispielen behandelt, darauf die notwendigsten Sätze aus der nichteuklidischen Geometrie unter Heranziehung der Kreisverwandtschaften. Es folgt der Diskontinuitätsbeweis der zugehörigen Gruppe von Verschiebungen und der Existenzbeweis für die zu einem Normalpolygon gehörigen automorphen Funktionen.

Elliptische Funktionen. Von Dr. R. KÖNIG, o. Professor der Mathematik an der Universität Jena, und Dr. M. KRAFFT, a. o. Professor an der Universität Marburg i. H. Mit 4 Figuren. 263 Seiten. 1928. (Göschens Lehrbücherei Bd. 11.) RM 13.—, geb. RM 14.50.

Das Buch will dem Studierenden und Fachmann die elliptischen Funktionen als Glied eines großen Organismus verstehen lehren, der mit den einfachsten analytischen Funktionen, den rationalen, beginnt und schließlich zu den Riemannschen Funktionensystemen emporwächst.

Elliptische Funktionen. Von Dr. KARL BOEHM, Professor an der Technischen Hochschule in Karlsruhe. Erster Teil: Theorie der elliptischen Funktionen aus analytischen Ausdrücken entwickelt. Mit 11 Figuren im Text. XII, 356 Seiten. Neudruck. 1930. (Samml. Schubert Bd. XXX.) Geb. RM 20.—. Zweiter Teil: Theorie der elliptischen Integrale. Umkehrproblem. Mit 28 Figuren im Text. VII, 180 Seiten. 1910. (Samml. Schubert Bd. LXI.) Geb. RM 7.80.

Einführung in die Theorie der algebraischen Funktionen einer Veränderlichen. Von HEINRICH W. E. JUNG, o. ö. Prof. an der Universität Halle-Wittenberg. Mit 35 Abb. im Text. Groß-Oktav. VI, 246 S. 1923. RM 3.50, geb. RM 4.—.

„Das überaus klar und anschaulich geschriebene Buch wird allen denjenigen, die sich mit den grundlegenden Methoden der arithmetischen Theorie der algebraischen Funktionen vertraut machen wollen, von Nutzen sein.“ Zeitschrift für mathem. u. naturwiss. Unterricht.

Theorie des Potentials und der Kugelfunktionen. Von Professor Dr. A. WANGERIN in Halle a. d. S. I. Teil: Mit 46 Fig. VIII, 255 S. Unveränd. Neudruck. 1922. (Slg. Schubert Bd. LVIII.) Geb. RM 4.—. II. Teil: Mit 17 Fig. VIII, 286 Seiten. 1921. (Samml. Schubert Bd. LIX.) Geb. RM 4.—.

„Wer in die Potentialtheorie eindringen will, findet in dem leichtverständlichen Buch einen zuverlässigen und angenehmen Führer.“ Zeitschrift für mathem. u. naturwiss. Unterricht.

Potentialtheorie. Von Dr. W. STERNBERG, a. o. Professor in Breslau. I. Die Elemente der Potentialtheorie. Mit 5 Figuren. 136 Seiten. 1925. (Samml. Göschen Bd. 901.) Geb. RM 1.62. II. Die Randwertaufgaben der Potentialtheorie. Mit 1 Figur. 133 Seiten. 1926. (Samml. Göschen Bd. 944.) Geb. RM 1.62.

„Die Bände geben einen klaren Einblick in die Gedankengänge und Beweismethoden der Potentialtheorie. Da es dem Verfasser gelungen ist, trotz der räumlichen Enge alle erforderlichen Beweise exakt durchzuführen, ist das Werk als Hilfsbuch neben einer Vorlesung durchaus zu empfehlen.“ Zeitschrift für mathem. u. naturwiss. Unterricht.

Geometrie

Taschenbuch für praktische Geometrie. Von Dr. H. LÖSCHNER, o. ö. Professor an der Deutschen Technischen Hochschule in Brünn. Mit 10 Figuren im Text. Klein-Oktav. X, 147 Seiten. 1922. Geb. RM 2.—.

Der vorliegende Band enthält die wichtigsten Formeln der praktischen Geometrie, die Konstanten und Genauigkeitsangaben, Leitsätze für die Beobachtungen und Merkregeln für die Behandlung, Beförderung und Aufbewahrung geodätischer Instrumente und Geräte.

Grundzüge der ebenen Geometrie. Von Professor Dr. FR. BOHNERT in Hamburg. Mit 220 Fig. VIII, 223 Seiten. 1915. (Samml. Schubert Bd. II.) Geb. RM 3.90.

Ebene Geometrie. Von G. MAHLER, Professor der Mathematik am Gymnasium in Ulm. Mit 110 zweifarbigen Figuren. Vierte, verbesserte Auflage. Neudruck. 166 Seiten. 1922. (Samml. Göschen Bd. 41.) Geb. RM 1.62.

Ebene und sphärische Trigonometrie. Von Prof. Dr. F. BOHNERT in Hamburg. Zweite Auflage. Dritter Neudruck. Mit 63 Figuren. VIII, 167 Seiten. 1919. (Samml. Schubert Bd. III.) Geb. RM 4.40.

Das Buch enthält die Grundbegriffe der Trigonometrie. Die beigegebenen Beispiele sollen den unentbehrlichen Übungsstoff liefern und gleichzeitig einen Überblick über die vielfache Verwendbarkeit und Bedeutsamkeit der Trigonometrie gewähren. Das letzte Kapitel bietet die wichtigsten Anwendungen der Sphärik auf die mathematische Geographie.

Ebene und sphärische Trigonometrie. Von Professor Dr. GERHARD HESSENBERG. Mit 59 Figuren. Dritte, neubearbeitete Auflage. Durchgesehener Neudruck. 171 Seiten. 1926. (Samml. Göschen Bd. 99.) Geb. RM 1.62.

„Der Verfasser hat seine Aufgabe, in dem engen Rahmen nicht bloß alle wichtigen Formeln mitzuteilen, sondern auch die Grundgedanken, auf welchen dieselben beruhen, klar darzustellen und den Zusammenhang derselben, ihre Bedeutung und Anwendbarkeit hervorzuheben, vortrefflich gelöst."

Archiv der Mathematik und Physik.

Sammlung von Aufgaben aus der ebenen und sphärischen Trigonometrie. Von Dr. FRITZ HEILAND, Studienrat am Gymnasium in Jena. Mit 26 Figuren. 152 Seiten 1922. (Samml. Göschen Bd. 848.) Geb. RM 1.62.

Die Sammlung schließt sich nach Anordnung und Bezeichnung dem Lehrbuch Hessenbergs (Samml. Göschen Bd. 99) an. Wichtigere Formeln sind vorangestellt, zum Teil mit Ableitung. Zu sämtlichen Aufgaben sind die Lösungen angegeben.

Stereometrie. Von Professor Dr. ROBERT GLASER. Dritte, verbesserte Auflage. Neudruck. Mit 81 Figuren. 139 Seiten. 1920. (Samml. Göschen Bd. 97.) Geb. RM 1.62.

Sammlung von Aufgaben aus der Stereometrie. Von Professor Dr. ROBERT GLASER. Mit 54 Figuren. 168 Seiten. 1917. (Samml. Göschen Bd. 779.) Geb. RM. 1.62.

Aufgaben über Prisma und Zylinder — Projektionszeichnen — Pyramiden und Kegel — Kugel und Kugelteile — konoidartige Körper — Prismatoide — schief abgeschnittene Prismen und Zylinder — Guldinsche Regel.

Grundlagen der Geometrie. Von Professor Dr. GERHARD HESSENBERG. Herausgegeben von Dr. W. SCHWAN, Studienrat in Meseritz. Mit 77 Figuren. Groß-Oktav. 143 Seiten. 1930. (Göschens Lehrbücherei Bd. 17.) RM 6.50, geb. RM 7.80.

Elementargeometrie der Ebene und des Raumes. Von Professor Dr. MAX ZACHARIAS in Berlin. Mit 196 Figuren im Text. 252 Seiten. 1929. (Göschens Lehrbücherei Bd. 16.) RM 13.—, geb. RM 14.50.

Die Elementargeometrie wird nicht vom Standpunkte des Schulunterrichts, sondern von dem der Wissenschaft aus behandelt. Ausgangspunkt ist das (etwas modifizierte) Hilbertsche Axiomensystem. In der Darstellung treten zwei Momente in den Vordergrund: die geschichtliche Entwicklung und die prinzipielle Begründung der einzelnen Gebiete.

Nichteuklidische Geometrie. Von Prof. Dr. H. LIEBMANN in Heidelberg. Mit 40 Figuren. Dritte Auflage. 150 Seiten. 1923. RM 6.—, geb. RM 7.—.

Das vorliegende Buch will, möglichst wenig an mathematischen Kenntnissen voraussetzend, in die nichteuklidische Geometrie einführen, und zwar nur auf einem Gebiete — dem der Ebene —, auf diesem aber gründlich dargestellt.

Nichteuklidische Geometrie. Von Professor Dr. RICHARD BALDUS. Mit 71 Figuren. 152 Seiten. 1927. (Sammlung Göschen Bd. 970.) Geb. RM 1.62.

Wenn auch der Band durch möglichste Klarheit und zahlreiche Figuren, auf die besondere Sorgfalt verwendet wurde, zunächst auf den Neuling auf diesem Gebiet Rücksicht nimmt, so dürfte doch auch der Fachmann manches Neue darin finden. Daß bis zu den Übergängen aus dem mathematischen in das rein philosophische Gebiet vorgedrungen wird, dürfte philosophisch interessierten Lesern willkommen sein.

Punkt- und Vektor-Rechnung. Von Dr. ALFRED LOTZE, Privatdoz. für Mathematik an der Technischen Hochschule Stuttgart. Mit 7 Figuren. 192 Seiten. 1929. (Göschens Lehrbücherei Bd. 13.) RM 12.—, geb. RM 13.—.

Vektoranalysis in ihren Grundzügen und wichtigsten physikalischen Anwendungen. Von Dr. ARTHUR HAAS, a. o. Professor an der Universität Wien. Zweite, verbesserte Auflage. Mit 37 Abbildungen im Text. Groß-Oktav. VI, 147 Seiten. 1929. RM 5.—, geb. RM 6.—.

Vektoranalysis. Von Dr. SIEGFRIED VALENTINER, Professor für Physik an der Bergakademie Clausthal. Mit 16 Figuren. Vierte, umgearbeitete Auflage. 136 Seiten. 1929. (Samml. Göschen Bd. 354.) Geb. RM 1.62.

Vorlesungen über allgemeine natürliche Geometrie und Liesche Transformationsgruppen. Von Dr. GERHARD KOWALSKI, o. ö. Professor an der Technischen Hochschule zu Dresden. Mit 16 Figuren. Groß-Oktav. 280 Seiten. 1931. (Göschens Lehrbücherei Bd. 19.) RM 15.50, geb. RM 17.—.

Der Verfasser bietet hiermit eine ganz neuartige Einführung in die Liesche Gruppentheorie: er geht von dem Grundsatz aus, daß man mit einer Theorie am besten und eindrucksvollsten in ihren Anwendungen vertraut wird. Dementsprechend macht er den Leser mit einem ihrer Hauptanwendungsgebiete, der natürlichen Geometrie, eingehend bekannt, wobei sich dieser die Lieschen Grundbegriffe nach und nach aneignet. Im Schlußkapitel werden die unterwegs erworbenen gruppentheoretischen Kenntnisse zum Grundgerüst der Theorie der Transformationsgruppen zusammengefaßt.

Lehrbuch der analytischen Geometrie. Von Dr. FRIEDRICH SCHUR, o. Professor an der Universität Breslau. Zweite, verbesserte und vermehrte Auflage. Mit 81 Figuren. Groß-Oktav. XII, 248 Seiten. 1912. RM 6.50, geb. RM 7.70.

Einführung in die analytische Geometrie. Von Professor Dr. GERHARD KOWALEWSKI. Mit 112 Figuren. Dritte, unveränderte Auflage. Lexikon-Oktav. VIII, 360 Seiten. 1929. Geb. RM 11.20.

Das aus Vorlesungen entstandene Buch ist namentlich zum Gebrauch für Studierende bestimmt.

Analytische Geometrie der Ebene. Von Dr. R. HAUSSNER, o. ö. Professor an der Universität Jena. Mit 60 Figuren. 164 Seiten. 1928. (Samml. Göschen Bd. 65.) Geb. RM 1.62.

Die Darstellung beginnt elementar und setzt nur die nötigsten planimetrischen und algebraischen Schulkenntnisse voraus. Es ist nicht nur die allgemeine Theorie der analytischen Gebilde ersten und zweiten Grades vollständig gegeben, sondern auch eine größere Zahl von speziellen Sätzen, vornehmlich über die Kegelschnitte.

Sammlung von Aufgaben und Beispielen zur analytischen Geometrie der Ebene mit den vollständigen Lösungen. Von Dr. R. HAUSSNER, o. ö. Professor an der Universität Jena. Mit 22 Figuren im Text. 139 Seiten. 1930. (Samml. Göschen Bd. 256.) Geb. RM 1.62.

Analytische Geometrie des Raumes. Von Professor Dr. MAX SIMON, Straßburg i. E. Mit 28 Abbildungen. Dritte, verbesserte Auflage. Neudruck. 208 Seiten. 1922. (Samml. Göschen Bd. 89.) Geb. RM 1.62.

Aufgaben zur analytischen Geometrie des Raumes. Von O. TH. BÜRKLEN, Professor am Realgymnasium in Schwäb.-Gmünd. Mit 8 Figuren. Zweite, verbesserte und vermehrte Auflage. Neudruck. 109 Seiten. 1923. (Samml. Göschen Bd. 309.) Geb. RM 1.62.

Kreis und Kugel. Von Dr. WILHELM BLASCHKE, o. Prof. an der Universität Hamburg. Mit 27 Fig. im Text. Groß-Oktav. X, 169 Seiten. 1916. RM 4.40, geb. RM 5.50.

Anwendung der Differential- und Integralrechnung auf Geometrie. Von Dr. GEORG SCHEFFERS, Geh. Reg.-Rat, Professor an der Technischen Hochschule Charlottenburg. I. Mit 107 Figuren. Dritte, verbesserte Auflage. XII, 482 Seiten. 1923. RM 13.—, geb. RM 14.50. II. Mit 110 Fig. Dritte, verbesserte Aufl. XI, 582 Seiten. 1922. RM 15.—, geb. RM 16.50.

Die besprochenen Probleme werden alle mit großer Ausführlichkeit behandelt. Die am Schluß beigefügten Formeltafeln und Register erhöhen den Wert des Werkes, das nicht nur einführen, sondern auch zu selbständigen Forschungen anregen soll.

Theorie der Raumkurven und krummen Flächen. Von Dr. V. KOMMERELL, Oberstudiendirektor, Honorarprofessor an der Universität Tübingen, und Dr. K. KOMMERELL, o. ö. Professor an der Universität Tübingen. Groß-Oktav. Vierte Auflage. (Göschens Lehrbücherei Bd. 20 und 21.) I: Krümmung der Raumkurven und Flächen. Mit 38 Figuren. 205 Seiten. 1931. Geb. RM 10.—. II: Kurven auf Flächen. Spezielle Flächen. Theorie der Strahlensysteme. Mit 22 Figuren. 194 Seiten. 1931. Geb. RM 10.—.

Die vierte Auflage des früher in der Sammlung Schubert erschienenen Werkes wurde unter Verwertung der neueren Literatur vollständig umgearbeitet und erheblich erweitert. Von den Ergänzungen der Neuauflage seien die Ausgestaltung der Theorie der Differentialparameter, die Gauß-Bonnetsche Integralformel, besonders aber die Parallelverschiebung von Levi-Cività mit einem Ausblick auf die Relativitätstheorie erwähnt. Eine reichhaltige, ebenfalls wesentlich vermehrte Sammlung von Aufgaben und sonstigem Übungsmaterial schließt das Werk ab.

Liniengeometrie mit Anwendungen. Von Professor Dr. KONRAD ZINDLER in Innsbruck. I. Teil. Mit 87 Figuren. Neudruck. VIII, 380 Seiten. 1928. (Samml. Schubert Bd. XXXIV.) Geb. RM 18.—. II. Teil. Mit 24 Figuren. VII, 252 Seiten. 1906. (Samml. Schubert Bd. LI.) Geb. RM. 9.50.

Ein besonderer Vorzug dieses vorliegenden Lehr- und Einführungsbuches sind die jedem Bande beigegebenen Übungsaufgaben, zu deren Lösung sich am Schluß eine Anleitung befindet.

Projektive Geometrie in synthetischer Behandlung. Von Dr. KARL DOEHLEMANN, weil. Professor an der Technischen Hochschule München. Fünfte Auflage. Erster Teil. Mit 59 Figuren. 132 Seiten. 1922. (Samml. Göschen Bd. 72.) Geb.

RM 1.62. Zweiter Teil. Mit 55 Figuren. 138 Seiten. 1924. (Samml. Göschen Bd. 876.) Geb. RM 1.62.

„Die Darstellung ist musterhaft klar und leichtverständlich und wird durch übersichtliche Zeichnungen und zahlreiche Aufgaben aufs trefflichste illustriert." Bayerische Blätter für das Gymnasialschulwesen.

Aufgabensammlung zur Projektiven Geometrie. Von Dr. HEINRICH TIMERDING, Professor an der Technischen Hochschule Braunschweig. Mit 65 Figuren. 140 Seiten. 1933. (Samml. Göschen Bd. 1060.) Geb. RM 1.62.

Geometrische Transformationen. Von Dr. KARL DOEHLEMANN, weil. Professor an der Technischen Hochschule München. Zweite Auflage, herausgeg. von Dr. WILHELM OLBRICH, Prof. an der Hochschule für Bodenkultur in Wien. Mit 89 Figuren im Text und 4 Abbildungen. 254 Seiten. 1930. (Göschens Lehrbücherei Bd. 15.) RM 13.—, geb. RM 14.50.

Lehrbuch der darstellenden Geometrie. Von Dr. KARL ROHN, Geh. Rat, weiland Professor an der Universität Leipzig, und Dr. ERWIN PAPPERITZ, Geh. Rat, Professor an der Bergakademie in Freiberg i. Sa. Drei Bände. Groß-Oktav. I. Orthogonalprojektion. Vielflache, Perspektivität ebener Figuren, Kurven, Zylinder, Kugel, Kegel, Rotations- und Schraubenflächen. Vierte, erweiterte Auflage. XX, 502 Seiten. Mit 351 Figuren. Neudruck. 1932. Geb. RM 18.90. II. Axonometrie, Perspektive, Beleuchtung. Vierte, umgearbeitete Auflage. Neudruck. 1932. VI, 194 Seiten. Mit 118 Figuren. Geb. RM 8.55. III. Kegelschnitte, Flächen zweiten Grades, Regel-, abwickelbare und andere Flächen. Flächenkrümmung. Vierte, unveränderte Auflage. X, 334 Seiten. Mit 157 Figuren. 1923. RM 10.80, geb. RM 12.—.

Darstellende Geometrie. Von THEODOR SCHMID, o. ö. Profesor an der Technischen Hochschule in Wien. I. Teil: Eckige Körper, Kugel, Zylinder, Kegel, Plankurven und Raumkurven mit den zugehörigen Torsen im Normalrißverfahren und in orthogonaler Axonometrie. Dritte Auflage. Mit 170 Figuren. 283 Seiten. 1922. (Samml. Schubert Bd. LXV.) Geb. RM 6.—. II. Teil: Schiefe u. zentrale Projektion. Dreh-, Rohr-, Schrauben- und Regelflächen. Geländedarstellung, Kartenprojektion, Nomographie. Zweite Auflage. Mit 163 Figuren. 340 Seiten. 1923. (Samml. Schubert Bd. LXVI.) Geb. RM 7.50.

Darstellende Geometrie. Von Dr. ROBERT HAUSSNER, o. ö. Professor der Mathematik an der Universität Jena. Erster Teil: Elemente; Ebenflächige Gebilde. Vierte, verbesserte Auflage. Mit 110 Figuren im Text. 207 Seiten. 1929. (Samml. Göschen Bd. 142.) Geb. RM 1.62. Zweiter Teil: Perspektive ebener Gebilde; Kegelschnitte. Dritte, verbesserte und vermehrte Auflage. Mit 88 Figuren im Text. 168 Seiten. 1929. (Samml. Göschen Bd. 143.) Geb. RM 1.62.

Darstellende Geometrie. Von Dr. ROBERT HAUSSNER, o. ö. Professor der Mathematik an der Universität Jena, und Dr. WOLFGANG HAACK, Privatdozent für Mathematik an der Technischen Hochschule Danzig-Langfuhr. Dritter Teil: Zylinder, Kegel, Kugel, Rotations- und Schraubenflächen, Schattenkonstruktionen, Axonometrie. Mit 65 Figuren im Text. 141 Seiten. 1931. (Samml. Göschen Bd. 144.) Geb. RM 1.62. Vierter Teil: Freie und gebundene Perspektive, Photogrammetrie, kotierte Projektion. Mit 76 Figuren im Text. 144 Seiten. 1933. (Samml. Göschen Bd. 1063.) Geb. RM 1.62.

Koordinatensysteme. Von Professor PAUL B. FISCHER, Studienrat am Gymnasium zu Berlin-Steglitz. Mit 8 Figuren. Zweite, verbesserte Auflage. 128 Seiten. 1919. (Samml. Göschen Bd. 507.) Geb. RM 1.62.

Der Verfasser versucht den Koordinatenbegriff von einem allgemeinen Standpunkt aus darzustellen. Durch sorgfältig ausgewählte, zahlreiche Literaturangaben wird der Wert des Bandes erhöht.

Algebraische Kurven. Neue Bearbeitung von Dr. H. WIELEITNER, Oberstudiendirektor in München. Erster Teil: Gestaltliche Verhältnisse. Mit 97 Figuren. Durchgesehener Neudruck. 146 Seiten. 1930. (Samml. Göschen Bd. 435.) Geb. RM 1.62. Zweiter Teil: Allgemeine Eigenschaften. Mit 35 Figuren. Neudruck. 123 Seiten. 1919. (Samml. Göschen Bd. 436.) Geb. RM 1.62.

Mechanik

Statik. I. Teil: Die Grundlagen der Statik starrer Körper. Von Privatdozent Dr. Ing. FERD. SCHLEICHER in Karlsruhe. Mit 47 Abbild. 143 Seiten. 1930. (Samml. Göschen Bd. 178.) Geb. RM 1.62. II. Teil: Angewandte (techn.) Statik. Von Professor Dipl.-Ing. W. HAUBER in Stuttgart. Mit 61 Figuren. Sechster Neudruck. 149 Seiten. 1922. (Samml. Göschen Bd. 179.) Geb. RM 1.62.

Mit dem ersten Teile ist beabsichtigt, eine kurze Darstellung der wichtigsten der technischen Statik zugrunde liegenden allgemeinen statischen Gesetze zu geben. Der zweite Teil umfaßt die statische Berechnung starrer Stabverbindungen, der statisch bestimmten Fachwerksträger für Dächer und Brücken, der Spreng- und Hängwerke, enthält die Lehre über die Standfestigkeit der Mauern und Tonnengewölbe und gibt das Wichtigste aus der Theorie des Erddrucks und dem Gebiet des Gleichgewichts der seilartigen Körper.

Graphische Statik mit besonderer Berücksichtigung der Einflußlinien. Von Dipl.-Ing. OTTO HENKEL, Bauingenieur und Studienrat an der Baugewerkschule in Erfurt. I. Teil: Zusammensetzung und Zerlegung der Kräfte in der Ebene. Schwerpunkte. Trägheitsmomente. Spannungen in geraden Stäben. Der einfache Vollwand- und Fachwerkträger. Der Dreigelenkbogen. Gewölbe. Erddruck und Wasserdruck. Mit 127 Figuren. Zweite Auflage. 150 Seiten. 1929. (Samml. Göschen Bd. 603.) Geb. RM 1.62. II. Teil: Durchgehende Gelenkträger. Dreigelenkbogen. Formänderungen gerader Träger. Durchlaufende (kontinuierliche) Träger. Formänderungen gebogener Träger. Zweigelenkboegen und Zweigelenkrahmen. Eingespannter Bogen und Steifrahmen. Mit 91 Figuren. Zweite Auflage. 176 Seiten. 1928. (Samml. Göschen Bd. 695.) Geb. RM 1.62.

Analysis der ebenen Bewegung. Von Dr. MARTIN KRAUSE, Professor an der Technischen Hochschule Dresden. Unter Mitwirkung von Dr. phil. et rer. techn. ALEXANDER CARL in Leisnig. Oktav. VII, 216 Seiten. 1920. RM 3.—.

Das Buch beschäftigt sich mit den analytischen Beziehungen zwischen den Punkten zweier, in der gleichen Ebene gelegener Koordinatensysteme, von denen das eine fest, das andere bewegt ist, ausgehend von den Transformationsgleichungen.

Festigkeitslehre. Von Professor Dipl.-Ing. W. HAUBER in Stuttgart. Mit 56 Figuren und 1 Tafel. Achter Neudruck. 127 Seiten u. 1 Tafel. 1923. (Samml. Göschen Bd. 288.) Geb. RM 1.62.

In dem Band gibt der Verfasser eine kurze Übersicht über die Fundamentalsätze der elastischen Kräfte in ihrer Anwendung auf die einfacheren Fälle der Festigkeit, soweit sie für die gewöhnlichen Aufgaben des praktischen Lebens in Frage kommen.

Aufgabensammlung zur Festigkeitslehre mit Lösungen. Von R. HAREN. Dritte, vollständig neubearbeitete Auflage von JOSEF FURTMAYR, Dipl.-Ing. in Stuttgart. Mit 43 Figuren. 116 Seiten. 1923. (Samml. Göschen Bd. 491.) Geb. RM 1.62.

Der Band bietet in 8 Abschnitten 66 Aufgaben nebst Lösungen über Zug, Druck, Biegung, Schub, Verdrehung, Knickung, Festigkeit plattenförmiger Körper und zusammengesetzte Festigkeit; in einem Anhang sind die benötigten Zahlenwerte kurz zusammengestellt.

Hydraulik. Von Professor Dipl.-Ing. W. HAUBER in Stuttgart. Zweite, verbesserte und vermehrte Auflage. Neudruck. Mit 45 Figuren. 156 Seiten. 1925. (Samml. Göschen Bd. 397.) Geb. RM 1.62.

Das Buch enthält eine Darstellung der Hydrostatik und bringt aus der Hydrodynamik: Ausfluß des Wassers aus Gefäßen; Überfall des Wassers über Wehre; Die Bewegung des Wassers in Flüssen und Kanälen; Die Bewegung des Wassers in Röhren mit konstantem Querschnitt; Stoß eines zylindrischen oder prismatischen Wasserstrahls auf eine Zylinderfläche.

Elastizitätslehre für Ingenieure. Von Professor Dr.-Ing. MAX ENSSLIN an der Höheren Maschinenbauschule Eßlingen. I. Grundlagen und Allgemeines über Spannungszustände, Zylinder, ebene Platten, Torsion, gekrümmte Träger. Mit 65 Figuren. Zweite, verbesserte Auflage. 147 Seiten. 1921. (Samml. Göschen Bd. 519.) Geb. RM. 1.62. II. Statisch unbestimmte Konstruktionen, Sätze von Castigliano und Maxwell, Dreimomentensatz, Vorspannungen, Temperaturspannungen, Fachwerke mit überzähligen Stützpunkten und überzähligen Stäben, Prinzip der virtuellen Verrückungen, Verschiebungsplan. Mit 44 Figuren. 120 Seiten. 1927. (Samml. Göschen Bd. 957.) Geb. RM 1.62.

Band I bespricht die Grundlagen der Elastizitätslehre sowie Allgemeines über Spannungszustände, Zylinder, ebene Platten, Torsion und gekrümmte Träger. Band II gibt eine Einführung in die Methoden zur Berechnung der statisch unbestimmten Konstruktion des Bau- und Maschineningenieurs.

Kinematik. Von Dr.-Ing. HANS POLSTER, Betriebsingenieur der Badischen Anilin- und Sodafabrik Merseburg-Leuna. Mit 76 Abbildungen. Zweite Auflage. 151 Seiten. 1920. (Samml. Göschen Bd. 584.) Geb. RM 1.62.

Der Band bietet dem Studierenden eine Einführung, will aber darüber hinaus den in der Praxis stehenden Ingenieuren, die sich in die schwierigen Bewegungsverhältnisse von Nocken-, Schwingdaumen- und Wälzhebelsteuerungen oder von anderen Gebieten tieferen Einblick verschaffen wollen, ein bequemer Führer sein.

Dynamik. Von Prof. Dr. WILHELM MÜLLER. I: Dynamik des Einzelkörpers. Mit 70 Figuren. 160 Seiten. 1925. (Samml. Göschen Bd. 902.) Geb. RM 1.62. II: Dynamik von Körpersystemen. Mit 51 Figuren. 137 Seiten. 1925. (Samml. Göschen Bd. 903.) Geb. RM 1.62.

Aerodynamik des Fluges. Eine Einführung in die mathematische Tragflächentheorie. Von Professor Dr. HARRY SCHMIDT. Mit 81 Figuren. 1929. VII, 258 Seiten. RM 15.—, geb. RM 16.50.

Der Verfasser gibt mit diesem Werk ein exakt einführendes Lehrbuch für Studierende und bereits in der Praxis stehende Ingenieure, das auf einem Minimum an hydrodynamischen und mathematischen Kenntnissen aufbaut.

Es entwickelt dementsprechend ausführlich die erforderlichen hydrodynamischen und funktionentheoretischen Hilfsmittel und insbesondere die Methoden der konformen Abbildungen. Im Zusammenhang mit diesen wurden die Kutta-Joukowski- von Misessche Theorie der unendlich breiten Tragfläche wie auch die Prandtlsche Tragflügeltheorie besonders ausführlich entwickelt.

Ballistik. Von Dr. THEODOR VAHLEN, o. ö. Professor der reinen und angewandten Mathematik an der Technischen Hochschule Wien. Mit 53 Abbildungen. Groß-Oktav. XII, 231 Seiten. 1922. RM 9.—, geb. RM 10.—.

Mathematische Physik

Reihenentwicklungen in der mathematischen Physik. Von Dr. JOSEF LENSE, o. ö. Professor an der Technischen Hochschule München. Mit 30 Abbildungen. 1933. Im Druck.

Einführung in die Differentialgleichungen der Physik. Von Professor LUDWIG HOPF an der Technischen Hochschule Aachen. Mit 49 Abbildungen. 1933. (Samml. Göschen Bd. 1070.) Geb. RM 1.62.

Elastizitätslehre für Ingenieure. Von Professor Dr.-Ing. MAX ENSSLIN an der Höheren Maschinenbauschule Eßlingen. I. Grundlagen und Allgemeines über Spannungszustände, Zylinder, ebene Platten, Torsion, gekrümmte Träger. Mit 65 Figuren. Zweite, verbesserte Auflage. 147 Seiten. 1921. (Samml. Göschen Bd. 519.) Geb. RM 1.62. II. Statisch unbestimmte Konstruktionen, Sätze von Castigliano und Maxwell, Dreimomentensatz, Vorspannungen, Temperaturspannungen, Fachwerke mit überzähligen Stützpunkten und überzähligen Stäben, Prinzip der virtuellen Verrückungen, Verschiebungsplan. Mit 44 Figuren. 120 Seiten. 1927. (Samml. Göschen Bd. 957.) Geb. RM 1.62.

Band I bespricht die Grundlagen der Elastizitätslehre sowie Allgemeines über Spannungszustände, Zylinder, ebene Platten, Torsion und gekrümmte Träger. Band II gibt eine Einführung in die Methoden zur Berechnung der statisch unbestimmten Konstruktion des Bau- und Maschineningenieurs.

Einführung in die geometrische Optik. Von Dr. W. HINRICHS, Berlin-Wilmersdorf. Mit 56 Figuren. Zweite, verbesserte Auflage. 143 Seiten. 1924. (Samml. Göschen Bd. 532.) Geb. RM 1.62.

Photogrammetrie und Stereophotogrammetrie. Von Dr. HANS DOCK, Privat- und Honorardozent an der Hochschule für Bodenkultur in Wien. Zweite Auflage. Mit 57 Figuren. 133 Seiten. 1923. (Samml. Göschen Bd. 699.) Geb. RM 1.62.

Angewandte Mathematik

Graphische Darstellung in Wissenschaft und Technik. Von Professor Dr. M. PIRANI. Zweite, verbesserte Auflage, besorgt durch Dr. I. RUNGE. Mit 71 Abbildungen. 149 Seiten. 1931. (Samml. Göschen Bd. 728.) Geb. RM 1.62.

Von der einfachen Darstellung von Größen mit unbekanntem Zusammenhang in Form von Kurven oder Skalen ausgehend, geht der Verfasser zur Darstellung von Größen bekannter Abhängigkeit (Funktionsskalen, insbesondere logarithmische projektive Teilung) über und bespricht dann die Aufstellung von Rechentafeln, namentlich mit der Methode der fluchtrechten Punkte oder mit Hilfe mehrerer gekreuzter Linien.

Kartenkunde. Von Dr. M. GROLL. Zweite Auflage, neubearbeitet von Dr. OTTO GRAF. I: Die Projektionen. Mit 56 Abbild. im Text und auf Tafeln. Neudruck. 1931. 117 Seiten. II: Der Karteninhalt und das Messen auf Karten. Mit 39 Abbild. im Text und auf Tafeln. 1923. 133 Seiten. (Samml. Göschen Bd. 30 u. 599.) Geb. je RM 1.62.

Geodäsie (Landesvermessung und Erdmessung). Von Prof. Dr. GUSTAV FÖRSTER. Mit 33 Figuren. 122 Seiten. 1927. (Samml. Göschen Bd. 102.) Geb. RM 1.62.

Vermessungskunde. Von Dr.-Ing. P. WERKMEISTER, o. Professor an der Technischen Hochschule Dresden. I: Stückmessung und Nivellieren. Mit 146 Figuren. Fünfte Auflage. 163 Seiten. 1932. (Samml. Göschen Bd. 468.) Geb. RM 1.62. II: Messung von Horizontalwinkeln, Festlegung von Punkten im Koordinatensystem, Absteckungen. Mit 93 Figuren. Dritte Auflage. 148 Seiten. 1930. (Samml. Göschen Bd. 469.) Geb. RM 1.62. III: Trigonometrische und barometrische Höhenmessung, Tachymetrie und Topographie. Mit 61 Figuren. Zweite Auflage. 136 Seiten. 1923. (Samml. Göschen Bd. 862.) Geb. RM 1.62.

Praktisches Zahlenrechnen. Von Professor Dr.-Ing. P. WERKMEISTER in Dresden. Mit 60 Figuren. Zweite, verbesserte Auflage. 136 Seiten. 1929. (Samml. Göschen Bd. 405.) Geb. RM 1.62.

Das Buch gibt eine übersichtliche Auskunft über die in der Praxis angewendeten Arten des Rechnens. Es wird daher in allen Kreisen der Technik und Naturwissenschaft ein willkommener Führer und Ratgeber sein.

Mathematische Instrumente. Von Professor Dr. FR. A. WILLERS. Mit 68 Figuren. 144 Seiten. 1926. (Samml. Göschen Bd. 922.) Geb. RM 1.62.

Der Band bringt nicht nur eine Beschreibung der mathematischen Instrumente, sondern auch eine genaue Theorie, aus der die Anwendungsmöglichkeiten, die beste Art des Gebrauchs, sowie die Größe der auftretenden Ungenauigkeiten abgeleitet werden.

Politische Arithmetik. (Zinseszinsen-, Renten- und Anleiherechnung.) Von Dr. EMIL FOERSTER, Honorardozent an der Technischen Hochschule in Wien. Mit 7 Figuren. 155 Seiten. 1924. (Samml. Göschen Bd. 879.) Geb. RM. 1.62.

In 6 Kapiteln wird der Reihe nach die einfache Zinsenrechnung, die Zinseszinsrechnung für Einzelkapitalien und Renten, das Rechnen mit vorschüssigen Zinsen, die Schuldentilgung sowie die Kurs- und Rentabilitätsrechnung behandelt.

Wahrscheinlichkeitsrechnung. Von Dr. OTTO KNOPF, o. Professor der Astronomie an der Universität Jena. I. 112 Seiten. 1923. II. Mit 10 Figuren. 112 Seiten. 1923. (Samml. Göschen Bd. 508 und 871.) Geb. je RM 1.62.

Eine knappe, klare Darstellung der Wahrscheinlichkeitsrechnung, deren Wert für die mathematischen Grundlagen des Versicherungswesens, für die statistische Mechanik und neuerdings auch für das Fernsprechwesen auf der Hand liegt.

Ausgleichungsrechnung nach der Methode der kleinsten Quadrate. Von WILHELM WEITBRECHT, Professor der Geodäsie in Stuttgart. Zweite, veränderte Auflage. I. Teil: Ableitung der grundlegenden Sätze und Formeln. Mit 8 Figuren. Neudruck. 127 Seiten. 1919. (Samml. Göschen Bd. 302.) Geb. RM 1.62. II. Teil: Zahlenbeispiele. Mit 8 Figuren. Neudruck. 141 Seiten. 1920. (Samml. Göschen Bd. 641.) Geb. RM 1.62.

Jeder der beiden Teile bildet ein das ganze Gebiet umfassendes, für sich geschlossenes Ganzes. Der erste enthält die Ableitung der grundlegenden Sätze und Formeln, während im zweiten die ertigen Ergebnisse dieser Ableitungen zusammengestellt und auf hauptsächlich dem Gebiet der Geodäsie entnommene Zahlenbeispiele angewendet werden.

Versicherungsmathematik. Von Dr. FRIEDRICH BOEHM, Professor an der Universität München. I: Elemente der Versicherungsrechnung. 144 Seiten. 1925. (Samml. Göschen Bd. 180.) Geb. RM. 1.62. II: Lebensversicherungsmathematik. Einführung in die technischen Grundlagen der Sozialversicherung. 171 Seiten. 1926. (Samml. Göschen Bd. 917.) Geb. RM 1.62.

Der erste Band behandelt den Zins als erste, die Sterbetafel als zweite Rechnungsgrundlage, die Prämienreserve und die Versicherung verbundener Leben. Der zweite Band enthält außer einer eingehenden Behandlung der Lebensversicherungsmathematik eine Einführung in die technischen Grundlagen der Sozialversicherung.

Methoden der praktischen Analysis. Von Dr. FR. A. WILLERS, o. Professor an der Bergakademie Freiberg (Sachsen). 344 Seiten. 1928. (Göschens Lehrbücherei Bd. 12.) RM 20.—, geb. RM 21.50.

Der Band gibt dem Mathematiker einen Einblick in die Anwendungsmöglichkeiten der Methoden und macht den Naturwissenschaftler und Ingenieur mit den theoretischen Grundlagen bekannt.

Numerische Integration. Von Professor Dr. FR. A. WILLERS. Mit 2 Figuren. 116 Seiten. 1923. (Samml. Göschen Bd. 864.) Geb. RM 1.62.

Die Darstellung ist sehr übersichtlich und so elementar als möglich gehalten. Sie setzt nur die Kenntnisse der Grundgesetze der Differential- und Integralrechnung voraus und wendet sich an Mathematiker, Physiker und vor allem an Ingenieure, für die das Buch eine gute Anleitung und Einführung ist.

Graphische Integration. Von Professor Dr. FR. A. WILLERS. Mit 53 Figuren. 142 Seiten. 1920. (Samml. Göschen Bd. 801.) Geb. RM 1.62.

Der Verfasser versucht, einem weiteren Kreise die immer noch zu wenig benutzten zeichnerischen Methoden bekanntzumachen. Er setzt dabei so wenig Vorkenntnisse wie möglich voraus.

Astronomie

Astronomie. Größe, Bewegung und Entfernung der Himmelskörper. Von A. F. MÖBIUS. Bearbeitet von Dr. HERM. KOBOLD, o. Hon.-Professor an der Universität Kiel. I. Das Planetensystem. Mit 33 Figuren. Elfte Auflage. Durchgesehener Neudruck. 136 Seiten. 1925. (Samml. Göschen Bd. 11.) Geb. RM 1.62 II. Kometen, Meteore und das Sternsystem. Mit 15 Figuren und 2 Sternkarten. Dreizehnte Auflage. 128 Seiten. 1923. (Samml. Göschen Bd. 529.) Geb. RM 1.62.

Der erste Teil beschränkt sich auf die Darstellung der Bewegungserscheinungen und der Größenverhältnisse der Planeten und ihrer Trabanten. Im zweiten Teil leitet die zunächst gegebene Behandlung der dem Sonnensysteme weniger innig verbundenen Glieder, der Kometen und Meteore, zu dem Hauptgegenstande der Betrachtung, dem Fixsternsystem, über. Im letzten Kapitel wird der Leser mit den Theorien über die Entwicklungsvorgänge im Universum bekanntgemacht.

Einleitung in die Astronomie. Von Dr. A. VON FLOTOW, Observator am Geodät. Institut in Potsdam. Mit 1 Tafel. Groß-Oktav. 1911. (Samml. Schubert Bd. XV.) Geb. RM 7.—.

Astronomische Chronologie. Von Professor Dr. P. V. NEUGEBAUER, Observator am Astronomischen Rechen-Institut in Berlin-Dahlem. Erster Band: Text. Groß-Oktav. 190 Seiten. Zweiter Band: Tafeln. Groß-Oktav. 136 Seiten. 1929. Beide Bände RM 37.—, geb. RM 40.—.

Die Mechanik des Himmels. Von Prof. Dr. CARL LUDWIG CHARLIER. Vorlesungen. 2 Bände. Lex.-Oktav. Zweite Auflage. Mit zahlreichen Figuren. I: VIII, 488 Seiten, 1927. II: VIII, 480 Seiten, 1927. Zusammen RM 54.—, geb. RM 60.—.

Astronomischer Jahresbericht. Gegründet von WALTER F. WISLICENUS. Mit Unterstützung der Astronomischen Gesellschaft herausgegeben von dem Astronomischen Rechen-Institut zu Berlin-Dahlem. Oktav. Ab 1900, zuletzt erschien der 33. Band (Literatur des Jahres 1931, Preis RM 24.—). Preise der früheren Bände auf Anfrage.

FSC
www.fsc.org
MIX
Papier | Fördert
gute Waldnutzung
FSC® C083411

Zeitfracht Medien GmbH
Ferdinand-Jühlke-Straße 7
99095 Erfurt, Deutschland
produktsicherheit@kolibri360.de